普通高等教育“十一五”规划教材

果品蔬菜贮藏加工原理与技术

GUOPIN SHUCAI ZHUCANG JIAGONG YUANLI YU JISHU

王 颉 张子德 主编

化学工业出版社

·北京·

内容提要

本书作者在从事高等院校果品蔬菜贮藏加工原理与技术教学和研究工作基础上，经过多次探索和实践，逐步形成了本教材的编写体系。本书在详细讲授果品蔬菜化学成分与贮藏加工特性的基础上，系统讲解了果品蔬菜贮藏加工的基本原理和基本方法。本教材包括果品蔬菜化学成分与贮藏特性、果品蔬菜的采收和采后处理、果品蔬菜贮藏方式与设备、果品蔬菜的贮藏技术、果品蔬菜贮藏病害、果蔬罐藏、果蔬制汁、果品蔬菜干制、果品蔬菜糖制、果品蔬菜腌制、果品蔬菜速冻和果酒与果醋酿造等内容。

本书是高等院校食品科学与工程、生物工程、食品质量与安全和园艺等有关专业本科生教材，也可作相关专业和研究生的参考教材，或供果品蔬菜贮藏加工企业技术人员参考。

图书在版编目（CIP）数据

果品蔬菜贮藏加工原理与技术/王颉，张子德主编．北京：化学工业出版社，2009.1（2022.9 重印）
普通高等教育“十一五”规划教材
ISBN 978-7-122-04250-7

Ⅰ．果… Ⅱ．①王…②张… Ⅲ．①水果-食品贮藏-高等学校-教材②蔬菜-食品贮藏-高等学校-教材③水果加工-高等学校-教材④蔬菜加工-高等学校-教材 Ⅳ．TS255.3

中国版本图书馆 CIP 数据核字（2008）第 188549 号

责任编辑：赵玉清　　文字编辑：张林爽
责任校对：周梦华　　装帧设计：刘丽华

出版发行：化学工业出版社（北京市东城区青年湖南街 13 号　邮政编码 100011）
印　　装：涿州市般润文化传播有限公司
787mm×1092mm　1/16　印张 17½　字数 451 千字　2022 年 9 月北京第 1 版第 5 次印刷

购书咨询：010-64518888　　售后服务：010-64518899
网　　址：http://www.cip.com.cn
凡购买本书，如有缺损质量问题，本社销售中心负责调换。

定　价：49.00 元

主　编：王　颉　张子德

副主编：牟建楼　何俊萍　王　敏　赵丛枝

唐　霞　李丽萍　刘正萍

前言

《果品蔬菜贮藏加工原理与技术》是为高等院校食品科学与工程、生物工程、食品质量与安全和园艺等有关专业本科生编写的教材，也可供果蔬加工企业技术人员参考。《果品蔬菜贮藏加工原理与技术》是一门综合性、实践性很强的专业课。本课程是在学生学完有机化学、食品化学、生物化学、食品机械与设备和制冷学等主要专业课的基础上开设的。其目的是培养学生具备果品蔬菜新产品研发的能力，结合毕业实习和毕业设计，完成工程师所具备的基本能力训练。《果品蔬菜贮藏加工原理与技术》分上、下两篇介绍了果品蔬菜贮藏与加工技术。上篇详细阐述了果蔬产品的采后生理、采后处理与运销、采后贮藏方式方法等内容；下篇主要阐述果蔬罐藏、制汁、干制、糖制、腌制、果醋和果酒酿造等生产技术及生产实例。

我国水果、蔬菜资源丰富，其中水果年产量近 17239 万吨，蔬菜产量约 5 亿吨，均居世界第一位。我国果蔬产业已成为仅次于粮食作物的第二大农业产业。果蔬加工业是我国农产品加工业中具有明显优势和国际竞争力的行业，也是我国食品工业重点发展的行业。它不仅是保证果蔬产业迅速发展的重要环节，也是实现采后减损增值，建立现代果蔬产业化经营体系，保证农民增产增收的基础。我国加入 WTO 后，果蔬产品深加工企业的机会和挑战并存，要增强我国农副产品及深加工产品在国际市场上的竞争力，采用先进的果品蔬菜深加工技术如超临界萃取、膜分离、分子蒸馏、膜分离、无菌冷灌装、浓缩、冷加工等高新加工技术的开发和应用，缩短了中国果蔬加工技术和装备与国际先进水平的差距。虽然我国在果蔬加工方面取得了长足进步，但无论是生产规模，还是技术水平与发达国家相比仍有很大差距。因此如何发挥我国果蔬产品的生产优势，增强产品质量，加大深加工的力度，提高产品的附加值，加强出口创汇能力，增强竞争优势，已成为迫切需要解决的问题。

本书在内容的设计方面，既介绍国内外果蔬加工方面的新技术、新工艺，又涉及贮藏加工中最具体的生产实践问题，并结合编者多年的教学与生产实践，对各类果蔬加工基本原理、生产工艺、产品质量标准及常见的质量问题、解决方法等作了翔实介绍，力求内容系统且有实用价值。

本教材由王颉教授和张子德教授主编，参加本书编写的还有牟建楼、何俊萍、王敏、赵丛枝、唐霞、李丽萍、刘正萍、孙萍萍、李书红。本教材上篇由张子德负责统稿，下篇由王敏负责统稿，全书最后由王颉教授统稿。本教材完成后，经多次教学实践和反复修改最后定稿，教材中凝聚了参编全体作者在教学和科研实践中的经验和心血，本书为集体智慧的结晶。在编写过程中得到了化学工业出版社和河北农业大学等单位的同志们的热情帮助。此外，本教材参考了大量公开发表的文献资料，在此一并向这些作者和提供过帮助的人们致以衷心的感谢！

由于作者水平有限，书中错误在所难免，恳请读者批评指正。

编者

2008 年 8 月于保定

目 录

上篇　果品蔬菜贮藏与保鲜

下篇 果品蔬菜加工

上　篇

果品蔬菜贮藏与保鲜

第1章
果品蔬菜化学成分与贮藏特性

教学目标： 通过本章学习，了解采前因素对果蔬品质及耐贮性的影响；掌握果蔬采后生理特性的有关概念及基本理论；掌握果蔬采后生理生化变化及其对品质和成熟衰老影响；掌握各种生理作用与果蔬贮运的关系。

1.1 采前因素对果品蔬菜品质及耐贮性的影响

影响果蔬耐贮性的采前因素很多，如产品自身因素、自然环境因素和农业技术因素等都会影响产品的品质。选择生长发育良好、健康、品质优良的产品作为贮藏原料，是搞好果蔬贮藏工作的重要保证之一，只有品质优良的果蔬才具有高的耐贮性。

1.1.1 产品自身因素

1.1.1.1 种类和品种

(1) 种类 果蔬种类不同，耐贮性差异很大。特别是蔬菜种类繁多，其可食部分可以来自于植物的根、茎、叶、花、果实和种子，由于它们的组织结构和新陈代谢方式不同，因此耐贮性也有很大的差异。

叶菜类耐贮性最差。因为叶片是植物的同化器官，组织幼嫩，保护结构差，采后失水、呼吸和水解作用旺盛，极易萎蔫、黄化和败坏，最难贮藏；叶球为营养贮藏器官，一般在营养生长停止后收获，新陈代谢已有所降低，所以比较耐贮藏。

花菜类是植物的繁殖器官，新陈代谢比较旺盛。在生长成熟及衰老过程中还会形成乙烯，所以花菜类是很难贮藏的。如新鲜的黄花菜，花蕾采后1d就会开放，并很快腐烂，因此必需干制。然而花椰菜是成熟的变态花序，蒜薹是花茎梗，它们都较耐寒，可以在低温下作较长期的贮藏。

果菜类包括瓜、果、豆类，它们大多原产于热带和亚热带地区，不耐寒，贮藏温度低于8～10℃会发生冷害。其食用部分为幼嫩果实，新陈代谢旺盛，表层保护组织发育尚不完善，容易失水和遭受微生物侵染。采后由于生长和养分的转移，果实容易变形和发生组织纤维化，如黄瓜变成大头瓜、豆荚变老，因此很难贮藏。但有些瓜类蔬菜是在充分成熟时采收的，如南瓜、冬瓜，其代谢强度已经下降，表层保护组织已充分发育，表皮上形成了厚厚的角质层、蜡粉或茸毛等，所以比较耐贮藏。

块茎、鳞茎、球茎、根茎类都属于植物的营养贮藏器官，有些还具有明显的休眠期或可以通过改变环境条件，控制其在强迫休眠状态，使新陈代谢降低到最低水平，所以比较耐贮藏。

水果中以温带生长的苹果和梨最耐贮，桃、李、杏等核果类由于在夏季成熟，此时温度高，果品呼吸作用强，因此耐贮性较差；热带和亚热带生长的香蕉、菠萝、荔枝、杨梅、芒果等采后寿命短，不能作长期贮藏。

(2) 品种 果蔬的品种不同，其耐贮性也有差异。一般来说，不同品种的果蔬以晚熟品种最耐贮，中熟品种次之，早熟品种不耐贮藏。晚熟品种耐贮藏的原因是：晚熟品种生长期长，成熟期间气温逐渐降低，组织致密、坚挺，外部保护组织发育完好，防止微生物侵染和抵抗机械伤能力强；晚熟品种营养物质积累丰富，抗衰老能力强；晚熟品种一般有较强的氧化系统，对低温适应性好，在贮藏时能保持正常的生理代谢作用，特别是当果蔬处于逆境时，呼吸很快加强，有利于产生积极的保卫反应。

大白菜中，直筒形比圆球形的耐贮藏，青帮系统的比白帮系统的耐贮藏，晚熟的比早熟的耐贮藏，如小青口、青麻叶、抱头青、核桃纹等的生长期都较长，结球坚实，抗病耐寒耐贮藏。芹菜中以天津的白庙芹菜、陕西的实杆绿芹、北京的棒儿芹等耐贮藏；而空杆类型的芹菜贮藏后容易变糠，纤维增多，品质变劣。菠菜中以尖叶菠菜耐寒适宜冻藏，圆叶菠菜虽叶厚高产，但耐寒性差，不耐贮藏。马铃薯中以休眠期长的品种如克新一号等最为耐贮。

苹果中的早熟品种耐贮性差。如黄魁、丹顶、祝光不宜作长期贮藏；金冠、红星、红元帅、秦冠等中晚熟品种在自然降温的贮藏场所中不能作长期贮藏，然而用冷藏或气调贮藏方法可以贮藏到翌年 5 月；青香蕉、印度、红富士和小国光等晚熟品种是最耐藏品种，如小国光在普通窖中可以贮藏到次年的 5～6 月份。

梨果实中以红宵梨和安梨最耐贮藏，但其肉质较粗，含酸量高；鸭梨、雪花梨、茌梨等品质好，耐贮藏；而西洋梨系统的巴梨和秋子梨系统的京白梨和广梨，一般不作长期贮藏，但如果贮藏条件适当，也可以贮藏到次年春季。

柑橘中的宽皮橘品种，耐贮性较差。广东的蕉柑是耐藏品种，甜橙的耐贮性较好，在适合的贮藏条件下，可以贮藏 5～6 个月。

桃一般不能作长期贮藏，橘早生、五月鲜和深州蜜桃等，采后只能存放几天；冈山白、大久保品种耐贮性稍强，一些晚熟品种如冬桃、绿化九号比较耐贮藏。一般说来，非溶质性的桃比溶质性的桃耐贮藏。

1.1.1.2　砧木

砧木类型不同，果树根系对养分和水分的吸收能力不同，从而对果树的生长发育进程、对环境的适应性以及对果实产量、品质、化学成分和耐贮性直接造成影响。

山西果树研究所的试验表明：红星苹果嫁接在保德海棠上，果实色泽鲜红，最耐贮藏；嫁接在武乡海棠、沁源山定子和林檎砧木的果实，耐贮性也较好。还有研究表明，苹果发生苦痘病与砧木的性质有关，如在烟台海滩地上嫁接于不同砧木上的国光苹果，发病轻的苹果砧木是烟台沙果、福山小海棠；发病最重的是山荆子、黄三叶海棠；晚林檎和蒙山甜茶居中。还有人发现，矮生砧木上生长的苹果较中等树势的砧木上生长的苹果发生的苦痘病要轻。

四川省农业科学院园艺试验站育种研究室在不同砧木的比较试验中指出，嫁接在枳壳、红橘和香柑等砧木上的甜橙，耐贮性是最好的和较好的；嫁接在酸橘、香橙和沟头橙砧木上的甜橙果实，耐贮性也较强，到贮藏后期其品质也比较好。

美国加州的华盛顿脐橙和伏令夏橙，其大小和品质也明显地受到了不同砧木的影响。嫁接在酸橙砧木上的脐橙比嫁接在甜橙上的果实要大得多；对果实中柠檬酸、可溶性固形物、蔗糖和总糖含量的调查结果表明：用酸橙做砧木的果实要比用甜橙做砧木的果实要高。

了解砧木对果实的品质和耐贮性的影响，有利于今后果园的规划，特别是在选择苗木时，应实行穗砧配套，只有这样，才能从根本上提高果实的品质，以有利于采后的贮藏。

1.1.1.3　树龄和树势

树龄和树势不同的果树，不仅果实的产量和品质不同，而且耐藏性也有差异。一般来说，幼龄树和老龄树不如中龄树（结果处于盛果期的树）结的果实耐贮。这是因为幼龄树营养生长旺盛，结果少，果实大小不一，组织疏松，含钙少，氮和蔗糖含量高，贮藏期间呼吸旺盛，失水较多，品质变化快，易感染微生物病害和发生生理病害；而老龄树营养生长缓慢，衰老退化严重，根部吸收营养物质能力减弱，地上部光合同化能力降低，所结果实偏小，干物质含量少，着色差，其耐贮性和抗病性均减弱。Comin 等观察到：11 年生的瑞光（Rome beauty）苹果树所结的果实比 35 年生的着色好，在贮藏过程中发生虎皮病要少 50%～80%；据报道，从幼树上采收的国光苹果，贮藏中有 60%～70%的果实发生苦痘病，不适合进行长期贮藏。苹果苦痘病的发病规律有如下特点：幼树的果实苦痘病比老树重，树势旺的果实比树势弱的重，结果少的发病较重，大果比小果发病重。

据广东省汕头对蕉柑树的调查，2～3 年生的树所结的果实，果汁中可溶性固形物低、酸味浓、风味差，在贮藏中容易受冷害，易发生水肿病；而 5～6 年生的蕉柑树，果实品质风味较好，耐贮性也较强。

1.1.1.4 果实大小

同一种类和品种的果蔬，果实的大小与其耐贮性密切相关。一般来说，以中等大小和中等偏大的果实最耐贮。大个的果实由于具有幼树果实性状类似的原因，所以耐贮性较差。研究发现，苹果采后生理病害的发生与果实直径大小呈正相关。如大个苹果在贮藏期间发生虎皮病、苦痘病和低温伤害病比中等个果实严重，硬度下降也快。这种现象也同样表现在梨果实上，大个的鸭梨和雪花梨采后容易出现果肉褐变与黑心。大个的蕉柑往往皮厚、汁少，在贮藏中容易发生水肿和枯水病。大个的萝卜和胡萝卜易糠心；大个的黄瓜采后易脱水变糠，瓜条易变形呈棒槌状等等。

1.1.1.5 结果部位

同一植株上不同部位着生的果实，其大小、颜色和化学成分不同，耐贮性也有很大的差异。一般来说，向阳面或树冠外围的苹果果实着色好，干物质、总酸、还原糖和总糖含量高，风味佳，肉质硬，贮藏中不易萎蔫皱缩。但有试验表明，向阳面的果实中钾和干物质含量较高，而氮和钙的含量较低，发生苦痘病和红玉斑点病的概率较内膛果实为高。Harding 等对柑橘的观察结果显示，阳光下外围枝条上结的果实，抗坏血酸比内膛果实要高。Sites 发现，同一株树上顶部外围的伏令夏橙果实，可溶性固形物含量最高，内膛果实的可溶性固形物含量最低；他还发现，果实的含酸量与结果部位没有明显的相关性，但与接受阳光的方向有关，在东北面的果实可滴定酸含量偏低。广东蕉柑树上的顶柑，含酸量较少，味道较甜，果实皮厚，果汁少，在贮藏中容易出现枯水，而含酸量高的柑橘一般耐贮性较强。

蔬菜（一般指果菜类）的着生部位与品质及耐贮性的关系和果实相比略有不同，一般以生长在植株中部的果实品质最好，耐贮性最强。如生长在植株下部和上部的番茄、茄子、辣椒等果实的品质和耐贮性不如中部的果实强；生长在瓜蔓基部和顶部的瓜类果实不如生长在中部的个大，风味好，耐贮藏。由此可见，果实的生长部位对其品质和耐贮性的影响很大，在实际工作中，如果条件允许，贮藏用果最好按果实生长部位分别采摘，分别贮藏。

1.1.2 自然环境因素

1.1.2.1 温度

与其他的生态因素相比，温度对果蔬品质和耐贮性的影响更为重要。因为每种果蔬在生长发育期间都有其适宜的温度范围和积温要求，在适宜温度范围内，温度越高，果蔬的生长发育期越短。

果蔬在生长发育过程中，温度过高或过低都会对其生长发育、产量、品质和耐贮性产生影响。温度过高，作物生长快，产品组织幼嫩，营养物质含量低，表皮保护组织发育不好，有时还会产生高温伤害。温度过低，特别是在开花期连续出现数日低温，就会使苹果、梨、桃、番茄等授粉受精不良，落花落果严重，使产量降低，形成的苹果果实易患苦痘病和蜜果病，而番茄果实则易出现畸形果，降低品质和耐贮性。

有关夏季温度对苹果品质的影响很早就有报道。美国学者 Shaw 指出，夏季温度是决定果实化学成分和耐贮性的主要因素。他通过对 165 个苹果品种的研究后认为，不同品种的苹果都有其适宜的夏季平均温度，但大多数品种 3～9 月份的平均适温为 12～15.5℃。低于这个适温，就会引起果实化学成分的差异，从而降低果实的品质，缩短贮藏寿命。但也有人观察到，有的苹果品种需要在比较高的夏季温度下才能生长发育得最好，如红玉苹果在平均温度为 19℃的地区生长得比较好。当然，夏季温度过高的地区，果实成熟早，色泽和品质差，也不耐贮藏。

桃是耐夏季高温的果树，温度对其品质和耐藏性有影响。如夏季适当高温，果实含酸量高，耐藏性提高。但黄肉桃在夏季温度超过 32℃时，会影响果实的色泽和大小，品质下降；如果夏季低温高湿，桃的颜色和成熟度差，也不耐贮运。番茄果实中番茄红素形成的适宜温度为 20～25℃，如果长时间持续在 30℃以上的气候条件下生长，则果实着色不良，品质下降，贮藏效果不佳。

柑橘的生长温度对其品质和耐贮性有较大的影响，冬季温度太高，果实颜色淡黄而不鲜艳，冬季有连续而适宜的低温，有利于柑橘的生长、增产和提高果实品质。但是温度低于 －2℃，果实就会受冻而不耐贮运。

大量的生产实践和研究证明，采前温度和采收季节也会对果蔬的品质和耐贮性产生深刻影响。如苹果采前 6～8 周昼夜温差大，果实着色好，含糖量高，组织致密，品质好，也耐贮藏。费道罗夫认为，采前温度与苹果发生虎皮病的敏感性有关。为此他提出了一个预测指标，在 9～10 月份，如果温度低于 10℃的总时数为 150～160h，某些苹果品种果实很少发生虎皮病；而总时数如果为 190～240h，就可以排除发生虎皮病的可能性。如果夜间最低温度超过 10℃，低温时数的有效作用将等于零。这也可能是为什么过早采收的苹果，在贮藏中总是加重虎皮病发生的原因之一。梨在采前 4～5 周生长在相对凉爽的气候条件下，可以减少贮藏期间的果肉褐变与黑心。同一种类或品种的蔬菜，秋季收获的比夏季收获的耐贮藏，如番茄、甜椒等。不同年份生长的同一蔬菜品种，耐贮性也不同，因为不同年份气温条件不同，会影响产品的组织结构和化学成分的变化。例如马铃薯块茎中 淀粉的合成和水解与生长期中的气温有关，而淀粉含量高的耐贮性强。北方栽培的大葱可露地冻藏，缓慢解冻后可以恢复新鲜状态，而南方生长的大葱，却不能在北方作露地冻藏。甘蓝耐贮性在很大程度上取决于生长期间的温度和降雨量，低温下（10℃）生长的甘蓝，戊聚糖和灰分较多，蛋白质较少，叶片的汁液冰点较低，耐贮藏。

1.1.2.2 光照

光照是果蔬生长发育获得良好品质的重要条件之一，绝大多数的果蔬都属于喜光植物，特别是它们的果实、叶球、块根、块茎和鳞茎的形成，都必须有一定的光照强度和充足的光照时间。光照直接影响果蔬的干物质积累、风味、颜色、质地及形态结构，从而影响果蔬的品质和耐贮性。

光照不足会使果蔬含糖量降低，产量下降，抗性减弱，贮藏中容易衰老。如苹果在生长季节的连续阴天会影响果实中糖和酸的形成，果实容易发生生理病害，缩短贮藏寿命。树冠内膛的苹果因光照不足易发生虎皮病，贮藏中衰老快，果肉易粉质化。有些研究发现，暴露在阳光下的柑橘果实与背阴处的果实比较，一般具有发育良好、皮薄、果汁可溶性固形物高等特点，酸和果汁量则较低，品质也差。蔬菜生长期间如光照不足，往往叶片生长得大而薄，贮藏中容易失水萎蔫和衰老。西瓜、甜瓜光照不足，含糖量会下降。大白菜和洋葱在不同的光照强度下，含糖量和鳞茎大小明显不同，如果生长期间阴天多，光照时间少，光照强度弱，蔬菜的产量下降，干物质含量低，贮藏期短。大萝卜在生长期间如果有50%的遮光，则生长发育不良，糖分积累少，贮藏中易糠心。但是，光照过强也有危害，如番茄、茄子和青椒在炎热的夏天受强烈日照后，会产生日灼病，不能进行贮藏。秦冠、鸡冠、红玉等品种的苹果受强日照后易患蜜果病等等。特别是在干旱季节或年份，光照过强对果蔬造成的危害将更为严重。此外，光照长短也影响贮藏器官的形成，如洋葱、大蒜等要求有较长的光照，才能形成鳞茎。

光照与花青色素的形成密切相关，红色品种的苹果在阳光照射下，果实颜色鲜红，特别是在昼夜温差大、光照充足的条件下，着色更佳；而树膛内的果实，接触阳光少，果实成熟时不呈现红色或色调不浓。研究发现，光照对果实着色发生影响是有条件的。Magness 认为，苹果颜色的发展首先受果实化学成分的影响，只有在果实有足够的含糖量时，天气因素才会对颜色的形成发生作用。因此果实的成熟度也是着色的重要条件，在达到一定成熟度之前，即使外界环境条件适宜，花青素也不能迅速形成，果实着色仍然缓慢。

光质（红光、紫外光、蓝光和白光）对果蔬生长发育和品质都有一定的影响。许多水溶性色素的形成都要求有强光，特别是紫外光（3600～4500Å❶）与果实红色的发育有密切的关系。紫外光的光波极短，光通量值大，易被空气中的尘埃和小水滴吸收。据研究，苹果果实成熟前6周，阳光的直射量与红色发育呈高度的正相关，特别是在雨后，空气中尘埃少，在阳光直射下的果实着色最快。随着栽培技术的发展，目前很多水果产区，为了提高果实的品质，增加红色品种果实的着色度，在果树行间铺设反光塑料薄膜以改善果实的光照条件，或采用果实套袋的方法改善光质都取得了良好的效果。此外紫外光还有利于果蔬抗坏血酸的合成，提高产品品质。如树冠外侧暴露在阳光下的苹果不仅颜色红，抗坏血酸含量也较高；温室中栽培的黄瓜和番茄果实因缺少紫外光，抗坏血酸的含量往往没有露地栽培的高；光质也影响着甘蓝花青素苷的合成速度，紫外光对其合成最为有利。

1.1.2.3 降雨

降雨会增加土壤湿度、空气湿度和减少光照时间，与果蔬的产量、品质和耐贮性密切相关，干旱或者多雨常常制约着果蔬的生产。在潮湿多雨的地区或年份，土壤的pH值一般小于7，为酸性土壤，土壤中的可溶性盐类如钙盐几乎被冲洗掉，果蔬就会缺钙，加上阴天减少了光照，使果蔬品质和耐贮性降低，贮藏中易发生生理病害和侵染性病害。如生长在潮湿地区或多雨年份的苹果，果实内可溶性固形物和抗坏血酸含量较低，贮藏中易发生虎皮病、苦痘病、轮纹病和炭疽病等病害。此外果实也容易裂果，裂果常发生在下雨之后，此时蒸腾作用很低，苹果除了从根部吸收水分外，也可以从果皮吸收较多水分，促使果肉细胞膨压增大，造成果皮开裂。柑橘生长期雨水过多，果实成熟后着色不好，表皮细胞中精油含量减少，果汁中糖和酸含量降低，此外，高湿有利于真菌的生长，容易引起果实腐烂。马铃薯采前遇雨，采后腐烂增加。生育期冷凉多雨的黄瓜，品质和耐贮性降低，因为空气湿度高时，蒸腾作用受阻，从土壤中吸收的矿物质减少，使得有机物的生物合成、运输及其在果实中的

---

❶ $1Å=10^{-10}m$。

累积受到阻碍。

在干旱少雨的地区或年份，空气的相对湿度较低，土壤水分缺乏，影响果蔬对营养物质的吸收，使果蔬的正常生长发育受阻，表现为个体小，产量低，着色不良，成熟期提前，容易产生生理病害。如生长在干旱年份的苹果，容易发生苦痘病；大白菜容易发生干烧心病；萝卜容易出现糠心等等。降雨不均衡或久旱骤雨，会造成果实大量裂果，如苹果、大枣、番茄等。甜橙在贮藏过程中的枯水与生长期的降雨量有关，干旱后遇多雨天气，果实在短期内生长旺盛，果皮组织疏松，枯水现象加重。

1.1.2.4　地理条件

果蔬栽培地区的纬度和海拔高度不同，生长期间的温度、光照、降雨量和空气的相对湿度不同，从而影响果蔬的生长发育、品质和耐贮性。纬度和海拔高度不同，果蔬的种类和品种不同；即使同一种类的果蔬，生长在不同纬度和海拔高度，其品质和耐贮性不同。如苹果属于温带水果，在我国长江以北广泛栽培，多数中、晚熟品种较耐贮藏，但因生长的纬度不同，果实的耐贮性也有差别。生长在河南、山东一带的苹果，不如生长在辽宁、山西、甘肃、陕北的苹果耐贮性强。同一品种的苹果，在高纬度地区生长的比在低纬度地区生长的耐贮性要好，辽宁、甘肃、陕北生长的元帅苹果较山东、河北生长的元帅苹果耐贮藏。我国西北地区生长的苹果，可溶性固形物高于河北、辽宁的苹果，西北虽然纬度低，但海拔较高，凉爽的气候适合于苹果的生长发育。海拔高度对果实品质和耐贮性的影响十分明显，海拔高的地区，日照强，昼夜温差大，有利于糖分的累积和花青素的形成，抗坏血酸的含量也高，所以苹果的色泽、风味和耐贮性都好。

生长在山地或高原地区的蔬菜，体内碳水化合物、色素、抗坏血酸、蛋白质等营养物质的含量都比平原地区生长的要高，表面保护组织也比较发达，品质好，耐贮藏。如生长在高海拔地区的番茄比生长在低海拔地区的品质明显要好，耐贮性也强。由此可见，充分发挥地理优势，发展果蔬生产，是改善果蔬品质，提高贮藏效果的一项有利措施。

1.1.2.5　土壤

土壤是果蔬生长发育的基础，土壤的理化性状、营养状况、地下水位高低等直接影响到果蔬的化学组成、组织结构，进而影响到果蔬的品质和耐贮性。不同种类的果蔬对土壤的要求不同，但大多数果蔬适合于生长在土质疏松、酸碱适中、养分充足、湿度适宜的土壤中。

土质会影响果蔬栽培的种类、产品的化学组成和结构。我国北方气候寒冷、少雨、土壤风化较弱，土壤中砂粒、粉粒含量较多，黏粒较少。砂土在北方分布广泛，这种土壤颗粒较粗，保肥保水力差，通气通水性好，蔬菜生长后期，易脱肥水，不抗旱，适于栽培早熟薯类、根菜、春季绿叶菜类。在砂土中生长的蔬菜，早期生长快，外观美丽，但根部老化快，植株易早衰，抗病、耐寒、耐热性都较弱，产品品质差，味淡，不耐贮。我国黄土高原、华北平原、长江下游平原、珠江三角洲平原均为砂壤土，质地均匀，粉粒含量高，物理性能好，抗逆能力强，通气透水，保水保肥和抗旱力强，适合于栽种任何蔬菜，其产品品质和耐贮性都好。在平原洼地、山间盆地、湖积平原地区为黏土，以黏粒占优势，质地黏重，结构致密，保水保肥力大，通气透水力差，适于种植晚熟品种蔬菜，植株生根慢，生长迟缓，形小不美观，但根部不易老化，成熟迟，耐病、耐寒、耐热性强，产品品质好，味浓，耐贮藏。

研究表明，黏重土壤上种植的香蕉，风味品质比砂质土壤上种植的好，而且耐贮藏。生长在黏重土壤上的柑橘，风味品质要比生长在轻松砂壤土上的好。轻松土壤上种植的脐橙比黏重土壤上种植的果实坚硬，但在贮藏中失重较快。苹果适合在质地疏松、通气良好、富含有机质的中性到酸性土壤上生长。在砂土上生长的苹果容易发生苦痘病，可能是因为水分的供给不正常，影响了钾、镁和钙离子的吸收与平衡。在轻砂土壤上生长的西瓜，果皮坚韧，耐贮运能力强。在排水与通气良好的土壤上栽培的萝卜，贮藏中失水较慢；而莴苣在砂质土壤上栽培的失水快，在黏质土壤上栽培的失水则较慢。

1.1.3 农业技术因素

1.1.3.1 施肥

施肥对果蔬的品质及耐贮性有很大的影响。在果蔬的生长发育过程中，除了适量施用氮肥外，还应该注意增施有机肥和复合肥，特别应适当增施磷、钾、钙肥和硼、锰、锌肥等，这一点对于长期贮藏的果蔬显得尤为重要。只有合理施肥，才能提高果蔬的品质，增加其耐贮性和抗病性。如果过量施用氮肥，果蔬容易发生采后生理失调，产品的耐贮性和抗病性会明显降低，因为产品的氮素含量高，会促进产品呼吸，增加代谢强度，使其容易衰老和败坏，而钙含量高时可以抵消高氮的不良影响。如氮肥过多，会降低番茄果实的品质，减少干物质和抗坏血酸的含量。施用氮肥过多的果园，果实的颜色差，质地松软，贮藏中容易发生生理病害，如苹果的虎皮病、苦痘病等等。适量施用钾肥，不仅能使果实增产，还能使果实产生鲜红的色泽和芳香的气味。缺钾会延缓番茄的完熟过程，因为钾浓度低时会使番茄红素的合成受到抑制。苹果缺钾时，果实着色差，贮藏中果皮易皱缩，品质下降；而施用过量钾肥，又易产生生理病害。土壤中缺磷，果实的颜色不鲜艳，果肉带绿色，含糖量降低，贮藏中容易发生果肉褐变和烂心。苹果缺硼，果实不耐贮藏，易发生果肉褐变或发生虎皮病及水心病。缺钙对果蔬质量影响很大，苹果缺钙时，易发生苦痘病、低温溃败病等病害；芒果缺钙时，花端腐烂；大白菜缺钙，易发生干烧心病等等。果蔬在生长过程中，适量施用钙肥，不仅可提高品质，还能有效防止上述生理病害的发生。

1.1.3.2 灌溉

水分是保持果蔬正常生命活动所必需的，土壤水分的供给对果蔬的生长、发育、品质及耐贮性有重要的影响，含水量太高的产品不耐贮藏。大白菜、洋葱采前一周不要浇水，否则耐贮性下降。洋葱在生长中期如果过分灌水会加重贮藏中的颈腐、黑腐、基腐和细菌性腐烂。番茄在多雨年份或久旱骤雨，会使果肉细胞迅速膨大，从而引起果实开裂。在干旱缺雨的年份或轻质土壤上栽培的萝卜，贮藏中容易糠心，而在黏质土上栽培的，以及在水分充足年份或地区生长的萝卜，糠心较少，出现糠心的时间也较晚。大白菜蹲苗期，土壤干旱缺水，会引起土壤溶液浓度增高，阻碍钙的吸收，易发生干烧心病。

桃在采收前几周缺水，果实就难以增大，果肉坚硬，产量下降，品质不佳；但如果灌水太多，又会延长果实的生长期，果实着色差、不耐贮藏。葡萄采前不停止灌水，虽然产量增加了，但因含糖量降低会不利于贮藏。水分供应不足会削弱苹果的耐贮性，苹果的一些生理病害如软木斑、苦痘病和红玉斑点病，都与土壤中水分状况有一定的联系。水分过多，果实过大，果汁的干物质含量低，而不耐长期贮藏，容易发生生理病害。柑橘果实的蒂缘褐斑（干疤），在水分供应充足的条件下生长的果实发病较多，而在较干旱的条件下生长的果实褐斑病较少。可见，只有掌握适时合理的灌溉，才能既保证果蔬的产量和质量，又有利于提高其贮藏性能。

1.1.3.3 修剪、疏花和疏果

适当的果树修剪可以调节果树营养生长和生殖生长的平衡，减轻或克服果树生产中的大

小年现象，增加树冠透光面积和结果部位，使果实在生长期间获得足够的营养，从而影响果实的化学成分，因此修剪也会间接地影响果实的耐贮性。研究表明，树冠内主要结实部位集中在自然光强的30%～90%范围内。就果实品质而言，在40%以下的光强条件下生长的果实，品质较差；40%～60%的光强可产生中等品质的果实；在60%以上的光强条件下生长的果实，品质最好。如果修剪过重，来年果树营养生长旺盛，叶果比增大，树冠透光性能差，果实着色不好，苹果内含钙少而蔗糖含量高，在贮藏中易发生苦痘病和虎皮病。重剪还会增加红玉苹果的烂心和蜜病的发生。柑橘树若修剪过重，粗皮大果比例增加，贮藏中易枯水。但是，修剪过轻，果树生殖生长旺盛，叶果比减小，果实生长发育不良，果实小，品质差，也不利于贮藏。因此，只有根据树龄、树势、结果量、肥水条件等因素进行合理的修剪，才能确保果树生产达到高产、稳产，生产出的果实才能达到优质、耐贮的目的。

在番茄、西瓜等蔬菜生产中，也要定期进行去蔓、打杈，及时摘除多余的侧芽，其目的也是协调营养生长和生殖生长的平衡，以期获得优质耐贮的蔬菜产品。

适当的疏花疏果也是为了保证果蔬正常的叶、果比例，使果实具有一定的大小和优良的品质。生产上，疏花工作应尽量提前进行，这样可以减少植株体内营养物质的消耗。疏果工作一般应在果实细胞分裂高峰期到来之前进行，这样可以增加果实中的细胞数；疏果较晚，只能使果实细胞膨大有所增加，疏果过晚，对果实大小影响不大。因为疏花疏果影响到果实细胞的数量和大小，也就影响到果实的大小和化学组成，在一定程度上影响了果蔬的耐贮性。研究表明，对苹果进行适当的疏花疏果，可以使果实含糖量增高，不仅有利于花青素的形成，同时也会减少虎皮病的发生，使耐贮性增强。

1.1.3.4 田间病虫防治

病虫害不仅可以造成果蔬产量降低，而且对果蔬品质和耐贮性也有不良影响，因此，田间病虫防治是保证果蔬优质高产的重要措施之一。贮藏前，那些有明显症状的产品容易被挑选出来，但症状不明显或者发生内部病变的产品却往往被人们忽视，它们在贮藏中发病、扩散，从而造成损失。

目前，杀菌剂和杀虫剂种类很多，常见的有苯并咪唑类、有机磷类、有机硫类、有机氯类等等，都是生产上使用较多的高效低毒农药，对防治多种果蔬病虫有良好的效果。相关内容参考“果品蔬菜贮藏病害”一章。

1.1.3.5 生长调节剂处理

生长调节剂对果蔬的品质影响很大。采前喷洒生长调节剂，是增强果蔬产品耐贮性和防止病害的有效措施之一。果蔬生产上使用的生长调节剂种类很多，根据其使用效果，可概括为以下四种类型。

(1) 促进生长促进成熟　如生长素类的吲哚乙酸、萘乙酸和2,4-D（2,4-二氯苯氧乙酸）等。这类物质可促进果蔬的生长，防止落花落果，同时也促进果蔬的成熟。如用10～40mg/kg的萘乙酸在采前喷洒苹果，能有效地控制采前落果，但也增强了果实的呼吸，加速了成熟，所以对于长期贮藏的产品来说会有些不利。用10～25mg/kg的2,4-D在采前喷洒番茄，不仅可防止早期落花落果，还可促进果实膨大，使果实提前成熟。菜花采前喷洒100～500mg/kg的2,4-D，可以减少贮藏中保护叶的脱落。

(2) 促进生长抑制成熟衰老　如细胞分裂素、赤霉素等。细胞分裂素可促进细胞的分裂，诱导细胞的膨大，赤霉素可以促进细胞的伸长，二者都具有促进果蔬生长和抑制成熟衰老的作用。结球莴苣采前喷洒10mg/kg的苄基腺嘌呤（BA），采后在常温下贮藏，可明显延缓叶子变黄。喷过赤霉素的柑橘、苹果，果实着色晚，成熟减慢。无核葡萄坐果期喷

40mg/kg 的赤霉素，可显著增大果粒。喷过赤霉素的柑橘，果皮的褪绿和衰老变得缓慢，某些生理病害也得到减轻。对于柑橘果实，2,4-D 也有延缓成熟的作用，用 50～100mg/kg 的 2,4-D 在采前喷洒柑橘，使果蒂保持鲜绿而不脱落，蒂腐也得到了防治，若与赤霉素同时使用，可推迟果实的成熟，延长贮藏寿命。赤霉素可以推迟香蕉呼吸高峰的出现，延缓成熟和延长贮藏寿命。菠萝在开花一半到完全开花之前用 70～150mg/kg 的赤霉素喷布，果实充实饱满，可食部分增加，柠檬酸含量下降，成熟期推迟 8～15d，有明显的增产效果。用 20～40mg/kg 的赤霉素浸蒜薹基部，可以防止薹苞的膨大，延缓衰老。

(3) 抑制生长促进成熟　如乙烯利、丁酰肼 (B_9)、矮壮素 (CCC) 等。乙烯利是一种人工合成的乙烯发生剂，具有促进果实成熟的作用，一般生产的乙烯利为 40%的水溶液。苹果在采前 1～4 周喷洒 200～250mg/kg 的乙烯利，可以使果实的呼吸高峰提前出现，促进成熟和着色。梨在采前喷洒 50～250mg/kg 的乙烯利，也可以使果实提早成熟，降低总酸含量，提高可溶性固形物含量，使早熟品种提前上市，能改善其外观品质，但是用乙烯利处理过的果实不能作长期贮藏。丁酰肼 (B_9) 对于苹果具有延缓成熟的作用，但是对于桃、李、樱桃等则可以促进果实内源乙烯的生成，加速果实的成熟，使果实提前 2～10d 上市，并可增进黄肉桃果肉的颜色。国外用于加工的桃，使用丁酰肼 (B_9) 可以使果实的成熟度一致，果柄容易脱落，便于机械采收。在桃果实膨大初期或硬核期可分别喷洒 0.4%～0.8%和 0.1%～0.4%的丁酰肼 (B_9) 以促进成熟。但有人认为丁酰肼 (B_9) 具有毒性，用丁酰肼 (B_9) 喷过的果实，可能有致癌作用，所以丁酰肼 (B_9) 一直未能获准注册。矮壮素用于果树生产，最明显的效果是增加葡萄的坐果率，用 100～500mg/kg 的矮壮素加 1mg/kg 的赤霉素在花期喷洒或蘸花穗，能提高葡萄坐果率，增加果实含糖量和减少裂果，促进了果实成熟。

(4) 抑制生长延缓成熟　如矮壮素 (CCC)、丁酰肼 (B_9)、青鲜素 (MH)、多效唑等。巴梨采前 3 周用 0.5%～1%的矮壮素喷洒，可以增加果实的硬度，防止果实变软，有利于贮藏。西瓜喷洒矮壮素后所结果实的可溶性固形物含量高，瓜变甜，贮藏寿命延长。丁酰肼 (B_9) 对果树生长有抑制作用，苹果采前用 0.1%～0.2%的丁酰肼 (B_9) 喷洒，可防止苹果采前落果，使果实硬度增大，着色好，贮藏期延长，同时对减少苹果虎皮病也有积极效应。采前用多效唑喷洒梨和苹果，果实着色好，硬度大，减轻了贮藏过程中某些生理病害（如虎皮病和苦痘病等）的发生。苹果生长期间，适时喷洒 0.1%～0.2%青鲜素，可控制树冠生长，促进花芽分化，使果实着色好，硬度大，苦痘病的发生率降低。洋葱、大蒜在采前两周喷洒 0.25%的青鲜素，可明显延长采后的休眠期，浓度过低，效果不明显。

1.2 果品蔬菜的基本组成及其在采后成熟衰老过程中的变化

水果和蔬菜有着诱人的色、香、味和质地，能增进食欲，有助于食物的消化吸收，是人们生活中每日不可缺少的食品。果蔬中所含有的各种维生素、矿物质和有机酸，是从粮食、肉类和禽蛋中难于摄取到的，具有特殊营养价值的物质，所以水果、蔬菜作为保健食品的效用很大。但是反映果蔬品质的各种化学物质，在果蔬生长、成熟和贮藏过程中不断发生着变化，而要搞好果蔬的流通和贮藏保鲜，就必须了解这些化学成分的变化规律，以便保持其应有的品质。

果蔬中所含的化学成分可分为两部分，即水分和固形物（干物质）。固形物包括有机物和无机物。有机物又分为含氮化合物和无氮化合物，此外还有一些重要的维生素、色素、芳香物质以及许多的酶。这些物质具有各种各样的特性，这些特性是决定果蔬本身品质的重要因素。

果蔬的化学组成，由于种类、品种、栽培条件、产地气候、成熟度、个体差异以及采收后的处理等因素的影响，有很大变化。因此，研究了解果蔬的化学成分组成及其在各种环境条件下的变化，是十分必要的。

1.2.1　水分及无机成分

1.2.1.1　水分

水分是果蔬的主要成分，其含量依果蔬种类和品种而异，大多数的果蔬组成中水分占80%～90%。西瓜、草莓、番茄、黄瓜可达90%以上。含水分较低的如山楂也占65%左右。水分的存在是植物完成生命活动过程的必要条件。水分是影响果蔬嫩度、鲜度和味道的重要成分，与果蔬的风味品质有密切关系。但是果蔬含水量高，又是它贮存性能差、容易变质和腐烂的重要原因之一。果蔬采收后，水分得不到补充，在运贮过程中容易蒸散失水而引起萎蔫、失重和失鲜。其失水程度与果蔬种类、品种及运贮条件有密切关系。

1.2.1.2　无机成分（灰分或矿质元素）

果蔬中矿质元素的量与水分和有机物质比较起来，虽然非常少，但在果蔬的化学变化中，却起着重要作用，因此也是重要的营养成分之一。果蔬中矿物质的80%是钾、钠、钙等金属成分，其中钾约占成分的一半以上，磷酸和硫酸等非金属成分只不过占20%。此外，果蔬中还含多种微量矿质元素，如锰、锌、钼、硼等，对人体也具有重要的生理作用。水果类虽然含有机酸，呈现酸味，但它的灰分却在体内呈现碱性，因此和蔬菜一样，都被称为碱性食品。而相对来讲，谷类和肉类中的磷、硫的含量很多，会在体内形成磷酸、硫酸而呈现酸性，因而被称为酸性食品。为了保持人体血液和体液的酸碱平衡，在食用肉类、谷类等酸性食品的同时，还需要食用水果和蔬菜等碱性食品，这在维持人体健康上是十分重要的。

果蔬中大部分矿物质是和有机酸结合在一起，其余的部分与果胶物质结合。与人体关系最密切的而且需要最多的是钙、磷、铁，在蔬菜中含量也较多。例如各种蔬菜每100g食用部分的含钙量为萝卜缨含280mg，雪里蕻含235mg，苋菜含200mg；其次是毛豆、水芹等含量也不少。黄瓜中含磷最多为530mg，菠菜为375mg，青豌豆为280mg；其次是荸荠、青扁豆荚等。含铁最多的为芹菜含8.5mg，毛豆含6.4mg，凉薯含5.0～9.0mg；其次为苋菜、水芹菜等。

菠菜和甜菜叶中的钙呈草酸盐状态存在，不能被人体吸收，而甘蓝、芥菜中的钙呈游离状态，容易被人体吸收。

1.2.2　维生素

果蔬是食品中维生素的重要来源，对维持人体的正常生理机能起着重要作用。虽然人体对维生素需要量甚微，但缺乏时就会引起各种疾病。果蔬中维生素种类很多，一般可分为水溶性维生素和脂溶性维生素两类，现将其功能特性分述如下。

1.2.2.1　水溶性维生素

此类维生素，易溶于水，所以在果蔬加工过程中应特别注意保存。

（1）维生素 B_1（硫胺素）　豆类中维生素 B_1 含量最多，在酸性环境中较稳定，在中性或碱性环境中遇热易被氧化或还原。维生素 B_1 是维持人体神经系统正常活动的重要成分，也是糖代谢的辅酶之一。当人体中缺乏维生素 B_1，常引起脚气病、消化不良和心血管失调等。

(2) 维生素 B_2（核黄素） 甘蓝、番茄中含量较多。维生素 B_2 耐热，在果蔬加工中不易被破坏；但在碱性溶液中遇热不稳定。它是一种感光物质，存在于视网膜中，是维持眼睛健康的必要成分，在氧化作用中起辅酶作用。

(3) 维生素 C（抗坏血酸） 16 世纪人们就知道，柠檬等果汁可治疗坏血病，其有效成分就是今天所说的维生素 C。它参与人体代谢活动，加强对病菌的抵抗力，维持胶原的正常发育，在毛细血管中帮助铁的吸收和保护结缔组织，从而加速伤口的愈合，同时也是生成骨蛋白的重要成分。维生素 C 易与致癌物质亚硝胺结合，有防癌效应。但是维生素 C 易溶于水，易被氧化失去作用，是一种不稳定的维生素。酸性条件下比较稳定，在中性或碱性介质中反应快。由于果蔬本身含有促使抗坏血酸氧化的酶，因而在贮藏过程中会逐渐被氧化减少。减少得快慢与贮藏条件有很大关系，一般在低温、低氧中贮藏的果蔬，可以降低或延缓维生素 C 的损失。

果蔬种类不同，维生素 C 含量有很大差异，如酸枣、沙棘、刺梨、枣、猕猴桃、山楂、柑橘、甜椒、雪里蕻、花椰菜、苦瓜等果蔬中维生素 C 含量比较高。其中甜椒的红果果皮中比绿果（适熟期）果皮中维生素含量高，过熟时含量降低。果蔬的不同组织部位其含量也有所不同，一般是果皮中维生素 C 高于果肉中的含量。

1.2.2.2 脂溶性维生素

脂溶性维生素能溶于油脂，不溶于水。

(1) 维生素 A 原（胡萝卜素） 植物体中不含维生素 A，但有维生素 A 原即胡萝卜素。果蔬中的胡萝卜素被人体吸收后，在体内可以转化为维生素 A。它在人体内能维持黏膜的正常生理功能，保护眼睛和皮肤等，能提高对疾病的抵抗性。它在贮藏中损失不显著。含胡萝卜素较多的果蔬有：胡萝卜、菠菜、空心菜、芫荽、韭菜、南瓜、芥菜、杏、黄肉桃、柑橘、芒果等。

(2) 维生素 E 和维生素 K 这两种维生素存在于植物的绿色部分，性质稳定。莴苣富含维生素 E；菠菜、甘蓝、花椰菜、青番茄中富含维生素 K。维生素 K 是形成凝血酶原和维持正常肝功能所必需的物质，缺乏时会造成流血不止的危险病症。

1.2.3 碳水化合物

果蔬中的碳水化合物有糖、淀粉、纤维素、果胶物质等，是干物质中的主要成分。

1.2.3.1 糖

糖是果蔬甜味的主要来源，是重要的贮藏物质之一，主要包括单糖、双糖等可溶性糖。不同种类的果蔬，含糖量差异很大。柑橘中的柠檬含糖量极低，而海枣的含糖量可达鲜重的 61%。多数果蔬中含蔗糖、葡萄糖和果糖，各种糖的多少因果蔬种类和品种等而有差别。而且果蔬在成熟和衰老过程中，含糖量和含糖种类也在不断变化。例如：杏、桃和芒果等果品成熟时，蔗糖含量逐渐增加。成熟的苹果、梨和枇杷，以果糖为主、也含有葡萄糖，蔗糖含量也增加。未熟的李子几乎没有蔗糖，成熟时蔗糖含量有一个迅速增加的过程。

另外一些常见蔬菜，如胡萝卜主要含蔗糖，甘蓝含葡萄糖。蔬菜中含糖量较果品少，一般的果菜，随着逐渐成熟含糖量日益增加，而块茎、块根类蔬菜，成熟度越高，含糖量越低。

可溶性糖是果蔬的呼吸底物，在呼吸过程中分解放出热能，果蔬糖含量在贮藏过程中趋于下降，但有些种类的果蔬，由于淀粉水解所致，使糖含量有升高现象。在树上成熟的早熟和中熟柑橘果实，累积的糖分主要是蔗糖。但伏令夏橙的成熟期在初夏，日平均温度逐日增高，呼吸也加强，所以蔗糖累积不甚显著，而冬季成熟的柑橘如橘，糖分的增加则主要是蔗糖。

果蔬中的糖不仅是构成甜味的物质，也是构成其它化合物的成分。如某些芳香物质常以配糖体形式存在，许多果实的鲜艳颜色来自糖与花青素的衍生物，果胶属于多糖结构，而果实中的维生素 C 也是由糖衍生而来。

1.2.3.2 淀粉

淀粉为多糖类，未熟果实中含有大量的淀粉，例如香蕉的绿果中淀粉含量占 20%～25%，而成熟后下降到 1%以下。块根、块茎类蔬菜中含淀粉最多，有藕、菱、芋头、山药、马铃薯等，其淀粉含量与老熟程度成正比增加。凡是以淀粉形态作为贮藏物质的蔬菜种类大多能保持休眠状态，有利于贮藏。对于青豌豆、甜玉米等以幼嫩籽粒供食用的蔬菜，其淀粉含量的多少，会影响食用及加工产品的品质。贮藏温度对淀粉的转化影响很大。如青豌豆采后存放在高温下，经 2d 后糖分能合成淀粉，淀粉含量可由 5%～6%增到 10%～11%，使糖量下降，甜味减少，品质变劣。

淀粉不溶于冷水，在热水中极度膨胀，成为胶态，易被人体吸收，在植物体内淀粉转化为糖，是依靠酶的作用进行的。在磷酸化酶和磷酸酯酶的作用下，转变是可逆的。马铃薯在不同温度贮藏时，就有这种表现。如贮藏在 0℃下，块茎还原糖含量可达 6%以上，而贮于 5℃以上，往往不足 2.5%。在淀粉酶和麦芽糖酶活动的情况下，淀粉转变为葡萄糖是不可逆的。

1.2.3.3 纤维素和半纤维素

这两种物质都是植物的骨架物质细胞壁的主要构成部分，对组织起着支持作用。

纤维素在果蔬皮层中含量较多。它又能与木素、栓质、角质、果胶等结合成复合纤维素。这对果蔬的品质与贮运有重要意义。果蔬成熟衰老时产生木素和角质使组织坚硬粗糙，影响品质。如芹菜、菜豆等老化时纤维素增加，品质变劣。纤维素不溶于水，只有在特定的酶的作用下才被分解，许多霉菌含有分解纤维素的酶，受霉菌感染腐烂的果实和蔬菜，往往变为软烂状态，就是因为纤维素和半纤维素被分解的缘故。

香蕉果实初采时含纤维素 2%～3%，成熟时略有减少，蔬菜中纤维素含量为 0.2%～2.8%，根菜类为 0.2%～1.2%，西瓜和甜瓜为 0.2%～0.5%。

半纤维素在植物体中有着双重作用，既有类似纤维素的支持功能，又有类似淀粉的贮存功能。果蔬中分布最广的半纤维素为多缩戊糖，其水解产物为己糖和戊糖。半纤维素在香蕉初采时，含 8%～10%（以鲜重计）；但成熟果内仅存 1%左右，它是香蕉可利用的呼吸贮备基质。

人体胃肠中没有分解纤维素的酶，因此纤维素不能被消化，但能刺激肠的蠕动和消化腺分泌，因此有帮助消化的功能。

1.2.3.4 果胶物质

果胶物质沉积在细胞初生壁和中胶层中，起着黏结细胞个体的作用。分生组织和薄壁组织富含果胶物质。根据性质与化学结构的差异可将果胶物质分为以下几种。

（1）原果胶　原果胶是一种非水溶性的物质，存在于植物和未成熟的果实中，常与纤维素结合，所以称为果胶纤维素，它使果实显得坚实脆硬。随着果实成熟，在果实中原果胶酶作用下，酯化度和聚合度变小，分解为果胶。

（2）果胶　果胶易溶于水，存在于细胞液中。成熟的果实之所以变软，是原果胶与纤维素分离变成了果胶，使细胞间失去黏结作用，因而形成松弛组织。果胶的降解受成熟度和贮藏条件双重影响。

(3) 果胶酸 果胶酸是一种多聚半乳糖醛酸，少量的也聚合了一些糖分。果胶酸可与钙、镁等结合成盐，不溶于水。当果实进一步成熟衰老时，果胶继续被果胶酸酶作用，分解为果胶酸和甲醇。果胶酸没有黏结能力，果实变成水烂状态，有的变“绵”。果胶酸进一步分解成为半乳糖醛酸，果实解体。

三种果胶物质的变化，可简单表示如下（图 1-1）。

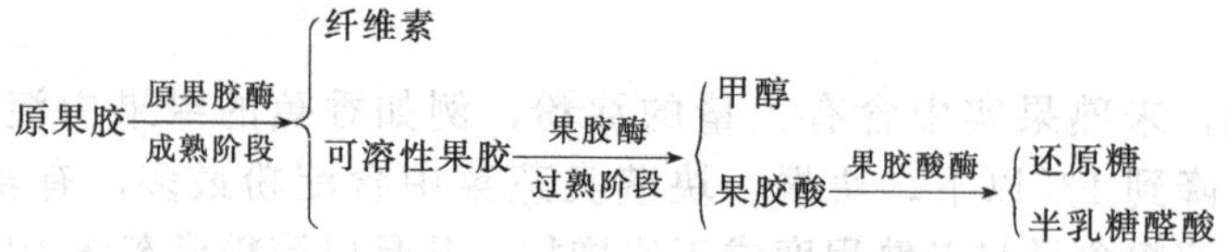

图 1-1 三种果胶物质的变化

大多数蔬菜和一些果品中的果胶即使含量很高，但因甲氧基含量低而缺乏凝胶能力。

果实硬度的变化，与果胶物质的变化密切相关。用果实硬度计来测定苹果、梨等的果肉硬度，借以判断成熟度，也可作为果实贮藏效果的指标。

1.2.4 有机酸

果蔬中有多种有机酸，分布最广的有柠檬酸、苹果酸和草酸。此外，还发现很多特有的如酒石酸、琥珀酸、α-酮戊二酸或延胡索酸等。各种不同类型的果蔬及在不同的发育时期内，它们所含酸的种类和浓度是不同的。已进入或接近成熟期的葡萄和苹果含游离酸（可滴定酸）量最高，成熟后又趋于下降。

香蕉和梨则与此相反，可滴定酸于发育中逐渐下降，成熟时含量最低。但不同果蔬种类，酸的含量不一定符合上述趋势，且酸的种类也会有变化。如未熟番茄中有微量草酸，正常成熟的番茄以苹果酸和柠檬酸为主，过熟软化的番茄中苹果酸和柠檬酸降低，而且有琥珀酸形成。菠菜幼嫩叶中含有苹果酸、柠檬酸等，老叶中含草酸。蔬菜虽含有多种有机酸，但除了番茄、酸模等少数蔬菜有酸味外，大部分因含酸少而感不到有酸味。果蔬中酸含量的多少，并不能完全表示酸味的强弱，其酸味强弱取决于果蔬的 pH 值。

果实里的有机酸，在果实风味上起着很重要的作用。判断果实的成熟度，在实践中常应用测定固酸比的办法。此外，果蔬里的有机酸，还可以作为呼吸基质，它是合成能量 ATP 的主要来源，同时它也是细胞内很多生化过程所需中间代谢物的提供者。

1.2.5 色素物质

色泽是人们感官评价果蔬质量的一个重要因素，也是检验果蔬成熟衰老的依据。因此，弄清果蔬中存在的色素及其性质是非常必要的。

色素种类很多，有时单独存在，有时几种色素同时存在，或显现或被遮盖。各种色素随着成熟期的不同及环境条件的改变而有各种变化。

1.2.5.1 叶绿素类

果蔬植物的绿色，是由于叶绿素的存在。叶绿素是两种结构很相似的物质即叶绿素 a（$C_{55}H_{72}O_5N_4Mg$）和叶绿素 b（$C_{55}H_{70}O_6N_4Mg$）的混合物。对大多数果实来说，最先的成熟象征是绿色的消失，即叶绿素含量逐渐地减少。

1.2.5.2 类胡萝卜素

这是一类脂溶性的色素，构成果蔬的黄色、橙色或橙红色。一般构造比较复杂，结构的差异，产生颜色的差异。属于类胡萝卜素的有 α、β 和 γ 胡萝卜素、番茄红素、番茄黄质、玉米黄质、隐黄质、叶黄素以及辣椒红素等，它们都可以在各种果实中发现，其中胡萝卜素被人体摄取后可转变为维生素 A。

(1) 胡萝卜素（$C_{40}H_{56}$） 胡萝卜素即维生素 A 原，常与叶黄素、叶绿素同时存在，呈橙黄色，富含于胡萝卜、南瓜、番茄、辣椒和绿色蔬菜中。杏、黄色桃等果实中都含有胡萝卜素。但由于它与叶绿素同时存在而不显现，成熟时有所增加。

(2) 番茄红素（$C_{40}H_{56}$） 番茄红素是番茄表现红色的色素。它是胡萝卜素的同分异构体，呈橙红色，存在于番茄、西瓜中。番茄红素的合成和分解受温度影响较大。16～21℃是番茄红素合成的最适温度，29.4℃以上就会抑制番茄红素的合成，番茄在炎热季节较难变红是温度太高的缘故。但温州蜜柑的番茄红素的合成不受温度的限制。同时湿度对红瓤西瓜番茄红素的形成也没有影响，对葡萄柚甚至促进合成。番茄各品种的颜色决定于各种色素的相对浓度和分布。

(3) 叶黄素（$C_{40}H_{56}O_2$） 各种果蔬中均有叶黄素存在，与胡萝卜素、叶绿素结合存在于果蔬的绿色部分，只有叶绿素分解后，才能表现出黄色。如黄色番茄显现的黄色，香蕉成熟时由青色转成黄色等。

(4) 椒黄素（$C_{40}H_{58}O_3$）和椒红素（$C_{40}H_{60}O_4$）　椒黄素与椒红素微溶于水。存在于辣椒中，洋葱黄皮品种也含有，表现为黄色到白色。

1.2.5.3　花青素（或称花色素类）苷

它是使果实和花等呈现红、蓝、紫等颜色的水溶色素，总称为花青素苷。它存在植物体内，溶于细胞质或液泡中。天然的花青素苷呈糖苷的形态，经酸或酶水解后，可产生花青素和糖。

$$\underset{\text{（糖苷）}}{\text{花青素苷}} \longrightarrow \underset{\text{（有色）}}{\text{花青素}} + \text{糖}$$

不同的糖和不同的花青素结合则产生不同的颜色。常见的花青素如天竺葵定、氰定、芍药定和翠雀定等。一般结构中的糖为单糖或双糖等。

花青素遇金属（铁、铜、锡）则变色，所以加工时不能用铁、铜、锡制的器具。加热对花青素有破坏作用。

1.2.6　单宁物质

单宁物质也称鞣质，属于多酚类化合物，已知它的主要成分是无色花色素糖苷，有收敛性涩味。一般蔬菜中含量较少，果实中较多。柿子的涩味，就是因为含单宁的缘故。成熟的涩柿，含有 1%～2%的可溶性单宁，呈强烈的涩味。经脱涩使可溶性单宁变成不溶性单宁，涩味减轻。在果实成熟或后熟过程中，单宁的聚合作用增加，不溶于水，涩味减轻或无涩味。青绿未熟的香蕉果肉也有涩味，但果实成熟后，单宁仅占青绿果肉含量的 1/5，单宁含量以皮部为最多，约比果肉多 3～5 倍。

单宁物质氧化时生成暗红色根皮鞣红，马铃薯或藕在去皮或切碎后，在空气中变黑就是这种现象，这是由于酶的活性增强所致，所以称之为酶褐变。要防止这种变化，应从控制单宁含量、酶（氧化酶、过氧化酶）的活性及氧的供给三个方面考虑。据报道，葡萄采前喷钙，对采后多酚氧化酶活性有所抑制，减少了单宁氧化及褐变的发生。

1.2.7　芳香物质

果蔬的香味，是其本身含有的各种芳香物质的气味和其它特性的结合的结果，也是决定品质的重要因素。由于果蔬种类不同，芳香物质的成分也各异。芳香物质也是判断果蔬成熟度的一种标志。

果蔬所含的芳香物质，并非是一种成分，而是由多种组分构成。同时，又随着地区的栽培条件、气候条件和生长发育阶段的不同而变化。挥发油的主要成分为醇类、酯类、醛类、酮类、烃类（萜烯）等，另外还有醚、酚类和含硫及氮化合物。果蔬中还含有不挥发的油分和蜡质，统称为油脂类。油脂富含于果蔬种子中，如南瓜籽含有油脂，坚果的果仁、棕榈、油橄榄和鳄梨果实都含有丰富的油脂。鳄梨和油橄榄的含油量为每 100g 果实分别含约 8g 和 11g。核桃仁含油量可达 60%～70%；其它果品含油很少。

苹果在树上成熟时增生了蜡质的被覆。蜡质可以粗分为油、蜡、三萜类化合物、乌索酸和角质等几类组分。蔬菜中，成熟的南瓜、冬瓜、甘蓝等的蜡被也比较明显。蜡被的生成因果蔬种类与品种、生长发育阶段、环境条件的不同而有不同。蜡质的形成加强了果蔬外皮的保护作用，减少水分蒸腾和病菌的侵入。因此采收时须注意勿将果粉擦去，以免影响果蔬耐贮性。

1.2.8 含氮化合物

果蔬中的含氮物质主要是蛋白质，其次是氨基酸、酰胺及某些铵盐和硝酸盐。果蔬中游离氨基酸为水溶性，存在于果蔬汁中。一般果实含氨基酸都不多，但对人体的综合营养来说，却具有重要价值。氨基酸含量多的果实有桃、李、番茄等，含量少的有洋梨、柿子等。

蔬菜的 20 多种游离氨基酸中，含量较多的有 14～15 种，有些氨基酸是具有鲜味的物质。谷氨酸钠是味精的主要成分，竹笋中含有天冬氨酸，香菇中有 5-鸟嘌呤核苷酸，豆芽菜中有谷酰胺、天冬酰胺，绿色蔬菜中的 9 种氨基酸中以谷氨酰胺最多。辣椒中的含氮物质有氨态氮和酰胺态氮，其中胎座中以此两种为多，而种子中以蛋白质为多。叶菜类中有较多的含氮物质，如莴苣的含氮物质占干重的 20%～30%，其中主要是蛋白质。蔬菜中的辛辣成分如辣椒中的辣椒素，花椒中的山椒素，均为具有酰胺基的化合物。生物碱类的茄碱，糖苷类的黑芥子苷，色素物质中的叶绿素和甜菜色素等也都是含氮素的化合物。

果实在生长和成熟过程中，游离氨基酸的变化与生理代谢变化密切相关。果实中游离氨基酸的存在，是蛋白质合成和降解过程中的代谢平衡的产物。果实成熟时氨基酸中的蛋氨酸是乙烯生物合成中的前体。不同种类果实，不同种类的氨基酸，在果实成熟期间的变化并无同一趋势。

1.2.9 糖苷类

糖苷是糖基与非糖基（苷配基）相结合的化合物。在酶或酸作用下水解生成糖和苷配基。其糖基主要有葡萄糖、果糖、半乳糖、鼠李糖等，苷配基主要有醇类、酚类、醌类、酮类、鞣酸、含氮物、含硫物等。

果蔬中存在着各种各样的苷，大多数都具有苦味或特殊的香味。其中有些苷类不只是果蔬独特风味的来源，也是食品工业中重要的香料和调味品。但是，其中部分的苷类有毒，在应用时应加注意。自然状态下一些以糖苷形态存在的物质，遇微生物侵染时，在酶的作用下，水解出游离苷配基，可起抗菌或杀菌作用。

糖苷类在植物体中普遍存在，兹将日常所见且较重要的苷类叙述如下。

1.2.9.1 苦杏仁苷

苦杏仁苷是果实种子中普遍存在的一种苷。其中以核果类的杏核（含 0～3.7%）、苦扁桃核（含2.5%～3.0%）、李核（含0.9%～2.5%）含量最多，仁果类的种子中含量较少或没有。

苦杏仁苷在酶的作用下，生成葡萄糖、苯甲醛和氢氰酸。氢氰酸具有剧毒，成年人服用量在0.05g（相当苦杏仁苷0.85g左右）即可丧失生命，因此在食用含有苦杏仁苷的种子时，需要加以处理。苯甲醛具有特殊香味，为重要的食品香料之一，工业上多利用杏仁等为原料提取苯甲醛。

1.2.9.2 黑芥子苷

黑芥子苷普遍存在于十字花科蔬菜。含于根、茎、叶与种子中。如萝卜在食用时所呈现的辛辣味，即黑芥子苷水解后产生的芥子油的风味。此苷在芥菜种子中含量最多，调味品芥末的刺鼻辛辣气味，即是黑芥子苷水解为芥子油所致。

1.2.9.3 茄碱苷（或称龙葵苷）

茄碱苷主要存在于茄科植物中，其中以马铃薯块茎中含量较多，正常含量在0.002%～0.01%。其存在部位多集中于薯皮近皮层的十余层细胞内。萌发的芽眼附近，受光变绿的部分较多，薯肉中较少。据试验，马铃薯在有光处贮藏，苷含量从0.006%增加到0.024%，春季马铃薯开始发芽，当芽长1～5cm时，茄碱苷含量急剧增加。芽中含量可增高到0.42%～0.73%。

茄碱苷是具苦味而有毒的物质，其含量达0.02%时，即可强烈地破坏人体的红血球，并引起黏膜发炎、头痛、呕吐，严重时可以致死。由此可见，薯皮变绿部分或已发芽的马铃薯块茎，茄碱苷含量均超过中毒量。为保证食用安全及保持品质，贮藏期间必须注意避光和抑制发芽。食用时需将芽眼及周围绿色薯皮削去。番茄和茄子果实中也含茄碱苷，未成熟绿色果实中较高，成熟时含量逐渐降低。

1.2.9.4 柠檬苷

柠檬苷是柑橘类果实中普遍存在的一种苷类。通常在柑橘类种子中最多，其次为囊膜，内果皮中较少，果汁及种皮中并未发现。柠檬苷本身不具苦味，因此在新鲜果实中无苦味的感觉，但与酸类化合时，则产生苦味。所以在果实加工时，由于含柠檬苷的细胞被破坏后与果肉中柠檬酸接触，即产生苦味。贮藏柑橘类果实腐烂败坏时，果实中也有苦味，与此原因相同。

1.2.10 酶

果蔬细胞中含有各种各样的酶，结构十分复杂，溶解在细胞汁液中。果蔬中所有的生物化学作用，都是在酶的参与下进行。例如苹果、香蕉、芒果、菠萝、番茄等在成熟中变软，是由于果胶酯酶和多聚半乳糖醛酸酶活性增强的结果。下面举出几种为例，说明它们对果蔬成熟及品质变化中的作用。

1.2.10.1 氧化还原酶

(1) 抗坏血酸氧化酶（又称抗坏血酸酶） 此酶存在时，可使L-抗坏血酸氧化为D-抗坏血酸。该酶制品大约有0.25%的铜，而铜量的多少和作用活性度几乎是平行的。在香蕉、胡萝卜和莴苣中广泛分布着这种酶，它对于维生素C的消长有很大关系。

(2) 过氧化氢酶和过氧化物酶 此两种酶广泛地存在于果蔬组织中。过氧化氢酶可催化如下反应：

$$2H_2O_2 \longrightarrow 2H_2O + O_2$$

由于呼吸中的过氧化氢酶的作用，可防止组织中的过氧化氢积累到有毒的程度。

在成熟时期随着果蔬氧化活性的增强，这两种酶的活性都有显著地增高。芒果呼吸作用的增强直接和酶的活性有关，过氧化氢酶和相应的氧化酶可能与乙烯生成有关，过氧化物酶也可能与乙烯的自身催化合成有关，与衰老的细胞活性有关。

(3) 多酚氧化酶 众所周知，植物一旦受到伤害，即发生褐变，这种现象多是由于多酚氧化酶进行催化的结果。此酶需有氧存在才能进行氧化生成醌，再氧化聚合，形成有色物质。

1.2.10.2 果胶酶类

果实在成熟过程中，质地变化最为明显，其中果胶酶类起着重要作用。果实成熟时硬度降低，与半乳糖醛酸酶和果胶酯酶的活性增加成正相关。梨在成熟过程中，果胶酯酶活性开始增加时，即已达到初熟阶段。苹果中果胶酯酶活性因品种不同而有很大差异，也可能与耐贮性相关。香蕉在催熟过程中，果胶酯酶活性显著增加，特别是果皮由绿转黄时更为明显。番茄果肉成熟时变软，是受果胶酶类作用的结果。

1.2.10.3 纤维素酶

一般认为果实在成熟时纤维素酶促使纤维素水解引起细胞壁软化。但这一理论还没有被普遍证实。有研究表明，番茄在成熟过程中，纤维素酶活性增加。而梨和桃在成熟时，纤维素分子团没有变化，苹果在成熟过程中，纤维素含量也不降低。

1.2.10.4 淀粉酶和磷酸化酶

许多果实在成熟时淀粉逐渐减少或消失。未催熟的绿熟期香蕉淀粉含量可达20%，成熟后下降到1%以下。苹果和梨在采收前，淀粉含量达到高峰，开始成熟时，大部分品种下降到1%左右。这些变化都由淀粉酶和磷酸化酶所引起的。研究者发现，巴梨果实在-0.5℃贮藏3个月中，淀粉酶活性逐渐增加，但从贮藏库取出后的催熟过程中却不再增加。有人观察到，经过长期贮藏之后不能正常成熟的巴梨，果实中蛋白质的合成能力丧失，可能是由于某些酶的合成受低温抑制，从而造成“低温伤害”的现象。当芒果成熟时，可观察到淀粉酶的活性增加，淀粉被水解为葡萄糖。

1.3 果品蔬菜原料的采后生理特性

1.3.1 果品蔬菜的呼吸代谢

呼吸作用是生命的基本过程。采后的果蔬同化作用基本停止，呼吸作用成为新陈代谢的主体，它直接联系着体内各种生理过程，为采后的生理代谢提供能量，是采后新物质合成所需底物的重要来源。因此只有保证呼吸代谢的正常，生理代谢才能有条不紊的进行。

1.3.1.1 呼吸的类型

呼吸作用是在许多复杂的酶系统参与下，经由许多中间反应环节进行的生物氧化还原过程，把复杂的有机物分解成较为简单的物质，同时释放能量的过程。

呼吸作用分为有氧呼吸和无氧呼吸两种类型，正常条件下有氧呼吸占主导地位。

(1) 有氧呼吸 有氧呼吸是在氧的参与下，生物体将复杂的有机物质分解为水和CO_2，并释放能量的过程。反应式如下：

$$C_6H_{12}O_6+6O_2 \longrightarrow 6CO_2+6H_2O+2817.7kJ$$

由上式可见，有氧的条件下一个葡萄糖彻底氧化时，共释放出 2817.7kJ 的热量。其中一部分热量贮存在 38 个 ATP 中；另一部分则以热的形式释放到体外，这部分热量称之为呼吸热。如果每个 ATP 所含热量按 40.6kJ 计算，38 个 ATP 所含能量为 1544kJ，占呼吸释放能量的 46%，那么呼吸热则为 54%。

(2) 无氧呼吸　在缺氧的条件下或在某些特定的组织中，果蔬会发生无氧呼吸。反应式见下：

$$C_6H_{12}O_6 \longrightarrow 2C_2H_5OH+2CO_2+87.9kJ$$

一分子葡萄糖经无氧呼吸，生成的能量为 87.9kJ。要得到与有氧呼吸相同的热量，消耗葡萄糖为有氧呼吸的 32 倍。此外，无氧呼吸的产物为乙醇、乙醛等，对果蔬组织有害。所以在果蔬贮藏过程中应尽量避免无氧呼吸的发生。

有些果蔬产品体积较大，内层组织气体交换差，部分无氧呼吸是它正常生理的一部分。即使在外界氧气充分的情况下，某些果实和地下根茎器官中也有一定比例的无氧呼吸发生。

1.3.1.2 呼吸代谢的途径

(1) 糖酵解途径　无论是有氧呼吸还是无氧呼吸，呼吸代谢都是从糖酵解开始的。糖酵解发生在细胞质中，是葡萄糖降解为丙酮酸的过程。反应式如下：

$$C_6H_{12}O_6 \longrightarrow 2CH_3COCOOH+2ATP+2NADH+2H_2O$$

一个葡萄糖经过糖酵解，生成 2ATP，2 个 NADH。2 个 NADH 经电子传递链可氧化生成 6 个 ATP，那么糖酵解共生成 8 个 ATP。糖酵解发生在细胞质中，而 NADH 的氧化发生在线粒体膜上，2 个 NADH 分子从细胞质跨膜进入线粒体，需要消耗 2 分子的 ATP，所以糖酵解净生成 6 个 ATP。

(2) 三羧酸循环　糖酵解形成的丙酮酸，在线粒体内通过三羧酸途径继续氧化形成 H_2O 和 CO_2。三羧酸途径是包括许多中间产物的脱氢氧化过程，并与电子传递、氧化磷酸化作用相结合。三羧酸循环的总反应式如下：

$$CH_3COCOOH+O_2+GDP+4NAD+1FAD \longrightarrow 3CO_2+2H_2O+GTP+4NADH+FADH$$

由上式可见，1 个丙酮酸分子氧化生成 1 个 GTP，4 个 NADH 和 1 个 FADH。1 个 NADH 经电子传递链氧化可形成 3 个 ATP，4 个 NADH 共生成 12 个 ATP；FADH 经电子传递链形成 2ATP，那么 1 个丙酮酸分子氧化生成 14 个 ATP，还有 1 个 GTP。

1 个葡萄糖氧化能形成 2 个丙酮酸，2 个丙酮酸氧化共生成 28 个 ATP 和 2 个 GTP，两者合起来相当于 30 个 ATP。加上糖酵解过程生成 6 个 ATP，1 个葡萄糖彻底氧化应生成 36 个 ATP。实际上，还应减去起初葡萄糖磷酸化时所消耗的 1 个 ATP，那么 1 个葡萄糖彻底氧化净生成 35 个 ATP。

(3) 磷酸戊糖途径　1 个葡萄糖分子经磷酸戊糖途径彻底氧化，生成 6 个 CO_2 分子和 6 个 NADPH。反应式如下：

$$C_6H_{12}O_6+6NADP \longrightarrow 6CO_2+12NADPH$$

与 NADH（辅酶Ⅰ）不同，NADPH（辅酶Ⅱ）不是经过电子传递链氧化生成 ATP，它的主要功能是通过氧化还原反应，参与体内的物质合成作用。当植物遭遇逆境、受到机械损伤或病虫侵害时，磷酸戊糖途径活性明显加强。

1.3.1.3 呼吸作用与果蔬贮藏的关系

(1) 呼吸作用与采后生理失调　采后生理活动所需的能量都来自呼吸作用。此外，体内生命大分子物质如蛋白、脂肪、核酸，以及次生物质如木素、酚类等的合成原料，也都直接或间接地来自呼吸代谢。

三羧酸循环的中间产物为酮酸类物质，氨基化后转变为氨基酸，氨基酸进一步聚合就形成了蛋白质。糖酵解的产物丙酮酸，经氧化生成乙酰辅酶 A；乙酰辅酶 A 与其中间产物 3-磷酸甘油结合就形成了脂肪。核糖是磷酸戊糖途径的中间产物，但它也是核酸生物合成的原料。磷酸烯醇式丙酮酸和赤藓糖分别是糖酵解与磷酸戊糖途径的中间产物，两者结合后生成莽草酸，莽草酸进一步转化可生成IAA、木素、多元酚等。由此可见，呼吸是采后代谢的枢纽，只有呼吸代谢正常，其它生理过程才能正常进行；一旦呼吸失调，其它代谢也将发生紊乱，最终导致整个果蔬的生理失调。

在正常的呼吸过程中，各种物质代谢和能量转移系统的各环节间是前后协调平衡的，若其中任何一个环节发生异常，都会打破原有的平衡关系，积累不完全的中间产物，严重时使细胞中毒。例如 CO_2 浓度过高时，会抑制琥珀酸脱氢酶的活性。有人研究指出，即使是0.001mol/L 的琥珀酸也会使细胞中毒。因此，保证呼吸作用的正常进行是搞好果蔬贮藏保鲜的前提条件。

(2) 呼吸作用与耐贮性的关系　采后的果蔬，干物质的累积停止，体内的贮藏性物质将不断地用于采后各种生理代谢，含量逐渐减少。贮藏性物质的减少，最终造成果蔬品质和耐贮性、抗病性的下降。一般来讲，呼吸作用越强，呼吸消耗就越大，所以在不影响正常生理代谢的前提下，贮藏过程中应尽可能降低呼吸作用。

呼吸强度和呼吸商是衡量呼吸作用强弱与性质的两个指标。呼吸作用的一个量化指标，用呼吸强度来表示。

呼吸强度是指单位时间内、单位重量果蔬释放出 CO_2 或吸入 O_2 的量，$CO_2(O_2)$mL/(kg·h)。呼吸强度又称之为呼吸速率，是呼吸的一个量化指标。

呼吸商（RQ）是指果蔬在呼吸过程中，释放的 CO_2 与吸入 O_2 的容积比或物质的量比。呼吸商又叫做呼吸系数，在一定程度上可以反应呼吸的性质。

呼吸商的大小与呼吸的性质、底物的种类有关。在正常有氧呼吸条件下，果蔬的呼吸商为 1；在氧的供应不足，无氧呼吸比重增加时，呼吸商升高。葡萄糖为底物，进行彻底氧化时，$RQ=1$；脂肪为底物时，$RQ<1$；有机酸氧化时，$RQ>1$。

前面已经提到，果蔬在呼吸过程中要释放呼吸热。呼吸热的存在会增加冷藏的制冷负荷，在计算冷库制冷量时，应考虑呼吸热的存在；简易贮藏是传统的贮藏方法，在寒冷的冬季人们往往将果蔬堆放在一起，巧妙地利用果蔬自身释放的呼吸热，防止果蔬在寒冷季节受冻。

(3) 呼吸与抗病性　生命有机体的一个显著特点是，能够主动调节自身的生理代谢，以适应外界环境的变化。当植物处于逆境、遭到伤害或病虫感染时，会主动加强自身体内氧化系统的活性，呼吸活性升高，这种反应叫做呼吸保卫反应。

呼吸保卫反应具有以下三方面的作用。

① 分解微生物释放的水解酶，抑制因微生物水解酶而造成果蔬自身水解作用的加强。

② 分解、氧化病原微生物分泌的毒素，并产生对这些病原物有毒的物质，如绿原酸、咖啡酸和一些醌类物质。

③ 合成新细胞所需的物质，恢复和修补伤口。

在遭遇逆境或伤害时，果蔬体内的氧化活性也会增强。通常，距伤口越近，反应程度越强。此外，由于各种果蔬代谢特点、生理状态不同，它们对逆境和病原微生物的抵抗能力的强弱也各不相同，贮运性能的差异也很大。

(4) 呼吸跃变

① 果实的呼吸类型　有些果实在其成熟过程中，呼吸强度会骤然升高，当到达一个高峰值后又快速下降，这一现象称为呼吸跃变。这类果实称为跃变型果实。呼吸强度的最高值

叫做呼吸高峰。在呼吸跃变期间，果实体内的生理代谢发生了根本性的转变，是果实由成熟向衰老的转折点。所以，跃变型果实贮运时，一定要在呼吸跃变出现以前进行采收。

与跃变型果实不同，另一类果实在其发育过程中没有呼吸高峰的出现，呼吸强度在其成熟过程中缓慢下降或基本保持不变，此类果实称为非呼吸型果实（表1-1）。

表1-1 果实采后的呼吸类型（引自Kader，1992）

跃变型果实	非跃变型果实	跃变型果实	非跃变型果实
苹果，杏，鳄梨，香蕉， 面包果，柿，李， 榴莲，无花果，猕猴桃， 甜瓜，番木瓜，人心果，	黑莓，阳桃，樱桃， 茄子，葡萄，柠檬， 枇杷，荔枝，秋葵， 豌豆，辣椒，菠萝，	桃，梨，芒果，西番莲， 油桃，番石榴，番荔枝 番茄，蓝莓，南美番荔枝	红莓，草莓，葫芦， 枣，龙眼，柑橘类， 黄瓜，橄榄， 石榴，西瓜，刺梨

呼吸高峰的峰值大小、持续时间因果实种类而异。一般原产于热带、亚热带的果实，其呼吸高峰持续时间短、峰值高。跃变高峰时，油梨的呼吸强度增加2～4倍，香蕉则增加近10倍；与热带果实相比，原产于温带的苹果、梨、杏等的峰值低、持续时间长。因此，对于原产于热带、亚热带的跃变型果实，更应该掌握好采收期，控制好贮运条件，以延迟呼吸高峰的提早到来。

② 乙烯与呼吸跃变的关系　除了呼吸变化不同外，跃变型、非跃变型果实在内源乙烯的变化和对外源乙烯的反应上也明显不同。

跃变型果实在成熟期间有内源乙烯的释放高峰，非跃变型果实则没有。植物体内有两个乙烯生物合成系统。系统Ⅰ存在于所有的植物组织中，该系统只能合成微量的乙烯；系统Ⅱ是乙烯生物合成的自我催化系统，内源乙烯、外源乙烯都诱导该系统乙烯的合成。系统Ⅱ一旦被激活，就会自我催化产生大量的乙烯。非跃变型果实只有系统Ⅰ，没有系统Ⅱ；而跃变型果实两个系统同时存在，在完熟期间能自我催化产生大量乙烯，有乙烯释放高峰。

两类果实对外源乙烯的响应也不同。

a. 反应程度　外源乙烯处理时，非跃变型果实呼吸升高，升高的程度取决于外源乙烯的浓度，浓度越高，呼吸升高程度就越大。而跃变型果实的呼吸高峰不受外源乙烯浓度的影响，基本保持不变。

b. 反应趋势　非跃变型果实对外源乙烯的反应是可逆的，只要乙烯处理，就会刺激呼吸的升高。而跃变型果实只有在跃变高峰前用乙烯处理，方可诱导呼吸高峰的出现。

c. 反应速度　跃变型果实在乙烯处理后短时间内呼吸很快上升，峰值出现的早晚与外源乙烯的浓度无关。非跃变型果实高峰出现的早晚与浓度相关，外源乙烯浓度越高，峰值出现的时间越早。

因此，要判断一个果实的跃变类型，需要从成熟期间果实的呼吸变化、内源乙烯释放和对外源乙烯反应三个方面来综合分析（表1-2）。

表1-2 跃变型果实与非跃变型果实的区别

项　　目	跃变型果实	非跃变型果实
成熟期间呼吸的变化	有呼吸高峰	无呼吸高峰
成熟期内源乙烯的释放	有乙烯释放高峰	无乙烯释放高峰
内源乙烯的自我催化作用	有系统Ⅱ乙烯的合成	无系统Ⅱ乙烯的合成
对外源乙烯的反应趋势	不可逆	可逆
对外源乙烯的反应程度	基本上与浓度无关	与浓度呈正相关
对外源乙烯反应的速度	与浓度无关	与浓度有关

呼吸跃变是跃变型果实成熟期间的典型特征，通过转基因方法抑制番茄等果实采后乙烯的生物合成同时，也抑制呼吸跃变的出现，说明乙烯是诱导呼吸跃变出现的根本原因。

1.3.1.4　影响呼吸强度的因素

(1) 产品内在的因素

① 种类与品种　果蔬种类很多，包括根、茎、叶、花、果及其变态器官。不同种类、品种的果蔬组织结构和生理代谢差异很大，呼吸作用的强弱各不相同。蔬菜中幼嫩的花、叶，表面保护组织结构不发达，生理代谢非常旺盛，呼吸作用最强；具有休眠特性的地下根茎菜和变态的叶菜，呼吸作用最弱；果菜类居中。在果品中，坚果类的呼吸强度最低，仁果类次之，核果类、浆果类活性较高。此外，一般来讲原产于热带、亚热带的果蔬呼吸强度高于温带产品（表 1-3）。

表 1-3　一些果品蔬菜产品的呼吸强度（引自 Kader，1992）

类　型	呼吸强度(5℃)/[mgCO_2/(kg·h)]	园　艺　产　品
非常低	<5	坚果，干果
低	5～10	苹果，柑橘，猕猴桃，柿子，菠萝，甜菜，芹菜，白兰瓜，西瓜，番木瓜，酸果蔓，洋葱，马铃薯，甘薯
中　等	10～20	杏，香蕉，蓝莓，白菜，罗马甜瓜，樱桃，块根芹菜，黄瓜，无花果，醋栗，芒果，油桃，桃，梨，李，西葫芦，芦笋头，番茄，橄榄，胡萝卜，萝卜
高	20～40	鳄梨，黑莓，菜花，莴笋叶，利马豆，韭菜，红莓
非常高	40～60	朝鲜蓟，豆芽，花茎甘蓝，抱子甘蓝，切花，菜豆，青葱，食荚菜豆，甘蓝
极高	>60	芦笋，蘑菇，菠菜，甜玉米，豌豆，欧芹

呼吸作用的强弱还与品种、产地、生长季节有关。通常，晚熟品种高于早熟品种；生长在温暖季节或栽植在南方地区的果蔬，其呼吸强度高于生长冷凉季节和北方的果蔬。

② 生长发育时期　在生长发育过程中，幼嫩的果蔬处于细胞分裂和快速生长阶段，代谢旺盛，保护组织尚未形成，组织内外气体交换容易，组织内部 O_2 的浓度较高，呼吸强度高；随着生长发育，表面保护结构不断完善，生理活性逐渐下降，呼吸作用开始下降；当果蔬进入老熟阶段时，表面形成了完善而发达的角质层和蜡质层，新陈代谢不断下降，对能量的需求逐渐减少，有些产品开始进入休眠状态，呼吸作用逐渐降低。

与其它果蔬不同，跃变型果实在成熟过程中有呼吸跃变的出现。跃变过后，呼吸下降，直至死亡。

(2) 贮藏环境因素

① 温度　温度是影响果蔬呼吸作用的主要因素。在正常生理温度范围内，随着温度的升高，呼吸作用增强。温度对呼吸作用的影响，通常用呼吸的温度系数来表示。在生理温度范围内，温度升高 10℃，果蔬产品呼吸强度提高的倍数，称之为呼吸的温度系数，用 Q_{10} 来表示。

果蔬 Q_{10} 的大小与所处的环境温度有关，对大多数果蔬来讲，Q_{10} 的变化如下：

0～10℃：$Q_{10}>3$

10～20℃：$Q_{10}\approx 2.5$

20～30℃：$Q_{10}\approx 2.0$

30～40℃：$Q_{10}<2.0$

由此可见，低温范围内 Q_{10} 明显增大。在 0～10℃间，温度每升高 3℃，呼吸强度就会增加 1 倍。冷藏是最常用的果蔬贮藏方式，贮藏中应该严格控制温度，防止温度上升。因为在低温范围内，温度略有升高呼吸作用就会有较大程度增加，进而加速了果蔬内部物质消耗，不利于长期贮藏。

在果蔬正常的生理温度范围内，温度越低，呼吸强度越小，贮藏效果越好。但是并非温度越低越好，一些原产于热带、亚热带的果蔬，在低温条件下发生低温伤害，生理失调。此外，当温度超过 35℃时，果蔬的呼吸也会发生异常。表现为高温初期，呼吸急剧升高，尔后又急速降低，甚至下降至 0。造成这一现象的原因主要有三：①35℃以上的高温会引起酶蛋白的变性、失活，呼吸难以继续；②在升温过程中，果蔬呼吸急速升高，短期内大量消耗可溶性的呼吸基质和组织内部的 O_2，造成了底物的不足和 O_2 的耗竭，呼吸活性下降；③呼吸产生的 CO_2 大量积聚在组织细胞内部，不能及时排出体外，呼吸作用受到抑制。

果蔬长期处于高温条件下，会出现生理代谢失调，呼吸异常，但是适宜的短期高温处理却有助于提高果蔬贮藏性能。在短期高温处理条件下，果蔬体内某些酶的活性下降，内源乙烯的释放减少，呼吸强度降低；同时高温处理还可以杀灭、抑制或钝化果蔬表面的病菌和虫卵，有利于贮运。但是在应用短期高温处理时，应根据果蔬的种类特性，选择好处理的方法、温度与时间，否则会事与愿违，造成损失。

适宜的贮藏温度是做好果蔬贮运的基本条件，在选择好贮藏温度的同时，还应该尽量减少温度的波动。因为温度的波动会刺激果蔬体内水解酶活性，加速呼吸。洋葱、胡萝卜、甜菜在 5℃贮藏时，呼吸强度分别为 9.9mgCO_2/(kg·h)、7.7mgCO_2/(kg·h)、12.2mgCO_2/(kg·h)；在 2℃和 8℃隔日互变，平均温度（简称均温）为 5℃的条件下，呼吸强度则升高，分别为 11.4mgCO_2/(kg·h)、11.0mgCO_2/(kg·h)、15.9mgCO_2/(kg·h)（表 1-4）。

表 1-4　变温条件下几种蔬菜呼吸强度的变化　　单位：mgCO_2/(kg·h)

项　　目	洋葱	胡萝卜	甜菜
5℃	9.9	7.7	12.2
2℃和 8℃隔日互变(均温 5℃)	11.4	11.0	15.9

② 气体成分　气体成分是影响果蔬呼吸的另一重要因素。O_2 是呼吸的底物，降低 O_2 含量呼吸活性下降。但是 O_2 的含量只有降至 5%～7%时，才会对呼吸作用产生比较明显的抑制作用。大多数果蔬贮藏时，适宜的 O_2 含量在 2%～5%之间，少数热带和亚热带果蔬不耐低温、呼吸活性又强，贮藏中需较高的 O_2 含量。

O_2 的含量小于 2%时，往往会引发无氧呼吸。人们将有氧呼吸降至最低程度，又未引起无氧呼吸发生的 O_2 含量，称之为无氧呼吸消失点。无氧呼吸消失点因果蔬种类不同而异，在贮藏时 O_2 含量应略高于无氧呼吸消失点。

CO_2 是呼吸的产物，增加贮藏环境中 CO_2 的含量，可以降低果蔬的呼吸强度。对于多数果蔬来说，适宜的 CO_2 含量为 1%～5%，浓度过高时会引起生理伤害。由于果蔬形态各异，结构和代谢特点各不相同，对 CO_2 的忍耐力差异很大。1%以上的 CO_2 就会引起鸭梨黑心，而蒜薹则能忍受 8%以上的 CO_2。核桃、板栗等坚果类果实采后生理活性弱，对 CO_2 的敏感性相对较低；地下根茎菜在其发育过程中长期生活在地下，对低 O_2 和高 CO_2 的耐受力也较高。

乙烯是催熟激素，是影响果蔬呼吸作用的最重要因素之一。它能明显地刺激果蔬的呼吸，加速衰老过程。抑制乙烯的生物合成，脱除贮藏环境中的乙烯，能有效地抑制呼吸上升、延缓果蔬的衰老。

③ 湿度 对大多数果蔬而言，要求有较高的贮藏湿度，过低的湿度刺激呼吸或导致呼吸异常。香蕉在相对湿度（RH）低于80%时，既不产生呼吸跃变也不能正常后熟。大白菜、菠菜、温州蜜柑等需要在低湿条件下晾晒、轻微失水后，呼吸作用才会下降。洋葱、大蒜、马铃薯采后经过低湿晾晒后，呼吸作用逐渐减弱，并进入休眠状态。

④ 机械伤和微生物侵害 任何机械伤，即使是轻微的挤压、震动、碰撞、摩擦等，都会引起呼吸升高。损伤程度越高，距离伤口越近，呼吸越强。这是因为受伤后的果蔬表面组织结构受到破坏，组织内部氧的供应明显增加，呼吸作用增强。此外，机械伤、微生物侵染会诱发果蔬的呼吸保卫反应，刺激乙烯合成，促进呼吸上升。因此，在果蔬贮运过程中应尽可能减少机械伤和微生物感染。

1.3.2 乙烯对果品蔬菜成熟和衰老的影响

早在1924年，Denny就发现乙烯能促进柠檬变黄及呼吸作用加强；1934年Gane发现乙烯是苹果果实成熟时的一种天然产物，并提出乙烯是成熟激素的概念；1959年人们将气相色谱用于乙烯的测定，由于可测出微量乙烯，证实其不是果实成熟时的产物，而是在果实发育中慢慢积累，当增加到一定浓度时，启动果实成熟，从而证实乙烯的确是促进果实成熟的一种生长激素。

1.3.2.1 乙烯对成熟和衰老的促进作用

(1) 乙烯与成熟 许多果品蔬菜采后都能产生乙烯（表1-5）。

表1-5 某些果品蔬菜的乙烯产生量（20℃） 单位：$\mu LC_2H_2/(kg \cdot h)$

类型	乙烯生成量	产品名称
非常低	<0.1	朝鲜蓟，芦笋，菜花，樱桃，柑橘类，枣，葡萄，草莓，石榴，甘蓝，结球甘蓝，菠菜，芹菜，葱，洋葱，大蒜，胡萝卜，萝卜，甘薯，多数切花，石刁柏，豌豆，菜豆，甜玉米，
低	0.1～1.0	黑莓，蓝莓，红莓，酸果蔓，橄榄，柿子，菠萝，黄瓜，绿菜花，茄子，秋葵，柿子椒，南瓜，西瓜，马铃薯，加沙巴甜瓜
中等	1.0～10.0	香蕉，无花果，番石榴，白兰瓜，荔枝，番茄，甜瓜（蜜王、蜜露等品种）
高	10.0～100.0	苹果，杏，鳄梨，公爵甜瓜，罗马甜瓜，猕猴桃，榴莲，油桃，桃，番木瓜，梨
非常高	>100.0	南美番荔枝，曼密苹果，西番莲，番荔枝

跃变型果实成熟期间自身能产生乙烯，只要有微量的乙烯，就足以启动果实成熟，随后内源乙烯迅速增加，达释放高峰，此期间乙烯累积在组织中的浓度可高达10～100mg/kg。虽然乙烯高峰和呼吸高峰出现的时间有所不同，但就多数跃变型果实来说，乙烯高峰常出现在呼吸高峰之前，或与之同步，只有在内源乙烯达到启动成熟的浓度之前采用相应的措施，抑制内源乙烯的大量产生和呼吸跃变，才能延缓果实的后熟，延长产品贮藏期。非跃变型果实成熟期间自身不产生乙烯或产量极低，因此后熟过程不明显。表1-6是几种果实成熟的乙烯阈值。

表1-6 几种果实成熟的乙烯阈值

果实	乙烯阈值/(μg/g)	果实	乙烯阈值/(μg/g)
香蕉	0.1～0.2	梨	0.46
油梨	0.1	甜瓜	0.1～1.0
柠檬	0.1	甜橙	0.1
芒果	0.04～0.4	番茄	0.5

外源乙烯处理能诱导和加速果实成熟，使跃变型果实呼吸上升和内源乙烯大量生成，乙烯浓度的大小对呼吸高峰的峰值无影响，浓度大时，呼吸高峰出现的更早。乙烯对跃变型果实呼吸的影响只有一次，且只有跃变前处理起作用。对非跃变型果实，外源乙烯在整个成熟期间都能促进呼吸上升，在很大的浓度范围内，乙烯浓度与呼吸强度成正比，处理乙烯除去后，呼吸下降恢复原有水平，不会促进乙烯增加。

(2) 其它生理作用　伴随对园艺产品呼吸的影响，乙烯促进了成熟过程的一系列变化。其中最为明显的包括使果肉很快变软，产品失绿黄化和器官脱落。如仅0.02mg/kg乙烯就能使猕猴桃冷藏期间的硬度大幅度降低，0.2mg/kg乙烯就使黄瓜变黄，1mg/kg乙烯使白菜和甘蓝脱帮，加速腐烂。使植物器官的脱落，使装饰植物加快落叶、落花瓣、落果，如0.15mg/kg乙烯使石竹花瓣脱落，0.3mg/kg乙烯使康乃馨3d败落，缩短花卉的保鲜期。此外，乙烯还加速马铃薯发芽、使萝卜积累异香豆素，造成苦味，刺激石刁柏老化合成木质素而变硬，乙烯也造成产品的伤害，使花芽不能很好地发育。

1.3.2.2　乙烯的生物合成途径

乙烯生物合成途径是：蛋氨酸（Met）⟶S-腺苷蛋氨酸（SAM）⟶1-氨基环丙烷-1-羧酸（ACC）⟶乙烯。乙烯来源于蛋氨酸分子中的C_2和C_3，Met与ATP通过腺苷基转移酶催化形成SAM，这并非限速步骤，体内SAM一直维持着一定水平。SAM⟶ACC是乙烯合成的关键步骤，催化这个反应的酶是ACC合成酶，专一以SAM为底物，需磷酸吡哆醛为辅基，强烈受到磷酸吡哆醛酶类抑制剂氨基乙氧基乙烯基甘氨酸（AVG）和氨基氧乙酸（AOA）的抑制，该酶在组织中的含量非常低，为总蛋白的0.0001%，存在于细胞质中。果实成熟、受到伤害、吲哚乙酸和乙烯本身都能刺激ACC合成酶活性。最后一步是ACC在乙烯形成酶（EFE）的作用下，在有O_2的参与下形成乙烯，一般不成为限速步骤。EFE是膜依赖的，其活性不仅需要膜的完整性，且需组织的完整性，组织细胞结构破坏（匀浆时）时合成停止。因此，跃变后的过熟果实细胞内虽然ACC大量积累，但由于组织结构瓦解，乙烯的生成降低了。多胺、低氧、解偶联剂（如氧化磷酸化解偶联剂二硝基苯酚DNP）、自由基清除剂和某些金属离子（特别是Co^{2+}）都能抑制ACC转化成乙烯。

ACC除了氧化生成乙烯外，另一个代谢途径是在丙二酰基转移酶的作用下与丙二酰基结合，生成无活性的末端产物丙二酰基-ACC（MACC）。此反应是在细胞质中进行的，MACC生成后，转移并贮藏在液泡中。果实遭受胁迫时，因ACC增高而形成的MACC在胁迫消失后仍然积累在细胞中，成为一个反映胁迫程度和进程的指标。果实成熟过程中也有类似的MACC积累，成为成熟的指标。

1.3.2.3　影响乙烯合成和作用的因素

乙烯是果实成熟和植物衰老的关键调节因子。贮藏中控制产品内源乙烯的合成和及时清除环境中的乙烯气体都很重要。乙烯的合成能力及其作用受产品自身种类和品种特性、发育阶段、外界贮藏环境条件的影响，了解了这些因素，才能从多途径对其进行控制。

(1) 果实的成熟度　跃变型果实中乙烯的生成有两个调节系统：系统Ⅰ负责跃变前果实中低速率合成的基础乙烯，系统Ⅱ负责成熟过程中跃变时乙烯自我催化大量生成，有些品种在短时间内系统Ⅱ合成的乙烯可比系统Ⅰ增加几个数量级。两个系统的合成都遵循蛋氨酸途径。不同成熟阶段的组织对乙烯作用的敏感性不同。跃变前的果实对乙烯作用不敏感，系统Ⅰ生成的低水平乙烯不足以诱导成熟；随果实发育，在基础乙烯不断作用下，组织对乙烯的敏感性不断上升，当组织对乙烯敏感性增加到能对内源乙烯（低水平的系统Ⅰ）作用起反应时，便启动了成熟和乙烯的自我催化（系统Ⅱ），乙烯便大量生成，长期贮藏的产品一定要在此之前采收。采后的果实对外源乙烯的敏感程度也是如此，随成熟度的提高，对乙烯越来越敏感。非跃变果实乙烯生成速率相对较低，变化平稳，整个成熟过程只有系统Ⅰ活动，缺乏系统Ⅱ；这类果实只能在树上成熟，采后呼吸一直下降，直到衰老死亡，所以应在充分成熟后采收。

(2) 伤害 贮藏前要严格去除有机械伤、病虫害的果实，这类产品不但呼吸旺盛，传染病害，还由于其产生伤乙烯，会刺激成熟度低且完好果实很快成熟衰老，缩短贮藏期。干旱、淹水、温度等胁迫以及运输中的震动都会使产品形成伤乙烯。

(3) 贮藏温度 乙烯的合成是一个复杂的酶促反应，一定范围内的低温贮藏会大大降低乙烯合成。一般在0℃左右乙烯生成很弱，后熟得到抑制，随温度上升，乙烯合成加速；如苹果在10～25℃之间乙烯增加的Q_{10}为2.8，荔枝在5℃下，乙烯合成只有常温下的1/10左右；许多果实乙烯合成在20～25℃左右最快。因此，采用低温贮藏是控制乙烯的有效方式。一般低温贮藏的产品EFE活性下降，乙烯产生少，ACC积累；回到室温下，乙烯合成能力恢复，果实能正常后熟。但冷敏感果实于临界温度下贮藏时间较长时，如果受到不可逆伤害，细胞膜结构遭到破坏，EFE活性就不能恢复，乙烯产量少，果实则不能正常成熟，使口感、风味或色泽受到影响，甚至失去食用价值。

此外，多数果实在35℃以上时，高温抑制了ACC向乙烯的转化，乙烯合成受阻，有些果实如番茄则不出现乙烯峰。近来发现用35～38℃热处理能抑制苹果、番茄、杏等果实的乙烯生成和后熟衰老。

(4) 贮藏气体条件

O_2：乙烯合成的最后一步是需氧的，低O_2可抑制乙烯产生。一般低于8%，果实乙烯的生成和对乙烯的敏感性下降，一些果蔬在3% O_2中乙烯合成能降到空气中的5%左右。如果O_2浓度太低或在低O_2中放置太久，果实就不能合成乙烯，或丧失合成能力。如：香蕉在O_2 10%～13%时乙烯生成量开始降低，空气中O_2<7.5%时，便不能合成；从5% O_2中移至空气中后，乙烯合成恢复正常，能后熟；若在1% O_2中放置11d，移至空气中乙烯合成能力不能恢复，丧失原有风味。跃变上升期的"国光"苹果经低O_2（O_2为1%～3%，CO_2为0）处理10d或15d，ACC明显积累；回到空气中30～35d，乙烯的产量比对照低100多倍，ACC含量始终高于对照；若处理时间短（4d），回到空气中乙烯生成将逐渐恢复接近对照。

CO_2：提高CO_2能抑制ACC向乙烯的转化和ACC的合成，CO_2还被认为是乙烯作用的竞争性抑制剂，因此，适宜的高CO_2从抑制乙烯合成及乙烯的作用两方面都可推迟果实后熟。但这种效应在很大程度上取决于果实种类和CO_2含量，3%～6%的CO_2抑制苹果乙烯的效果最好，含量在6%～12%效果反而下降；在油梨、番茄、辣椒上也有此现象。高CO_2作短期处理，也能大大抑制果实乙烯合成，如：苹果上用高CO_2（O_2 15%～21%，CO_2 10%～20%）处理4d，回到空气中乙烯的合成能恢复；处理10d或15d，转到空气中回升变慢。

在贮藏中，需创造适宜的温度、气体条件，既要抑制乙烯的生成和作用，也要使果实产生乙烯的能力得以保存，才能使贮后的果实能正常后熟，保持特有的品质和风味。

乙烯：产品一旦产生少量乙烯，会诱导ACC合成酶活性，造成乙烯迅速合成，因此，贮藏中要及时排除已经生成的乙烯。采用高锰酸钾等做乙烯吸收剂，方法简单，价格低廉。一般采用活性炭、珍珠岩、砖块和沸石等小碎块为载体以增加反应面积，将它们放入饱和的高锰酸钾溶液中浸泡15～20min，自然晾干。制成的高锰酸钾载体暴露于空气中会氧化失效，晾干后应及时装入塑料袋中密封，使用时放到透气袋中。乙烯吸收剂用时现配更好，一般生产上采用碎砖块更为经济，用量约为果蔬的5%。适当通风，特别是贮藏后期要加大通风量，也可减弱乙烯的影响。使用气调库时，焦炭分子筛气调机进行空气循环可脱除乙烯，效果更好。

对于自身产生乙烯少的非跃变果实或其它蔬菜、花卉等产品，绝对不能与跃变型果实一起存放，以避免受到这些果实产生的乙烯的影响。同一种产品，特别对于跃变型果实，贮藏时要选择成熟度一致，以防止成熟度高的产品释放的乙烯刺激成熟度低的产品，加速后熟和衰老。

(5) 化学物质　一些药物处理可抑制内源乙烯的生成。ACC 合成酶是一种以磷酸吡哆醛为辅基的酶，强烈受到磷酸吡哆醛酶类抑制剂氨基乙氧基乙烯基甘氨酸（AVG）和氨基氧乙酸（AOA）的抑制，Ag^{+}能阻止乙烯与酶结合，抑制乙烯的作用，在花卉保鲜上常用银盐处理。Co^{2+}和二硝基苯酚（DNP）能抑制 ACC 向乙烯的转化。还有某些解偶联剂、铜螯合剂、自由基清除剂，紫外线也破坏乙烯并消除其作用。最近发现多胺也具有抑制乙烯合成的作用。

1.3.3 果品蔬菜的失水与环境湿度

蒸腾作用是植物积极的生理过程，是植物根系从土壤中吸收养分、水分的主要动力，也是高温季节防止植物体温异常升高的一种保护措施。生长中的植物在蒸腾失水后，可以从土壤中得到补充，但采后的果蔬离开了母体，失去了母体水分的供应，一旦失水就难以得到恢复，水分蒸发已失去了原来的积极作用，成为一个消极的生理过程。采后失水不仅会造成失重，还会引起果蔬品质的下降，因此在果蔬贮运中应尽可能地减少失水。

1.3.3.1 蒸腾作用对果蔬贮运的影响

(1) 造成失重和失鲜　果蔬含水量大多在 65%～96%之间，某些产品如黄瓜可高达 98%。水分是重要的品质因素，采后失水往往会引起果蔬重量和品质的下降。苹果冷藏时每周失水达果重的 0.5%左右。水分蒸腾在引起失重的同时，还会使果蔬的新鲜度下降。当失水大于 5%时，就会造成品质的劣变。新鲜的果蔬坚挺、饱满、质地脆嫩，富有光泽和弹性，失水后的果蔬表面光泽消退、形态萎蔫、疲软，商品价值明显下降。很多叶菜失水后萎蔫、变色、失去光泽；萝卜失水会引起糠心；苹果则表现为果肉变沙，硬度下降；黄瓜、青椒等失水后变得疲软、萎蔫，鲜度下降。

(2) 破坏正常的生理过程　水分是果蔬的重要组成成分，它对于维持细胞结构的稳定、生理代谢的正常具有重要意义。因为失水不仅会导致原生质脱水，细胞结构发生异常；还会引起水解酶活性的增加，加速贮藏性物质的降解。

果蔬失水严重时会促使原生质脱水，细胞膜的透性加大，酶的功能发生异常，产生一些有毒物质。在过度脱水时，ABA 含量急剧上升，加速器官的脱落和衰老。大白菜晾晒过度时，细胞内 NH_4^+ 和 H^+ 等离子的浓度增高，累积到一定浓度后就会引起细胞中毒，代谢失调。

水分胁迫条件下水解酶活性加强是植物界的普遍现象。植物或器官往往通过大分子物质的水解来提高细胞液的浓度，增加细胞持水力，减少水分的损耗，这是一种适应性反应。在失水条件下，采后果蔬的水解作用也会加强。众所周知的事实就是甘薯风干甜化，这是甘薯失水后淀粉酶活性增强，淀粉水解成糖的结果。甜菜块根在脱水后，组织中的蔗糖酶活性也会增强，失水程度越重，蔗糖酶活性升高越多（表 1-7）。

表 1-7　甜菜失水与蔗糖酶活性的关系

试验处理	蔗糖酶活性/[mg 蔗糖/(10g 组织/h)]		
	合成	水解	合成/水解率
新鲜甜菜	29.8	2.8	10.6
失水 6.5%的甜菜	27.0	4.5	6.0
失水 15%的甜菜	19.4	8.1	2.4

采后果蔬水解作用的加强，加速了贮藏性物质的消耗，促进了细胞中可溶性固形物的积累。固形物含量增加又会刺激呼吸，加速营养物质的消耗，进而加快果蔬的衰老进程。因此在果蔬贮运过程应尽量减少失水。

(3) 降低耐贮性和抗病性 当失水达到一定程度后，果蔬的组织结构和生理代谢会发生异常，体内有害物质的累积增多，耐贮性、抗病性的下降。

1.3.3.2 影响蒸腾的因素

(1) 内部因素 组织结构是影响果蔬水分蒸腾的重要内部因素，包括几个方面。①比表面积：即单位重量或单位体积果蔬所具有的表面积（cm^2/g）。水分是经由果蔬表面蒸发到环境中去的，故比表面积越大，蒸腾就越强。②表面保护结构：水分蒸发有两个途径，一是经由自然孔道如气孔、皮孔，二是表皮层。其中经气孔的蒸腾远远大于表皮层，表皮层的蒸腾又因表面保护层结构和成分的不同差别很大。幼嫩的果蔬角质层不发达，保护组织发育不完善，极易失水；老熟的果蔬角质层加厚，并有蜡质、果粉，保持水分性能增加。③细胞持水力：细胞内固形物和亲水胶体含量高时，细胞的持水能力增加，水分向细胞壁和细胞间隙渗透减少。此外，细胞间隙的大小也会影响水分蒸腾，间隙系统大而发达时，水分移动的阻力小，失水速度加快。

除了组织结构外，新陈代谢也影响果蔬水分的蒸腾。呼吸强度高、代谢旺盛的组织失水也较快。

不同种类、品种的蒸腾特性和速度差别很大。叶菜的表面积很大，比其它器官大许多倍，水分蒸发强烈。气孔是成熟的叶片水分蒸发的主要途径，占总量的90%以上；幼嫩叶片角质层的蒸发也很强，可占总量40%～70%。叶组织结构疏松、表皮保护组织差，细胞含水量高，代谢活性旺盛，呼吸速率高，贮运中最易脱水萎蔫。果实类主要是通过皮层和皮孔蒸发的。它们的比表面积较小，有些果实表面还附着有角质层和蜡质层，失水较慢。相对而言，地下根茎器官，生理活性低，表面保护组织结构致密、完善，抗失水能力最强。但是在长期贮藏时，也一定要给予适宜的湿度管理，否则也会出现空腔、糠心等现象，影响贮藏品质。

(2) 贮藏环境因素

① 环境湿度 环境空气的湿度是影响果蔬水分蒸发的主要因素。下面分别介绍几种常用的湿度概念。

绝对湿度：是指单位体积空气中所含水蒸气的量（g/m^3）。

饱和湿度：在一定温度下，单位体积空气中所能容纳的最大水蒸气量。若空气中水蒸气量超过饱和湿度，多余的水分就会凝结成水珠，俗称为结露。饱和湿度的大小与环境温度有关，温度升高，容纳的水蒸气量增加，饱和湿度增大。

湿度饱和差：是指饱和湿度与绝对湿度的差值。它反映了周围环境中水蒸气的饱和程度，饱和差越大，果蔬失水也越快。

相对湿度（RH）：是绝对湿度占饱和湿度百分比。它反映了空气中水分的饱和的程度，是果蔬贮藏中常用的湿度单位。

新鲜的果蔬组织中充满水分，蒸气压基本接近饱和，通常都高于周围空气的水蒸气压。在此条件下果蔬体内的水分就会蒸发，蒸发的速度与湿度饱和差成正比。湿度饱和差越大，果蔬失水就越快。

② 温度 理论上来讲，环境温度从两个方面影响果蔬的蒸发。首先温度升高，水分子运动加快，果蔬失水速度增加。其次由表1-8可以看出，在绝对湿度不变的条件下，随着温度的升高，相对湿度减小，湿度饱和差增大，果蔬失水会增加。因此，在贮藏温度升高时，

应采取措施，适当增加相对湿度。

表 1-8　环境温度与湿度的关系

环境温度	饱和湿度	绝对湿度	相对湿度	湿度饱和差
15℃	13g/m³	7g/m³	7÷13×100%=54%	13−6=7g/m³
0℃	7g/m³	7g/m³	7÷7×100%=100%	7−7=0g/m³

事实上，温度对水分蒸腾的影响，在很大程度上还取决于果蔬的特性（表 1-9）。有些产品受温度影响很大，另外一些则所受影响较小，甚至不受影响。

表 1-9　不同种类果蔬随温度变化的蒸腾特性

类型	蒸发特性	水　果	蔬　菜
A 型	随温度的降低蒸散量急剧降低	柿子、橘子、西瓜、苹果、梨	马铃薯、甘薯、洋葱、南瓜、胡萝卜、甘蓝
B 型	随温度的降低蒸散量也降低	无花果、葡萄、甜瓜、板栗、桃、枇杷	萝卜、花椰菜、番茄、豌豆
C 型	与温度关系不大，蒸腾强烈	草莓、樱桃	芹菜、石刁柏、茄子、黄瓜、菠菜、蘑菇

③ 空气流动　果蔬贮藏库内的相对湿度通常为 85%～95%之间，低于果蔬组织内部的水蒸气压，这样果蔬会向周围蒸腾水分。在库内气体处于静止状态时，果蔬蒸腾出的水汽主要集中在自身周围，逐渐形成一个近于饱和的水汽层，蒸腾速度减慢。当库内气体处于流动状态时，果蔬周围的水汽层将不断地被吹散带走，蒸腾失水增加。因此，在能满足果蔬库内外通风和库内气体循环的前提下，应减少库内气体的流动。

④ 气压　正常大气压对果蔬的水分蒸腾影响不大。当气压降低时，水的沸点下降，常温甚至 0℃就可蒸发为气态。所以低压贮藏时，一定要保持高湿甚至采用饱和湿度，否则果蔬将会大量失水，商品价值降低。

1.3.3.3　防止果蔬采后失水的方法

防止采后失水是保持果蔬品质，搞好贮运的重要环节。下面是几种生产上常用的方法。

(1) 库内增湿　当库内湿度低于要求指标时，一种简单易行的增湿方法就是地面洒水，也可向墙壁喷水。有条件时，可在库内安装自动加湿器等，根据湿度的变化进行自动加湿处理。

(2) 薄膜包装　薄膜包装是一种简单易行和广为使用的贮藏方式。将果蔬放入聚乙烯、聚氯乙烯等薄膜袋或帐内，可以有效防止失水。需要注意的是在使用薄膜包装时，一定要保持袋内或帐内温度的均匀一致，尽量缩小袋内、帐内与库内的温差，同时还应注意保持库温的稳定。因为薄膜袋或帐内的湿度近于饱和，微小的温度变化就会导致结露。露珠的存在会给微生物的繁殖提供条件，同时结露的水分来自果蔬水分的蒸发，会促进果蔬的失水。

此外，其它包装材料如包果纸、纸箱等也有一定的防止失水的效果。

(3) 打蜡涂被　打蜡、涂被是常用的商品化处理方法，可以有效抑制果蔬的失水。在上市前进行处理，既可提高商品价值，又能延长货架期。

1.3.4　果品蔬菜贮藏中发生的生理失调

低温冷藏是搞好果蔬贮藏的基本条件，但是并非温度越低越好。有些产品在低温条件下会发生生理失调，出现冷害和冻害。

1.3.4.1 冷害

一些原产于热带或亚热带的果蔬，在它们系统发育和生长过程中，长期处于高温、高湿的环境条件下，对低温的忍耐力下降，即使是在冰点以上的低温条件下，也会发生生理失调，对果蔬造成伤害。这种冰点以上的低温对果蔬造成的伤害，就称之为冷害。

(1) 冷害症状 果蔬冷害的外部症状主要表现为：表面水浸凹陷、表皮或内部组织褐变和正常的生理过程受阻等。

在冷害温度下，原生质膜由液晶态变为凝胶态，膜的透性增大，细胞汁液由细胞内流入细胞间隙。有许多果蔬如黄瓜、西瓜等，皮薄柔软，透过表皮即可看到水浸状的斑块；而其它一些产品则会由于细胞间隙水分的大量蒸散，造成皮下细胞脱水干缩，发生凹陷，严重时出现成片的凹陷斑块。高湿可以减轻陷斑的发生。

褐变是冷害的另一症状。果蔬表皮和内部组织呈现棕色、褐色或黑色斑点或条纹。褐变的发生主要是由于冷害条件下，果蔬组织完整性受损，氧化酶活性升高，酚类物质含量增加，酶与底物的接触机会增加，氧化反应增强的结果。这些褐变有的在低温下即可发生，有些则是在转入室温后才会表现。

受冷害的组织往往由于代谢紊乱，使得一些正常生理过程受阻。番茄、桃、香蕉等遭受冷害后，不能正常着色、变软，产生香味很少或不能产生香味，甚至有异味，正常成熟过程受抑。同时，冷害还会削弱组织的耐贮性和抗病性，加速腐烂变质。

果蔬形态结构、生理代谢差异较大，冷害的表现也各不相同，表 1-10 中列出常见果蔬的冷害症状。

表 1-10 常见果蔬的冷害症状

产品	适宜贮温/℃	冷害症状产品
香蕉	12～13	表皮有黑色条纹、不能正常后熟，中央胎座硬化
鳄梨	5～12	凹陷斑、果肉和维管束变黑
柠檬	10～12	表面凹陷、有红褐色斑
芒果	5～12	表面无光泽、有褐斑甚至变黑、不能正常成熟
菠萝	6～10	果皮褐变、果肉水渍状、异味
葡萄柚	10	表面凹陷、烫伤状、褐变
西瓜	4.5	表皮凹陷、有异味
黄瓜	13	果皮有水渍状斑点、凹陷
绿熟番茄	10～12	褐斑、不能正常成熟，果色不佳
茄子	7～9	表皮呈烫伤状，种子变黑
食荚菜豆	7	表皮凹陷、有赤褐色斑点
柿子椒	7	果皮凹陷、种子变黑、萼上有斑
番木瓜	7	果皮凹陷、果肉水渍状
甘薯	13	表面凹陷、异味、煮熟发硬

(2) 冷害条件下的生理生化变化

① 呼吸的变化 冷害条件下果蔬的呼吸会发生变化。通常，冷害开始发生时，产品呼吸速率异常增加，随着冷害不断加重，呼吸速率开始下降。当受害程度不重时，将产品由低温恢复到室温条件下，呼吸往往会急剧增强，一段时间后代谢恢复正常，不表现冷害症状，受害严重时则不能恢复。柠檬在 0.5℃贮藏 4 周，回到 20℃后，呼吸很快上升，24h 后趋于正常；若低温存放 12 周后再升温处理，呼吸就难以恢复正常。

果实受到冷害后，组织的有氧呼吸受阻。即使有足够的氧气也无法利用，无氧呼吸增加，表现为呼吸商增加，组织中乙醇、乙醛积累。因此，呼吸速率的变化可作为检验冷害程度的指标。

② 膜透性的变化　低温胁迫下，原生质膜发生相变，透性增加，离子相对渗出率上升。贮藏温度越低，电解质渗出率越高，冷害越严重。膜透性的变化明显早于外部形态结构的变化，膜透性变化亦可作预测果蔬冷害是否发生的早期指标。

③ 乙烯的变化　当冷敏感产品贮藏于临界温度以下时，乙烯合成发生改变。低温下 ACC 氧化酶（ACO）活性很低，使得 ACC 积累而乙烯产量很低；果实从低温转入室温时，ACC 合成酶（ACS）活性和 ACC 含量都很快上升，ACO 活性和乙烯合成则取决于产品受冷害的程度。由于 ACO 存在于细胞膜上，其活性依赖于膜结构，冷害不十分严重时，转入室温 ACO 活性也大幅度上升，乙烯产量增加，果实正常成熟；冷害严重，细胞膜受到永久伤害时，ACO 活性不能恢复，乙烯产量很低，无法后熟达到所要求的食用品质。

④ 其它物质的变化　对黄瓜、茄子、香蕉、甜椒等的研究发现，冷害条件下果蔬的呼吸代谢失调，丙酮酸、草酰乙酸、α-酮戊二酸含量增加。此外，脯氨酸、丙氨酸、多胺类物质的含量也会增加，它们的累积既是冷害的一种结果，同时也是植物抵抗逆境的一种机制。

（3）冷害机理　低温会引起果蔬组织结构、生理生化及物质代谢的异常，如引起原生质流动减慢或停止，使细胞器能量短缺；同时线粒体膜的相变，会使组织的氧化磷酸化能力下降，造成 ATP 能量供应减少等等，进而诱发冷害的发生。

① 膜结构和功能的变化　冷害条件下，膜的变化有如下几个方面。a. 膜脂的相变：膜由液晶态变为凝胶态，与膜结合酶的结构与活性发生变化，正常的代谢平衡会受到破坏。b. 膜的相分离：膜脂发生相变时，高熔点脂质分子会从流动性高的液晶相中分离出来，聚集在一起形成凝胶相，两相分离时，界面处会出现裂缝，削弱或破坏膜的选择透性。c. 膜的断裂：膜脂不饱和程度差异较大，在快速降温时，膜会发生不均匀收缩而出现裂痕，加大细胞内溶质渗漏，破坏 K^+、Na^+、Ca^{2+} 等选择通透。d. 膜的紧缩：降温速度慢时，膜脂缓慢固化，膜结构变得紧缩，对水和溶质的透性下降。

② 代谢的紊乱失调　正常条件下，植物体内物质代谢和能量传递的各个环节之间是协调平衡的。遭受冷害后，正常的协调关系被破坏，整个代谢系统变得紊乱无序。冷害温度下，很多果蔬呼吸异常升高，CO_2 释放增加，氧化磷酸化能力下降，ATP 供应减少；乙烯释放反常增加；氧化酶活性增强，蛋白质水解增强，游离氨基酸数量、种类增加；受伤组织中转化酶活性增强，淀粉酶活性下降；体内累积许多对细胞有毒的中间产物——乙醛、乙醇、酚类、醌类等有害产物，最终导致代谢紊乱失调（图 1-2）。

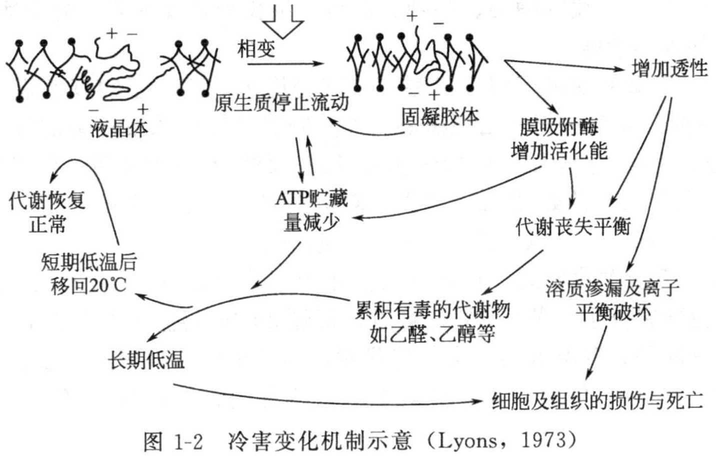

图 1-2　冷害变化机制示意（Lyons，1973）

值得注意的是，在一定的冷害温度和时间内，果蔬受到的伤害是可逆的，移到正常温度后，膜结构功能和生理代谢仍能恢复正常。如果长时间处于冷害条件下，将发生不可逆的损伤，发生冷害。

(4) 影响冷害发生的因素

① 原产地和产地　原产于热带或亚热带的果蔬对冷害敏感。一般来说，原产于热带的果蔬，如香蕉、芒果、柠檬等贮藏温度应在 10～13℃以上；亚热带的应在 8～10℃以上；温带应掌握在 0～4℃左右。

同一产品产地不同，对低温的敏感性也不完全相同。生长在澳大利亚大陆的橘苹苹果贮藏温度为 1.5℃，生长在澳大利亚塔斯马亚岛的为 2℃，而生长在新西兰、英国的则分别为 2.5℃和 4℃。

② 生长季节　同一地区不同季节生长的果蔬，它们对冷害的敏感性也不同。7 月份采收的茄子比 10 月的更易发生冷害，青椒等也有类似的现象。这是因为生长在冷凉季节的产品，不饱和脂肪酸的含量较高，抗冷性较强的缘故。

③ 发育年龄和成熟度　一般来讲，未熟的产品对低温比较敏感。绿熟番茄的贮温要求在 10～12℃以上，而红熟番茄可在 0～2℃的低温下进行贮藏。这与不同成熟阶段末端氧化酶的更替有关，未熟番茄末端氧化酶主要是细胞色素氧化酶，进入红熟阶段后黄素蛋白酶活性增强。细胞色素氧化酶含有 Cu^{2+} 离子，对低温敏感，低温条件下活性急速下降；而黄素蛋白酶是非金属酶，对温度不甚敏感，低温条件下仍能保持正常的生理活性。

④ 温度　冷害临界温度以下，温度越低，时间越长，果蔬受害也越重。

一般来说，在临界温度以下，贮藏温度越低，冷害发生越快。但是如果贮藏温度很低时，冷害的表现会受到抑制。苦瓜分别在 0℃、2℃、5℃贮藏一段时间后，人们会发现 5℃贮藏的苦瓜，其冷害症状明显比 0℃、2℃的重，这并非是 0℃、2℃贮藏的苦瓜受害轻，而是低温抑制了冷害症状表现的结果。因为冷害症状的表现也是一个生理生化过程，外界温度过低时，冷害的表现变得缓慢，甚至被抑制。这就是有些产品在低温下，冷害症状并不明显，移到室温后冷害症状很快表现的原因。

⑤ 湿度　接近 100%相对湿度，可以抑制果蔬失水，减轻由冷害而引起的表面凹陷，使冷害症状减轻。低湿条件下，皮下细胞间隙和细胞内水分蒸发加快，促进表面陷斑的发生。

⑥ 气体成分　气体成分对冷害的作用较弱，且因果蔬种类而异。对大多数产品来说，适当提高 CO_2 和降低 O_2 含量可在某种程度上减轻冷害；但有些产品如番木瓜，对气体无反应；而黄瓜、甜椒在低 O_2 和高 CO_2 条件下，冷害加重。

(5) 冷害的控制

① 适温贮藏　根据果蔬的种类、品种、产地、生长和采收季节，给予适宜的贮藏温度，是避免冷害发生的根本措施。

② 缓慢降温　贮藏初期进行缓慢降温，是减轻许多果蔬冷害的有效措施。刚采收的鸭梨直接放入 0℃冷库，短期内就会出现黑心，逐步降温是克服鸭梨冷害的最有效措施。从果实入库到 0℃，整个降温时间大约为 40～50d。10℃预处理 5～10d 后，可以减轻青椒低温冷害。葡萄柚在 10℃或 15℃预处理 7d，可以减轻甚至完全抑制冷害的发生。此外，柠檬、番木瓜、黄瓜、茄子、辣椒、西瓜、西葫芦也有类似报道。

③ 间歇升温　低温贮藏期间，在还未发生不可逆伤害之前，将产品升温到冷害临界温度以上，可以避免冷害发生。黄瓜 5℃贮藏时，每隔 2d 升温到 18.2℃ 7h，可以避免冷害的发生。但值得注意的是，升温太频繁会加速代谢，不利于延长贮藏期。桃在 0℃贮藏时，每 2 周升温至 20℃左右 1d，有助于保持果实本身的特有风味，同时减轻或防止果肉的粗糙、变褐。

④ 热处理 贮藏前进行高温预处理，可以减轻某些果蔬冷害的发生。处理温度一般在30～50℃之间，时间几小时到几天，处理方式有空气加热或热水浸泡。芒果经38℃处理24h或36h后，可以减轻继后5℃贮藏时冷害的发生。研究发现，38～40℃高温预处理3d，使绿熟番茄组织产生热击蛋白。在热击蛋白消失前，将果实放入2℃进行贮藏，可以防止冷害的发生。若在升温放置过久，热击蛋白消失后再放入2℃贮藏，番茄将发生冷害，有关热击蛋白与冷害的关系正在研究中。

⑤ 高湿贮藏 高湿贮藏可以减轻很多果蔬陷斑的发生。黄瓜、甜椒等在RH为100%时，表面凹陷斑明显减少。高湿并不能减轻低温对细胞的伤害，只是降低了产品水分的蒸散，减轻了组织的脱水和延缓了陷斑的发生。

⑥ 气体贮藏 气体成分对冷害的影响随产品种类和品种而异，葡萄柚、西葫芦、油梨、日本杏、桃、菠萝等在气调中冷害症状都得以减轻；但黄瓜、石刁柏和柿子椒则反而加重。

⑦ 化学物质处理 钙有助于维持细胞壁和生物膜的完整性，钙盐处理能减轻苹果、梨、鳄梨、番茄、秋葵等果蔬的冷害。红花油和矿物油处理可以减少果蔬失水，减轻3℃贮藏香蕉表面变黑。乙氧基喹、苯甲酸可以减轻黄瓜、甜椒的冷害。一些杀菌剂，如噻苯唑、苯诺明、抑迈唑，可减轻柑橘腐烂及对冷害的敏感性。此外，ABA、乙烯和外源多胺处理也有减轻果蔬冷害作用。

1.3.4.2 冻害

冰点以下低温对果蔬造成的生理伤害，叫做冻害。大多数果蔬如桃、香蕉、番茄、黄瓜等一旦冻结，组织结构就会受损，难以恢复正常状态。苹果、柿子和芹菜能忍耐－2.5℃左右的低温，可以进行微冻贮藏。菠菜、大葱的抗冻性最强，可以忍耐－9℃、－7℃的低温，缓慢解冻后仍能恢复正常状态。

(1) 冻害的症状 果蔬遭受冻害后的最初症状通常是水渍状，继后受冻组织变得透明、半透明，食之有异味，有些还发生色素降解，变成灰白色或组织褐变。

(2) 冻害的过程 果蔬的冰点与产品种类、细胞内可溶性固形物含量有关，通常在－1.5℃～－0.7℃之间。

当产品置于冰点温度以下时，组织温度开始下降，到达冰点温度$-t_2$时，并不是马上就冻结，温度会持续下降。到“过冷点”$-t_1$时，组织开始形成微小冰晶。在冰晶的形成时要释放潜热，组织温度骤然回升，达到冰点$-t_2$后，果蔬才开始真正冻结。果蔬的冰点$-t_2$不会因外界温度的变化而改变，而过冷点$-t_1$则随着外界温度的降低而下降。

果蔬冻结方式与降温速度有关。降温比较缓慢或外界温度不是很低的情况下，冻结首先发生在细胞间隙，浸润细胞壁的水分和细胞间隙中的水蒸气围绕冰晶开始冻结，胞间冰晶不断长大。由于冻结，胞间的水蒸气压下降，细胞液和原生质中的水分不断扩散进入细胞间隙，胞间冰晶越来越大，冰晶体积的增大会挤压损伤细胞壁和细胞膜；与此同时，原生质和细胞的过度脱水，又会促使原生质变性，使果蔬发生伤害。伤害不是很重时，经缓慢解冻后还能恢复正常状态，如果超过了果蔬的忍耐限度后，将导致不可逆的受损，发生冻害。

在外界温度很低，降温速度很快时，果蔬的细胞内外将同时开始冻结。形成的冰晶数量较多，体积较小，发布也比较均匀，一般不会对组织结构造成很大伤害。在较低温带下缓慢解冻后，还可恢复到比较好的组织状态，这就是果蔬速冻贮藏的基本原理。

(3) 冻害的预防 避免冻害发生的根本措施就是要根据产品的特性，掌握好贮藏温度，避免产品较长时间处于冰点温度以下。若果蔬一旦受冻，解冻之前千万不要搬动，以防冰晶挤压损伤细胞。其次，解冻时一定要缓慢升温，应使冰晶融化速度小于或等于细胞的吸收速度。如果解冻过快，冰晶融化速度大于细胞的吸水速度，则会造成汁液外流，组织结构破损。一般认为在4.5～5℃下解冻较为适宜。

1.3.4.3 气体伤害

在果蔬贮藏过程中，常见的气体伤害有低O_2伤害、高CO_2伤害、NH_3伤害、SO_2伤害，以及乙烯的有害影响。

(1) 低O_2伤害 低O_2伤害的主要症状表现为：表皮组织局部失水凹陷、坏死，表皮或果肉组织变褐，软化，正常成熟过程受阻，产生酒精味和异味。

不同果蔬的低O_2临界浓度差异较大，菠菜为1%，石刁柏为2.5%，豌豆和胡萝卜则为4%。温度升高会增加果蔬对低O_2的敏感性，因为温度升高，呼吸加强，组织对O_2需求量增加，低O_2的临界浓度会略有升高。

(2) 高CO_2伤害 高CO_2伤害的主要症状与低氧伤害类似，主要表现为：表皮或内部组织变褐、塌陷、脱水萎蔫甚至出现空腔。

各种果蔬对CO_2的忍耐力差异很大。鸭梨、结球莴苣对CO_2非常敏感，1%的浓度就足以使它们受害；柑橘、菜豆也很敏感，少量CO_2累积，就会诱发柑橘出现水肿，菜豆发生锈斑；绿菜花、洋葱、蒜薹则能耐受10%左右的高CO_2。贮藏温度和产品本身的生理状态也影响产品对CO_2敏感性。贮藏温度升高，呼吸加强，会导致组织内部CO_2累积，增加果蔬对外部CO_2的敏感性。此外，幼嫩的或处在衰老阶段果蔬，组织内外气体交换能力下降，容易造成组织内部CO_2积累，组织受害。

(3) 其它气体 果蔬释放的乙烯、制冷剂NH_3的泄露、葡萄贮藏时高剂量SO_2也会对产品形成伤害。首先乙烯会加速果蔬的成熟和衰老，还会使莴苣叶片等出现褐斑。冷库内NH_3泄露时，苹果和葡萄红色减退；蒜薹出现不规则的浅褐色凹陷斑；番茄不能正常变红而且组织破裂。葡萄贮藏时，防腐剂SO_2处理浓度偏高时，可使果粒漂白，严重时呈水渍状。

1.3.5 休眠在蔬菜贮藏中的应用

1.3.5.1 休眠现象

(1) 休眠的概念 植物及其器官在生长发育或世代交替过程中，暂时停止生长进入相对静止状态的现象称为休眠。它是植物在长期进化过程中形成的，借以度过外界高温、严寒、干燥等恶劣环境条件的一种适应性反应。蔬菜中的洋葱、马铃薯、大蒜，果品中的板栗、核桃等，在其时代交替过程中都要经历一定时期的休眠。

果蔬休眠期的特点是新陈代谢、物质消耗、水分蒸发都降到最低程度，这一特性有利于贮藏保鲜，有利于品质的保存和延长贮藏寿命。

休眠期的长短与种类、品种有关。如：马铃薯2～4个月，洋葱1.5～2个月，大蒜60～80d，姜、板栗约1个月。蔬菜的根茎、块茎借助休眠度过高温、干旱环境，而板栗是借助休眠度过低温条件的。

(2) 休眠的类型 果蔬的休眠分为两种类型：生理休眠（rest）和被迫休眠（dormancy）。生理休眠是由内在因素引起的，即使给予适宜条件也不能发芽。生理休眠又称之为自发性休眠、真休眠。洋葱、马铃薯、大蒜、姜、板栗等具有真正生理休眠期。而萝卜、胡萝卜、大白菜、甘蓝、莴苣、花椰菜、嫩茎花椰菜在晚秋季节采收后，外界气温开始下降，进入低温干旱冬季，被迫进入休眠状态。这种单纯由于采后环境条件不适而造成的停止生长、不能发芽生长的现象，称为被迫休眠，也称之为强制休眠。

(3) 休眠的阶段 果蔬从休眠到发芽通常要经历五个阶段。

① 休眠诱导期 果蔬采收后，为了适应新的环境，往往通过加厚自身的表皮和角质层，或形成膜质鳞片等方式，来减少水分蒸发和病菌侵入，并在伤口部位加速愈伤，形成木栓组织和周皮层，以加强对自身的保护，这段时期，称为休眠前期。

休眠前期的长短与外界环境有关。通常高温、高湿有利于果蔬愈伤组织的形成，而洋葱则需要在干燥条件下，经过晾晒形成膜质鳞片后，才能进入休眠状态。

如果在休眠前期给予适当处理，可阻止进入生理休眠。如马铃薯休眠前期约2～5周，收获后在表皮干燥前，切块→湿沙层积→块茎吸水后，在短期内即可发芽。

② 生理休眠 在生理休眠期内果蔬的生理活性降到最低程度，细胞结构也发生了深刻的变化，即使给予适宜的条件仍不能发芽生长。

生理休眠期的长短，同样受外界环境条件的影响。如洋葱在管叶倒伏后，留在田间不收，鳞茎吸水活化，会缩短休眠。此外，贮藏条件也会影响生理休眠期的长短。低温处理（0～5℃）可解除洋葱休眠；与10℃相比，马铃薯在20℃、RH90%的条件下，休眠解除得快；而板栗20℃，RH90%，一个月就会发芽。因此，在生理休眠期内给予适宜的贮藏条件，会延长生理休眠期。

③ 强制休眠 单纯由于环境因素不适，而迫使果蔬处于的休眠状态。如大蒜在条件适合时，20d就会发芽，但通过低温、气调可使之长期处于被迫休眠状态。大白菜、甘蓝等蔬菜没有生理休眠，但可通过低温、气调等措施使之长期处于被迫休眠状态。

种子萌芽需要有适宜的温度、充足的水分和氧。果实内种子往往由于缺氧、高渗透压和生长抑制物质的存在而处于被迫休眠状态。有研究指出，果实中有机酸，如柠檬酸1%，苹果酸0.5%，酒石酸0.2%就可以抑制发芽，如柑橘类长期贮藏时，果肉的多汁性逐渐失去，种子就会在果实内萌芽。

④ 休眠苏醒期 绪方把休眠到发芽的过渡期称为休眠苏醒期，而田川则将休眠到发芽的转折点称为苏醒期。此时的代谢特点是呼吸、水解活性加强，养分源源不断地向生长点部位转移，所有这些都是为以后的发芽做物质和能量上的准备。

⑤ 发芽生长 休眠苏醒期后，只要外界条件合适，果蔬就会发芽生长，开始下一轮的生长发育周期。

1.3.5.2 休眠期间的变化

（1）解剖学 果蔬休眠期间，细胞结构发生了质的变化。原生质表面开始聚集疏水胶体，细胞发生质壁分离，胞间连丝逐渐消失，各个细胞处于孤立状态。此时，原生质几乎不能吸水膨胀，电解质也很难透过原生质。细胞间、组织与外界间物质交换大大减少。休眠结束后，原生质中的疏水胶体逐渐减少，亲水胶体不断增加，原生质开始吸水，质壁分离恢复，胞间连丝重新出现，细胞核也恢复正常，细胞内外物质交换和生理生化过程恢复正常。

前苏联学者用高渗透压的蔗糖溶液迫使细胞发生质壁分离，发现正在休眠中的细胞，其质壁分离的状态呈凸型；已脱离休眠的细胞呈凹型；正在进入或正在脱离休眠的细胞质壁分离的状态呈凸、凹混合型。这个实验说明在休眠期间细胞的结构发生了质的变化，可以通过细胞质壁分离的状态来判断休眠的时期。

（2）物质变化

① 碳水化合物 休眠期间几乎看不到碳水化合物含量的变化，果蔬体内糖的含量低且稳定。休眠结束后，大分子的贮藏性物质如淀粉等，开始大量降解，糖的含量急剧增加。洋葱的主要贮藏性物质是糖类，萌芽时糖含量下降。

② 抗坏血酸、谷胱甘肽 抗坏血酸（Vc）、谷胱甘肽是生物体内两种比较重要的生物活性物质。通常，在进入休眠状态时，果蔬的Vc和谷胱甘肽含量缓慢下降。当土豆、洋葱等

萌芽时，芽眼和皮层部位会大量积累了还原型的Vc。Vc特别是还原型的Vc，它的存在可以防止发芽时生长物质的氧化，对新芽的生长起着重要的作用。

谷胱甘肽也是重要的还原型物质，它的消长与Vc相平行，土豆在休眠结束时，还原型的谷胱甘肽在萌芽部积累。有报告指出，用谷胱甘肽处理可解除休眠。

③ 含氮物质的变化 土豆休眠期间，顶芽内蛋白氮含量高。休眠结束时，芽中蛋白氮减少，酰胺氮开始增多，可溶性氮的增加有助于新芽的生长。

④ 激素、酶、核酸的变化 激素对休眠起着重要的调节作用。植物休眠在很大程度上取决于体内生长促进物质和生长抑制物质的平衡。

洋葱茎盘中的IAA、GA含量，在休眠初期较高，以后在休眠中逐渐减少，在萌芽时，转为增加，而生长抑制物质（主要是ABA）则相反。

ABA在组织内的变动，对休眠芽的形成或解除休眠起着重要的作用。在许多树木休眠中，随着休眠的解除，ABA水平减低的同时，内源GA水平开始急剧上升。

许多试验结果提出这样的可能性：高浓度ABA与低浓度GA，诱导休眠；低浓度ABA与高浓度GA，解除休眠。

GA能促进休眠器官中酶蛋白的合成，如α-淀粉酶、蛋白酶、脂肪酶、核糖核酸酶等水解酶，以及异柠檬酸酶、苹果酸合成酶等呼吸酶系。

GA的作用之一就在于使“DNA→mRNA→特定蛋白”这一系统活化。

ABA在RNA合成阶段，能抑制特定酶合成系统，也能抑制GA的合成，加强了抑制萌芽的作用。

土豆、洋葱到休眠末期，芽中的DNA和RNA含量增多，有人指出，核酸累积到一定水平才开始打破休眠（表1-11）。

表1-11 土豆、洋葱中核酸含量的变化 单位：μg磷/g干重

作物	组织	收获后	休眠中	休眠结束
洋葱鳞茎	分生组织	3809	3201	4401
	薄壁组织	503	409	380
土豆块茎	分生组织	361	356	495
	薄壁组织	77	66	45

外界环境是调节植物休眠的另一重要因素。秋天日照的缩短，可以诱导植物叶片生成大量ABA，ABA移到芽中，促进休眠。低温处理可以促进大白菜、甘蓝等十字花科蔬菜中GA含量升高，促进发芽。

(3) 呼吸酶系的变化 土豆休眠时，多酚氧化酶在休眠块茎中活性较高；脱离休眠时，多酚氧化酶活性减退，甚至消失，被黄素蛋白酶所代替。

多酚氧化酶中的一种——酪氨酸酶，可将IAA氧化，使IAA钝化失活，这可能就是休眠时生长停滞的原因之一。

1.3.5.3 休眠的调控

(1) 温度、湿度、气体的控制 在采后首先应创造适宜的温湿度条件，使果蔬尽快进入生理休眠或被迫休眠阶段。进入休眠期后要根据果蔬的特性，给予适当的温湿度管理。对大多数产品来讲低温冷藏是最有效、最方便、最安全的抑芽措施，因为低温可以有效地抑制芽的生长。但是，低温会缩短某些产品的生理休眠期，如0～5℃使洋葱解除休眠，马铃薯采后2～4℃能使休眠期缩短，5℃打破大蒜的休眠期。对这些产品来讲，在贮藏的早期应给予较高一些的温度，度过生理休眠期后，再通过低温使之较长期处于被迫休眠状态延长休

眠期。

低氧和适宜的 CO_2 也有一定的抑芽效果，它可以延缓洋葱等的发芽，但对马铃薯等的抑芽效果却不甚明显，生产上应用较少。

（2）药物处理　青鲜素（MH）、萘乙酸是生产上常用的两种抑芽剂。采前 2 周用 0.25%MH 喷洒洋葱和大蒜，0.1%MH 喷洒板栗，可以有效抑制它们发芽。萘乙酸甲酯和乙酯能有效防止马铃薯的发芽，但该产品具有挥发性，使用时可将其与细土掺和后，均匀地撒到薯块上；或将药品喷到碎纸上，填充在马铃薯堆中；也可以将药液直接喷到马铃薯上使用。

（3）射线处理　$(8\sim15)\times10^{-2}$ Gy 的 γ-射线照射，可以有效抑制马铃薯、洋葱、大蒜和姜发芽，许多国家已经在生产上大量使用，其中应用最多的是马铃薯。

思考题：

1. 试述采前因素对果蔬品质及耐贮性的影响。
2. 试述果蔬的主要化学成分在成熟衰老期间的变化及其与耐贮性的关系。
3. 试述果蔬采后的呼吸作用与贮藏的关系。
4. 影响果蔬呼吸强度的因素有哪些？
5. 如何判断呼吸跃变型果实与非呼吸跃变型果实？对指导生产有何意义？
6. 试述果实乙烯的生物合成途径及其调控因素。在生产上采取哪些措施抑制乙烯的生理作用？
7. 论述乙烯对果蔬成熟衰老的影响。
8. 简要说明植物内源激素的平衡在果蔬采后成熟衰老过程中的作用。
9. 论述果蔬采后失水的主要途径及其影响因子。
10. 试述果蔬采后休眠期间的生理生化变化及休眠的调控措施。
11. 论述影响果蔬采后成熟衰老的因素。

第2章 果品蔬菜的采收和采后处理

教学目标：通过本章学习，掌握果蔬采收成熟度的判别标准及采收方法；掌握果蔬采后预冷和催熟的技术要点；了解其它采后处理方法对果蔬质量的影响。

果蔬采收和采后处理是搞好果蔬贮藏十分重要的一环，直接影响果蔬贮运的消耗、品质和贮藏期。果蔬具有生产季节性强，采收期集中，皮薄汁多，易于损伤腐烂等特点，往往由于采收和采后处理不及时造成大量损失，甚至丰产不丰收。若不给予足够的重视，即使有较好的贮藏设备，先进的管理技术，也难以发挥应有的作用。可见，做好果蔬采收和采后处理工作对发展果蔬生产，保证市场供应，丰富人民生活，增加外汇收入有着非常重要的意义。

2.1 果蔬的采收分级与包装

采收是果蔬生产上的最后一个环节，又是果蔬商品处理的最初一环。因此，对采收工作的重要性、采收的适宜时期和采收方法等，必须引起足够的重视。

果蔬的采收时期、采收成熟度和采收的方法，在很大程度上影响果蔬的产量、品质和商品价值，直接影响贮运效果。

果蔬采收原则是适时、无损、保质、保量、减少损耗。适时就是在符合鲜食、贮运的要求时采收。无损就是避免机械损伤，保持果蔬完整，以便充分发挥果蔬自身的耐藏性和抗病性。

2.1.1 采收成熟度

果蔬成熟度的判断要根据种类和品种特性及其生长发育规律，从果蔬的形态和生理指标上加以区分。生理成熟度与商业成熟度之间有着明显的区别，前者是植物体生命中的一个特定阶段，后者涉及到能够转化为市场需要的特定销售期有关的采收时期。判断果蔬成熟度的方法主要有以下几种。

2.1.1.1 果梗脱离的难易度

有些种类的果实，在成熟时果柄与果枝间常产生离层，稍一振动就可脱落，此类果实离层形成时为采收的适宜时期，如不及时采收就会造成大量落果。如苹果和梨就属此类。

2.1.1.2 表面色泽的变化

许多果实在成熟时都显示出它们特有的颜色，在生产实践中果皮的颜色成了判断果实成熟度的重要标志之一。未成熟的果实的果皮中有大量的叶绿素，随着果实成熟度的增高，叶绿素逐渐分解，底色便呈现出来（如类胡萝卜素、花青素等）。例苹果、梨、葡萄、桃在成熟时呈现出黄色或红色；柑橘呈现橙黄色；橙子一般为全红或全黄；橘子允许稍带绿色；板栗成熟标准是栗苞呈黄色，苞口开始开裂，坚果呈棕褐色。长途运输的番茄应在由绿变白时采收，立即上市的应在半红果时采；甜椒一般在绿熟时采收；茄子在光亮有色泽时采收；黄瓜在深绿色、豌豆在亮绿色、甘蓝在淡绿色、花椰菜在花球变白时采收。

2.1.1.3　主要化学物质含量的变化

果蔬中的主要化学物质有淀粉、糖、酸和维生素类等。可溶性固形物含量可以作为衡量果蔬品质和成熟度的标志。可溶性固形物中主要是糖分，其含量高标志着含糖量高，成熟度也高。总含糖量与总酸含量的比值称“糖酸比”，可溶性固形物与总酸的比值称为“固酸比”，它们不仅可以衡量果实的风味，也可以用来判断其成熟度。例如美国甜橙的糖酸比为8∶1时作为采收的最低标准；四川甜橙在采收时糖酸比为10∶1左右；苹果糖酸比为30∶1时采收，风味浓郁。又如大枣的糖分高，风味就浓。一般来说，甜玉米、豌豆、菜豆等食用幼嫩组织，则应在含糖量最高，含淀粉少时采收，品质最好。

酸度一般可用滴定法很容易地从果汁样品中测出。成熟和完熟过程中酸度逐渐下降。但糖酸比同果实的可食性的关系往往比单一的糖和酸含量的这种关系更为密切。

苹果也可以利用淀粉含量的变化来判断成熟度。果实成熟前，淀粉含量随果实的增大逐渐增加。到果实开始成熟时，淀粉逐渐转化为糖，含量降低。测定淀粉含量的方法可以用碘-碘化钾水溶液涂在果实的横切面上，使淀粉成蓝色，根据颜色的深浅判断果实成熟度，颜色深说明产品含淀粉多，成熟度低。当淀粉含量降到一定程度时，便是该品种比较适宜的采收期。但马铃薯、芋头在淀粉含量高时采收为好。

此外，根据果实在开始成熟时乙烯含量急剧升高的道理，可用测定果实中乙烯浓度来决定采收期。但在生产中一般不采用。

2.1.1.4　质地和硬度

果实的硬度是指果肉抗压能力的强弱。一般未成熟的果实硬度较大，达到一定成熟度后才变得柔软多汁，只有掌握适当的硬度，在最佳时间采收，产品才能够耐贮藏和运输，如番茄、辣椒、苹果、梨等要求在果实有一定硬度时采收。辽宁的国光苹果采收时，硬度一般为19lb/cm^2（1lb＝0.4536kg），烟台的青香蕉苹果采收时，一般为28lb/cm^{2}左右，四川的金冠苹果采收时一般为15lb/cm^{2}左右。此外，桃、梨、杏的成熟度与硬度关系也十分密切。一般情况下，蔬菜不测其硬度，而是用坚实度来表示其发育状况。有些蔬菜坚实度越大，表示发育良好、充分成熟和达到采收的质量标准，如甘蓝和花椰菜。但也有一些蔬菜坚实度高表示品质下降，如莴笋、芥菜应该在叶变坚硬之前采收，黄瓜、茄子、凉薯、豌豆、菜豆、甜玉米等都应在幼嫩时采收。

2.1.1.5　果实形态

在某些情况下，果实形状可用来确定成熟度。如香蕉未成熟时，果实的横切面呈多角形，充分成熟时，果实饱满、浑圆，横切面为圆形。

2.1.1.6　生长期和成熟特征

果实的生长期也是采收的重要参数之一。不同品种的果蔬由开花到成熟有一定的生长期和成熟特征，如山东济南金帅苹果生长期为145d；红星苹果约147d；国光苹果为160d；青香蕉苹果156d；四川青苹果的生长期只有110d。各地可以根据多年的经验得出适合当地采收的平均生长期。此外，不同的果蔬在成熟过程中会表现出许多不同的特征，一些瓜果可以根据其种子的变色程度来判断成熟度，种子从尖端开始由白色逐渐变褐、变黑是瓜果充分成熟的标志之一。豆类蔬菜应该在种子膨大硬化以前采收，其食用品质最好，但作为种用时则应该充分成熟时采收为好。西瓜的瓜秧卷须枯萎，冬瓜、南瓜表皮“上霜”且出现白粉蜡质，表皮组织硬化时达到成熟。还有一些产品生长在地下，可以从地上部分植株的生长情况判断其成熟度，如洋葱、芋头、马铃薯、姜等其地上部分变黄、枯萎和倒伏时，为最适采收期。

总之，果蔬不同，其食用器官不同，而且有些蔬菜的食用部分是幼嫩的叶片和叶柄，采收成熟度要求很难一致，不便作出统一的标准。

判断果蔬成熟度的方法还有很多，在讨论某一品种的成熟度时，常用综合因素去试验，最后在其中选择主要因子作为判断成熟的方法。以期达到适时采收，长期贮运的目的。

2.1.2 果蔬的采收方法

果蔬采收除了掌握适当的成熟度外，还要注意采收方法。果蔬采收方法有人工采收和机械采收两大类。

2.1.2.1 人工采收

人工采收需要大量的劳动，特别是劳动力较缺及工资较高的地方，将增加生产成本。但由于有很多果蔬鲜嫩多汁，成熟度往往不均匀一致，给机械采收带来困难；而人工采收可以任意挑选，精确地掌握成熟度和分次采收，人工采收还可以减少机械损伤。因此，目前世界各国的鲜食果实基本上仍然是人工采收，采收方法视果蔬特性而异。例如：柑橘类果实可用一果两剪法，果实离人较远时，第一剪距果蒂1cm处剪下，第二剪齐萼剪平，做到保全萼片不刮脸，轻拿轻放不碰伤；苹果和梨成熟时，其果梗与短果枝间产生离层，采收时以手掌将果实向上一托即可自由脱落；采收香蕉时，用刀先切断假茎，紧扶母株让其徐徐倒下，接住蕉穗并切断果轴，要特别注意减少擦伤、跌伤或碰伤；葡萄等成穗的果实，可用剪刀齐穗剪下；柿子采收用枝剪剪取，要保留果柄和萼片，果柄要短，以免刺伤其它果实；桃、杏等成熟后果肉比较柔软，容易造成指痕，用手摘果时，先剪齐指甲或带手套，并小心用手掌托住果实，左右摇动使其脱落；板栗采收时，在北方一般等树上的球果完全成熟后自动裂开，坚果落地后再拾取，也有一次打落法，即等树上有1/3球果由青转黄开始开裂时，用竹竿一次全部打落，堆放几天，让大部分球果开裂后取出栗子；核桃采收时也用竹竿顺枝打落。

蔬菜由于植物结构类型的多样性，其采收与水果不同。根菜类从土中挖出，如果挖的不够深，可能产生伤害；叶菜类和果菜类常用手摘以避免叶和果的大量破损。

由于果蔬产量大而集中，采收期又短，所以人工采收效率低，成本较高，有时采收不及时，还会影响质量，造成损失。

2.1.2.2 机械采收

机械采收可以节省大量的劳动力，适用于那些在成熟时产生离层的果实。一般使用强风压机械，迫使离层分离脱落，或使用强力机械摇晃主枝，使果实脱落，但树下必须布满柔软的传送带，以承接果实，并自动将果实送分级包装机内。美国用此类机械采收樱桃和加工用的柑橘等。马铃薯、大蒜、洋葱、胡萝卜等国外也采用机械收获。苹果、葡萄、番茄机械采收发展很快。机械采收效率高，成本低，在美国与手工相比成本降低43%～66%。为便于机械采收，催熟剂和脱落剂的应用技术研究越来越被重视。国外正在研究柑橘果实脱落剂，使机械采收得到进一步的完善。

但是，经过机械采收的果实和蔬菜容易遭受机械损伤，贮藏中腐烂率增加。如果采后立即加工，利用机械采收是值得推广的。

2.1.3 采收注意事项

果蔬采收要由有熟练技术的采收工人进行精细的操作，采用适宜的采果容器，尽可能避免机械损伤。

采收最好在晴天早晨露水干后开始，如炎热的夏天，因中午气温和果温高，田间热不易散发，会促使果实衰老及腐烂，叶菜类还会迅速失水而萎蔫，因此不宜采收。另外，阴雨天、露水未干、浓雾天也不宜采收。雨露天果皮太脆，果面水分多，容易受病菌浸染。柑橘如在雨后立即采收，表皮细胞容易开裂，引起油斑病。果蔬采收后应立即放阴凉处，不能立即包装。

采收人员要剪平指甲，最好带手套，在采收过程中做到轻拿轻放，轻装轻卸，以免损伤果蔬。采收后的果蔬不要日晒和雨淋，还应避免采收前灌水。

采果顺序应先下后上、先外后内逐渐进行，即采收时先从树冠下部和外部开始，然后再采内膛和树冠上部的果实。否则，常会因上下树或搬动梯子而碰伤果实，降低其品质和等级。在采收前，必须将所需的人力、果箱、果袋、果剪及运输工具等事先准备充足。

2.1.4　分级

果蔬在生长发育过程中，由于受各种因素的影响，其大小、形状、色泽、成熟度、病虫伤害、机械损伤等状况差异很大，即使同一植株上的果实，其商品性状也不可能完全一样。因此，在果园和菜园内采收的果蔬必然大小混杂、良莠不齐。对于这些果蔬只有按照一定的标准进行分级，使其商品标准化，或者商品性状大体趋于一致，这样才有利于产品的收购、包装、运输、贮藏及销售。

果蔬的分级标准是检验其商品质量的准则，是评价其商品质量的客观依据，以便对市场上同级别产品价格进行比较，有利于掌握市场信息；分级可促进果蔬栽培管理技术的改进，推动果蔬生产向良性化发展。通过分级，剔除伤果、病虫害果和残次果，并将这些果蔬及时处理，不仅可以减少贮运中的损失，还可以减轻一些病虫害的侵染传播。总之，分级是果蔬生产、销售及消费之间互相促进、互相监督的纽带，是果蔬商品化的必需环节，是提高果蔬商品质量及经济效益的重要措施。

2.1.4.1　分级标准

我国把果蔬标准分为四级：国家标准、行业标准、地方标准和企业标准。国家标准是由国家标准化主管机构批准发布，在全国范围内统一使用的标准。行业标准即专业标准、部标准，是在没有国家标准的情况下由主管机构或专业标准化组织批准发布，并在某个行业范围内统一使用的标准。地方标准是在没有国家标准和行业标准的情况下，由地方制定、批准发布，并在本行政区域范围内统一使用的标准。企业标准是由企业制定发布，并在本企业内统一使用的标准。国际标准和各国的国家标准是世界各国均可采用的分级标准。

我国目前果蔬的采后及商品化处理与发达国家相比差距甚远。只在少数外销商品基地才有选果设备，绝大部分地区使用简单的工具、按大小或重量人工分级，逐个挑选、包纸、装箱，工作效率低。而有些内销的产品不进行分级。

水果分级标准，因种类品种而异。我国目前的做法是，在果形、新鲜度、颜色、品质、病虫害和机械伤等方面已符合要求的基础上，再按大小进行手工分级，即根据果实横径的最大部分直径，分为若干等级。果品大小分级多用分级板进行，分级板上有一系列不同直径的孔。如我国出口的红星苹果，直径从 65～90mm，每相差 5mm 为一个等级，共分为 5 等。河南省的分级标准为直径从 60～85mm 的苹果，每相差 5mm 为一个等级，共分 5 等。四川省对出口西方一些国家的柑橘分为大、中、小 3 个等级。广东省惠阳地区对出口香港、澳门的柑橘中，直径 51～85mm 的蕉柑，每差 5mm 为一个等级；直径为 61～95mm 的椪柑，每差 5mm 为一个等级，共分 7 等。直径为 51～75mm 的甜橙，每相差 5mm 为一个等级，共分为 5 等。葡萄分级主要以果穗为单位，同时也考虑果粒的大小，根据果穗紧实度、成熟度、有无病虫害和机械伤、能否表现出本品种固有颜色和风味等进行分级。一般可分为三级，一级果穗较典型，大小适中，穗形美观完整，果粒大小均匀，充分成熟，能呈现出该品种的固有色泽，全穗没有破损粒和小青粒，无病虫害；二级果穗大小形状要求不严格，但要充分成熟，无破损伤粒和病虫害；三级果穗即为一、二级淘汰下来的果穗，一般用作加工或就地销售，不宜贮藏。如玫瑰香、龙眼葡萄的外销标准，果穗要求充分成熟，穗形完整，穗重 0.4～0.5kg，果粒大小均匀，没有病虫害和机械伤，没有小青粒。

蔬菜由于食用部分不同，成熟标准不一致，所以很难有一个固定统一的分级标准，只能按照对各种蔬菜品质的要求制定个别的标准。蔬菜分级通常根据坚实度、清洁度、大小、重量、颜色、形状、鲜嫩度以及病虫感染和机械伤等分级，一般分为三个等级，即特级、一级和二级。特级品质最好，具有本品种的典型形状和色泽，不存在影响组织和风味的内部缺点，大小一致，产品在包装内排列整齐，在数量或重量上允许有 5% 的误差。一级产品与特级产品有同样的品质，允许在色泽上、形状上稍有缺点，外表稍有斑点，但不影响外观和品质，产品不需要整齐地排列在包装箱内，可允许 10% 的误差。二级产品可以呈现某些内部和外部缺点，价格低廉，采后适合于就地销售或短距离运输。

2.1.4.2 分级方法

（1）人工分级　这是目前国内普遍采用的分级方法。这种分级方法有两种，一是单凭人的视觉判断，按果蔬的颜色、大小将产品分为若干级。用这种方法分级的产品，级别标准容易受人心理因素的影响，往往偏差较大。二是用选果板分级，选果板上有一系列直径大小不同的孔，根据果实横径和着色面积的不同进行分级。用这种方法分级的产品，同一级别果实的大小基本一致，偏差较小。

人工分级能最大程度地减轻果蔬的机械伤害，适用于各种果蔬，但工作效率低，级别标准有时不严格。

（2）机械分级　采用机械分级，不仅能够消除人为的心理因素的影响，更重要的是显著提高工作效率。美国、日本等国除对容易受伤的果实和大部分蔬菜采用手工分级外，其余果蔬一般采用机械分级。

各种选果机械都是根据果实直径大小进行形状选果，或是根据果蔬的不同重量进行的重量选果，或是按颜色分选而设计制造的。

① 果径大小分级机　仿照用筛子筛分粒状物质的原理，把小果实依次分开，最后把大的果实留下来。选果机根据旋转摇动的类别分为滚筒式、传动带式和链条传送带三种。果径大小分级机有构造简单、故障少及容易提高工作效率等优点，缺点是精确度不够高。由于果实的横径和纵径大小不同，在运动过程中由于歪倒的缘故，可能果实没有按照横径、而是按照纵径分级的情况也是有的。特别是果实不整齐时，更容易发生误差。由于在分级机上受摩擦的机会较多，所以对果皮不太耐摩擦的果实不宜使用。

对于某些蔬菜如胡萝卜、黄瓜和菜豆等是长形的。对长形物料分选的传统方法是用一系列的输送带，带与带之间具有缝隙。缝隙的设计是这样的：如果产品足够长，它们就能越过缝隙而落到下一个输送带上，但如果产品比较短小，它们就会从缝隙中落下。对于胡萝卜这样的细圆锥形果蔬，分选精度较差。同样长度的锥形胡萝卜与柱形胡萝卜相比，前者重心偏移，它们有可能随着短的胡萝卜一起被分选出来。

② 果实重量分级机　根据果实的重量进行分级，使用的机器按其衡重的原理分为摆杆秤式和弹簧秤式两种。这类选果机的构造复杂，价格高，处理果实的能力也难以大幅度提高。以苹果为主的落叶类果树的果实、番茄、胡萝卜等果蔬使用这种机械。目前，国外对鳄梨、番茄等比较柔软的水果分级时采用的方法是：它们被放在托盘输送带的托盘上，输送带

滑过重量传感器。重量传感器由计算机监测，并控制水果的卸出，从而能按重量分组。有时也用机械称重而不用电子称重。托盘在分段滑杆上滑动，在滑杆上装有由平衡重控制的“过桥”，当托盘和水果的重量超过平衡重的重量时，过桥开启，托盘倾翻，水果自行卸落。机械称重装置比电子称重装置价格低，但精度差。

此外，也可根据果蔬颜色的差异，采用光电分级或机械视觉分级。

目前我国一些常见的果蔬分级已制定了国家标准。

2.1.5　包装

果蔬是脆嫩多汁商品，极易遭受损伤。为了保护产品在运输、贮藏、销售中免受伤害，对其进行包装是必不可少的。除了这种保护作用外，包装还能起到美化商品和便利贮运、销售的作用。同时，包装容器还能减少果蔬失水，对保持产品新鲜度和延长贮藏有一定作用。目前随着果蔬商品化的发展，对于改进包装的要求愈来愈迫切，良好的包装对生产者、经营者和消费者都是有利的。

长期以来，由于我国冷藏设备不足，运输条件差，加之包装落后，很多优质的果蔬不能远运畅销，因而在生产旺季被迫就地倾销，影响了生产的发展和经营者的积极性。特别是由于包装落后，使产品的安全和卫生不能得到保障。目前世界上一些经济发达国家对果蔬的包装都非常重视，他们将果蔬进行一系列处理后，再按不同用途和运销对象进行包装、分配。

2.1.5.1　包装场所的设置

目前我国果蔬包装场所一般有两种形式，一种是生产者或者经营者设置的临时性或永久性的包装场地，规模较小，多进行产品包装；另一种是商业部门或者经营单位设置的永久性包装场地，规模较大，设施齐全，多进行商品包装。包装场所选址的原则是靠近果蔬产地，交通方便，地势高燥，场地开阔，同时还应远离能够散发刺激性气体或者毒气的工厂。

果蔬包装我国目前多用手工操作，包装场所需要的物品参照表 2-1 进行配备。包装场所常用的物品在使用前要进行消毒，以免残存的病菌蔓延。用后应及时进行清洗、晾晒、收藏，减少残存的病菌。

表 2-1　果蔬包装场常用物品简表

物品名称	规格要求	用途
分级板	木质或塑料，内孔光滑，口径误差不大于±0.5mm	按果实大小分级
打包机	适用于铅丝、塑料绳和纸带	捆箱
洗涤用品	毛巾、盆、桶、肥皂	洗手、洗脸
清洁用品	洒水壶、扫帚、畚箕	打扫卫生
消毒用品	石灰、甲醛、硫酸铜、喷雾器	库房及工具消毒
小凳子	木、竹或金属制成	工作人员坐用
印刷用具	号码章、颜料、模板、排笔刷	印刷箱面标记
台　秤	50kg、100kg	称重
检验用具	工作台、钢卷尺、放大镜、笔记本、铅笔等	场检
周转箱	木质或塑料，牢固平滑	加工周转
废果处理用品	果钳、果篓、化果池等	处理废果蔬
运输车	胶轮车、人力车	短途运输
果　箱	木箱、钙塑箱、纸箱、条篓等	装果蔬
塑料袋	容量 5kg、10kg、20kg、25kg	包装衬垫
包装纸	清洁、光滑、大小适中	包单果

2.1.5.2　包装容器和包装材料

(1) 包装容器

① 对包装容器的要求 包装容器应该具有保护性，在装卸、运输和堆码过程中有足够的机械强度；具有一定的通透性，利于产品散热及气体交换；具有一定的防潮性，防止吸水变形，从而避免包装的机械强度降低引起的产品的腐烂。包装容器还应该具有清洁、无污染、无异味、无有害化学物质、内壁光滑、卫生、美观、重量轻、成本低、便于取材、易于回收及处理等特点，并在包装外面注明商标、品名、等级、重量、产地、特定标志及包装日期。

② 包装容器的类型 最早的包装容器多用植物材料做成，尺寸由小到大，以便于人或牲畜车辆运输。随着科学的发展，包装材料和形式越来越多样化。包装容器的种类、材料、特点、适用范围见表 2-2。

表 2-2 包装容器种类、材料及适用范围（冯双庆，1992）

种　类	材　料	适用范围
塑料箱	高密度聚乙烯 聚苯乙烯	任何果蔬 高档果蔬
纸箱	板纸	果蔬
钙塑箱	聚乙烯、碳酸钙	果蔬
板条箱	木板条	果蔬
筐	竹子、荆条	任何果蔬
加固竹筐	筐体竹皮、筐盖木板	任何果蔬
网、袋	天然纤维或合成纤维	不易擦伤、含水量少的果蔬

a. 筐类 这是我国目前内销果蔬使用的主要包装容器，包括荆条筐、竹筐等。筐类一般可就地取材，价格低廉，但规格不一致，质地粗糙，不牢固，极易使果蔬在贮运中造成伤害。因此，该包装有待改进。

b. 木箱 用木板、条板、胶合板或纤维板为材料制作的各种规格的长方形箱，其中以木箱弹力大、耐压。但由于箱子自重大、价格高，生产上使用越来越少。纤维板重量轻而且价格低廉，但在潮湿的贮藏库内易吸水失去强度，其堆码高度受到很多限制。如果底板用质地较硬的材料，箱内分隔，箱外衬垫，箱壁用树脂或石蜡涂被，以防吸水，也可增加箱的坚固性。

c. 纸箱 这是当前全世界果蔬包装的主要容器。我国近几年发展也很快，除外贸出口果蔬普遍使用外，国内贮运销售的果蔬也越来越多地采用纸箱包装。纸箱特别是瓦楞纸箱之所以发展快，使用普遍，是因为其具有比木箱和筐类容器更多的优越性。其优点是：纸箱能在工厂进行机械生产，可随时满足生产上大量需要，及时供货，而不像木箱那样，需要用手工来一个个装配；纸箱自重小，一般占商品总重量的 6%～8%（木箱占 15%～18%），有利于装卸和贮运，降低运费；纸箱规格大小一致，在包装、装卸作业中易于实现机械化，且能提高贮藏库和运输车、船的装载量；纸箱容积小，箱内一般放有隔板和格板，每格只放一果，能防止果蔬滚动摩擦及病伤果相互感染蔓延，加之箱板具有缓冲结构（瓦楞纸板），因而可在一定程度上抵抗外来的振动和冲击，减少商品损伤；纸箱使用前后可以折叠而便于保管；纸箱表面可以印刷各种颜色的图案，外观好看，不仅表示了该包装商品的内容物，而且起到广告宣传作用，这点在外贸上尤为重要；纸箱原料来源广，价格便宜，且废旧纸箱还可回收利用，这样可减少木材资源的消耗。总而言之，瓦楞纸箱具有经济、牢固、美观、实用等特点，在果蔬内销及外贸上可广泛使用。

瓦楞纸箱是由外侧的箱板和作成瓦楞（波纹）形的瓦楞纸用黏合剂黏合而成。不同种类的瓦楞纸的瓦楞数目及其高度不同，因而具有力学上的不同性质，人们可根据使用目的选择不同种类的瓦楞纸。按照生产上目前使用的瓦楞纸，大致分为“U”型和“V”型两种。“U”型的构造呈正弦曲线的连续状，因此其弹性大，复原力强。但是，此种瓦楞纸用黏合剂的数量比“V”型多，从经济上看是个缺点。与此相反，“V”型瓦楞纸的波纹呈等边三角形的直线性，其平面压力相对较大，但是因其弹性临界值低，超过该值则难以复原。在使用时应特别注意，不要超过其极限。

d. 塑料箱　塑料箱是果蔬贮运和周转中使用较广泛的一种容器，可以用多种合成材料制成，最常用的是用较硬的高密度聚乙烯制成的多种规格的包装箱。

高密度聚乙烯箱的强度大，箱体结实，能够承受一定的挤压、碰撞压力，使产品能堆码至一定的高度，提高贮运空间的利用率；这类箱的基本原料来源于石油和煤，原料易得，并且便于工厂化生产，可根据需要制成多种标准化的规格；外表光滑，易于清洗，能够重复使用。因此，塑料箱对于果蔬包装具有较好的技术特性是传统包装容器的替代物之一。但是，聚乙烯材料比较贵，只有在有效地组织回收并重复使用的情况下，才能将使用这些容器的费用降下来。另外，塑料箱不像纸箱那样容易进行外观包装设计，这是值得研究解决的问题之一。

e. 网袋　用天然或者合成纤维编织而成的网状袋子，规格因包装产品的种类而异，多用于马铃薯、红薯、洋葱、大蒜、胡萝卜等根茎类蔬菜的包装。网袋包装较之传统的麻袋包装费用低，而且轻便，还可以回收利用。但是，它保护产品免受损伤的功能很低，只能用于抗损伤能力较强，并且经济价值较低产品的包装。

③ 包装容器的规格标准　随着果蔬商品经济的发展及流通渠道和范围的扩大，包装容器的标准化问题愈来愈显得重要。标准化容器便于机械化作业，有利于运输贮藏，降低商品成本，是果蔬包装发展的方向。

世界各国都制订有本国果蔬包装容器规格标准。东欧国家采用的包装箱标准一般是600mm×400mm 和 500mm×300mm，箱高以给定的容器标准而定。易伤果实的容量不超过 14kg，仁果类不超过 20kg。美国加利福尼亚州 Sunkisin 牌脐橙用日字形套合纸箱，内容积为 440mm×284mm×270mm，箱外印有彩色图案和文字说明，如商标、贮藏温度（7～9℃）、联苯处理和注意事项等。美国红星苹果的纸箱规格为 500mm×302mm×322mm。日本福岛装桃纸箱，装 10kg 的规格为 460mm×310mm×180mm，装 5kg 的规格为 350mm×460mm×95mm。我国出口的鸭梨，逐个包纸后装入纸箱，每箱定量 80、96、112、140 和 160 个果实，净重 18kg。我国出口柑橘纸箱的内容积为 470mm×277mm×270mm，每箱果重 17kg，按个数分七级，分别为 60、76、96、124、150、180、192 个果实。根据美国的研究，标准体格的人最合适的搬起重量是 18.5kg。但以美国人与日本人的体力及营养状况相比，日本人装卸的最适宜重量推荐为美国人的 80%。所以，日本人现在蜜柑、柿、苹果、梨等的包装容量为 14.8kg。新鲜果蔬在流通过程中，特别是在我国目前的经济条件下，果蔬的装卸和搬运尚不可能采用更多的机械作业，在多数情况下仍然是依靠繁重的体力劳动。因此，在包装容器的大小设计上，必须考虑劳动者身体的承受能力。

（2）包装材料　在果蔬包装中，为了增强包装容器的保护功能，减少损伤，往往需要在容器内加用衬垫物、填充物或包裹物之类的包装材料。

① 衬垫物　使用筐类容器包装时，应先在容器内铺设衬垫物，以免果蔬直接与容器接触摩擦而导致伤害。同时还有防寒、保湿和保持清洁的作用。常用的衬垫物有消毒干净的蒲包、茅草、纸张和塑料薄膜等。

② 填充物　在运输和装卸过程中，由于震动，包装容器中的果蔬商品都会出现下沉现象。为了尽可能避免果蔬在容器内震动摩擦和下沉现象的出现，包装时应在容器与商品之间填加一些软质材料。常用的有稻壳、刨花、干草、纸条等。当然，更重要的是装入果蔬时应

尽可能地装实，商品的下沉现象就可以得到改善，而且还可以增加包装容器的强度。

③ 包纸　果蔬包纸在我国有悠久的历史，包纸可以抑制果蔬体内水分的蒸腾损失，减少失重和萎蔫程度；由于纸张的隔离作用，可减少霉烂和感染病害果蔬的传染，延长贮藏和运输期；包纸可减少果蔬在容器内的震动和相互挤压碰撞，减少损伤；干燥的纸张还具有一定的绝缘作用，能使果蔬保持较为稳定的温度。可见，包纸好处很多，虽然多费一些手工和纸张，但在经济上还是合算的。

包果纸要求质地柔软、干净、光滑、无异味、有韧性的薄纸。常用的有牛皮纸、毛边纸、有光纸等。用经过矿物油或二苯胺等药剂浸渍处理的纸包果，有预防病害的作用。需要指出的是，出于食品卫生的考虑，废旧书报纸不能用于果蔬的包装。

近年来，塑料薄膜在果蔬包装上应用越来越广泛，虽然费用较纸张高些，但效果明显优于纸张，它对保湿、气调、隔离病害等有显著的效果。

④ 小包装　樱桃、草莓、蘑菇等在产地先经过分级、挑选等处理，再装入小塑料袋或塑料盒中，然后装入包装箱中运输和销售。这种小包装便于零售，也为大规模自动化销货提供了方便。当然，对于这类果蔬的运输和销售应配备必要的冷藏设备。

由于各种果蔬抗机械伤的能力不同，为了避免上部产品将下面的产品压伤，下列果蔬的最大装箱深度为：苹果 60cm，洋葱 100cm，甘蓝 100cm，梨 60cm，胡萝卜 75cm，马铃薯 100cm，柑橘 35cm，番茄 40cm。

2.1.5.3　包装方法

对于大多数果蔬而言，理想的包装应该是容器装满但不隆起，承受堆垛负荷的是包装容器而不是产品本身。在发达国家，水果一般都采用定位放置法或制模放置法，即将果实按横径大小分为几个等级，逐果放在固定的位置上，使每个包装能有最紧密的排列和最大的净重量，包装的容量是按果实个数计量。还有一种定位包装法，即使用一种带有凹坑的特殊抗压垫，使果实逐个分层隔开。这种做法完全类似目前鸡蛋的包装方法。抗压托盘常用纸浆模压盘或者塑料托盘。定位包装能有效地减少果实损伤，但包装速度慢，费用高，使用于价值高的果蔬的包装。

目前比较多的是采用散装的办法，将果蔬轻轻放入容器中，然后轻轻摇动，使产品相互靠紧，使容器中尽可能有最小的空隙度。这种包装的容量是按标准重量计量。

2.1.5.4　包装的堆码

果蔬包装件堆码应该充分利用空间，垛要稳固，箱体间应留有空隙，便于通风散热。堆码方式应便于操作，垛高应根据产品特性、包装质量及机械化程度确定。

2.2 预冷

2.2.1　预冷的意义

所谓预冷，是指果蔬在贮藏或运输之前，迅速将其温度降低到规定温度的措施。规定温度因果蔬的种类、品种而异，一般要求达到或者接近该种果蔬贮藏的适温水平。预冷较一般冷却的主要区别在于降温的速度上，预冷要求尽快降温，必须在收获后 24h 之内达到降温要求，而且降温速度越快效果越好。

果蔬收获时的体温接近环境气温，高温季节达到 30℃ 以上。在这样高的温度下，果蔬呼吸旺盛，后熟衰老变化速度快，同时也易腐烂变质。如果将这种高温产品装入车船长途运输，或者入库贮藏，即使在冷藏设备的条件下，其效果也是难以如愿的。有研究指出，苹果在常温下（20℃）延迟 1 日，就相当于缩短冷藏条件下（0℃）7～10 日的贮藏寿命。可见，果蔬收获后及时而迅速地预冷，对保证良好的贮运效果具有重要的意义。

未经预冷的果蔬，要在运输或贮藏中降低它们的温度，就需要很大的冷量，显著增加冷冻机的负荷，这无论从设备上还是从经济上都是不利的。产品经过彻底冷却以后，仅用较小的冷量，采用一定的保冷防热措施，就能使运输车船和冷库内的温度不会显著上升。未经预冷的果蔬装载在冷藏车内，较长时间内产品温度不能降低，货温与车厢温度相差甚大，果蔬易蒸腾失水，致使车厢内湿度大，易在车厢顶部凝结大量水滴，这些水滴常常滴落在包装箱或产品上，对运输是很不利的。如果是用塑料袋包装，袋子内表面凝结水滴浸润产品。易引起腐烂。经过预冷处理的果蔬，就可减轻或避免这些现象，车厢内也易保持比较适宜的温度条件。

对冷藏运输的果蔬要进行预冷处理，是因为冷藏车、冷藏船以及集装箱都是为在选定的装载温度下保存预冷产品而设计的。果蔬经过专门设计的预冷设备的冷却处理，比在冷藏车、船和冷藏库中的冷却效率高得多，这从生物学观点和经济学观点来看都是有利的。所以，发达国家已将预冷作为果蔬低温运输和冷藏的一项重要措施，广泛应用于生产中，我国在这方面的工作仍很薄弱。

2.2.2　预冷方式

果蔬预冷方式有多种，如冷空气、冷水、抽真空等都可以加速产品冷却。各种方式都有其优缺点（见表 2-3），其中以空气冷却最为通用。预冷时应根据果蔬种类、数量和包装状况来决定采用最合适的方式和设施。

表 2-3　预冷方式及其优缺点

预冷方式		优缺点
水冷却	①浸泡式 ②喷淋式 ③冲水式	1. 适用于表面比小的水果和蔬菜 2. 成本低，淋湿被预冷产品，易使水污染
空气冷却	①自然对流冷却 ②强制通风冷却 ③冷库空气冷却	适用于多种水果和蔬菜，冷却速度稍慢
真空冷却		1. 冷却速度最快 2. 不受包装方式的影响 3. 局限于适用的品种

2.2.2.1　空气冷却

空气冷却有自然对流冷却、强制通风冷却和冷库空气冷却法。

① 自然对流冷却法　此法是一种最简便易行的预冷方法，目前国内果蔬冷藏库吨位严重不足，预冷装置更是缺少，大量果蔬仍在常温库内贮藏。为了减少随产品进入库内的热量可将收获后的果蔬在阴凉通风的地方放置一段时间，利用昼夜温差散去产品田间热。这种方法冷却的时间较长，而且难于达到产品所需要的预冷温度，但是在没有更好的预冷条件时，自然冷却仍是一种应用较普遍的方法。

② 强制通风冷却法　这种方法是采用专门的快速冷却装置，通过强制空气高速循环，使产品温度快速降下来。强制通风冷却多采用隧道式预冷装置，即将果蔬包装箱放在冷却隧道的传送带上，高速冷风在隧道内循环而使产品冷却。强制通风预冷所用的时间比一般冷库

预冷要快4～10倍，但比水冷和真空冷却所用的时间至少长2倍。大部分果蔬适合用强制通风冷却，在草莓、葡萄、甜瓜和红熟的番茄上使用效果显著。

③ 冷库空气冷却法　冷库空气冷却是一种简单的预冷方法，它是将收获后的果蔬直接放在冷库内预冷。这种冷库是为贮藏果蔬产品而设计的，所以制冷能力小，风量也小。由空气自然对流或风机送入冷风使之在果蔬包装箱的周围循环，箱内产品因外层和内部产生温差，再通过对流和传导逐渐使箱内产品温度降低。这种方法冷却速度很慢，一般需要1昼夜甚至更长时间。但此法不需另外增设冷却设备，冷却和贮藏同时进行。可用于苹果、梨、柑橘等耐藏的品种。对于易腐烂变质的品种则不宜使用，因为冷却速度慢，会影响贮藏效果。目前国外的冷库都有单独的预冷间，在加利福尼亚用这样的预冷间来预冷葡萄和乔木水果，冷却间每天或每隔一天进出货物一次，冷却的时间大约18～24h或者更长的时间。冷库空气冷却时产品容易失水，95%或95%以上的相对湿度可以减少失水量。

2.2.2.2 水冷却

用0～3℃的水作冷媒而将果蔬冷却。水比空气的热容量大，当果蔬表面与冷水充分接触，产品内部的热量可迅速传至体表面而被水吸收。水冷却装置有喷淋式、浸渍式等几种，而以喷淋式比较常用。

① 喷淋式冷却法　喷淋式冷却装置主要由冷却隧道、冷却水槽、传送带、压缩机和水泵等部分组成。在冷却水槽中有冷却盘管，由压缩机制冷而使盘管周围的水冻结。因冷却水槽中有冰水混合，故水温一般为0～3℃。将冷却水用泵抽到冷却隧道的顶部，产品在隧道内的传送带上移动，冷却水从上向下喷淋到产品上。冷水喷头孔径的大小应根据果蔬种类品种不同而有差异。对耐压力强的产品，喷头的孔径应大些，即为喷淋式；对较柔软的产品，孔径则应小些，防止因水的冲击而使产品的组织受损伤，即为喷雾式。使用后的冷却水返回到冷却槽内，再用水泵抽到冷却塔，使冷水反复循环使用。当然，冷却水在使用过程中难免有污染，应隔一段时间更换一次。

② 浸渍式冷却法　浸渍式冷却装置一般是在冷水槽底部设置冷却排管，其上部是输送产品的传送带，将需要冷却的果蔬同包装的木箱或塑料箱投入水槽中，经传送带使产品从一端向另一端徐徐移动，冷却后由传送带运出。冷却过程中，应使冷却槽中的水不断流动，将果蔬传出的热量迅速带走，可以加快冷却速度。这种方法适用于桃和部分蔬菜的冷却。

水冷却的速度涉及许多因素，如冷却介质的温度和运动速度，果蔬体积和热导率的大小，产品堆积的形式和包装方式等。生产中应根据这些制约因素，设法加快冷却速度。

水冷却有较空气冷却速度快、产品失水少的特点。最大缺点是促使某些病菌的传染，易引起果蔬的腐烂，特别是受各种伤害的产品，发病更为严重。为了解决这一问题，首先应对预冷的产品进行充分沥水，使所装容器中无水滴滴出。最好经过吹风处理，使产品表面干燥。其次，注意保持冷却水的清洁卫生，定期换水。即便经常换水，冷却水的污染仍是不可避免的。因此，一些国家开始在冷却水中加入杀菌剂，但必须按照《食品卫生法》中的有关规定执行。各国的食品卫生标准有所不同，如法国不允许在食品中添加防腐剂和添加剂，但允许在冷却水中加入少量漂白粉。日本允许在水中使用多种添加剂，用于饮用水、食具、水果、蔬菜等的杀菌消毒，这些添加剂允许在冷却水中作为杀菌剂使用。另外，预冷之前应严格产品质量，剔除受伤害和感染病害的产品，以减少不必要的损失。商业上适合于用水冷却的果蔬有胡萝卜、芹菜、柑橘、甜玉米、网纹甜瓜、菜豆、桃等。直径7.6cm的桃在1.6℃水中放置30min，可以将其温度从32℃降到4℃，直径为5.1cm的桃在15min内可以冷却到4℃。

水冷却目前已成为国内外瞩目的预冷方式，经济发达国家已广泛用于果蔬的贮运实践中，但国内目前尚处于空白。我国的江河数量多，地下水资源丰富，有的地区夏秋季节的地下水温度可低至 3～5℃。如果将这部分水资源利用起来，直接用于果蔬冷却降温，将是一种比较理想的节能预冷方法。预计在不久的将来，水预冷技术在我国将会有较快的发展。

2.2.2.3　真空冷却法

真空冷却是将产品放在坚固、气密的容器中，迅速抽出空气和水蒸气，使产品表面的水在真空负压下蒸发而冷却降温。压力减小时，水分的蒸发加快，当压力减小到 613.28Pa（4.6mm 汞柱）时，产品就有可能连续蒸发冷却到 0℃，因为在 101325Pa（760mm 汞柱）时水在 100℃沸腾，而在 533.29Pa（4mm 汞柱）下，水在 0℃就可以沸腾。可见，真空条件下加快了水分的蒸腾。果蔬中的水分向外蒸腾时，其中的潜热随水蒸气释放至体外，从而使产品温度下降。这种方式具有降温速度快、冷却效果好、操作方便等特点。如莴苣、甜玉米、龙须菜、菜花等只需要 20～30min，便可达到预冷目的，而空气冷却需要 24h 左右。尤其对甜玉米、蘑菇、草莓等品质极易发生变化的产品，真空预冷的效果更佳。真空预冷不受包装容器和材料的限制，纸箱、木箱等都可使用，而且冷却速度与不包装的产品几乎无差异，这就为生产提供了极大方便。

但是，这种方式在使用上有一定的局限性，主要适用于表面比大的叶菜类蔬菜。另一些蔬菜，如石刁柏、抱子甘蓝、蘑菇、芹菜等也能有效地用真空预冷。但对于类似甜椒这样的蔬菜，在减压条件下，可使体内的空气抽出，菜体呈现凹形，从而失去鲜活的特点。另外，真空预冷的蔬菜失水多，大约菜温每下降 5.6℃散失菜体重量 1%的水分，如从 30℃冷却到 5℃，大约失水 4%。由于短时间内大量水分散失，蔬菜表面的气孔开放，致使叶菜的新鲜度和品质受到不同程度的影响。为了克服这种缺点，美国研制一种真空喷雾预冷装置，即在真空罐内增加喷雾设备，由于喷雾，菜体被淋湿，这些水分蒸发后而使菜体冷却。用这种装置预冷后的蔬菜，不仅几乎无重量损失，而且能将菜体温度降低到 0℃（普通真空冷却只能降到 2～3℃）。所以，真空喷雾冷却装置在美国很快得到普及，日本也开始引进。

此外，还有包装加冰冷却法，它是一种古老的方法，但在我国由于冷藏设备的限制仍在果蔬的贮运实践中发挥其巨大作用。该法是在装有水果和蔬菜的包装容器内加入细碎的冰块，一般采用顶端加冰。它适用于那些与冰接触不会产生伤害的产品，如菠菜、花椰菜、抱子甘蓝、萝卜、葱、胡萝卜和网纹甜瓜等。如果要将产品的温度从 35℃降到 2℃，所需加冰量应占产品重量的 38%。虽然冰融化时可将热量带走，但是用加冰冷却降低造成产品温度和保持产品品质的作用是很有限的，因此，包装内加冰只能作为上述几种预冷方式的辅助措施。

总之，在选择预冷方法时，必须要考虑现有的设备、成本、包装类型、距销售市场的远近和产品本身的要求。在预冷前后都要测量产品的温度，判断冷却的程度。预冷时要注意产品的最终温度，防止温度过低造成产品冷害或冻害，以致产品在运输、贮藏或销售过程中腐烂。

2.2.3　影响预冷速度的因素

大部分冷库是用来贮藏产品的，它们的制冷量和气流速度都不足以使产品快速冷却，因此，上面所谈到的部分冷却方法需要特殊的设备或冷库。冷却方式不同，产品的冷却时间也不一样。产品的冷却速度一般会受下列四个因素的影响：

（1）制冷介质与产品接触的程度；

（2）产品和介质之间的温差；

（3）制冷介质的周转率；

(4) 制冷介质的种类。

2.3 果品蔬菜的其它采后处理

2.3.1 催熟及脱涩

2.3.1.1 催熟

有些果蔬如香蕉、洋梨、柿子、番茄等，为了提早上市，以获得更好的经济效益，或者为了运输途中的安全原因，在果实还尚未完全成熟之前就进行采收，这时采下的果实青绿、肉质坚硬、风味欠佳、缺乏香气，不受消费者欢迎。如果将果实在自然条件下放置一段时间，经过自然后熟，虽然也可达到各种果实固有的风味和品质，但后熟速度慢，所需时间长，达不到提早上市的目的。所以，解决问题的有效措施是人工催熟。

果蔬的后熟过程如同自然成熟一样，是一系列极其复杂的生理生化变化的结果，这些变化都是在各种酶的作用下完成的。因而凡能增强酶活性的因素，都可加速果蔬的成熟过程。人工催熟的本质，就是采取措施，促进酶的活性，加速呼吸作用的过程，促进有机物质的转化。催熟应具备的基本条件：适宜的高温，充足的 O_2，酶激活剂，三者缺一不可。

国内外研究证明，乙烯、丙烯、乙炔、乙醇、溴乙烷、四氯化碳等化合物对果蔬均有催熟作用，而以众所周知的乙烯及能够释放乙烯的化合物——乙烯利应用最普遍，它们适用于各种果蔬的催熟处理。

乙烯是一种气体，催熟处理必须在密闭环境中进行，如建立催熟室，或者在具有良好密封条件的房间熏蒸处理。熏蒸室内输入 0.05%～0.10%的乙烯，其浓度大小因果蔬种类和品种、温度等不同而异。为了避免 CO_2 积累过多而延缓成熟过程，每隔一段时间对其通风换气一次，再密闭输入乙烯，达到一定成熟度后取出。乙烯利是一种较之乙烯使用更为方便的催熟剂。因它是液体，产品处理时不用密闭，只要将其配成一定的浓度，在果面上喷洒或浸渍即可催熟果实，所以生产上广泛使用。乙烯利使用浓度与果蔬种类、温度等有关，一般使用浓度 0.1%～0.3%，低温时大一些。香蕉处理 3～5d 即黄熟，柿子处理 4～5d 即可成熟食用。番茄用 0.1%乙烯利处理 3～5 日后即可变红，比自然变红时间缩短 1 周左右。

果蔬催熟除了适宜的浓度外，还需一定的环境条件。其中温度是首要条件，温度过高或过低，都会抑制酶的活性，影响催化效果，即使用最理想的催化剂也难以达到催熟目的。一般认为 20～25℃是果蔬催熟的适宜温度条件。O_2 是催熟的另一重要条件，只有适温和足够的 O_2 相配合，催熟剂才能真正发挥效应。另外环境湿度也是一个不可忽视的条件，湿度低时，产品易失水皱缩，影响催熟效果，相对湿度 85%～90%对于一般果蔬是比较理想的。

2.3.1.2 脱涩

脱涩是主要针对柿子而采用的一种措施。由于柿子内含有的单宁物质，不经处理不能直接食用。单宁存在于果肉细胞中，食用时因细胞破裂流出，可溶性的单宁与口舌上的蛋白质结合产生涩味。如果使可溶性的单宁物质变为不溶性的，就可避免涩味的产生。当涩果进行无氧呼吸时，可形成一种能与可溶性单宁物质发生缩合的中间产物，如乙醛等，当它们与可溶性的单宁物质缩合时，涩味脱除。根据上述原理，可以采取各种方法，使果实产生无氧呼吸，使单宁物质变性脱涩。

(1) 温水脱涩　将柿子浸泡在 40℃左右的温水中，利用较高的温度和缺氧条件，使果实产生无氧呼吸，20h 左右，柿子即可脱涩。温水脱涩的柿子肉质较硬，颜色美观，风味可口，是当前农村普遍使用的方法，但用此法处理的柿子存放时间不长，容易败坏。

(2) 石灰脱涩　将涩柿浸入7%的石灰水中，经3～5d即可脱去涩味，果实脱涩后，质地脆硬，不易腐烂。

(3) 混果脱涩　将涩柿与少量的苹果、梨、木瓜等果实或其它新鲜树叶如松、柏、榕树叶等混装在密闭的容器内，它们产生的乙烯可以起到催熟脱涩的作用。在20℃室温中，经过4～6d可脱去涩味，上述各种水果的芳香物质还能改善柿子的风味。

(4) 酒精脱涩　将35%～75%酒精或白酒喷洒于涩柿的果面上，用量为5～7mL/kg，将果实密闭容器中，在室温下3～5d，即可脱涩。

(5) 高CO_2脱涩　当前大规模的柿子脱涩方法是用高CO_2处理，将柿子放入密闭塑料帐中，通入CO_2使其含量达到并保持在60%以上，在温度为40℃左右时，10h即可脱涩，当温度为25～30℃时，1～3d即可脱涩。用此法处理的柿子，质地脆硬，可存放较长时间，成本也低。

(6) 脱氧剂密封法　把涩柿密封在不透气的包装袋内，加入脱氧剂，使果实无氧呼吸进行脱涩。脱氧剂的种类很多，可用连二亚硫酸盐、亚硫酸盐、硫代硫酸盐、草酸盐、铜氨络合物、维生素C、铁粉、锌粉等各种还原性物质为主的混合剂，其中最好是含连二亚硫酸、氢氧化钙以及活性炭的物质。脱氧剂一般放在透气包装材料中，待可溶性单宁除去5%以上时，可将密闭容器打开，将柿子贮藏在0～20℃条件下，果实会脱涩变甜。

(7) 冻结脱涩法　冻柿吃起来别具特色，涩柿经过低温冷冻一段时间由于可溶性的单宁变为不溶性的单宁物质就会自然脱涩。研究表明，在-20～-30℃左右快速冻结脱涩的效果最佳。柿子冻结后不宜移动或震动，食用时要缓慢解冻，防止果肉解体变质。

(8) 乙烯及乙烯利脱涩　用1000mg/kg的乙烯处理柿子，在18～21℃和80%～85%相对湿度下，2～3d可脱涩，用250～500mg/L的乙烯利喷果或蘸果，4～6d柿子也可成熟脱涩。

2.3.2 愈伤

果蔬在收获、分级、包装、运输及装卸等操作过程中，很难避免机械损伤，特别是那些块茎、鳞茎、块根类蔬菜，如马铃薯、洋葱、大蒜、芋头和山药等，其微小伤口也会感染病菌而使产品在贮运期间腐烂变质，造成严重损失。为了减少果蔬贮藏中由于机械损伤造成的腐烂损失，首要问题在于各个环节中都应精细操作，尽可能减少对果蔬造成的机械损伤。其次，通过愈伤处理，使轻度受损伤的组织得以修复愈合，从而阻止病菌侵染危害。J. E. Harrison (1955) 曾比较甜橙愈伤处理后的腐烂率，将果实在21℃下进行愈伤处理，然后在1℃下贮藏14周，处理果和对照果的腐烂果率分别为13%和50%。

2.3.2.1 愈伤的条件

果蔬愈伤要求一定的温度、湿度和通风条件，其中温度对愈伤的影响最大。在适宜的温度下，伤口愈合快而且愈合面比较平整；低温下伤口愈合比较缓慢，由于时间拖长，有时可能不等伤口愈合已遭受病菌侵害；温度过高对愈伤也并非有利，高温促使伤部迅速失水，由于组织干缩而影响伤口愈合。愈伤温度因果蔬种类而有所不同，例如马铃薯在21～27℃下愈伤最快。山药在38℃和RH为95%～100%的条件下愈伤24h，可以完全抑制表面真菌的活动和减少内部组织的坏死。成熟的南瓜，采后在24～27℃下放置2周，可使伤口愈合、果皮硬化，延长贮藏时间。红薯的愈伤温度为32～35℃，木栓层在36℃以上或低温下都不能形成。就大多数果蔬而言，愈伤的条件为25～30℃，RH为85%～90%，并且通气良好，使环境中有足够的氧气。

2.3.2.2 果蔬种类与成熟度对愈伤的影响

果蔬愈伤的难易在种类间差异很大，仁果类、瓜类、根茎类蔬菜一般具有较强的愈伤能力；柑橘类、核果类、果菜类的愈伤能力较差；浆果类、叶菜类受伤后一般不能形成愈伤组织。因此，愈伤处理只能针对有愈伤能力的果蔬。值得强调指出的是，愈伤处理虽然能促使有些果蔬的伤口愈合，但这绝非意味着在果蔬的采收、分级、包装、贮运等操作中可掉以轻心，忽视伤害对贮运带来的有害影响。另外，愈伤对轻度损伤有一定的效果，受伤严重的果蔬则不能形成愈伤组织，很快就会腐烂变质。愈伤作用也受果蔬成熟度的影响，刚采收的果蔬表现出较强的愈伤能力，而经过一段时间放置或者贮藏，进入完熟或者衰老阶段的果蔬，愈伤能力显著衰退，一旦受伤则伤口很难愈合。

2.3.2.3 愈伤的场所

愈伤可在专门的处理场所进行，场所里有加温设施。也可在没有加热装置的贮藏库或者窑窖中进行。虽然我国目前用于果蔬愈伤处理的专门设施并不多见，但由于果蔬收获后到入库贮藏之间的运行过程比较缓慢，一般需要数日时间，这期间实际上也存在着部分愈伤作用。果蔬在常温库贮藏时，愈伤作用也在贮藏过程中缓慢进行，只是由于温度偏低，愈伤的时间要长一些。另外，马铃薯、甘薯、洋葱、大蒜、姜、哈密瓜等贮藏前进行晾晒处理，晾晒中也进行着愈伤作用。

虽然果蔬在常温下进行处理时能够自行愈伤，但是各项作业都应是在空气流通的环境中进行。如果将带伤的果蔬装入塑料帐或塑料袋中贮藏，由于帐、袋中空气不流通，同时氧含量低，加之湿度很高，故伤口很难愈合，损伤极易引起腐烂，尤其在常温下，腐烂损失更为严重。

2.3.3 辐射

从20世纪40年代开始，许多国家对原子能在食品保藏上的应用进行了广泛的研究，取得了重大成果。马铃薯、洋葱、大蒜、蘑菇、石刁柏、板栗等蔬菜和果品，经辐射处理后，作为商品已大量上市。

辐射对贮藏产品的影响如下。

（1）干扰基础代谢过程，延缓成熟与衰老　各国在辐射保藏食品上主要是应用钴60或铯137为放射源的γ射线来照射。γ射线是一种穿透力极强的电离射线，当其穿过生活机体时，会使其中的水和其它物质发生电离作用，产生游离基或离子，从而影响到机体的新陈代谢过程，严重时则杀死细胞。由于照射剂量不同，所起的作用有差异。

低剂量：1000Gy以下，影响植物代谢，抑制块茎、鳞茎类发芽，杀死寄生虫。

中剂量：1000～10000Gy，抑制代谢，延长果蔬贮藏期，阻止真菌活动，杀死沙门菌。

高剂量：10000～50000Gy，彻底灭菌。

用γ射线辐照块茎、鳞茎类蔬菜可以抑制其发芽，剂量约为1.29～3.87C/kg。用5.16C/kg照射姜时抑芽效果很好，剂量再高则反而引起腐烂。

内蒙古农牧学院同位素室（1977）报道，应用420Gy的γ射线照射青香蕉苹果和红星苹果，对其保鲜有良好效果。滁县地区农科所（1977）报道，应用1680Gy剂量的γ射线处理砀山梨，在23～30℃，相对湿度为70%～90%的条件下贮藏15d，好果率为50%～80%，而对照则已无好果。广西植物研究所（1977）报道，采用255Gy γ射线处理板栗，以薄膜袋包装，常温下贮藏7个月，可完全防止鲜板栗的发芽。

（2）辐射对产品品质的影响　用600Gy γ射线处理Carabao芒果，在26.6℃下贮藏13d

后，其β-胡萝卜素的含量没有明显的变化。其维生素 C 也无大的损失，同剂量处理的 Ok-rong 芒果在 17.7℃下贮藏，其维生素 C 变化同 Carabao。与对照相比，这些处理过的芒果可溶性固形物，特别是蔗糖都增加得较慢。同时，不溶于酒精的固形物、可滴定酸和转化糖也减少得较慢。

对芒果辐射的剂量，从 1000Gy 提高到 2000Gy 时，会大大增强其多酚氧化酶的活性，这是较高剂量使芒果组织变黑的原因。

用 400Gy 以下的剂量处理香蕉，其感官特性优于对照。番石榴和人心果用 γ 射线处理后维生素 C 没有损失。500Gy γ 射线处理菠萝后，不改变其理化特性和感官品质。

(3) 抑制和杀死病菌及害虫　许多病原微生物可被 γ 射线杀死，从而减少贮藏产品在贮藏期间的腐败变质。炭疽病对芒果的侵染是致使果实腐烂的一个严重问题。在用热水浸洗处理之后，接着用 1050Gy γ 射线处理芒果果实，会大大地减少炭疽病的侵害。用热水处理番木瓜后，再用 750～1000Gy γ 射线处理，收到了良好的贮藏效果。如果单用此剂量辐射，则没有控制腐败的效果。较高的剂量则对番木瓜本身有害，会引起表皮褪色，成熟不正常。用 2000Gy 或更高一些的剂量处理草莓，可以减少腐烂。1500～2000Gy γ 射线处理法国的各种梨，能消灭果实上的大部分病原微生物。用 1200Gy 的 γ 射线照射芒果，在 8.8℃下贮藏 3 个星期后，其种子的象鼻虫会全部死亡。河南和陕西等地用 504～672Gy γ 射线照射板栗，达到了杀死害虫的目的。

2.3.4　涂膜处理

涂膜处理也称打蜡，国外在此方面研究较早，1924 年已有相关报道。由于果实涂膜后，改善了外观品质，提高了商品价值，20 世纪 30～50 年代该项研究得到了飞速的发展，成为商业上一种重要的竞争手段，并在采后的柑橘、苹果、番茄、黄瓜、辣椒等果蔬上普遍应用，取得了良好的效果。目前美国、日本、意大利、澳大利亚以及南非生产的柑橘，除了用于加工者外，绝大部分在上市前进行涂膜处理。

我国在此方面的研究与应用尚处于起步阶段，20 世纪 60 年代引进设备，70 年代研究涂膜液的配方，但由于种种原因，在果蔬上的应用进展缓慢，目前仍只限于部分外贸出口产品，国内市场上内销涂膜果蔬还很少见。

2.3.4.1　涂膜的作用

果蔬涂膜后，在表面形成一层蜡质薄膜，可改善果蔬外观，提高商品价值；阻碍气体交换，降低果蔬的呼吸作用，减少养分消耗，延缓衰老；减少水分散失，防止果皮皱缩，提高了保鲜效果；抑制病原微生物的侵入，减轻腐烂，若在涂膜液中加入防腐剂，防腐效果更佳。

2.3.4.2　涂膜剂的种类和应用效果

商业上使用的大多数涂膜剂是以石蜡和巴西棕榈蜡作为基础原料，因为石蜡可以很好地控制失水，而巴西棕榈蜡能使果实产生诱人的光泽。近年来，含有聚乙烯、合成树脂物质、防腐剂、保鲜剂、乳化剂和湿润剂的涂膜剂逐渐得到应用，取得了良好的效果。

目前涂膜剂种类很多，如金冠、红星等苹果在采后 48h 内，用 0.5%～1.0%的高碳脂肪酸蔗糖酯型涂膜剂处理，干燥后入贮，在常温下可贮藏 1～4 个月；由漂白虫胶、丙二醇、油酸、氨水和水按一定比例并加入一定量的 2,4-D 和防腐剂配制而成的虫胶类涂膜剂，在柑橘上使用效果较好；吗啉脂肪酸盐果蜡（CFW 果蜡）是一种水溶性的果蜡，可以作为食品添加剂使用，是一种很好的果蔬采后商品化处理的涂膜保鲜剂，特别适用于柑橘和苹果，还可以在芒果、菠萝、番茄等果蔬上应用；美国戴科公司生产的果亮，是一种可食用的果蔬涂膜剂，用它处理果蔬后，不仅可提高产品外观质量，还可防治由青绿霉菌引起的腐烂；日本用淀粉、蛋白质等高分子溶液，加上植物油制成混合涂膜剂，喷在苹果和柑橘上，干燥后可在产品表面形成一层具有许多微细小孔的薄膜，抑制果实的呼吸作用，延长贮藏时间3～5倍。此外，西方国家用油型涂膜剂处理水果也收到了较好的效果。如加拿大用红花油涂膜香蕉，在15.5℃的环境中放置4d后，置于50℃高温条件下6h，果皮也不变黑，而对照果实变黑严重。德国用蔗糖-甘油-棕榈酸酯混合液涂膜香蕉，可明显减少果实失水，延缓衰老。据报道，日本用10份蜜蜡、2份朊酪、1份蔗糖脂肪酸制成的涂膜剂，涂在番茄或茄子的果柄部，常温下干燥，可显著减少失水，延缓衰老。

一般情况下，只是对短期贮运的果蔬或者是在果蔬贮藏之后、上市之前进行涂膜处理。需要说明的是，涂膜处理在果蔬的贮藏保鲜中只起辅助作用，而果蔬的品种、成熟度以及贮藏环境中的温度、湿度和气体成分等因素，则是影响产品品质和贮藏寿命决定性因素。

2.3.4.3 涂膜的方法

（1）浸涂法 将涂膜剂配成一定浓度的溶液，把果蔬浸入溶液中，一定时间后，取出晾干即可。此法耗费涂膜液较多，而且不易掌握涂膜的厚薄。

（2）刷涂法 用细软毛刷蘸上涂膜液，在果实表面涂刷以至形成均匀的薄膜，毛刷还可以安装在涂膜机上使用。

（3）喷涂法 用涂膜机在果实表面喷上一层厚薄均匀的薄膜。

涂膜处理分为人工涂膜和机械涂膜两种，国外由于劳动力缺乏及需要涂膜处理的果蔬数量大，一般使用机械涂膜。新型的涂膜机一般由洗果、干燥、喷涂、低温干燥、分级和包装等部分联合组成。我国目前已研制出果蔬打蜡机，但很多地方仍在使用手工打蜡。

前已述及，涂膜对提高果蔬品质、改善产品外观具有明显的效果，但是，如果处理不当，却事与愿违。无论采用哪种涂膜方法，都必须注意涂膜的均匀与厚薄，如果涂膜过厚，会导致呼吸代谢失调，引起生理伤害，从而加速果蔬的衰老，严重时使果蔬品质劣变，产生异味，甚至腐烂。这一点在涂膜处理上尤为重要。

2.3.5 化学药剂处理

为了延缓果蔬的采后衰老，减少贮藏病害，防止品质劣变，提高保鲜效果，国内外对果蔬采后贮前用化学药剂处理进行了大量的研究与应用，取得了很大进展，效果显著，已成为果蔬采后处理的重要措施之一。纵观研究与应用结果，果蔬采后贮前化学药剂处理可分为两大类，即植物生长调节剂处理和化学药剂防腐处理，现分别简述如下。

2.3.5.1 植物生长调节剂处理

（1）生长素类 常用的有IAA（吲哚乙酸）和NAA（萘乙酸）等。如果将2,4-D与杀菌剂混合使用，效果更佳。NAA对香蕉、番茄等果蔬具有抑制成熟的作用，用100mg/L的NAA和4%的蜡乳浊液处理香蕉，对果实的完熟和衰老抑制作用显著。花椰菜和甘蓝用50～100mg/L的NAA处理，可减少失重和脱帮。IAA也有与NAA相似的作用。

（2）细胞分裂素类 常用的有苄基腺嘌呤（BA）和激动素（Ki），它们可以使叶菜类、辣椒、黄瓜等绿色蔬菜保持较高的蛋白质含量，从而延缓叶绿素降解和衰老，特别是在高温条件下贮藏时，效果更加明显。用5～20mg/kg的BA处理花椰菜、嫩茎花椰菜、石刁柏、菜豆、结球莴苣、抱子甘蓝、菠菜等蔬菜，可明显延长它们的货架期。樱桃刚采收后用BA处理，在常温下贮藏7d，果柄鲜绿，失重减少。Silva等（1997）用100mg/kg的BA处理石刁柏，降低了石刁柏的呼吸强度和叶绿素降解，延缓了蔗糖的分解，保持了较好的外观质量。Ki也有类似的作用，而且延缓莴苣衰老的效果比BA更好。细胞分裂素与其它生长调节剂混合使用，可以加强延缓衰老的效应。如单用BA对延迟花椰菜黄化无效，但如果与2,4-D混合使用，则效果显著。

(3) 赤霉素（GA） GA能够抑制果蔬的呼吸强度，推迟呼吸高峰的到来，延缓叶绿素降解。如用GA处理的蕉柑和甜橙，果实的软化和果皮的褪绿过程减慢，枯水率明显减少，抗病性增强。此外，GA处理也可延缓采后的番石榴、香蕉、番茄等果蔬色泽的变化，延长保鲜期。

(4) 青鲜素（MH） 青鲜素可以抑制板栗、洋葱、马铃薯、大白菜等果蔬在贮藏期的发芽，延长某些果蔬的休眠期，也可降低呼吸强度，延迟果实成熟，但一般都在采前应用。据报道，板栗、洋葱采后用MH溶液处理也有抑芽效果，如在板栗生理休眠结束之前，用0.8%的MH溶液浸渍坚果，可使其休眠期延长，抑芽效果明显。用1000～2000mg/kg的MH处理采后的柑橘和芒果，可降低果实的呼吸强度，延迟成熟。

2.3.5.2 化学药剂防腐处理

(1) 仲丁胺 仲丁胺（2-氨基丁烷，简称2-AB）有强烈的挥发性，高效低毒，可控制多种果蔬的腐烂，对柑橘、苹果、葡萄、龙眼、番茄、蒜薹等果蔬的贮藏保鲜具有明显效果。河北农业大学在此方面进行了深入的研究，并研制出了仲丁胺系列保鲜剂。

① 克霉灵 含50%仲丁胺的熏蒸剂，适用于不宜洗涤的果蔬。使用时将克霉灵蘸在松软多孔的载体上如棉花球、卫生纸等，与产品一起密封，让克霉灵自然挥发。用药量应根据果蔬种类、品种、贮藏量或贮藏容积来计算。熏蒸时要避免药物直接与产品接触，否则容易产生药害。

② 保果灵、橘腐净 适合用于能浸泡的果蔬如柑橘、国光苹果等。使用时将药液稀释100倍，将产品在其中浸渍片刻，晾干后入贮，可明显降低腐烂率。

(2) 苯并咪唑类防腐剂 这类防腐剂主要包括：特克多（TBZ）、施保克等。它们大多属于广谱、高效、低毒防腐剂，用于采后洗果，对防止香蕉、柑橘、桃、梨、苹果、荔枝等水果的发霉腐烂都有明显的效果。使用质量分数一般在0.05%～0.2%，可以有效地防止大多数果蔬由于青霉菌和绿霉菌所引起的病害。

(3) 山梨酸（2,4-己二烯酸） 山梨酸为一种不饱和脂肪酸，可以与微生物酶系统中的巯基结合，从而破坏许多重要酶系统的作用，达到抑制酵母、霉菌和好气性细菌生长的效果。它的毒性低，只有苯甲酸钠的1/4，但其防腐效果却是苯甲酸钠的5～10倍。用于采后浸洗或喷洒，一般使用质量分数为2%左右。

(4) 扑海因（异菌脲） 扑海因是一种高效、广谱、触杀型杀菌剂，成品为25%胶悬剂，可用于香蕉、柑橘等采后防腐处理。

(5) 联苯 联苯是一种易挥发性的抗真菌药剂，能强烈抑制青霉病菌、绿霉病菌、黑蒂腐病菌、灰霉病菌等多种病害，对柑橘类水果具有良好的防腐效果。生产上，一般是将联苯添加到包果纸或牛皮纸垫板中，一张大小为25.4cm×25.4cm的包果纸，内含联苯约50mg；一块大小为25.4cm×40.6cm的垫板，内含联苯约240mg。但是，用联苯处理的果实，需在空气中暴露数日，待药物挥发后才能食用。

(6) 戴挫霉（抑霉唑） 戴挫霉具有广谱、高效、残留量低、无腐蚀等特点，适用于柑橘、芒果、香蕉及瓜类等多种果蔬的防腐，特别是对于已经对特克多等苯并咪唑类杀菌剂产生抗药性的青、绿霉有特效。如柑橘采后用0.02%的戴挫霉溶液浸果0.5min，防腐保鲜效果很好，若与施保克、果亮等混合使用，效果更好。戴挫霉由美国戴科公司生产。

(7) 二溴四氯乙烷 二溴四氯乙烷也称溴氯烷，是广谱性杀灭、抑制真菌剂，对青霉菌、轮纹病菌、炭疽病菌均有杀伤效果。如红星、金冠苹果，每 50kg 果实熏蒸 20g 溴氯烷，对青霉病菌的杀伤效果显著。果实抗病性越弱，防治效果越明显。此外，溴氯烷为低毒性、少残留、易挥发的药物，处理后的果实在空气中放置 48h，已不能检测出其含量。

(8) 氯气和漂白粉 氯气是一种剧毒、杀菌作用很强的气体，其杀菌原理是：氯气在潮湿的空气中易生成次氯酸，次氯酸不稳定生成原子氧，原子氧具有强烈的氧化作用，因而能杀死果蔬表面上的微生物。

由于氯气极易挥发或被水冲洗掉，因此用氯气处理过的果蔬残留量很少，对人体无毒副作用。如在帐内用 0.1%～0.2%的氯气（体积比）熏蒸番茄、黄瓜等蔬菜，取得了较好的保鲜效果。但是，用氯气处理果蔬时，浓度不宜过高，超过 0.4%就可能产生药害。此外还应保持帐内的空气循环，以防氯气下沉造成下部果蔬中毒。

漂白粉是一种不稳定的化合物，在潮湿的空气中也能分解出原子氧。一般用量为每 600kg 的果蔬帐，放入漂白粉 0.4kg，每 10d 更换一次。贮藏期间也要注意帐内的空气循环，以防下部果蔬中毒。

(9) SO_2 SO_2 是一种强烈的杀菌剂，遇水易形成亚硫酸，亚硫酸分子进入微生物细胞内，可造成原生质与核酸分解，而杀死微生物。一般来说，SO_2 达到 0.01%时就可抑制多种细菌的发育，达到 0.15%时可抑制霉菌类的繁殖，达到 0.3%时可抑制酵母菌的活动。此外，SO_2 具有漂白作用，特别是对花青素的影响较大，这一点在生产上要特别注意。

SO_2 在葡萄贮藏过程中防霉效果显著，根据贮藏期不同，一般用量为 0.1%～0.5%。此外，还可用在龙眼、枇杷、番茄、韭菜等果蔬上。

SO_2 属于强酸性气体，对人的呼吸道和眼睛有强烈的刺激性，工作人员应注意安全。SO_2 遇水易形成亚硫酸，亚硫酸对金属器具有很强的腐蚀性，因此贮藏库内的金属物品，包括金属货架，最好刷一层防腐涂料加以保护。

思考题：

1. 简述采收成熟度对果蔬质量的影响，在实际生产中如何确定采收成熟度？
2. 预冷的作用如何？常用的预冷方式有哪些？各自适用于哪些果蔬产品？
3. 以自己比较熟悉的某种果蔬产品为例，叙述其采后处理的主要方法及技术要点。

第3章

果品蔬菜贮藏方式与设备

教学目标：通过本章学习，了解各种贮藏方式的特点和工程设施的基本要求；重点掌握机械冷藏库、气调库、简易气调贮藏和减压贮藏的原理、设备及管理技术要点。

根据不同果蔬采后的生理特性和其它具体情况，可以选择不同的贮藏方式和设施，以创造适宜的环境条件，最大限度延缓果蔬的生命活动、延长其寿命，同时防止微生物造成的腐烂。

影响果蔬贮藏寿命的外部环境因素主要是温度、湿度和气体成分，进行贮藏时首先要考虑的是如何维持低温的问题。现在我国采用的既有一些以自然气温为冷源、利用简便设施进行贮藏的传统方法，也有现代化的冷藏和气调设施。各种贮藏技术和设施在不断地发展和完善，实践中可根据果蔬贮藏特性、当地气候条件和经济实力等具体情况选择应用。

3.1 自然低温冷却贮藏

我国地域辽阔，南北气候条件不同，劳动人民在长期的生产实践中根据当地的气候、土壤特点和条件，总结创造出来一些简单易行的贮藏方法，称简易贮藏。它们的共同特点是利用气候的自然低温为冷源，虽然受季节、地区、贮藏产品等因素的限制，但由于其操作容易，设施结构简单、取材方便、价格低廉，在我国北方秋冬季节贮藏果蔬使用较多。常见的简易贮藏方式包括堆藏、沟藏、窖藏、假值贮藏和冻藏。

3.1.1 简易贮藏方式

3.1.1.1 堆藏

堆藏是将采收后的果蔬在果园、菜地或场院荫棚下的空地上进行堆放的一种利用气温调节温度的简易贮藏方式。一般只适用于价格低廉或自身较耐贮藏的果蔬产品，如大白菜、洋葱、甘蓝、冬瓜、南瓜，也有些地区将苹果、梨和柑橘临时堆藏。

选择地势较高的地方，将果品或蔬菜直接堆放在田间浅沟或浅坑里，也可以将一部分产品先装袋或装筐，作成围墙，然后将其余部分散堆在里面。前者适用于个体较大的产品，如大白菜、冬瓜、南瓜等，后者适用于个体较小的如马铃薯等。堆的大小一般宽1.5～2m，高0.5～1m。堆码过高，堆易倒塌，造成大量机械伤。若过宽则堆太大，中部温度过高，容易引起腐烂。堆的长度不限，一般根据贮藏量来定。贮藏环境的温度高时，堆要小，这样有利于散热；环境温度低时，堆可适当加大，但过大则中部和外层温差大，温度不好调节。产品个体小时，空隙度也小，不利散热，堆就要小；质地比较脆嫩或柔软的，堆要小，以防受压而产生机械伤；质地比较坚硬或弹性比较大的，堆可适当大些。

堆藏的管理主要是通风和覆盖。在堆藏初期：气温和果蔬的体温都较高，产品呼吸代谢旺盛，这时堆要小。为防日晒，应在白天盖席遮阳，在夜间要揭席通风。大堆贮藏时，应设若干通气装置，最简单的是用高粱秆捆成小捆，插入堆中，便于空气流通、散发热量。必要时，还要进行翻倒（如大白菜），及时通风散热，并除去已开始腐烂的个体。在深秋随着气温的降低，果蔬体温下降，代谢减缓，可以将堆加大，利用自身呼吸保持体温；同时，应分次加厚覆盖以进行保温防寒。由于堆内的温度不均一，中央温度一般较高，覆盖物在周缘部分应厚一些，中央顶部盖薄一些。堆藏时遇天气不好，应注意进行防雨。

堆藏受气温的影响较大，因此不宜在气温高的地区采用，而适用于温暖地区的晚秋和越冬贮藏，在寒冷地区，一般只在秋冬之际作短期贮藏时采用。

3.1.1.2 埋藏

埋藏又称沟藏，是我国北方地区秋冬季节常见的果蔬简易贮藏方式之一，它很好地利用了气温、土温随季节而变化的特点和规律。北方地区秋季气温下降很快，而土温的下降较慢，在冬季气温很低时，土温高于气温，而且土壤越深温度越高，冻土层以下的土温可以达到0℃以上。因此，冬天在地面堆藏时产品会受冻的冷凉地区，利用土温高于气温这个特点，通过埋藏可使果蔬产品能够越冬贮藏而不会受冻。到翌年春天，气温和土温逐渐回升时，土温上升速度比气温缓慢，在天气转暖的情况下，土壤还能保持一段低温，对于果蔬的保藏是十分有利的。埋藏除了利用土温维持果蔬贮藏环境的温度外，土壤的保水性还能减轻产品失水萎蔫；同时由于土层的阻隔作用，使果蔬呼吸过程中释放的 CO_2 有一定量的积累，形成一个自发的气调环境，起到降低产品呼吸和抑制微生物活动的作用。这种方法特别适合于根茎类蔬菜的产地贮藏，板栗、核桃、山楂等也常采用埋藏，有些地区苹果、梨、柑橘等水果也这样贮藏。若管理恰当，产品可由秋季贮藏到翌年 2～3 月。

埋藏即选择地势高燥，土质较黏重、排水良好、地下水位低的地方，从地面挖一个沟，将果蔬产品堆放其中，上面用土壤覆盖，利用沟的深度和覆土的厚度调节产品环境的温度。在气候寒冷的地区，或要进行埋藏的果蔬产品所需要的温度较高时，沟挖得应深些；反之，则浅些。由于产品要贮藏于0℃之上，沟深就要根据当地冻土层的厚度而定。适合于0℃贮藏的产品，一般为当地冻土层厚度与埋藏产品的堆高之和，如某地的冻土层为1m深，埋藏产品的堆高 0.5m，则沟深应在 1.5m 左右，这样可以使埋藏的产品既不会受冻，又可得到较低的贮温。如果温度在 3～5℃，沟需要再深些。沟的宽度一般为 1～1.5m，不应过大。沟的方向要根据当地气候条件确定，在较寒冷地区，为减少冬季寒风的直接袭击，沟的方向以南北向为宜。在较温暖地区，沟长多采用东西方向，并将挖起的沟土堆放在沟的南面，以增大外迎风面和减少阳光对沟内的照射，以增加初期沟内的降温速度。

果蔬刚收获后，一般气温、土温都比最适宜的贮藏温度要高，产品本身的温度也高，呼吸较强；若这时就进行埋藏，则沟内温度高，田间热和呼吸热散发不出去，容易造成腐烂。入沟时间过晚，气温下降，会使产品受冻。因此，埋藏的产品采后要在沟边或其它地方临时预贮，使其充分散除田间热，土温和产品体温都降低到接近适宜贮藏的温度时，再入沟贮藏。一天当中，应在早、晚冷凉时入沟埋土。

埋藏后的管理主要是利用分层覆盖、通风换气和风障、荫障设置等措施尽可能控制适宜的贮藏温度。产品入沟后，随温度的下降要逐渐分层加厚覆盖，以防止沟内产品受冻。覆盖物一般是土壤和就地取材的禾秸类。沟的北侧设立风障，是为了阻挡寒风，在严冬季节使沟内产品不致受冻并保持沟内稳定适宜的低温。在沟的南面设立荫障，作用是减少阳光照射沟面，降低地温和减缓春季沟中地温的上升速度。开春以后可以继续保持沟内稳定的低温、延长贮藏期。

为了能随时了解产品内部的温度变化，在入沟时，可在堆内倾斜插入数支空心的测温管，内径以能插入普通的玻棒温度计即可。可用细竹竿打通竹节或模板条做成。测温管的上端要露出覆盖层，下端埋入产品堆的中部偏下一些，该处可作为内部温度的代表点。用绳子系住温度计放入测温管的底部，上端管口塞住以防寒风侵入。放置温度计前，将球部套一小段胶皮管或几层布，若用石蜡封住更好。这样，温度计在抽出进行观察时，可以避免由于外界气温导致读数的迅速变化，使结果更加准确。

3.1.1.3 假植贮藏

是我国北方秋冬季节贮藏蔬菜的一种方式，即在蔬菜充分长成之后，连根收获，密集假植在田间沟或窖中，利用外界自然低温，使其处于极其微弱的生长状态，根还能从土壤中吸收少量水分和营养物质，甚至进行微弱的光合作用，能较长时间保持蔬菜的生命力和新鲜的品质。

假植贮藏最普遍用于各种绿叶菜和幼嫩的蔬菜。如：油菜、芹菜、香菜、大葱等蔬菜用一般方法贮藏时，由于结构和代谢的特点，极易失水萎蔫，贮藏期短。莴苣、花椰菜、小萝卜等也可以采用这种方式。

假植贮藏管理的原则是使假植的沟内或窖内维持冷凉但又不能发生冻害的低温环境，一般在 0℃左右、蔬菜的冰点以上最好，还可以适当浇水。进行假植贮藏时，要在露地气温明显下降时收获带根蔬菜，单株或成簇栽植在沟内，只能植一层，不能堆积，株行间还应留有适当通风空隙。菜上一般有木条或竹条制成的顶架，覆盖物一般不接触菜，有一定空隙层。

假植的初期，要避免因气温过高或栽植过密而引起的叶片黄化、脱帮，或莴苣抽薹的现象，一般应在夜间通风降温，白天用草席覆盖保温，遮挡阳光，以防温度回升。夜间降温时要注意观测，防止受冻，可以用温度计放在沟内，不要低于 0℃，或看到菜叶上出现白霜，就盖上草席。气温下降后，露天的假植沟的蔬菜用多层草席或其它物品覆盖，还可以在北面设置风障保护，避免蔬菜受冻。

3.1.1.4 冻藏

冻藏是在入冬上冻时，将收获后的果蔬产品放在背阴处的浅沟内，稍加覆盖，利用自然气温下降使其迅速冻结，并一直保持冻结状态的贮藏方式。在上市的前几天，将产品解冻恢复新鲜状态。由于温度在冰点以下，比 0℃以上的低温贮藏能更好抑制产品的新陈代谢和微生物活动，可以贮藏更长的时间，品质能得到更好的保持。

冻藏主要在我国北方，应用于耐寒的果蔬，如菠菜、芹菜、柿子等，这些蔬菜能够经受一定的冻结低温而不产生冻害，解冻后能恢复新鲜状态。不耐寒的果蔬则不能采用此法，否则，解冻后会软烂、变色、变味，失去实用和商品价值。

冻藏要求冻结速度越快越好，并且要一直保持冻结状态，不能忽冻忽化。沟要挖得浅，一般超过蔬菜高度即可。宽度以 0.3～0.5m 为适宜，大于 1m 时，要在沟底设通风道，以便散热降温，保持稳定的冻结状态。在沟边还要设荫障，以遮挡阳光、避免直射。这样，冬季冻结快，春天开化慢，贮藏期长。

3.1.2 窖藏

窖藏窖的种类很多，具代表性的主要有棚窖和井窖两种。与埋藏相比，窖藏既可利用稳定的土温，又可以利用简单的通风设备来调节和控制窖内的温度，并能及时检查贮藏情况和随时将产品放入或取出，贮藏期间的操作管理也比较方便。

3.1.2.1 棚窖

是一种临时性或半永久性的贮藏设施，在北方地区秋季的果品和蔬菜贮藏中应用比较普遍。有地下式、半地下式两种，在东北等冬季严寒地区一般为地下式的棚窖，而在华北冬季气候不会过分寒冷的地区，则多为半地下式的棚窖。

选择地势高燥、地下水位较低和空气畅通的地方，在地面挖一长方形的窖身，以南北长为宜，窖顶用木料、秸秆、土壤做棚盖，并设置适宜的天窗和辅助通风孔。地下式棚窖一般入土深度为2.5～3m，半地下式的为1～1.3m，地上部分高1m左右。窖的宽度一般为3～5m，长度根据需要确定。建造半永久性的窖，可用砖墙来代替土墙。

天窗一般设在窖顶的中央，宽度为0.5～0.6m左右。半地下式窖一般还在窖上半部的侧面开设辅助通风孔，通风孔的口径一般为0.25m×0.25m。窖门一般设在窖的南侧或东侧，也有将天窗兼做门用而不另设窖门的，此时作窖门的天窗的宽与长应满足产品和人员进出的要求。

棚窖的温湿度调节主要是通过控制通风进行的，因此产品的堆垛应与窖墙、窖顶、地面都留出一定的距离，才能使空气流通通畅，以保持窖内各部位温度的均匀和稳定。在窖内湿度不足时，可以通过向地面喷水或挂湿麻袋等办法来进行调节。产品的不同贮藏阶段通风的要求如下。

产品入窖初期以降温为主。此时产品的温度高、呼吸快，秋季天气的昼夜温差大，应在夜间将天窗、窖门、辅助通气孔全部打开，排出大量呼吸热及产品所带的田间热，降低窖内温度，并带走水气。白天关闭，保持温度不再上升。

寒冷季节以保温防冻为主。应将天窗关闭，并用草席等物覆盖，用草或土堵塞辅助通气孔，窖门上也要挂上草帘或棉帘等物进行防寒。但冬季也必须要通风换气，以防窖内积累的二氧化碳、乙烯等造成气体伤害。通风时可在气温较高的中午将天窗打开进行短时间的通风换气，注意不能通风过量，以避免产品发生冻害，

翌年春季应保持窖内较低的温度，防止回升。随气温逐渐升高，此时应在夜间通风，白天关闭。

3.1.2.2 井窖

在地下水位低、土质黏重的地区可修建井窖，窖体深入地下，颈细、身大，利用土壤控制环境的温度，创造冬暖夏凉的贮藏条件。

井窖一般由窖盖、窖颈、窖身三部分构成，其特点是保温能力强、通风差，窖内的温度较高。因此，适用于贮藏温度要求高、易产生冷害的果实，如柑橘、生姜、甘薯等产品。井窖深度可根据当地的气候条件和贮藏产品要求的温度而定。窖愈深，窖内温度愈高也较稳定。如四川南充贮藏甜橙的窖深度在1.5m左右，湖北贮藏甘薯的窖则可达到3～4m。其中窖颈的深度一般占全窖深度的1/3左右。窖身的直径或长宽为2～4m，可因窖的类型和贮藏量而有所不同。窖颈的直径一般为0.5～1m左右，有的在窖盖上设置通风口。

井窖有室内窖、室外窖和套窖。室外窖的温度变化比室内窖大，即秋季降温和翌年春季的升温较快，适合较为短期、在翌年春季气温升高前就销售的产品。套窖上层窖温度的变化大于下层窖，可在秋季将产品贮藏于上层，当翌年春季上层窖温度回升时，再将产品转移到温度较低的下层窖中。

井窖主要是通过控制窖盖的开、闭进行适当通风来管理的，将窖内的热空气和积累的CO_2排出，使新鲜空气进入。这在一定程度上调节了窖内的温度，并防止气体伤害。管理人员要经常下窖，观察产品的贮藏状况，及时捡出腐烂部分，以防腐烂蔓延。管理人员进窖前，特别是下到较深的窖中，应该先打开窖盖进行一段时间通风，让新鲜空气进入，降低CO_2含量、升高O_2含量，以防缺氧和CO_2等气体的伤害。

3.1.2.3 窑窖

在陕西、山西等黄土高原地区，在土质坚实的山坡或土丘上向内挖窑洞进行果蔬贮藏。窑身多是坐南朝北或坐东朝西，以避免阳光直射、保持窑窖内温度稳定。窑一般高2～

2.5m、宽 1～2m。窑顶呈拱形，上土层 5m 以上，以保证结构稳定。窖的长度多为 6～8m，窖门比窖身稍缩小。窑窖的管理与井窖相似，通过控制门和门上窗户的开闭调节温度，冬季寒冷时可用草门帘或棉门帘保温。

3.1.3　土窑洞和通风库贮藏

土窑洞和通风库是分别从窑窖、棚窖发展来的，它们都是利用气候变化的自然冷源来达到贮藏果蔬产品的低温要求，其结构更加合理完善，温度控制更加适宜，管理更加方便。

3.1.3.1　土窑洞的类型与结构

与窑窖贮藏相比，土窑洞结构得到改善，不但充分发挥了深厚土层的隔热作用，还科学设置了通风系统，提高了贮藏效果。在山西、陕西、河南等黄土高原地区用于贮藏苹果、梨、大枣等产品能得到好的效果。

(1) 土窑洞的类型　主要有四种类型，即大平窑型、侧窑型（子母窑）及地下式砖窑型。前两种是选择土质紧密坚实（以红黏土、立土最好）的山区、丘陵地带，根据地形、地势在崖边或陡坡处掏洞、挖窑建成。与窑窖一样，窑顶上部的土层在 5m 以上才能达到结构稳定和保温的要求。平原地区没有傍崖靠山的条件时，根据土窑洞的结构和原理开明沟建造砖窑洞。

(2) 土窑洞的结构

① 大平窑　主要由窑门、过渡间、贮果室和抽气筒组成，还有辅助设施排气窗、防鼠坑、冷气坑。大平窑通常设置两道门，第一道门的主要作用是在通风时起到防鼠的作用，门上面有通风孔。第二道门用于隔热，关闭时可阻止窑内外冷热空气的对流，起到防热防冻的作用。第二道门的外侧挖一宽 0.7～0.8m、深 0.8～1m、下底大而上口小的防鼠坑（坑内装水）。两道门之间有 3～5m 的宽度和高度与贮果室一样的 15 左右下斜过渡间，也称进风道，其作用是防止冷空气进入窑洞后直接接触果实，造成伤害，同时也避免春季气温升高时很快改变洞内温度。窑身为贮藏果品的部位，宽 2.5～3m，高约 3m，长度为 30～50m，超过 50m 通风效果就差一些。贮果室的前端要低于后部，以防积水和利于空气流通。抽气筒内径约 1m，高 7～10m，设在窑身后部的顶端，使冷风从窑门进入，内部热空气从其顶端排出。抽气筒与窑身连接处安装排气窗，可以打开和关闭，控制气流。抽气筒的下部挖一低于窖底 1m 左右的冷气坑。

② 侧窑　又称子母窑，它由大平窑发展而成的，由下坡道、母窑、子窑和通气孔四部分组成。自窑门向内构成缓坡，窑身即母窑长 10～20m，母窑作通道和通风用，也可以贮果。子窑与母窑水平方向垂直，构成“非”字或梳子型。抽气筒设在母窑后端，内径与高度根据产品的贮藏量确定，一般直径 1.5m，高 7～10m 即可满足窑内通气的需要。子窑的宽、高与母窑相同，长度一般为 10～15m。子窑是主要的贮果部位，子窑的数目可根据贮藏量确定，位于母窖同一侧的相邻两子窖之间的距离应在 5m 以上。若单靠母窖的抽气筒通风，子窖一般小于 10m，否则，子窖要另设抽气筒。

③ 地下式砖窑　地下式砖窑建造时在地面开明沟，再用砖砌成高宽各为 4m，窑墙直高为 2m 的拱形顶窑洞，然后在窑上覆土，窑顶土层厚度一般在 4m 以上，排气筒设在窑洞的顶端。其它的结构与大平“窑”和子母“窑”相似。

土窑洞的窑门一般朝北或朝冬季的迎风面开，这样可以避免日照而使窑温升高，并有利于窑内自然通风降温。

3.1.3.2　通风库

通风库比棚窖有更合理的通风系统，可根据需要更好地引进库外的低温空气和排除库内的热量；库体也具有更良好的隔热性能，能使库内温度维持较为稳定的状态。

（1）通风贮藏库的设计和建造　通风库是永久性贮藏建筑，在建造前要考虑以下几个方面。

① 库型选择　通风贮藏库可分为地上式，半地下式和地下式三种类型，各有不同特点。具体选用何种型式的通风库应根据当地的气候条件和地下水位的高低来确定。温暖地区一般建成地上库，库体全部建在地面上，受气温的影响最大，通风效果好而保温性能差。半地下式约有一半的库体在地面以下，因而增大了土壤的保温作用；华北地区多建成这样的库。地下式库体全部深入土层，仅库顶露在地面，保温性能最好；建在东北、西北等冬季严寒地区，有利于冬季的防寒保温。在地下水位高的地方，无法建成半地下库时也可建成地上库。

② 建库地点　应选择在地势高燥，通风良好，没有空气污染，交通方便的地方。库的方向在北方以南北长为好，以减少冬季北面寒风的袭击面，避免库温过低；在南方则采用东西长，以减少冬季阳光向墙面照射的时间，并加大迎风面，以利于降低库温。

③ 库容以及库的平面配置　根据库容量计算出整座库的面积和体积。在计算面积时要考虑到盛装果实容器之间、容器与墙壁之间的间隔距离以及走道、操作空间所占的面积，除贮藏间外还应考虑防寒套间等设施的面积。通风库一般都建成长方形或长条形。为了便于使用管理，库房不宜太大。每一个库房贮藏量在100～150吨之间较好。当贮藏量比较大时，可由几间小贮藏间组合而成库群，中间设有走廊，库房的方向与走廊相垂直，库房的大门开向共同的走廊。走廊既可作为缓冲地带，又便于装卸产品和相应的操作。

（2）通风库的库体结构

① 隔热结构　通风库有适当的隔热结构以维持库内稳定的温度，使其不受外界温度变动的影响，特别是防止冬季库温过低或高温季节库温上升。通风库房的墙体常采用砖木结构和水泥结构，起到库的骨架和支承库顶重量的作用，即作为维护结构。要在库体的地上暴露部分，尤其是库顶、地上墙壁和门、窗等处设置隔热结构起隔热保温作用；地下部分则依靠土壤进行保温。一般是在库顶和库墙铺上用隔热性好的材料构成的隔热层，并根据所选用的隔热材料来决定隔热层的厚度。

表 3-1　常见隔热材料及其隔热性能

材料名称	热导率/[kcal/(m·h·℃)]	热阻	材料名称	热导率/[kcal/(m·h·℃)]	热阻
聚氨酯泡沫塑料	0.02	50	蛭石	0.082	12
聚苯乙烯泡沫塑料	0.035	28.5	泡沫混凝土	0.14～0.16	7.1～6.2
聚氯乙烯泡沫塑料	0.037	27	炉渣、木材	0.18	5.6
膨胀珍珠岩	0.03～0.04	33.3～25.0	干土	0.25	4
铝箔波形板	0.048	23	湿土	3	0.33
软木板	0.05	20	砖	0.65	1.5
油毛毡玻璃棉	0.05	20	玻璃	0.68	1.5
芦苇	0.05	20	干沙	0.75	1.33
蒿草	0.06	16.7	湿沙	7.5	0.13
锯末、稻壳、秸秆	0.061	16.4	普通混凝土	1.25	0.8
加气混凝土	0.08～0.12	12.5～8.3	雪	0.4	2.5
刨花	0.081	12.3	冰	2	0.5

隔热材料的隔热能力常用热导率［厚1m的材料，在当内外温差为1℃时，每$1m^2$在1h中传热的数量，即kcal/(m·h·℃)❶］或热阻（1/导热系数）来表示。一般热导率小于0.2的称为隔热材料。选用的隔热材料不但应导热性能差，还要有不易吸水霉烂，不易燃烧，无臭味和取材容易等特点。常见的隔热材料及其性能见表3-1。

在建造隔热层选用不同隔热材料时，所要求隔热层的厚度也不一样。如要达到1cm厚的软木板的隔热效果，用锯末时，厚度应达到1.3cm以上，用砖时则厚度应达到13cm以上才行。在建造隔热层时，除要考虑隔热材料的隔热性能外，还应考虑成本等因素。在生产实践中锯末、稻壳、炉渣等，既有较好的隔热性能，且成本低廉，易于就地取材，因而常被采用。为了便于使用这些材料建造隔热层，通常是将库墙建成夹墙，在两墙之间填充这些隔热材料。此外也可在库墙内侧装置隔热性能更高的软木板、聚氨酯泡沫板等，由于水的导热性很强，材料一经受潮，其隔热性能就会大大降低，因此建库时所用隔热材料必须干燥，并要注意防潮。

② 库顶结构　库顶最好采用拱顶式，库顶呈弧形，采用砖和水泥建成。根据贮藏的需要可制作成“单曲拱”、“双曲拱”和“多曲拱”。一般每曲6m左右宽度，从库内仰视库顶，单曲拱顶像半个长圆筒，表面平整；双曲拱顶是与整个大拱相垂直，因此，库顶的表面成为一条弧棱。拱顶式结构简单，施工方便。

③ 通风系统　通风系统的性能将直接决定着通风库的贮藏效果。单位时间内进出库的空气量越多，降温效果就越显著。通风系统应能满足秋季产品入库时应有的最大通风量。目前，通风库常用的有两种通风系统。

一种是利用库内外的温差及冷热空气的重量差异形成自然对流将库内的热空气排出、库外的冷空气引入。通风量决定于进排气口的面积和进出气口的结构构造和配置方式。要使空气自然形成一定的对流方向和路线，不致产生倒流和混流现象，就必须使进、排气口具有一定的气压差，而要形成气压差，则必须保持进排气口的高度差。增大高差，就增大了气压差，因而也就增大了空气流速。为此，最好是把进气口开设在库墙的基部，排气口设于库顶，并建成烟囱状，这样可以形成最大的高差。有的还在排气烟囱顶上安装风罩，当外界的风吹过风罩时，会对排气烟囱造成一种抽吸力，这又可进一步增大气流速度。但墙底设置进风口的仅适用于地上式通风库，对于地下式和半地下式的分列式库群，可在每个库房的两侧墙外建造地面进气塔，由地下进气道引入库内，排气口、烟囱设库顶，这样就可组成完整的通风系统。进排气口的设置原则是：每个气口的面积不宜过大，气口的数量要多一些，分别在库的各部。当通风总面积相等，进气口小而多的系统，易使全库通风均匀，并消除死角。进气口和出气口的配置，大体上可按库的纵长方向每隔5～6m开设一个25cm×25cm或35cm×35cm的出气口以及与出气口面积大致相同的进气口。

另一种是强制式通风系统，依靠风机强制把外界冷空气引入库内并排出库外。风机一般安装在排风口处，风机的风量和风压可由进出气口的大小和库体的结构以及降温时所要带走的最大热量等计算求得。进入库内的风量可通过出风口开启的大小来调节。

3.1.3.3　土窑洞和通风库的管理

（1）库房和器具清洗消毒　在产品入库（或进入土窑洞）贮藏前或出库后，应将库房打扫干净，一切可以移动和拆卸的设备、用具都搬至库外进行晾晒，将库房的门窗或土窑洞的排气窗全部打开，通风去除异味，并对库房（进入土窑洞）进行消毒，以防止和减少贮藏过程中病虫害的发生和发展。消毒可采用2%的福尔马林或5%的漂白粉液喷雾的方法，也可

❶ 1kcal≈4.2kJ。

用燃烧硫黄（用量一般为1～1.5kg硫黄/100m^3空间）熏蒸的办法。进行熏蒸消毒时，可将各种容器、菜架等都放在库内，密闭24～28h，然后通风排尽残留的药物。

库墙、库顶、果菜架等用石灰浆加1%～2%的硫酸铜刷白，也起到消毒作用。使用完毕的容器应立即洗净，再用漂白粉溶液或2%～5%的硫酸铜溶液浸泡，晒干备用。

（2）果蔬入库和码放　果蔬入库前除要对库房进行消毒外，还要通风降温，以便产品进入库内后就有一个温度适宜的环境，使其能够尽快降温。一般是夜间通风，白天关闭库，使温度降低。入库前库内湿度若低于贮藏所要求的相对湿度时，可以在地面喷水以提高库内的湿度。

通风库和土窑洞贮藏都是利用通风对温度进行调节的，因此，果蔬产品在库内要码放得当，能使空气流动通畅，才能取得好的贮藏效果。一般要装箱、装筐分层码放，或在库内配有果、菜架，底部或四周要留有缝隙，堆码之间留有通风道。

（3）温湿度管理　温度管理就是依靠控制通风量和通风时间进行调节的，与前面叙述的棚窖的通风类似，在果实入贮初期（窖温常在10℃左右），要通过夜间加大通风量，利用外源冷空气来降低窖温、土温和库温。为加速降低库温（或土窑洞的温度）或延长库内低温的保持期，可用鼓风机或风扇在夜间或清晨多次向库内吹入冷空气。当通风库或土窑洞内的温度降到0℃并稳定下来时已进入严冬季节，此时外界气温很低，管理工作的主要任务是防寒保温，防止果实和蔬菜产品受冻。若需要通风应在白天气温较高时进行，通风口的开启不可太大，通风时间不要太长，以防止冷空气短时间内大量进入库内而造成产品冻害。为防止冻害发生，库（窑）门、进气和出气窗都需要隔热，在门的下部应垫土或垫草，在靠近门的贮藏部位或通风进口处的下部设置温度计，经常观察，并控制此处的温度不低于－2℃。开春后，当外界温度回升至高于库或窑温时，应将窑门、排气筒或通风库的通风系统关闭，以减少对内部低温的影响。需要通风时要在夜间进行。

为保持库内适宜的湿度，应在库内安装湿度计，库内湿度不足时可通过洒水、挂湿草帘等提高库内湿度。

当果实全部出库或出窑后，应将窑洞或通风库打扫干净，关闭、堵塞排气筒和窑门或通风系统，不让夏季高温的空气进入，到秋天贮果时再开启使用。

由于没有制冷系统，通风库和土窑洞贮藏效果仍难以达到十分理想的程度，若在库内建一贮冰室，则能更加充分地利用外界冷源，增进库的贮藏性能。

3.2 机械冷藏库

机械冷（藏）库是具备良好隔热库体和机械制冷设备的永久性库房，可以根据不同产品的贮藏特性，保持适合的贮藏温度，达到良好的贮藏效果。

冷（藏）库建造应选择交通方便、通风良好和地下水位低、排水条件好的地方。目前，多选择建在果蔬的产地，使产品采收后能尽快入库贮藏，减少由于不能及时运走和销售带来的损失。

3.2.1 机械制冷的原理

热总是从温暖的物体上移到冷凉的物体上，从而使热的物体降温。制冷就是创造一个冷面或能够吸收热的物体，利用传导、对流或辐射的方式，将制热传给这个冷面或物体。在制冷系统中，这个接受热的冷面或物体正是系统中热的传递者——制冷剂，它是吸收冷库中热量的处所。液态的制冷剂在一定压力和温度下气化（蒸发）而吸收周围环境中的热量，使之降温，即创造了前述所谓的冷面或吸热体。通过压缩机的作用，将气化的制冷剂加压，并降低其温度，使之液化后再进入下一个气化过程。如此周而复始，使库温降低，并维持适宜的贮藏温度。

冷冻机是一闭合的循环系统，分高压和低压两部分，制冷剂在机内循环，仅是其状态由液态到气态，再转化为液态，制冷剂的量并不改变。以制冷剂气化而吸热为工作原理的冷冻机，以压缩式为多。压缩式冷冻机主要由四部分组成：蒸发器、压缩机、冷凝液化器和调节阀（膨胀阀）。蒸发器是液态制冷剂蒸发（气化）的地方。液态制冷剂由高压部分经调节阀进入处于低压部分的蒸发器时达到沸点而蒸发，吸收周围环境的热，达到降低环境温度的目的。压缩机通过活塞运动吸进来自蒸发器的气态制冷剂，并将之压缩，使之处于高压状态，进入到冷凝器里。冷凝器把来自压缩机的制冷剂蒸气，通过冷却水或空气，带走它的热量，使之重新液化。调节阀是用以调节进入蒸发器的液态制冷剂的流量。在液态制冷剂通过调节阀的狭缝时，会产生滞流现象。运行中的压缩机，一方面不断吸收蒸发器内生成的制冷剂蒸气，使蒸发器内处于低压状态，另一方面将所吸收的制冷剂蒸气压缩，使其处于高压状态。高压的液态制冷剂通过调节阀进入蒸发器中，压力骤减而蒸发。

在制冷系统中，制冷剂的任务是传递热量。制冷剂要具备沸点低、冷凝点低、对金属无腐蚀性、不易燃烧、不爆炸、无毒无味、易于检测和易得价廉等特点。常用制冷剂的物理特性见表 3-2。

表 3-2　常用制冷剂的物理性能

制冷剂	化学分子式	正常蒸发温度/℃	临界温度/℃	临界压力（绝对大气压）	临界比容	凝固温度/℃	爆炸浓度极限容积/%
氨	NH_3	−33.40	132.4	115.2	4.130	−77.7	16～25
二氧化硫	SO_2	−10.08	157.2	80.28	1.920	−75.2	
CO_2	CO_2	−78.90	31.0	75.0	2.160	−56.6	不爆
一氯甲烷	CH_3Cl	−23.74	143.1	68.09	2.700	−97.6	8.1～17.2
二氯甲烷	CH_3Cl_2	40.00	239.0	64.8	—	−96.7	12～15.6
氟里昂-11	$CFCl_3$	23.70	198.0	44.6	1.805	−111.0	不爆
氟里昂-12	CF_2Cl	−29.80	111.5	40.8	1.800	−155.0	
氟里昂-22	CHF_2Cl	−40.80	96.0	50.30	1.905	−160.0	不爆
乙烷	C_2H_6	−88.60	32.1	50.3	4.700	−183.2	
丙烷	C_3H_8	−42.77	86.8	43.39	—	−187.1	
水	H_2O	100					
空气		−194.44					

氨（NH_3）是利用较早的制冷剂，主要用于中等和较大能力的压缩冷冻机。作为制冷剂的氨，要质地纯净，其含水量不超过 0.2%。氨的潜热比其它制冷剂高，在 0℃时，它的蒸发热是 1260kJ/kg。而目前使用较多的二氯二氟甲烷的蒸发热是 154.9kJ。氨的比容较大，10℃时，0.2897m^3/kg，二氯二氟甲烷的比容仅为 0.057m^3/kg。因此，用氨的设备较大，占地较多。氨的缺点是有毒，若空气中含有 0.5%（体积比）时，人在其中停留半小时就会引起严重中毒，甚至有生命危险。若空气中含量超过 16%时，会发生爆炸性燃烧。氨对钢及其合金有腐蚀作用。

卤化甲烷族，是指氟氯与甲烷的化合物，商品名通称为氟里昂。其制冷能力较小，主要用于小型冷冻机。

最新研究表示，大气臭氧层的破坏，与氟里昂对大气的污染有密切关系。许多国家在生产制冷设备时已采用了氟里昂的代用品，如溴化锂等制冷剂，以避免或减少对大气臭氧层的破坏，维护人类生存的良好环境。我国也已生产出非氟里昂制冷的家用冰箱小型制冷设备。

3.2.2 冷藏库的类型

按照温度不同可分为高温库和低温库两种。高温库的库内温度通常为0～10℃，相对湿度为85%～90%，贮藏和预冷果蔬采用这种库。低温库的库内温度通常为－18～－25℃，相对湿度为95%～100%，作为存放冻结的农产品用。

按照规模的大小可分为大型冷藏库（冷藏容量万吨以上）、大中型冷藏库（冷藏容量在5千～1万吨之间）、中小型冷藏库（1千～5千吨）、小型冷藏库等（1千吨以下）。

按照建筑结构层数可分为单层冷库、多层冷库两种。单层冷藏库贮藏间的净高一般为5.4～7.0m；多层冷藏库的冷藏间层高应不小于4.8m，如多层冷藏库带有地下室，地下室净高应不小于2.2m。冷藏间净高的具体尺寸可根据堆货高度和留有的距离来定。一般人工堆装高度为2.6～3.0m，机械堆装为5.0～6.5m；货堆与建筑平顶或梁顶的距离约0.4m；货堆距地坪（垫木高度）一般为0.12～0.14m。从1965年以来，在世界上新建冷藏库中，单层冷库占70%左右；这种库进、出货物方便，便于机械化操作，库体易于采用大跨度的建筑结构，施工周期短；但其占用土地面积大。因此，单层冷库单位面积造价高，能量消耗大，运营成本高。多层冷库占用土地面积小、耗能低，单位面积造价低；但受载荷能力及产品堆放高度的限制，库容利用率较低。

按照建造的形式和库体的结构可分为土建（建筑）式和拼装式。土建（建筑）式成本低，建造时间较长。拼装式是由工厂生产一定规格的库体预制板，在现场组装，修建时间很短。拼装式库体的保温性能更好，但成本也更高。

3.2.3 库体维护结构

3.2.3.1 建筑式机械冷库的结构

建筑式机械冷库的库体结构与通风库基本相同，除了和一般房屋一样的承重结构（柱、梁、屋顶、和楼板等）外，要有良好的防风、防雨、隔热和隔潮的库墙。冷库外墙由围护墙体、防潮隔气层、隔热层和内保护层组成，厚度一般为240mm左右。内墙只起分隔房间的作用，它有隔热和非隔热两种。围护墙体可用砖或预制钢筋混凝土墙。

（1）隔热性能要求　冷库比通风库对隔热性能要求更高，库体的六个面（库墙、库顶、库的地面）都要隔热，以便在高温季节也能很好地保持库内的低温环境，尽可能降低能源的消耗。

库墙一般是夹层的，在两墙中间设置隔热层。隔热层所用材料的隔热性能一般都是较好的。过去的冷库常用软木板、蛭石等，也有用木屑、稻壳的。目前迅速普及的隔热材料是聚氨酯泡沫塑料，它的热导率小、强度好、吸水率低，且无需黏结剂，可直接与金属、非金属材料粘接，能用于较低的温度（低达－100℃），并可在常温下现场发泡制作。珍珠岩是一种天然无机材料，它虽然热导率小，无毒、价廉、容重小，施工方便，但它的吸水率高；常用做冷库的阁楼层和外墙的松填隔热材料。不管用何种材料，都应根据隔热要求和材料的隔热性能，精确计算出隔热层应达到的厚度。地面也要求有较好的隔热性能，以减少地温对库温的影响。

地面常采用炉渣或软木板为隔热层，但应有一定的强度，以承受产品堆积和运输车辆的重量。

门也要有很好的隔热性能，要强度好、接缝严密，开关灵活、轻巧。门还要设置风幕，以便在开门时利用强大的气流将库内外气流隔开。这样，可防止库温在产品出入库时受外界温度的影响。

（2）防潮要求 冷库还必须要有防潮层，用来防止在围护结构表面（特别是在隔热层中）产生结露。由于冷库墙壁处于内外低温和高温的交接面，在使用过程中，外界空气中的水蒸气在墙壁处遇到低温达到饱和时，就会产生结露现象。外界空气中的水蒸气不断渗透到建筑物和库墙内，将导致隔热层的隔热性能下降、隔热材料霉烂和崩解；引起建筑材料的锈蚀和腐朽；最终结果将导致围护结构破坏，使冷库报废。为此，要在隔热层的两侧设置防潮层。过去常用的防潮层材料有沥青、油毡、乳化沥青等。其做法为三油二毡即三层沥青刷于两层油毡的内外侧，在库内外温差较小，库外相对湿度较低的情况下，也有一毡二油的。现在用厚度大于0.07mm的聚乙烯塑料薄膜作为防潮层比三油二毡的效果更好。采用聚氨酯为隔热材料时，就可以不用做防潮层。

机械冷库一般都设有预冷间，以防止新入库的产品对贮藏间温度形成较大波动，同时也便于出入库时的操作。还要有包装间、工作间、工具间和库门外装卸货物台阶等附属设施。

3.2.3.2 拼装式冷藏库的库体结构

拼装式冷藏库是近年来在果蔬贮藏中被广泛采用的一种库型，先在工厂生产好一定厚度的具有绝热、隔汽防潮性能的标准预制板，运到冷藏库建造现场后，再行组合安装成为库体。该种冷库的板式结构使得库体抗冲击和震动的能力强，不易产生开裂现象；由于预制板多采用隔热性能好的材料（如聚氨酯），不但库体很薄，且比建筑式冷藏库的绝热性能更好。拼装式冷藏库还有安装施工简单快速、拆卸容易便于移动和库体清洁方便等特点。

（1）库板结构 隔热预制板一般是在两层铁板之间充入硬质聚氨酯泡沫或聚氯乙烯泡沫为隔热材料并使之连成整体，现在主要的是玻璃钢装配式和金属钢装配式两种，前者两面用玻璃钢、中间填充硬质聚氨酯泡沫，后者两面用彩色涂层钢板（或不锈钢板）、中间填充硬质聚氨酯泡沫。预制板的大小可根据需要自由设计，厚度则要根据贮藏库所要求的温度范围较为经济合理地使用。采用聚氨酯为隔热材料时，一般0℃以上的高温库库板厚度需要100mm，低温冷冻库为150～108mm。在组合建造过程中，一定要在库板间的连接部位用密封胶黏结，并压上密封条，以防接口处隔热性能不好而造成漏冷。

（2）库体结构类型 拼装式冷藏库建造施工安装时，先铺设地坪隔热板，然后依次安装墙体和库顶隔热板，最后安装冷藏库库门和其它辅助设备。库体结构有两种结构类型。一般100m^{2}以下小型库可利用库板自身支撑承载能力来建造，这类库的库体内部无支架和筋骨。

3.2.4 冷库的管理

冷库的日常管理工作主要是库内温湿度的控制、通风换气、产品的进出库等。在实际操作中注意以下几个方面。

3.2.4.1 入库前预冷

产品在入库前一定要先预冷，特别是在高温季节采收时，如直接入库热量散发不出，不但降温缓慢、增加湿度，容易结露而致腐烂，还加重制冷机负荷、缩短机器寿命。

3.2.4.2 温度控制

冷藏库内温度要保持稳定，库温的较大幅度和频繁的波动对贮藏不利，这会加速产品品质的败坏。一般温度的波动不要超过1℃，有的产品贮藏期间要求温度范围更小。要防止库温波动，首先要求库体具有良好的隔热性能，以减少外界气温的影响；同时制冷机的工作效能要与库容量相适应，若贮藏量超过制冷机的负荷，则降温效果差，易引起库温的波动。

冷藏库的温度分布也要均匀，不要有过冷或过热的死角，以避免局部产品受害。因此要注意库内的通风和空气对流的情况。通风不好时，果蔬产品堆的呼吸热积累，局部温度上升；远离蒸发器处的空气会因外界传入的热量而温度升高；而蒸发器附近则有可能温度过低。为了便于了解库内温度的变化情况，要在库内不同的位置处放置温度表或温度传感器，以便观察和记录贮藏期间冷藏库内各部温度变化情况。这样，就能更好地采取措施进行管理。

在运行期间湿空气与蒸发管接触时，由于蒸发器管道温度远低于库温，水分在蒸发管上将凝结成霜，形成隔热层就阻碍热的交换，影响冷却效应，应注意除霜问题。

3.2.4.3 湿度管理

冷库的湿度变化根据贮藏产品和贮藏阶段而不同。在贮藏初期，若入库果蔬的温度较高，则呼吸旺盛，水分蒸散较快，容易出现湿度过大的情况（特别是贮藏叶菜类产品时）；同时，货物的频繁出入，往往会将外界绝对湿度较大的暖空气带入库内，导致库内湿度增加。贮藏期间温度波动过大，容易结露，也使湿度过大。因此，要通过预冷、快速入库、防止温度波动等措施防止库内湿度过大，必要时用无水氯化钙吸湿。多数情况下，由于蒸发器的结霜，造成库内的湿度过低。常采用地面洒水、包装、安装加湿器等方式提高产品环境中的水分含量。

3.2.4.4 通风要求

冷库通风有两种。一种依靠风机进行的库内循环通风，目的是增加蒸发器的热交换效率，使库内各部分的温湿度均匀一致。尤其在产品贮藏开始时，即使经预冷的产品，一般也比冷藏库的温度稍高，在冷库中堆码起来，如果没有适当的通风，冷却是很难均匀进行的。通风的方法，一般是把通风道装置在冷藏库的中部产品堆叠的上方，向两面墙壁方向吹出，转向下方通过产品行列，而回到中部上升，如此循回川流。通常在冷库中安装有冷却柜，库内空气由下部进此柜，上升通过蒸发管将空气冷却，再经上部鼓风机将其吹出，沿着天花板分散到产品堆的上面。另一种是以更新空气为目的的通风。由于产品经过一定时间的贮藏后，会产生一些不良气体，如 CO_2、乙烯等，为了保证产品的贮藏质量，需要定期将这些不良气体排出库外。排气主要靠通风窗或排风扇进行，排气时既要注意防冻，又要尽量少将库外的热空气引入库内，所以在温暖季节，排气一般在夜间或清晨进行，而在严冬季节应在气温较高时进行。

3.2.4.5 产品码放

要使库内果蔬产品尽快降温、各部位的温度尽量一致，就要使库空气能够畅通循环，库内产品的堆码必须合理。堆垛之间，堆垛与墙壁、地面、库顶间均应留有适当的空间，果筐之间也要留有适当的缝隙，以利于空气的流通和循环。一般垛顶与天花板的间距要 50cm 以上，垛与库墙间应有 20cm 风道，垛底用方木条或水泥条垫起以便底部通风。产品堆放要避开通风口，冷风口或蒸发器附近的果蔬应加以保护以防受冻。

3.2.4.6 出库

一般根据产品的入库顺序进行出库，即最先入贮的也最先出库。高温季节出库时，应将库温先升高，再出库，以防产品直接从低温取出遇到外界高温产生结露现象。升温的程度需根据出库时外界温度与库温相差的程度和外界相对湿度而定，以产品出库后不结露为准。

3.3 气调贮藏

气调贮藏即调节气体贮藏。它是将产品放在一个相对密闭的环境中，同时调节贮藏环境中的 O_2、CO_2 和 N_2 等气体的比例，并使它们稳定在一定浓度范围内的一种贮藏方式。

气调贮藏的形式有 CA 与 MA 两种方式，分别为 Controlled Atmosphere 和 Modified Atmosphere 的缩写形式。一般说来，CA 指的是在气调贮藏期间，贮藏环境中的气体成分和浓度是人工进行调节的，并保持恒定的范围；达到这种贮藏环境需要有气调库及其配套设施。MA 叫做自发气调或限气贮藏，一般是根据产品自身的呼吸特性采用不同透气性的包装材料达到调节气体成分的目的，如硅窗气调等。

3.3.1 气调贮藏的条件

气调贮藏法多用于果品和蔬菜的长期贮藏。因此，无论是外观或是内在品质都必须保证原料产品的高质量，才能获得高质量的贮藏产品，取得较高的经济效益。入贮的产品要在最适宜的时期采收，不能过早或过晚，这是获得良好贮藏效果的基本保证。

3.3.1.1 O_2、CO_2 和温度的配合

气调贮藏是在一定温度条件下进行的。在控制空气中的 O_2 和 CO_2 含量的同时，还要控制贮藏的温度，并且使三者得到适当的配合。

(1) 气调贮藏的温度要求　实践证明，采用气调贮藏法贮藏果品或蔬菜时，在比较高的温度下，也可能获得较好的贮藏效果。这是因为新鲜果品和蔬菜之所以能较长时间地保持其新鲜状态，是由于人们设法抑制了果蔬的新陈代谢，尤其是抑制了呼吸代谢过程。这些抑制新陈代谢的手段主要是降低温度，提高 CO_2 浓度和降低 O_2 浓度等，可见，这些条件均属于果蔬正常生命活动的逆境，而逆境的适度应用，正是保鲜成功的重要手段。任何一种果品或蔬菜，其抗逆性都有各自的限度。譬如，一些品种的苹果在常规冷藏的适宜的温度是 0℃，如果进行气调贮藏，在 0℃下再加以高 CO_2 和低 O_2 的环境条件，则苹果会承受不住这三方面的抑制而出现 CO_2 伤害等病症。这些苹果在气调贮藏时，其贮藏温度可提高到 3℃左右，这样就可以避免 CO_2 伤害。绿色番茄在 20～28℃进行气调贮藏的效果，约与在 10～13℃下普通空气中贮藏的效果相仿。由此看出，气调贮藏法对热带亚热带果蔬来说有着非常重要的意义，因为它可以采用较高的贮藏温度从而避免产品发生冷害。当然这里的较高温度也是很有限的，气调贮藏必须有适宜的低温配合，才能获得良好的效果。

(2) O_2、CO_2 和温度的互作效应　气调贮藏中的气体成分和温度等诸条件，不仅个别地对贮藏产品产生影响，而且诸因素之间也会发生相互联系和制约，这些因素对贮藏产品起着综合的影响，亦即互作效应。气调贮藏必须重视这种互作效应，贮藏效果的好与差正是这种互作效应是否被正确运用的反映。要取得良好贮藏效果，O_2、CO_2 和温度必须有最佳的配合。而当一个条件发生改变时，另外的条件也应随之作相应的调整，这样才可能仍然维持一个适宜的综合贮藏条件。不同的贮藏产品都有各自最佳的贮藏条件组合。但这种最佳组合不是一成不变的。当某一条件因素发生改变时，可以通过调整另外别的因素而弥补由这一因素的改变所造成的不良影响。因此，同一个贮藏产品在不同的条件下或不同的地区，会有不同的贮藏条件组合，都会有较为理想的贮藏效果。

在气调贮藏中，低 O_2 有延缓叶绿素分解的作用，配合适量的 CO_2 则保绿效果更好，这就是 O_2 与 CO_2 二因素的正互作效应。当贮藏温度升高时，就会加速产品叶绿素的分解，也

就是高温的不良影响抵消了低 O_2 及适量 CO_2 对保绿的作用。

3.3.1.2 气体组成及指标

(1) 双指标总和约为21% 普通空气中含 O_2 约 21%，CO_2 仅为 0.03%。一般的植物器官在正常生活中主要以糖为底物进行有氧呼吸，呼吸商约为 1。所以贮藏产品在密封容器内，呼吸消耗掉的 O_2 与释放出的 CO_2 体积相等，即二者之和近于 21%。如果把气体组成定为两种气体之和为 21%，例如 10%的 O_2、11%的 CO_2，或 6%的 O_2、15%CO_2，管理上就很方便。只要把蔬菜果品封闭后经一定时间，当 O_2 浓度降至要求指标时 CO_2 也就上升达到了要求的指标。此后，定期地或连续从封闭贮藏环境中排出一定体积的气体，同时充入等量新鲜空气，这就可以较稳定地维持这个气体配比。这是气调贮藏发展初期常用的气体指标。它的缺点是：如果 O_2 较高（>10%），CO_2 就会偏低，不能充分发挥气调贮藏的优越性；如果 O_2 较低（<10%），又可能因 CO_2 过高而发生生理伤害。将 O_2 和 CO_2 控制于相接近的指标（二者各约 10%），简称高 O_2 高 CO_2 指标，可用于一些果蔬的贮藏，但其效果多数情况不如低 O_2 低 CO_2 好。这种指标对设备要求比较简单。

(2) 双指标总和低于 21% 这种指标的 O_2 和 CO_2 的含量都比较低，二者之和小于 21%。这是国内外广泛应用的气调指标。在我国，习惯上把气体含量在 2%～5%称为低指标；5%～8%称为中指标。一般来说，低 O_2 低 CO_2 指标的贮藏效果较好，但这种指标所要求的设备比较复杂，管理技术要求较高。

(3) O_2 单指标 前述两种指标，都是同时控制 O_2 和 CO_2 于适当含量。为了简化管理，或者有些贮藏产品对 CO_2 很敏感，则可采用 O_2 单指标，就是只控制 O_2 的含量，CO_2 用吸收剂全部吸收。O_2 单指标必然是一个低指标，因为当无 CO_2 存在时，O_2 影响植物呼吸的阈值大约为 7%，O_2 单指标必须低于 7%，才能有效地抑制呼吸强度。对于多数果蔬来说，单指标的效果不如前述第二种指标，但比第一种方式可能要优越些，操作也比较简便，容易推广。

3.3.1.3 O_2 和 CO_2 的调节管理

气调贮藏容器内的气体成分，从刚封闭时的正常气体成分转变到要求的气体指标，是一个降 O_2 和升 CO_2 的过渡期，可称为降 O_2 期。降 O_2 之后，则是使 O_2 和 CO_2 稳定在规定指标的稳定期。降 O_2 期的长短以及稳定期的管理，关系到果蔬的贮藏效果好与坏。

(1) 自然降 O_2 法（缓慢降 O_2 法） 封闭后依靠产品自身的呼吸作用使 O_2 的浓度逐步减少，同时积累 CO_2。

① 放风法 每隔一定时间，当 O_2 降至指标的低限或 CO_2 升高到指标的高限时，开启贮藏容器，部分或全部换入新鲜空气，而后再进行封闭。

② 调气法 双指标总和小于 21%和单指标的气体调节，是在降 O_2 期用吸收剂吸除超过指标的 CO_2，当 O_2 降至指标后，定期或连续输入适量的新鲜空气，同时继续吸除多余的 CO_2，使两种气体稳定在要求指标。

自然降 O_2 法中的放风法，是简便的气调贮藏法。此法在整个贮藏期间 O_2 和 CO_2 含量总在不断变动，实际不存在稳定期。在每一个放风周期之内，两种气体都有一次大幅度的变化。每次临放风前，O_2 降到最低点，CO_2 升至最高点，放风后，O_2 升至最高点，CO_2 降至最低点。即在一个放风周期内，中间一段时间 O_2 和 CO_2 的含量比较接近，在这之前是高 O_2 低 CO_2 期，之后是低 O_2 高 CO_2 期。这首尾两个时期对贮藏产品可能会带来很不利的影响。然而，整个周期内两种气体的平均含量还是比较接近，对于一些抗性较强的果蔬如蒜薹等，采用这种气调法，其效果远优于常规冷藏法。

③ 充 CO_2 自然降 O_2 法　封闭后立即人工充入适量 CO_2（10%～20%），O_2 仍自然下降。在降 O_2 期不断用吸收剂吸除部分 CO_2，使其含量大致与 O_2 接近。这样 O_2 和 CO_2 同时平行下降，直到两者都达到要求指标。稳定期管理同前述调气法。这种方法是借 O_2 和 CO_2 的拮抗作用，用高 CO_2 来克服高 O_2 的不良影响，又不使 CO_2 过高造成毒害。据试验，此法的贮藏效果接近人工降 O_2 法。

(2) 人工降 O_2 法（快速降 O_2 法）　利用人为的方法使封闭后容器内的 O_2 迅速下降，CO_2 迅速上升。实际上该法免除了降 O_2 期，封闭后立即进入稳定期。

① 充氮法　封闭后抽出容器内的大部分空气，充入氮气，由氮气稀释剩余的空气中的 O_2，使其浓度达到要求指标。有时充入适量 CO_2，使之也立即达到要求浓度。尔后的管理同前述调气法。

② 气流法　把预先由人工按要求指标配制好的气体输入封闭容器内，以代替其中的全部空气。在以后的整个贮藏期间，始终连续不断地排出部分气体和充入人工配制的气体，控制气体的流速使内部气体稳定在要求指标。

人工降 O_2 法由于避免了降 O_2 过程的高 O_2 期，所以，能比自然降 O_2 法进一步提高贮藏效果。然而，此法要求的技术和设备较复杂，同时消耗较多的氮气和电力。

3.3.2 自发气调贮藏

常见的自发气调贮藏有塑料袋小包装法、大帐法和硅窗法等几种。

3.3.2.1 塑料薄膜小袋气调贮藏

小袋贮藏一般用厚度为 0.02～0.07mm 的聚乙烯，袋的大小依产品种类而定，每袋装产品量一般为 10～20kg，为便于管理和搬运，每袋重量一般不超过 30kg。使用时将果蔬装入袋中，然后扎口密闭。

对于较长期的贮藏，袋的厚度为 0.05～0.07mm，由于袋较厚，贮藏时间又长，内部的气体成分变化是符合自发气调双指标，一定的时间后 CO_2 积累过高会造成伤害，因此在贮藏期间应根据袋内气体情况间隔一段时间进行适当的开口放风。在贮藏库中的不同点可以选择一些代表袋，对小包装中 O_2 的和 CO_2 进行检测，当 O_2 含量过低或 CO_2 含量过高时，开口放风更换新鲜空气后再扎口封闭。

短期贮藏时，袋的厚度为 0.02～0.03mm，由于袋很薄，具有相当的透气性能，因此在贮藏期间不用放风调气。

近年来，科研机构根据不同产品的生理特性，研制出了一些专用薄膜，用这类膜对产品进行小袋气调可获得更好的贮藏效果。

3.3.2.2 塑料大帐气调贮藏

大帐常用 0.1～0.2mm 厚低密度聚乙烯塑料薄膜和无毒聚氯乙烯，压制成的长方形大帐，大帐体积根据贮藏量而定。单帐的贮藏量要小于 5000kg，有 1000kg、2000kg、3000kg 的。大帐可作成尖顶式或平顶式。

尖顶式大帐贮藏，一般一帐存放 500kg 产品。要做架子，一般内部相对湿度在 90%以上，由于帐内外温差大，会发生结露。将坡顶倾角制作成为 40°，露水可沿坡面内侧流下，可防止滴入果堆。散堆要考虑果实的耐压性，堆高不超过 0.5m 时，可以在内不搭架、不分层。帐架可以加高，但一般均低于 2.5m，帐的内部就要制作层架，分层散堆放置。散堆存放利于 O_2 降低和气体均匀。

平顶式的需要用筐盛装产品，不需要专门的架子，以筐垛为支撑。为防止帐顶和四壁薄膜上的凝结的水滴落于贮藏产品，应使封闭帐悬空，不要贴紧果实或蔬菜垛，也可在垛顶部与帐顶之间加衬一层吸水物。筐装的产品占的空间小，降氧缓慢，且由于包装筐和箱的阻隔作用，散热和内部气体的均匀性都不好，不利于长期贮藏。但由于该方法出入大帐都不用倒箱，有利于增大高度，提高贮藏设施的空间利用率，用于中短期贮藏较为方便。

由于这种大帐所用的塑料薄膜一般没有什么透气性，所以没有自动调气功能。因此，为了充气及垛内气体循环，塑料封闭帐的两端设置袖形袋口（也用薄膜制成，简称袖口），在接近帐顶的上部设有充气袖口，靠近帐底的下部设有抽气袖口，帐体四壁中间部位均留有抽取气样的小孔，平时将袖形袋口塞住。

帐底是一块大小比帐体宽10～15cm 的塑料薄膜。贮藏使用时先将帐底铺在地面上或隔板上，采用尖顶式大帐就在帐底上放置架子，然后将产品码放于架子上或散堆于架子中，然后用塑料薄膜制成的大帐套在架子外边。采用平顶式大帐时，将果筐成垛堆放在帐底上，垛的长、宽、高均应略小于帐体，垛内果筐之间应有一定间隙，果筐下面用砖块支垫，果垛码好后将大帐扣在果垛上。扣帐后，将大帐四壁的底边与帐底的四边分别紧紧合在一起，然后用砖压住或用土埋住，再将充气袖口和抽气袖口扎紧，然后根据需要调节帐内气体成分。

大帐密闭后，随着贮藏时间的延长，产品在进行呼吸时使帐内 O_2 浓度逐渐下降，而 CO_2 浓度逐渐升高，使产品的呼吸作用受到抑制。为了去除过多的 CO_2，常用消石灰作为 CO_2 吸收剂。如果是控制 O_2 单指标，可以直接把消石灰撒在垛内底部。这样，在一段时间内可使垛内的 CO_2 维持在1%以下，等到消石灰行将失效时，CO_2 上升，这时便添加新鲜消石灰。如果是控制总和低于21%的双指标，则应每天向垛内撒入少量的消石灰，使正好吸收掉一天内产品呼吸释放的 CO_2。

为了保持帐内适宜的气体比例和浓度，要经常观察帐内气体浓度的变化，当 O_2 过低或 CO_2 过高时，打开大帐的袖口使新鲜空气进入。

也可以将大帐看成密闭的库体，必要时通过袖口向帐内充入 N_2 气来快速降低的 O_2 含量，或通入其它气体调节帐内的气体成分。

3.3.2.3 硅窗袋气调贮藏

硅橡胶薄膜具有透气性高并且 CO_2 与 O_2 透比大的特性，对 CO_2 和 O_2 的渗透系数要比聚乙烯膜大200～300倍，比聚氯乙烯大得更多，透过 CO_2 的速度为 O_2 的6倍，为 N_2 的12倍；对乙烯和一些芳香物质也有较大的透性。因此，可用硅橡胶膜做成气体交换窗，镶嵌在封闭薄膜上。用带有硅窗的塑料袋或塑料帐贮藏果蔬时，由于呼吸作用使 O_2 的消耗过大时，外界的氧可通过硅窗进入袋（帐）内，而袋（帐）内积累的 CO_2 也可通过硅窗排出来，这样就能很好地保持袋（帐）内气体成分的比例了。硅窗面积的大小应根据贮藏的产品种类、品种、成熟度、单位容积的贮量、贮藏温度、要求的气体组成、窗膜厚度等许多因素来计算确定。

自发气调虽然简单易行，但只有根据产品的特征，对贮藏温度，产品种类，贮藏数量，膜的种类和膜的厚度等因素进行综合选择，才能获得比较理想的效果。

3.3.3 人工气调贮藏

人工气调贮藏是利用气调库人为地控制贮藏环境中的气体成分的贮藏方式，即通过专门的气调设备制造低 O_2 含量的气体来置换气调库内的空气，使产品处于一种低氧环境中，并人为地调节和控制库内各种气体成分的比例和浓度。和自然气调相比，该方法对气体成分的控制更精确、更合理，并可根据需要灵活调节，因而贮藏产品的质量更高。目前发达国家大量贮藏和保证长期供应的苹果和西洋梨等产品的主要措施之一就是人工气调贮藏。

人工气调必须要有一个性能优良的气调库，其特点是：①具有良好隔热和气密性的库体；②可以调节库内气体成分的调气装置；③控制温度和湿度的制冷和加湿装置。

3.3.3.1　气调库的结构

（1）库体结构　由于气调贮存要在适宜的低温下进行，因此气调库首先应是隔热良好的冷库，同时还要求具有较高的气密性。这样才能使库内构成的 CO_2 和 O_2 浓度在较长时间内维持不变或变化缓慢，保证贮藏的效果。用于气调库的气密材料有发泡聚氨酯、塑料膜、镀锌铁皮等。将发泡聚氨酯喷涂在墙壁上构成的气密层，既隔气又隔热，因而是应较普遍的气密材料。通常库房顶、地面及四周墙体结构上，都要有气密结构，气密层要连为一体，不能有任何缝隙，库门也是特制的密封门。观察窗和各种通过墙壁的管道也都要有气密构造。整个库房还应能承受一定的压力（正压和负压）。

气调贮藏库一般都由若干贮藏室组成。贮藏室与贮藏室之间是分隔开的，每个贮藏室都可以单独进行调节管理。对每一个贮藏室来讲，由于在同一时间内只能保持一种气体组成和温湿度条件，仅能贮藏一种产品。每个贮藏室的容积不很大。在贮藏时，且不宜经常启闭。

与冷藏库一样，气调库的库体结构也可以是建筑式的或拼装式的。

（2）压力平衡装置　温度和气体的变化常常会使气调库内的压力发生变化，压力平衡装置起到保证库房气密性和安全运行的作用，通常由气压袋（也称缓冲气囊）和水封装置构成。气压袋常用软质不透气的聚乙烯制作，体积约为贮藏室容积的1%～2%，设在贮藏室的外面，用管子与贮藏室内连接。贮藏室气体发生变化时，带子膨胀或收缩以保持内外气压平衡。水封装置装于库墙，当库内正压超过一定值时，库内空气通过水封溢出；负压超过一定值时，外界空气通过水封进入库内。这样，就可以自动调节库内外压力差，使之不超过一定的值。

3.3.3.2　气调库的调气设备

利用一定容量的气调库贮藏时，靠产品呼吸作用造成低 O_2 含量和高 CO_2 含量的环境气体，往往需要较长的周期，有时甚至需要 2～3 周的时间。因而，通常是利用一定的设备制造氮气并通入气调库内置换其中的普通空气，达到降低库中 O_2 浓度的目的；库内 CO_2 浓度超过要求时，用清除 CO_2 的设备除去，创造出贮藏产品所适宜的 CO_2 和 O_2 的浓度比。

（1）碳分子筛气调机或制氮机　该制氮机有两个密封的吸附塔，塔内填充经特殊工艺制成的碳分子筛。塔与空气压缩机和真空泵连接，组成一种变压吸附系统。空气经压缩机加压后进入塔内，在高压下氧分子被吸附在碳分子筛上，空气变成高浓度的氮气之后被送入库内降低库中氧的浓度，吸附氧饱和后，机器会启动另一个吸附塔继续工作供氮，而另一个吸附塔中吸氧饱和后的分子筛经真空泵降压再生就又可以用于吸附氧分子了。碳分子筛在吸附氧的同时，也吸附 CO_2 和乙烯。因此，无需另设清除 CO_2 和乙烯的装置。

（2）膜分离制氮机　膜分离制氮机的主要工作部分是一组中空纤维，将洁净的压缩空气通过中空纤维组件，将 O_2 和 N_2 分开。更易于自动控制和操作，但目前价格较高。

3.3.3.3　气调库的管理

温、湿度调节与冷库的一样，要保持适宜、恒定的温度，可增设加湿器，也可在库内喷水（雾）。为了使贮藏库内各部位的气体和温度分布均匀一致，防止局部产生高温和气体分布不均的现象，需进行库内气体循环。气体循环系统由风机和进出气管道等组成。果实不能包装，要用透气性容器盛放，堆码留有通风道便于气体交换。气调库的管理中，一定要随时用 O_2 和 CO_2 分析及记录仪器检测空气中 O_2 和 CO_2 的含量，以便超过指标范围时及时予以调整。库中气调环境建立后，产品不能出入库，因此，适合于同时出入库的产品。管理人员出入要安全操作，入库前带好氧气呼吸器，两人同行，并在库外留人观察以防万一。果蔬出库必须确认库内 O_2 含量在 18%以上或打开库门自然通风 2d 以上（或强制通风 2h 以上），搬运人员方可入库。

3.4 减压贮藏

将产品放置于密闭的贮藏室内，抽气减压，使其在低于大气压力的环境条件下贮藏，并维持低温的贮藏方法即减压贮藏。20 世纪 60 年代开始，首先发现该方法用于苹果和梨的贮藏，取得了良好效果；后来逐渐用于其它的果实和蔬菜、切花等。虽然有不同的实验室小型的减压容器，但由于减压设备库要求有强的耐压性，成本高，且贮藏效果不理想。由于压力的下降，使得贮藏环境中氧含量降低，从而可抑制果蔬产品的生理生化反应和微生物的生长繁殖，达到贮藏的目的。这种减压条件可使果蔬的贮藏期比常规冷藏贮藏期延长几倍。

3.4.1 减压贮藏的原理

减压贮藏的压力根据所贮藏的产品不同，一般在 10～80mmHg（1mmHg=133.322Pa）不等，相对于常压 760mmHg 而言，都在 1/10 大气压以下，因此，环境 O_2 浓度都在 2.1%以下或更低，起到了低 O_2 单指标气调的作用。同时，由于贮藏室总压的水平可控制在 ±2mmHg，一边抽气、一边补充新鲜空气，O_2 含量可精确控制在 0.05%，可以得到稳定贮藏环境条件。

低压有助于产品组织内不良气体的挥发及贮藏产品中不良气体的排出，并通过换气而及时排出库外，这样，非常有利于果蔬的贮藏。但贮藏后果实的香味要受到影响。库内相对湿度可达 95%以上，温度也稳定，所以产品的新陈代谢低利于贮藏保鲜。

低压有抑制微生物生长的作用，其贮藏环境较好，无其它污染。

3.4.2 减压贮藏库的组成和控制方式

减压贮藏库主要由贮藏库体、冷却装置、加湿装置、真空泵和压力控制装置及其附属装置等组成。

减压贮藏库体基本与气调冷藏库相似，但其库体结构应能经受住低于 50mmHg 真空度的压力，因此，横卧的圆柱形库体好。

在负压的贮藏条件下，水蒸气的分压比较低，果蔬极易造成蒸发萎缩现象。为保证果蔬不萎缩，需对进入贮藏室内的空气进行加湿处理。空气的加湿常采用喷淋式加湿装置来进行。喷淋式加湿装置中水的温度最好控制在贮藏库内温度以上 5～10℃，这样才能保证进入贮藏室的空气具有较高的湿度。

减压贮藏库内负压的维持主要靠真空泵和压力控制装置来实现。根据控制中压力的变化情况，可分为两种类型的减压贮藏库。一种是定压减压贮藏库；另一种是压差减压贮藏库。这两种减压贮藏库不同之处在于压力的控制上。压差减压贮藏库内压力的控制原理是设定两个低于大气压的贮藏室压力，即压力 P1（下限压力）和 P2（上限压力），将贮藏容器抽气达到要求的真空度 P1 后，便停止抽气，利用室内压力和大气压力的差，将空气输入容器内，当容器内压力达到 P2 时，停止进气。这样以定时抽气和进气的方式使容器内的压力维持在规定的压力范围内。这种方式虽可促进果蔬组织内乙烯等气体向外扩散，却不能使容器内的这些气体不断向外排出。由于抽气是非连续的，因此这种操作方式下系统可以不必对进气进行加湿处理。

定压减压贮藏库是在整个系统的一端用抽气泵连续不断地抽气排空，另一端则不断输入高湿度的新鲜空气，控制抽气和进气的流量就可使整个系统保持一定的真空度。减压贮藏库内温度的控制主要依靠冷却装置和产品自蒸发降温冷却性质来实现。

思考题：

1. 果蔬的贮藏方式有哪些？各有什么特点？简述其技术管理要点。
2. 简述机械制冷的基本原理和制冷机组的基本构成。
3. 比较机械冷藏库和气调贮藏库在建筑结构及其构成上的差异，说明其贮藏特点。
4. 何谓人工气调和自发气调？气调贮藏保鲜的原理是什么？比较不同气调方法的优缺点。
5. 何谓减压贮藏？其优缺点有哪些？

第 4 章
果品蔬菜的贮藏技术

教学目标：通过本章学习，掌握主要果品、蔬菜的贮藏特性、贮藏方式及贮藏技术要点；了解主要蔬菜、果品的采后损耗原因及其防止方法。

4.1 果品贮藏

4.1.1 苹果贮藏

苹果是我国栽培的主要果树之一，主要分布在北方各省区。苹果产量占我国果品产量的第一位。苹果品种多，耐藏性好，是周年供应的主要果品。

4.1.1.1 品种贮藏特性

苹果品种不同，耐藏性差异很大，早熟品种如黄魁、早生旭、早金冠、伏锦、丹顶、祝光等，采收期早，不耐长期贮藏，采后随即供应市场和作短期贮藏。中晚熟品种，如红玉、金冠、元帅、红冠、红星、倭锦、鸡冠等比较耐贮，但条件不当时，贮藏后果肉易发绵。晚熟品种如国光、青香蕉、印度、醇露、可口香、富士等品种耐藏性好，可贮藏到次年 6～7 月份。我国选育的苹果新品种，如秦冠、向阳红、胜利、青冠、葵花、双秋、红国光、香国光、丹霞、宁冠、宁锦等都属于质优耐贮品种。

4.1.1.2 苹果的采收期

苹果属于呼吸跃变型果实，适时采收，关系到果实的质量和贮藏寿命。一般以果实已充分发育、表现出品种应有的商品性状时采收为宜，即在呼吸跃变高峰之前一段时间采收较耐贮藏。采收过晚，贮藏中腐烂率明显增加，采收过早，其外观、色泽、风味都不够好，不耐贮藏。

贮藏时间愈长，对采收成熟度的要求愈严格。采收期可根据果实生长天数来确定。苹果早熟品种一般在盛花期后 100d 左右采收；中熟品种 100～140d；晚熟品种 140～175d。还可根据果肉硬度来确定采收期。如元帅采收适期的硬度一般为 78.45N/cm^2，国光为 93.16N/cm^2。在美国，对于红星等品种，利用碘-碘化钾溶液的染色反应来确定适宜的采收期。

为了保证果实品质，提高贮藏质量，苹果的采收应分批采摘。采摘最好选晴天，一般在上午 10 时前或下午 4 时以后采摘。采摘时要防止一切机械损伤，勿使果梗脱落和折断。

4.1.1.3 适宜的贮藏条件

(1) 温度　对于多数苹果品种，贮藏适温为－1～0℃。气调贮藏的适温比一般冷藏高 0.5～1℃。苹果贮藏在－1℃比 0℃的贮藏寿命约延长 25%，比在 4～5℃约延长 1 倍。低温贮藏还可抑制虎皮病、红玉斑点病、苦痘病、衰老褐变病等的发展。贮藏温度过低，引起冻结，也会降低果实硬度和缩短贮藏寿命。红玉、旭在－1～0℃贮藏会引起生理失调、产生低温伤害、缩短贮藏寿命，这些品种适宜贮藏在 2～4℃。

即使是同一品种，在不同地区和不同年份生产的果实，对低温伤害的敏感性也不同，所以其贮藏适温有所差异。如秋花皮苹果在夏季凉爽和秋季冷凉的年份生长的果实，会严重发生虎皮病，以在－2℃贮藏较好；而在夏季炎热和秋季温暖的年份生长的果实，易因低温而发生果肉褐变，以 2～4℃贮藏较好。

有的苹果品种会发生几种生理病害，这就要以当地最易发生的病害为主要依据，采用适宜的贮藏温度。如元帅苹果虎皮病发病率因贮藏温度不同而异，贮藏温度为 4℃、2℃、0℃和－2℃的病果率相应为 82%、74%、25%、18%，据此，元帅的贮藏温度以 0～－2℃较适宜。

有时低温伤害也用逐渐降温的方法防治，如澳大利亚大陆生产的红玉易发生低温褐变，采收后先在 2℃贮藏 1 个月，以后再逐渐降至 0℃，发病减少。意大利的金冠是先在 3℃贮至大部分果实开始变黄时，再降至 1～1.5℃，贮藏寿命最长。

(2) 湿度　苹果贮藏的适宜湿度为 RH 85%～95%。贮藏湿度大时，可减低自然损耗和褐心病的发展。当苹果失重 4.4%时，褐心病为 4%；失重 8.8%时，褐心病为 20%。但湿度大又可增加低温伤害和衰老褐变病的发展，相对湿度自 87%增至 93%，可增加橘苹苹果的低温褐变病。相对湿度超过 90%时，则加重红玉和橘苹苹果衰老褐变病的发展。在利用自然低温贮藏苹果时，也常发现湿度大的窖和塑料薄膜袋中会发生更多的裂果。此外，湿度大可加重微生物引致的病害，增加腐烂损失。

贮藏环境中相对湿度的控制与贮藏温度有密切关系，贮藏温度较高时，相对湿度可稍低些，否则高温高湿易造成微生物引起的腐烂。贮藏温度适宜，相对湿度可稍高。

(3) 气体成分　适当地调节贮藏环境的气体成分，可延长苹果的贮藏寿命，保持其鲜度和品质。一般认为，当贮藏温度为 0～2℃时，O_2 含量为 2%～4%，CO_2 3%～5%比较适宜。必须强调的是，不同品种，不同产地和不同贮藏条件下的气调条件，必须通过试验和生产实践来确定。盲目照搬必然会给贮藏生产造成损失。

4.1.1.4　贮藏方式

苹果的贮藏方式很多，我国各苹果产区因地制宜利用当地的自然条件，创造了各种贮藏方式。如简易贮藏、冷藏、气调贮藏等，现分别叙述如下。

(1) 预贮　9～10 月份是苹果的采收期，这个时期的气温和果温都比较高。利用自然通风降温的各种简易贮藏设施的温度也较高。如果采收后的苹果直接入库，会使贮藏场所长时间保持高温，对贮藏不利。因此，贮前必须对果实实施预贮，同时加强通风换气，尽可能地降低贮藏场所的温度。预贮时，要防止日晒雨淋，多利用夜间的低温进行。

各地在生产实践中创造了许多行之有效的预贮方法。如山东烟台地区沟藏苹果的预贮，其方法是在果园内选择阴凉高燥处，将地面加以平整，把经过初选的果实分层堆放起来，一般堆放 4～6 层，宽 1.3～1.7m，四周培起土埂，以防果滚动。白日盖席遮阳，夜间揭开降温，遇雨时覆盖。至霜降前后气温、果温和贮藏场所温度下降至贮藏适温时，将果实转至正式贮藏场所。也可将果实放在荫棚下或空房子里进行预贮。达到降温散热的目的。如果贮藏场所可以迅速降温，入库量也较少，也可以直接入库贮藏，效果会更好。

(2) 沟藏　沟藏是北方苹果产区的贮藏方式之一。因其条件所限，适于贮藏耐藏的晚熟品种，贮期可达 5 个月左右，损耗较少，保鲜效果良好。

山东烟台地区的做法是：在适当场地上沿东西长的方向挖沟，宽 1～1.5m，深 1m 左右，长度随贮量和地形而定，一般长 20～25m，可贮苹果 10000kg 左右。沟底要整平，在沟底铺 3～7cm 厚的湿沙。果实在 10 月下旬至 11 月上旬入沟贮藏，经过预贮的果实温度应为 10～15℃，果堆厚度为 33～67cm，苹果入沟后的一段时间果温和气温都较高，应该白天遮盖，夜晚揭开降温。至11月下旬气温明显下降时用草盖等覆盖物进行保温，随着气温的下降，逐渐加厚保温层至33cm。为防止雨雪落入沟里，应在覆盖物上加盖塑料薄膜，或者用席搭成屋脊形棚盖。入冬后要维持果温在－2～2℃之间，一般贮至翌年3月份左右。春季气温回升时，苹果需迅速出沟，否则很快腐烂变质。

甘肃武威的沟藏苹果，与上述做法类似。只是沟深为1.3～1.7m，沟宽为2.0m，苹果装筐入沟，在沟底及周围填以麦草，筐上盖草。到12月中旬，沟内温度达到－2℃时，再在草上覆土。

传统沟藏法冬季主要以御寒为主，降温作用很差。近年来有些产区采用改良地沟，提高了降温效果。主要做法是：结合运用聚氯乙烯薄膜（0.05～0.07mm厚果品专用保鲜膜）小包装，容量为15～25kg一袋。还需10cm厚经过压实的草质盖帘。在入贮前7～10d将挖好的沟预冷，即夜间打开草帘，白天盖严，使之充分降温。入贮后至封冻前继续利用夜间自然低温，通过草帘的开启，使沟和入贮果实降温，当沟内温度低于－3℃时，果温在冰点以上，即将沟完全封严，次年白天气温高于0℃时，夜间气温低于沟内温度时，再恢复入贮初期的管理方法，直到沟内的最高温度高于10℃时，结束贮藏。入贮后一个月内需注意气体指标和果实质量变化，及时进行调整。要选用型号、规格相宜的塑料薄膜，使其自发调气，起到自发气调保藏的作用。

（3）窑窖贮藏　窑窖贮藏苹果，是我国黄土高原地区古老的贮藏方式，结构合理的窑窖，可为苹果提供较理想的温度、湿度条件。如山西祁县，窑内年均温不超过10℃，最高月均温不超过15℃。如在结构上进一步改善，在管理水平上进一步提高，可达到窑内年均温不超过8℃，最高月均温不超过12℃。窑窖内采用简易气调贮藏，能取得更好的贮藏效果，国光、秦冠、富士等晚熟品种能贮藏到次年3～4月，果实损耗率比通风库少3%左右。

土窑洞加机械制冷贮藏技术，是近几年在山西、陕西等苹果产区大面积普及的，行之有效的贮藏方法。土窑洞贮藏法与其它简易贮藏方法一样，存在着贮藏初期温度偏高，贮藏晚期（翌年3～4月）升温较快的缺点，限制了苹果的长期贮藏。机械制冷技术用在窑洞温度的调节上，克服了窑洞贮藏前、后期的高温对苹果的不利影响，使窑洞贮藏苹果的质量安全赶上了现代冷库的贮藏效果。窑洞内装备的制冷设备只是在入贮后运行两个月左右，当外界气温降到可以通风而维持窑内适宜贮温时，制冷设备即停止运行，翌年气温回升时再开动制冷设备，直至果实完全出库。

窑窖贮藏管理技术，是苹果贮藏保鲜的关键。从果实入库到封冻前的贮藏初期，要充分利用夜间低温降低窖温，至0℃为止。中期重点要防冻。为了加大窑内低温土层的厚度，要在不冻果、不升温的前提下，在窑外气温不低于－6℃的白天，继续打开门和通气孔通风，通风程度掌握在窖温不低于－2℃即可。次年春天窑外气温回升时，要严密封闭门和通气孔，尽量避免窑外热空气进入窑内。

（4）通风库和机械冷库贮藏　通风库在我国的许多地方大量地应用于苹果贮藏。由于它是靠自然气温调节库内温度，所以，其主要的缺点也是秋季果实入库时库温偏高，初春以后也无法控制气温回升引起的库温回升，严重地制约了苹果贮藏寿命。山东果树研究所研究设计的10℃冷凉库，就是在通风库的基础上，增设机械制冷设备，使苹果在入库初期就处于10℃以下的冷凉环境，有利于果实迅速散除田间热。入冬以后就可以停止冷冻机组运行，只靠自然通风就可以降低并维持适宜的贮藏低温。当翌年初春气温回升时又可以开动制冷设备，维持0～4℃的库温。

10℃冷凉库的建库成本和设备投资大大低于正规冷库，它解决了通风库贮藏前、后期库温偏高的问题。是一种投资少、见效快、效果好的节能贮藏方法。库内可采用硅窗气调大帐和小包装气调贮藏技术，进一步提高果实贮藏质量，延长苹果贮藏寿命。

苹果冷藏的适宜温度因品种而异，大多数晚熟品种以－1～0℃为宜，空气相对湿度为90%～95%。苹果采收后，最好尽快冷却到0℃左右，在采收后1～2d内入冷库，入库后3～5d内冷却到－1～0℃。

通风库和冷库的管理技术可参照第3章贮藏方式中通风库和冷库的使用管理。

（5）气调贮藏　目前，国内外气调贮藏主要用于苹果。对于不宜采用普通冷藏温度，要求较高贮温的品种，如旭、红玉等，为了避免贮温高促使果实成熟和微生物活动，应用气调贮藏是一种有效的补救方法。我国各地不同形式的气调法贮藏元帅、金冠、国光、秦冠及近年栽培的许多新品种，都有延长贮藏期的效果。气调贮藏的苹果颜色好，硬度大，贮藏期长。气调贮藏可减轻红玉斑点病、虎皮病、衰老褐变病等，还可以减轻微生物引致的腐烂病害和失水萎蔫。气调贮藏的苹果移到空气中时，呼吸作用仍较低，可保持气调贮藏的后效，因而变质缓慢。

常用的气调贮藏方式有塑料薄膜袋、塑料薄膜帐和气调库贮藏。

① 塑料薄膜袋贮藏　苹果采后就地预冷、分级后，在果箱或筐中衬以塑料薄膜袋，装入苹果，扎紧袋口，每袋构成一个密封的贮藏单位。目前应用的是聚乙烯或无毒聚氯乙烯薄膜，厚度多为0.04～0.06mm。

苹果采收后正处在较高温度下，后熟变化很快。利用薄膜袋包装造成的气调贮藏环境，可有效地延缓后熟过程。上海果品公司利用薄膜包装运输苹果，获得很好的效果。如用薄膜包装运输红星苹果，经8d由产地烟台运至上海时的硬度为7.2kg/cm^2，冷藏6个月后硬度为5.6kg/cm^2，对照分别为4.6kg/cm^{2}和3.1kg/cm^2。

② 塑料薄膜帐贮藏　在冷藏库、土窑洞和通风库内，用塑料薄膜帐将果垛封闭起来进行贮藏。薄膜大帐一般选用约0.1～0.2mm厚的高压聚氯乙烯薄膜，黏合成长方形的罩子，可以贮数百到数千千克。帐封好后，按苹果要求的O_2和CO^2水平，采用快速降氧、自然降氧方法进行调节。近年来国内外都在广泛应用硅橡胶薄膜扩散窗，按一定面积黏合在聚乙烯或聚氯乙烯塑料薄膜帐或袋上，自发调整苹果气调帐（或袋）内的气体。由于膜型号和苹果贮量不同，使用时需经过试验和计算确定硅橡胶膜的具体面积。

③ 气调库贮藏　库内的气体成分、贮藏温度和湿度能够根据设计水平自动精确控制，是理想的贮藏手段。采收后的苹果最好在24h之内入库冷却并开始贮藏。

苹果气调贮藏的温度，可以比一般冷藏温度提高0.5～1℃。对CO_2敏感的品种，贮温还可高些，因为在一般贮藏温度（0～4℃）下，提高温度可减轻CO_2伤害。容易感受低温伤害的品种贮温稍高，对减轻伤害有利。

苹果气调贮藏只降低O_2浓度即可获得较好的效果。但对多数品种来说，同时再增加一定浓度的CO_2，则贮藏效果更好，不同苹果品种对CO_2忍耐程度不同，有的对CO_2很敏感，一般不超过2%～3%，大多数品种能忍耐5%，还有一些品种如金冠在8%～10%也无伤害。

近年来，有人提出了苹果气调贮藏开始时用较高浓度的CO_2作短期预处理，例如金冠用15%～18%经10d预处理，再转入一般气调贮藏条件，可有效地保持果实的硬度。苹果贮藏初期用高浓度CO_2处理，我国也在研究应用，同时把变动温度和气体成分几种措施组合起来。由中国农业科学院果树研究所、中国科学院上海植物生理研究所、山东省农业科学院果树研究所、山西省农业科学院果树研究所四个单位（1989）共同研究的苹果双向变动气调贮藏，取得了良好的效果。具体做法是：苹果贮藏150～180d，入贮时温度在10～15℃维持30d，然后在30～60d内降低到0℃，以后一直维持（0±1）℃；气体成分在最初30d高温期CO_2在12%～15%，以后60d内随温度降低相应降至6%～8%，并一直维持到结束，O_2控制在3%±1%。这种处理获得很好的效果，优于低温贮藏，与标准气调（0℃，O_2 3%、

CO_2 2%～3%）结果相近似。这种做法，简称双变气调（TDCA）。该方法由于在贮藏初期利用自然气温，温度较高，可克服 CO_2 的伤害作用，保留了对乙烯生成和作用的抑制，大大延缓果实成熟衰老，有效地保持了果实硬度，从而达到了较好的贮藏效果。

苹果气调贮藏中，有乙烯积累，可以用活性炭或溴饱和的活性炭吸收除去。如小塑料袋包装贮藏红星苹果，放入果重 0.05%的活性炭，即可保持果实较高的硬度。乙烯还可用 $KMnO_4$ 除去，如用洗气器将 $KMnO_4$ 液喷淋，或用吸收饱和 $KMnO_4$ 溶液的多孔性载体物质吸收。

4.1.2 梨贮藏

4.1.2.1 品种贮藏特性

梨较耐贮藏，其贮藏特性与苹果相似，是我国大批量长期贮藏的重要果品。梨的品种很多，耐藏性各异。从梨的系统来分，有白梨系统、砂梨系统、秋子梨系统和洋梨系统。白梨系统梨的大部分品种耐贮藏，如鸭梨、雪花梨、酥梨、长把梨、库尔勒香梨、秋白梨等果肉脆嫩多汁，耐贮藏，是当前生产中主要贮藏品种。白梨系统的蜜梨、笨梨、安梨、红霄梨极耐贮藏，而且经过贮藏后采收时酸涩粗糙的品质得以改善。秋子梨系统中多数优良品种不耐贮藏，只有南果梨、京白梨等较耐贮藏。砂梨系统的品种耐贮性不及白梨，其中晚三吉梨、今村秋梨等耐贮。洋梨系统原产欧洲，引入我国栽培的品种很少，主要有巴梨（香蕉梨）、康德梨等，它们采后肉质极易软化，耐贮性差，在常温下只能放置几天，在冷藏条件下可贮藏 1～2 个月。

4.1.2.2 采收

采收期直接影响梨的贮藏效果。梨的成熟度通常依据果面的颜色，果肉的风味及种子的颜色来判断。绿色品种当果面绿色渐减，呈绿色或绿黄色，具固有芳香，果梗易脱离果苔，种子变为褐色，即为适度成熟的象征；当果面铜绿色或绿褐色的底色上呈现黄色和黄褐色，果梗易脱离果苔时，即显示成熟；如果呈浓黄色或半透明黄色，则为过熟的象征。西洋梨如果任其在树上成熟，因果肉变得疏松软化，甚至引起果心腐败而不宜贮运，故应在果实成熟但肉质尚硬时采收。标准为：果实已具本品种应有的形状、大小、果面绿色减褪呈绿黄，果梗易脱离果枝等。

采收既要做到适时，又要力求减少伤害。由于梨果皮的结构松脆，在采收及其它各个环节中，易遭受碰、压、刺伤害，对此应予以重视。

4.1.2.3 贮藏条件

一般认为略高于冰点温度是果实的理想贮藏温度。梨的冰点温度是－2.1℃，但是中国梨是脆肉种，贮藏期间不宜冻结，否则解冻后果肉脆度很快下降，风味、品质变劣。中国梨的适宜贮藏温度为 0～1℃，气调贮藏可稍高些。洋梨系统的大多数品种适宜的贮藏温度为－1～0℃，只有在－1℃才能明显地抑制后熟，延长贮藏寿命。有些品种如鸭梨等对低温比较敏感，采收后立即在 0℃下贮藏易发生冷害，它们要经过缓慢降温后再维持适宜的低温。

冷藏条件下，贮藏梨的适宜湿度为 RH 90%～95%。常温库由于温度偏高，为了减少腐烂，空气湿度可低些，保持在 RH 85%～90%为宜。大多数梨品种由于本身的组织学特性，在贮藏中易失水而造成萎蔫和失重，在较高湿度下，可以减少蒸散失水和保持新鲜品质。

许多研究表明，除洋梨外，绝大多数梨品种不如苹果那样适于气调贮藏，它们对 CO_2 特别敏感。如鸭梨，当环境中 CO_2 浓度高于 1%时，就会对果实造成伤害。因此，贮藏时应根据梨的品种特性，制定适宜的贮藏技术。

4.1.2.4　贮藏方式

用于苹果贮藏的沟藏、窑窖贮藏、通风库贮藏、机械冷库贮藏等方式均适用于梨贮藏。各贮藏方式的管理也与苹果基本相同，故实践中可以参照苹果的贮藏方式与管理进行。

需要强调指出的是，鸭梨、酥梨等品种对低温比较敏感，采后如果立即入 0℃库贮藏，果实易发生黑皮、黑心、或者二者兼而发生的生理病变。根据目前的研究结果，采用缓慢降温法，可减轻或避免上述病害的发生，即果实入库后，从 13～15℃降到 10℃，每天降 1℃；从 10℃降到 6℃，每 2～3d 降 1℃；从 6℃降到 0℃，每 3～4d 降 1℃。整个降温过程需经 35～40d。

如果采用气调贮藏，适宜的气体组合，品种间差异较大，必须通过试验和生产实践来确定。国外一些国家多在洋梨上应用气调贮藏。

4.1.3　桃、李和杏贮藏

桃、李和杏都属于核果类果实。此类果实成熟期正值一年中气温较高的季节，果实采后呼吸十分旺盛，很快进入完熟衰老阶段。因此，一般只作短期贮藏，以避开市场旺季和延长加工时间。

4.1.3.1　品种与贮藏特性

桃、李和杏不同品种间的耐藏性差异很大。一般早熟品种不耐贮藏和运输，如水蜜桃和五月鲜桃等。中晚熟品种的耐贮运性较好，如肥城桃，深州蜜桃、陕西冬桃等较耐贮运，大久保、白凤、冈山白、燕红等品种也有较好的耐藏性。离核品种、软溶质品种等的耐藏性差。李和杏的耐藏性与桃类似。

桃、李和杏均属呼吸跃变型果实，低温、低 O_2 和高 CO_2 都可以减少乙烯的生成量和作用而延长贮藏寿命。

桃、李和杏对低温比较敏感，很容易在低温下发生低温伤害。在－1℃以下就会引起冻害。一般贮藏适温为 0～1℃。果实在贮藏期比较容易失水，要求贮藏环境有较高的湿度，桃和杏要求 RH90%～95%，李为 RH85%～90%。

4.1.3.2　采收和预贮

果实的采收成熟度是影响果实贮藏效果的主要因素。采收过早会影响果实后熟中的风味发育，而且易遭受冷害；采收过晚，则果实会过于柔软，易受机械伤害而造成大量腐烂。因此，要求果实既要生长发育充分，能基本体现出其品种的色香味特色，又能保持果实肉质紧密时为适宜的采摘时间，即果实达到七八成熟时采收。需特别注意的是果实在采收时要带果柄，否则果柄剥落处容易引起腐败。李的果实在采收时常带 1～3 片叶子，以保护果粉，减少机械伤。

桃、李和杏的包装容器宜小而浅，一般以 5～10kg 为宜。

采收后迅速预冷并采用冷链运输的桃，贮藏寿命延长，桃预冷有风冷和 0.5～1.0℃冷水冷却两种形式，生产上常用冷风冷却。

4.1.3.3　贮藏方式

(1) 常温贮藏　桃不宜采取常温贮藏方式，但由于运输和货架保鲜的需要，可采取一定的措施来延长桃的常温保鲜寿命。

① 钙处理 用0.2%～1.5%的$CaCl_2$溶液浸泡2min或真空浸渗数分钟桃果，沥干液体，裸放于室内，对中、晚熟品种可提高耐贮性。

② 热处理 用52℃恒温水浸果2min，或用54℃蒸汽保温15min，可杀死病原菌孢子，防止腐烂。

③ 薄膜包装 一种是用0.02～0.03mm厚的聚氯乙烯袋单果包，也可与钙处理或热处理联合使用效果更好。另一种是特制保鲜袋装果。天津果品保鲜研究中心研制成功的HA系列桃保鲜袋，厚0.03mm，该袋通过制膜时加入离子代换性保鲜原料，可防止贮期发生CO_2伤害，其中HA-16用于桃常温保鲜效果显著。

(2) 冷库贮藏 在0℃，RH 90%的条件下，桃可贮藏15～30d。在冷藏过程中间歇升温处理可避免或减轻冷害，延长贮藏寿命。果实在－0.5～0℃低温下冷藏，每隔2周左右加温至室温（18～20℃）1～3d，之后恢复低温贮藏。

(3) 气调贮藏 国外推荐采用0℃，1%O_2＋5%CO_2的条件贮藏油桃，贮藏期可达45d，比普通冷藏延长1倍。而我国对水蜜桃系的气调标准尚在研究之中，部分品种上采用冷藏加改良气调，得到贮藏60d以上未发生果实衰败，最长贮藏4个月的结果。在没有条件实现标准气调（CA）时，可采用桃保鲜袋加气调保鲜剂进行简易气调贮藏（MA）。具体做法为：桃采收预冷后装入冷藏专用保鲜袋，附加气调，扎紧袋口，袋内气体成分保持在O_2 0.8%～2%，CO_2 3%～8%，大久保、燕红、中秋分别贮藏40d、55～60d、60～70d，果实保持正常后熟能力和商品品质。

4.1.4 柿贮藏

4.1.4.1 品种的耐贮性

我国的河北、河南、山西、陕西等地均有较大面积的柿子栽培。柿子的品种很多，一般可分为涩柿和甜柿两大类。涩柿品种多，涩柿在软熟前不能脱涩，采用人工脱涩或后熟才能食用（脱涩方法参照第2章有关内容）。甜柿在树上软熟前即能完成脱涩。

通常晚熟品种比早熟品种耐贮，如河北的大盖柿（磨盘柿）、莲花柿，山东的牛心柿、镜面柿，陕西的火罐柿、鸡心柿等都是质优且耐贮藏的品种。甜柿中的富有、次郎等品种贮藏性好。

4.1.4.2 采收

贮藏的柿果，一般在9月下旬至10月上旬采收，即在果实成熟而果肉仍然脆硬，果面由青转淡黄色时采收。采收过早，脱涩后味寡质粗。甜柿最佳采收期是皮色变红的初期。

采收时将果梗自近蒂部剪下，要保留完好的果蒂，否则果实易在蒂部腐烂。

4.1.4.3 贮藏方法

(1) 室内堆藏 在阴凉干燥且通风良好的室内或窑洞的地面，铺15～20cm的稻草或秸秆，将选好的柿子在草上堆3～4层，也可装箱（筐）贮藏。室内堆藏柿果的保硬期仅一个月左右。有研究表明，用以GA（赤霉素）为主的保鲜剂处理火罐柿，常温下贮藏105d，硬果率达66.7%，而对照已全部软化。

(2) 冻藏 生产中的冻藏方法分自然冻藏和机械冷冻两种。自然冻藏即在寒冷的北方常将柿果置于0℃以下的寒冷之处，使其自然冻结，可贮到春暖化冻时节。机械冻藏即将柿果置－20℃冷库中24～48h，待柿子完全冻硬后放进－10℃冷库中贮藏。这样柿果的色泽、风味变化甚少，可以周年供应。但解冻后果实已软化流汁，必须及时食用。

（3）液体保藏　将耐藏柿果浸没在明矾、食盐混合溶液中。溶液配比是：水 50kg、食盐 1kg、明矾 0.25kg。保持在 5℃以下，此法可贮至春节前后，柿果仍保持脆硬质地，但风味变淡变咸。有研究认为，向盐矾液中添加 0.5% $CaCl_2$ 和 0.002g/L 赤霉素，可明显改善贮后的品质。

（4）气调贮藏　柿果在 0℃冷藏条件下贮 2 个月，可保持良好的品质和硬度，但超过 2 个月品质则开始变劣。因此，柿果很少裸果冷藏，而是在冷藏条件下采用 MA 或 CA 冷藏。气体成分可控制在 O_2 3%～5%，CO_2 8%～10%，应根据品种不同而调整气体组合。

4.1.5　葡萄贮藏

葡萄是我国的主要果品之一，主要产区在长江流域以北，目前我国葡萄产量的 80% 左右用于酿酒等加工品，大约 20% 用于鲜食，贮藏鲜食葡萄的仍不多，鲜食葡萄的数量和质量远远满足不了日益增长的市场需求。

4.1.5.1　品种与贮藏特性

葡萄品种很多，其中大部分为酿酒品种，适合鲜食与贮藏的主要品种有巨峰、黑奥林、龙眼、牛奶、黑罕、玫瑰香、保尔加尔等。近年我国从美国引种的红地球（又称晚红，商品名叫美国红提）、秋红（又称圣诞玫瑰）、秋黑等品种颇受消费者和种植者的关注，认为是我国目前栽培的所有鲜食品种中经济性状、商品性状和贮藏性状最佳的品种。用于贮藏的品种必须同时具备商品性状好和耐贮运两大特征。品种的耐贮运性是其多种性状的综合表现，晚熟、果皮厚韧，果肉致密，果面和穗轴上富集蜡质，果刷粗长，糖酸含量高等都是耐贮运品种具有的性状。

葡萄的冰点一般在－3℃左右，因果实含糖量不同而有所不同，一般含糖量越高，冰点愈低。因此，葡萄的贮藏温度以－1℃～0℃为宜，在极轻微结冰之后，葡萄仍能恢复新鲜状态。葡萄需要较高的相对湿度，适宜的 RH 为 90%～95%，相对湿度偏低时，会引起果梗脱水，造成干枝脱粒。降低环境中 O_2 浓度提高 CO_2 浓度，对葡萄贮藏有积极效应。目前有关葡萄贮藏的气体指标很多，尤其是 CO_2 的指标差异比较悬殊，这可能与品种、产地以及试验方法等有关。一般认为 O_2 2%～4%，CO_2 3%～5%的组合适合于大多数葡萄品种，但在气调贮藏实践中还应慎重从事。

4.1.5.2　采收

葡萄属于非跃变型果实，无后熟变化，应该在充分成熟时采收。充分成熟的果实，干物质含量高，果皮增厚、韧性强、着色好、果霜充分形成，耐贮性增强。因此，在气候和生产条件允许的情况下，尽可能延迟采收期。河北昌黎葡萄产区的果农在棚架葡萄大部分落叶之后仍将准备贮藏的葡萄留在植株上，在葡萄架上盖草遮阳，以防阳光直射使果温升高，使葡萄有足够的时间积累糖分，充分成熟。与此同时，气温也逐渐下降，有利于入窖贮藏。

采收前 7～10d 必须停止灌溉，否则贮藏期间会造成大量腐烂。采收时间要选天气晴朗，气温较低的上午进行。最好选着生在葡萄蔓中部向阳面的果穗留作贮藏。采摘时用剪刀将果穗剪下，并剔除病粒、虫粒、破粒、穗尖未成熟小粒等。采收后就地分级包装，挑选穗大，紧密适度，颗粒大小均匀、成熟度一致的果穗进行贮藏。装好后放在阴凉通风处待贮。

4.1.5.3　贮藏方式

目前葡萄贮藏方式主要有窖（或窑洞）贮藏、冷库贮藏和塑料薄膜封闭贮藏。

山西太原等地葡萄产区，在普通室内搭两层架，不用包装，将葡萄一穗穗码在架上，堆

30～40cm 高，最上面覆纸防尘，方法十分简便。由于堆存时果温已经很低，堆内不至发热，只要做到不破伤果粒，果穗又不带田间病害，一般不会发生腐烂损失，并能贮藏较长时期。也有在窑洞贮藏的。在辽宁、吉林等地，果农多在房前（葡萄架下）屋后建造地下式或半地下式永久性小型通风窖，一般长 6m，宽 2.8m，高 2.3～2.5m，可贮葡萄 3000kg 左右。可在窖内搭码，也可在窖内横拉几层铁丝挂贮。

在产地利用自然低温贮藏葡萄，一般需经常洒水提高窖内相对湿度，防止干枝和脱粒，若管理得当，可贮至春节以后。

冷库贮藏葡萄的温度应严格控制在 0～－1℃。据研究表明，葡萄贮藏在 0.5℃的腐烂率是 0℃的 2～3 倍。相对湿度保持在 90%～95%。在贮藏过程中，可根据葡萄的耐低温能力，调节贮藏温度。通常情况下，贮藏前期的葡萄耐低温能力比后期强，在前期库温下限控制在－1℃，干旱年份可控制在－1.5℃，随着贮藏时间的延长温度应适当提高。在生产中要求葡萄入库要迅速降温，同时要保持库温的恒定，库温的波动不应超过±0.5℃。

冷藏时用薄膜包装贮藏葡萄，贮藏效果好于一般冷藏。塑料袋一般选用 0.03～0.05mm 厚的聚乙烯（PE）或聚氯乙烯（PVC）膜制做，每袋装 5～10kg 葡萄，最好配合使用果重 0.2%的 SO_2 保鲜片剂，待库温稳定在 0℃左右时再封口。塑料袋一般放在纸箱或其它容器中。

近年来，微型冷库在葡萄贮藏上取得了巨大成功。具体做法是：选择优质果穗，采收后装入内衬 PVC 葡萄专用保鲜袋的箱中，果穗间隙加入葡萄保鲜剂，扎紧袋口，当日运往微型冷库，在－1±0.5℃敞口预冷 10～12h，扎紧袋口码垛，于－1～0℃贮藏即可。

4.1.5.4 防腐技术

葡萄贮藏中最易发生的问题是腐烂、干枝与脱粒。在贮藏中保持较高相对湿度的同时，采用适当的防腐措施，既可延缓果梗的失水干枯，使之较长时间维持新鲜状态，减少落粒，又可以有效地阻止真菌繁殖，减少腐烂。

SO_2 处理是目前提高葡萄贮藏效果普遍采用的方法。SO_2 气体对葡萄上常见的真菌病害如灰霉菌等有强烈的抑制作用，只要使用剂量适当，对葡萄皮不会产生不良影响。而且用 SO_2 处理过的葡萄，其代谢强度也受到一定的抑制，但高浓度的 SO_2 会严重损害果实。

SO_2 处理葡萄的方法，可以用 SO_2 气体直接来熏蒸，或者燃烧硫黄进行熏蒸，也可用重亚硫酸盐缓慢释放 SO_2 进行处理，可视具体情况而选用适当的方法。将入冷库后筐装或箱装的葡萄堆码成垛，罩上塑料薄膜帐，以每 $1m^3$ 帐内容积用硫黄 2～3g 的剂量，使之完全燃烧生成 SO_2，熏 20～30min，然后揭帐通风。在适当密闭的葡萄冷库中，可以直接用燃烧硫黄生成的 SO_2 进行熏蒸。为了使硫黄能够充分燃烧，每 30 份硫黄可拌 22 份硝石和 8 份锯末。将药放在陶瓷或搪瓷盆中，盆底放一些炉灰或者干沙土，药物放于其上。每座库内放置 3～4 个药盆，药盆在库外点燃后迅速放入库中，然后将库房密闭，待硫黄充分燃烧后，熏蒸约 30min 即可。

SO_2 处理的另一方法，是用重亚硫酸盐如亚硫酸氢钠、亚硫酸氢钾或焦亚硫酸钠等，使之缓慢释放 SO_2 气体，达到防腐保鲜的目的。处理时先将重亚硫酸盐与研碎的硅胶混合均匀，比例是亚硫酸盐 1 份和硅胶 2 份混合，将混合物包成小包或压成小片，每包混合物 3～5 克，根据容器内葡萄的重量，按大约含重亚硫酸盐 0.3%的比例放入混合药物。箱装葡萄上层盖 1～2 层纸，将小包混合药物放在纸上，然后堆码。还可以用干燥锯末代替硅胶以节约费用，锯末要经过晾晒，降温，无臭无味，在锯末中混合重亚硫酸盐，或将重亚硫酸盐均匀地撒在锯末上。目前生产上塑料薄膜包装贮藏葡萄中应用的保鲜片剂亦属 SO_2 释放剂。

用 SO_2 处理葡萄时，剂量的大小要因品种、成熟度而调节，需经试验而确定。一般以帐内浓度为 10～20mg/m³ 时比较安全。低则不能起到防腐作用，高则发生漂白作用，造成严重损失。

SO_2 对人的呼吸道和眼睛有强烈的刺激作用，操作管理人员进出库房应戴防护面具。SO_2 溶于水形成 H_2SO_3，对铁、锌、铝等金属有强烈的腐蚀作用，因此库房中的机械装置应涂抗酸漆以保护。由于 SO_2 对大部分果蔬有损害作用，所以除葡萄以外的果品和蔬菜不能与之混存。

采用溴氯乙烷和仲丁胺熏蒸也可防止葡萄腐烂，提高贮藏效果。

4.1.6 柑橘贮藏

柑橘是世界上重要果品种类之一。在我国主要分布在长江流域及其以南地区。其产量和面积仅次于苹果。柑橘的贮藏在延长柑橘果实的供应期上占有重要地位。

4.1.6.1 种类、品种与耐贮性

柑橘类包括柠檬、柚、橙、柑、橘五个种类，每个种类又有许多品种。由于不同种类、品种果实的理化性状、生理特性之差异，它们的贮藏性差异很大。一般来说，柠檬最耐贮藏，其余种类的贮藏性依次为柚类、橙类、柑类和橘类。但是有的品种并不符合这一排列次序，如蕉柑就比脐橙耐贮藏。同种类不同品种的贮藏性差异也很大，如蕉柑较之温州蜜柑等柑类品种耐贮藏，柑是橘类较耐贮藏的品种。品种间的贮藏性通常可按成熟期早晚来区分，通常是晚熟品种较耐贮藏，中熟品种次之，早熟品种不耐贮藏。一般认为，晚熟、果皮致密且油胞含油丰富、囊瓣中糖和酸含量高、果心维管束小等是耐藏品种的共同特征。蕉柑、柑、甜橙、脐橙等是我国目前商业化贮藏的主要品种。

4.1.6.2 贮藏条件

(1) 温度　柑橘类果实原产于气候温暖的地区，长期的系统发育决定了果实容易遭受低温伤害的特性。所以柑橘贮藏的适宜温度必须与这一特性相适应。一般而言，橘类和橙类较耐低温，柑类次之，柚类和柠檬则适宜在较高温度下贮藏。

华南农业大学园艺系等对广东主要柑橘品种甜橙、蕉柑和椪柑，采用 1～3℃、4～6℃、7～9℃、10～12℃、和常温 5 种贮藏温度进行比较试验，结果认为甜橙采用 1～3℃、蕉柑 7～9℃、椪柑 10～12℃比较适宜，贮藏 4 个月皆无生理失调现象。蕉柑贮温低于 7℃，柑低于 10℃易患水肿病。同时对广东产的伏令夏橙和化州橙进行贮藏适温试验，结果表明这两种橙亦是适宜贮藏在 1～3℃。推荐柠檬的贮藏适温为 12～14℃，如果长时期贮藏在 3～11℃则易发生囊瓣褐变。

另据报道，同为伏令夏橙，在美国佛罗里达州 3 月成熟采收，采用 0～1℃贮藏温度；但在亚利桑那州，3 月和 6 月采收的贮藏适温分别是 9℃和 6℃。由此可见，同一品种由于产地或采收期不同，贮藏适温就有很大不同。因此，生产上确定柑橘的贮藏适温时，除了考虑种类和品种外，还必须考虑到产地、栽培条件、成熟度、贮藏期长短等诸多因素。

(2) 湿度　不同类柑橘对湿度要求不一，甜橙和柚类要求较高的湿度，最适湿度为 RH 90%～95%。宽皮柑类在高湿环境中易发生枯水病（浮皮），故一般应控制较低的湿度，最适湿度为 RH 80%～85%。日本贮藏温州蜜柑的研究表明，在温度为 3℃，RH 85%条件下，烂果率最低；相对湿度低于 80%或高于 90%，烂果率都增高。

(3) 气体成分　国内外就柑橘对低 O_2 高 CO_2 的反应研究报道很多，各方面的报道很不一致。日本推荐温州蜜柑贮藏的气体条件是：东部地区 O_2 10%左右（不小于 6%），CO_2 1%～2%；西部地区 O_2 含量同上，CO_2<1%，O_2 降至 3%～5%时易发生低氧伤害。

国内推荐几种柑橘贮藏的气体条件是：甜橙要求 O_2 10%～15%，CO_2<3%；温州蜜柑 O_2 10%，CO_2<1%，如果环境中 O_2 过低或 CO_2 过高，果实就会发生缺 O_2 伤害或 CO_2 伤害，果实组织中的乙醇和乙醛含量增加，发生水肿病。如果环境中低 O_2 和高 CO_2 同时并存，就会加重加快果实的生理损伤。

4.1.6.3 贮藏技术要点

(1) 适时无损采收 柑橘属典型的非跃变型果实，缺乏后熟作用，在成熟中的变化比较缓慢，不软化，这与仁果类、核果类、香蕉有明显不同。因此，柑橘果实采收成熟度一定要适当，早采与迟采都影响果实产量、质量和耐贮性。通常当果实着色面积达 3/4，肉质具有一定弹性，糖酸比达到该品种应有的比例，表现出该品种固有风味时采摘。我国温州蜜柑适宜采收的糖酸比大约为（10～13）∶1，早橘、本地早、橘为（11～16）∶1，蕉柑、柑为（12～15）∶1。除柠檬外，不宜早采，尤其不能“采青”。采摘最好根据成熟度分期分批进行，要尽量减少损伤。

(2) 晾果 对于在贮藏中易发生枯水病的宽皮柑类品种，贮藏前将果实在冷凉、通风的场所放置几日，使果实散失部分水分，轻度萎蔫，俗称“发汗”，对减少枯水病、控制褐斑病有一定效果，同时还有愈伤、预冷和减少果皮遭受机械损伤的作用。

晾果最好在冷凉通风的室内或凉棚内进行。有的地方在果实入库后，日夜开窗通风，降温降湿，使果实达到“发汗”的标准。一般控制宽皮柑失重率达 3%～5%，甜橙失重率为 3%～4%。

(3) 防腐保鲜处理 柑橘在贮藏期间的腐烂主要是真菌为害，大部分属田间侵入的潜伏性病害。除了采前杀菌外，采后及时进行防腐处理也是行之有效的防治办法。目前常用的杀菌剂有噻菌灵（涕必灵）、多菌灵、硫菌灵、枯腐净（主要含仲丁胺和 2,4-D）以及克霉灵。按有效成分计，杀菌剂使用含量为 0.05%～0.1%，2,4-D 含量为 0.01%～0.025%，二者混用。采收当天浸果效果最好，限 3d 内处理完毕。如有必要，杀菌剂可与蜡液或其它披膜剂混用。另外，将包果纸或纸板用联苯的石蜡或矿物油热溶液浸渍，可以防止在运输中果实腐烂。

(4) 严格挑选和塑料薄膜单果包 如果说柑橘 CA 贮藏和 MA 贮藏有风险的话，塑料薄膜单果包已经被实践证明，是柑橘贮藏、运输、销售过程中简便易行、行之有效的一种保鲜措施，对减少果实蒸腾失水，保持外观新鲜饱满，控制褐斑病（干疤）均有很好的效果，目前在柑橘营销中广泛应用。塑料薄膜袋一般用厚度大约为 0.02mm 的红色或白色塑料薄膜制做，规格大小依所装柑橘品种的大小而异，柑橘采收后，经过药剂处理，晾干果面，严格剔除伤、病果，即可一袋一果进行包装，袋口用手拧紧或者折口，折口朝下放入包装箱中，采用塑料真空封口机包装的效果会更好些。

塑料薄膜单果包对橙类、柚类和柑类的效果明显好于橘类，低温条件下的效果明显好于较高温度。

4.1.6.4 贮藏方式

(1) 常温贮藏 柑橘常温贮藏是热带亚热带水果长期贮藏成功的例子。贮藏方式很多。根据各地条件与习惯，如地窖、通风库、防空洞、甚至比较阴凉的普通民房都可以使用，只要采收和采后处理严格操作，都可以取得良好效果。通风库贮藏柑橘是目前我国柑橘的主要贮藏方式。

常温贮藏受外界气温影响较大，因此，温度管理非常关键，根据对南充甜橙地窖内温度和湿度的调查资料，整个贮藏期的平均温度为 15℃，12 月以前 15℃，1～2 月最低为 12℃，

3～4 月一般在 18℃左右。不难看出，各时期的温度均高于柑橘贮藏的适温，故定期开启窖口或通风口，让外界冷凉空气进入窖（库）内而降温，是贮藏中一项非常重要的工作。需要指出的是，通风库贮藏柑橘常常是湿度偏低，为此，有条件时可在库内安装加湿器，通过喷布水雾提高湿度。也可通过向地面、墙壁上洒水，或者在库内放置盛水器，通过水分蒸发增加库内的湿度。

（2）冷藏　冷库贮藏是保证柑橘商品质量，提高贮藏效果的理想贮藏方式。也是大规模商品化贮藏的需要。冷库贮藏的温度和湿度依贮藏的种类和品种而定。冷库要注意换气，排除过多的 CO_2 等有害气体，因为柑橘类果实对 CO_2 比较敏感。

4.1.7　荔枝贮藏

荔枝是我国南方名贵水果，但刚采收的荔枝有“一日而色变，二日而香变，三日而味变，四五日外，色、香、味尽去矣”之说，保鲜难度较大。

4.1.7.1　贮藏特性

荔枝原产亚热带地区，但对低温不太敏感，能忍受较低温度；荔枝属非跃变型果实，但呼吸强度比苹果、香蕉、柑橘大 1～4 倍；荔枝外果皮松薄，表面覆盖层多孔，内果皮是一层比较疏松的薄壁组织，极易与果肉分离，这种特殊的结构使果肉中水分极易散失；荔枝果皮富含单宁物质，在 30℃下荔枝果实中的蔗糖酶和多酚氧化酶非常活跃，因此果皮极易发生褐变，导致果皮抗病力下降、色香味衰败。所以，抑制失水、褐变和腐烂是荔枝保鲜的主要问题。

目前生产上荔枝的品种约 20 余个。不同的品种对贮藏条件的适应性和自身的耐贮运性有较大的差异。一般说来，晚熟品种比早熟及中熟品种耐贮。例如，在 1～3℃下，槐枝、黑叶、桂味、白蜡子、尚书槐等品种较耐贮运；妃子笑、白糖罂次之；三月红等不耐贮运。另外，由于品种不同，抗病性也不同。荔枝上的霜疫霉病比较严重，天气多雨、潮湿年份，可使烂果率为 30%～50%。因此，应选择抗病品种进行贮运。

综合国内外资料，荔枝的贮运适温为 1～7℃，国内比较肯定的适温是 1～3℃。可贮藏 25～35d，商品率达 90%以上。荔枝贮藏要求较高的相对湿度，适宜 RH 95%～98%。荔枝对气体条件的适宜范围较广，只要 CO_2 含量不超过 10%，就不致发生生理伤害。适宜的气调条件为：温度 3℃，O_2 和 CO_2 都为 3%～5%。在此条件下可贮藏 40d 左右。

掌握适宜的采收成熟度是荔枝贮藏的关键技术之一。一般低温贮藏，应在荔枝充分成熟时采收，果皮越红越鲜艳保鲜效果越好。但若低温下采用薄膜包装或成膜物质处理等，则以果面 2/3 着色、带少许青色（约八成熟）采收为好。荔枝采收时正值炎热夏季，采收后应迅速预冷散热，剔除伤病果。由于荔枝采后极易褐变发霉，因此，无论采用哪种保鲜法，都需要杀菌处理。杀菌后待液面干后包装贮运，一般采用 0.25～0.5kg 小包装比 15～25kg 的大包装为好。采收到入贮一般在 12～24h 完成最好。

4.1.7.2　贮藏方式

荔枝采后用护色保鲜剂处理，迅速预冷，放入内衬 0.03～0.04mmPE（聚乙烯）或 PVC（聚氯乙烯）塑料袋的箱中，装量 1～2kg，进入冷库合理码垛，进行贮藏。荔枝贮藏最适宜温度为 1～3℃，0℃贮藏易发生冷害。荔枝贮藏适宜的相对湿度为 95%～98%，低于 95%易发生果皮褐变和果枝变黑，荔枝非常适合于气调贮藏。气调贮藏中的 O_2 和 CO_2 在 3%～5%；过低的 O_2（2%以下）和过高的 CO_2 也容易产生伤害。

4.1.8 香蕉贮藏

香蕉属热带水果，世界可栽培地区仅限于南北纬 30°以内。在产区香蕉整年都可以开花结果，供应市场。因此，香蕉保鲜问题是运销而非长期贮藏。

4.1.8.1 品种及贮藏特性

我国原产的香蕉优良品种高型蕉主要有广东的大种高把、高脚、顿地雷、齐尾，广西高型蕉，台湾、福建和海南省的台湾北蕉。中型蕉有广东的大种矮把、矮脚地雷。矮型蕉有广东高州矮香蕉，广西那龙香蕉，福建的天宝蕉，云南河口香蕉。近年引进的有澳大利亚主栽品种“威廉斯”。

香蕉是典型的呼吸跃变型果实。跃变期间，果实内源乙烯明显增加，促进呼吸作用的加强。随着呼吸高峰的出现，占果实 20%左右的淀粉不断水解，单宁物质发生转化，果实逐步从硬熟到软熟，涩味消失，释放出浓郁香味。果皮由绿逐步转成全黄，当全黄果出现褐色小斑点（俗称梅花斑）时，已属过熟阶段。由此可知，呼吸跃变一旦出现，就意味着进入不可逆的衰老阶段。香蕉保鲜的任务就是要尽量延迟呼吸跃变的出现。

降低环境温度是延迟呼吸跃变到来的有效措施。但是香蕉对低温十分敏感，12℃是冷害的临界温度。轻度冷害的果实果皮发暗，不能正常成熟，催熟后果皮黄中带绿，表面失去光泽，果肉失去香味。冷害严重的，果皮变黑，变脆，容易折断，难于催熟，果肉生硬而无味，极易感染病菌，完全丧失商品价值。冷害是香蕉夏季低温运输或秋冬季北运过程不可忽视的问题。一般认为 11～13℃是广东香蕉的最适贮温。适于香蕉贮藏的湿度条件是 RH 85%～95%。许多研究结果表明，高 CO_2 和低 O_2 组合气体条件可以延迟香蕉的后熟进程，因为在此条件下，乙烯的形成和释放受到了抑制。

4.1.8.2 贮藏技术要点

（1）适时无伤采收　香蕉的成熟度习惯上多用饱满度来判断。在发育初期，果实棱角明显，果面低陷，随着成熟，棱角逐渐变钝，果身渐圆而饱满。贮运的香蕉要在 7～8 成饱满度采收，销地远时饱满度低，销地近饱满度高。饱满度低的果实后熟慢，贮藏寿命长。

机械损伤是致病菌侵染的主要途径，伤口还刺激果实产生伤呼吸、伤乙烯，促进果实黄熟，更易腐败。另外，香蕉果实对摩擦十分敏感，即使是轻微的擦伤，也会因受伤组织中鞣质的氧化或其它酚类物质暴露于空气中而产生褐变，从而使果实表面伤痕累累，俗称“大花脸”，严重影响商品外观。这正是目前我国香蕉难以成为高档商品的重要原因之一。因此，香蕉在采收、落梳、去轴、包装等环节上应十分注意，避免损伤。在国际进出口市场，用纸盒包装香蕉，大大减少了贮运期间的机械损伤。

（2）适宜的贮藏方式　根据香蕉本身生理特性，商业贮藏不宜采用常温贮藏方式。对未熟香蕉果实采用冷藏方式，可降低其呼吸强度，推迟呼吸高峰的出现，从而可延迟后熟过程而达到延长贮藏寿命的目的。多数情况下，选择的温度范围是 11～16℃之间。贮藏库中即使只有微量的乙烯，也会使贮藏香蕉在短时间内黄熟，以至败坏。因此，香蕉冷藏作业中另一个关键的措施是适当的通风换气。

利用聚乙烯薄膜贮藏亦可延长香蕉的贮藏期，但塑料袋中贮藏时间过长，可能会引起高浓度的 CO_2 伤害，同时乙烯的积累也会产生催熟作用，故一般塑料袋包装都要用乙烯吸收剂和 CO_2 吸收剂，贮藏效果更好。据报道，广东顺德香蕉采用聚乙烯袋包装（0.05mm，10kg/袋），并装入吸收饱和高锰酸钾溶液的碎砖块 200g，消石灰 100g，于 11～13℃下贮藏，贮藏 30d 后，袋内 O_2 为 3.8%，CO_2 为 10.5%，果实贮藏寿命显著延长。

4.1.9　菠萝贮藏

菠萝原产巴西。由于菠萝果实风味独特，特别是加工成罐头制品后可保持果实原有的色、香、味，因此深受消费者欢迎。目前，我国菠萝主要栽培地区有广东、广西、台湾、福建、海南等地。

4.1.9.1　品种及贮藏特性

菠萝果实成熟过程没有呼吸跃变，但随成熟进程，呼吸量也逐渐提高。果实对低温比较敏感，易受冷害；菠萝冷害的临界温度为 6～10℃，视品种而异。不同品种的菠萝，其耐贮性差别很大，神湾较耐贮藏，卡因类和菲律宾类耐贮性稍差。同一品种，黄熟果比青熟果可忍受低 3℃左右的低温。遭受低温伤害的菠萝颜色发暗，果肉呈水浸状，果心变黑，维生素 C 减少，果肉味淡，出库后特别容易腐烂。菠萝适宜贮藏温度为 10～15℃（绿色果，即未完全成熟的菠萝）和 6～8℃（黄色果，即已成熟的菠萝），相对湿度为 85%～90%. 一般贮藏寿命 3～4 周。利用 2%低氧可延长菠萝的贮藏寿命。适宜的采收期依采后用途而定，近销或就近加工的，在 1/2 小果转黄时采收；远销及远运加工的，在 1/4 小果转黄时采收。

4.1.9.2　采收方法

采收时用利刀砍断果柄，留 2～3cm 长削平，去除果柄上的托芽及果实基部过长的包叶。根据销售需要留顶芽或不留顶芽。加工用果应削去顶芽。采收时要轻拿轻放，防止损伤果皮。采后及时剔除伤病果，分级包装，以减少损失。

4.1.9.3　贮藏方法

为了防止菠萝在贮运过程中的腐烂，采后可适当进行药物处理。一般在果柄切口用 300mg/kg 的噻菌灵（特克多）或 250mg/kg 的咪鲜胺（施保克）浸涂，预冷后单果包装，装箱后合理堆码，在适宜的条件下贮藏。

4.1.10　芒果贮藏

芒果为世界著名的热带水果，素有“热带果王”之称，因其营养丰富，肉质细腻，风味独特，深受消费者欢迎。芒果除含有蛋白质、脂肪、矿物质等营养物质之外，还含有丰富的维生素，尤其是维生素 A 是水果之冠，在国际市场上，是许多国家的出口创汇产品。

4.1.10.1　品种及贮藏特性

芒果在我国栽培有 100 多个品种，产区主要分布在海南、广西、广东、云南、福建、贵州和台湾等地，供应季节可从 3 月下旬到 8 月下旬。椰乡香芒（鸡蛋芒）、田阳香芒、吕宋芒、紫花芒、青皮芒、象牙芒、秋芒、台农一号、爱文芒等都是品质优良的主栽品种。

芒果属于热带水果，为典型的跃变型果实，在常温下迅速完熟、转黄、衰老腐烂，采后寿命极短。芒果冷敏性很强，贮藏温度过低则会发生冷害，导致果实不能正常完熟，引起果肉组织崩溃和腐烂。芒果采后损失高的另一个重要原因是炭疽病和蒂腐病潜伏侵染，当果实采后转黄时迅速发病，使果实的品质和商品率下降，耐贮性较差。

4.1.10.2　采收成熟度及采收方法

芒果一般在绿熟期采收，在常温下自然成熟或人工催熟后出售。判断成熟度的方法很多，一般以果肩浑圆，果皮颜色变浅，果实尚硬但果肉开始由白转黄，或果园中有个别黄熟果实落地为适合采收期。也可以盛花期或坐果期至采收的天数作为采收的依据，如海南省的芒果，从谢花到果实成熟，早中熟品种需要 100～120d，晚熟品种需要 120～150d；此外，也可以应用测定果实比重的方法，当果实在清水中不上浮、半浮半沉或基本下沉的为适当采收成熟度。

果实采收时要轻拿轻放，并留 1～2cm 的果柄，以防止果柄伤口处流胶污染果面。凡被胶液污染的果实，应该及时用洗涤剂清洗，不然果实上有胶液流过的地方很快变黑腐烂，影响果实的外观品质和贮藏寿命。采后的果实应及时运往包装处理场所，避免高温和在日光下存放。造成芒果冷害的临界温度为 6～10℃，依品种不同而异。

4.1.10.3 芒果的贮运

芒果采后可在不低于 13℃的温度下冷藏或气调冷藏，具体温度及气体成分应根据品种来决定，一般可贮藏 20～30d，出库时果实在常温下放置 1～2d 以改善果实色泽和风味。常温下贮藏的果实容易失水，贮藏寿命一般为 10～17d。

芒果运输时要注意产品的包装，每箱装两层芒果，重量一般不超过 10kg，包装箱要坚固透气，果实之间用隔板隔开，以保护产品。芒果的运输温度为 10～13℃，上市前为了提高芒果的品质，使成熟度一致，可进行催熟，催熟温度为 22℃。

4.2 蔬菜的贮藏

4.2.1 萝卜贮藏

4.2.1.1 贮藏特性

萝卜和胡萝卜都属根菜类，以肥大肉质根供食，贮藏特性和方法基本一致。它们没有生理休眠期，在贮藏中遇有适宜条件便萌芽抽薹，造成糠心。糠心是薄壁组织中的养分和水分向生长点（顶芽）转移的结果。贮藏时窖温过高、空气干燥以及机械损伤都可促进呼吸加强，水解作用旺盛，也促使糠心。萌芽和糠心使萝卜的食用品质明显变劣。防止萌芽和糠心是贮好萝卜和胡萝卜的首要问题。

萝卜和胡萝卜的肉质根主要由薄壁组织构成，缺乏角质、蜡质等表面保护层，保水能力差，贮藏中要求低温高湿的环境条件。但根菜类不能受冻，所以通常适宜贮藏温度为 0～3℃，RH 90%～95%。湿度过低，肉质根易受冻害。萝卜肉质根的细胞间隙大，具有较高的通气性，并能忍受较高浓度的 CO_2，据报道 CO_2 含量达 8%时，也无伤害现象，因此，萝卜适于密闭贮藏，如埋藏、气调贮藏等。

贮藏的萝卜以秋播的皮厚、质脆、含糖多的晚熟品种为好，地上部比地下部长的品种以及各地选育的一代杂种耐藏性较好。另外，青皮种比红皮种和白皮种耐藏。胡萝卜中以皮色鲜艳，根细长，茎盘小，心柱细的品种耐藏。

4.2.1.2 采收及采后处理

贮藏用的萝卜要适时播种，华北、东北地区农谚说："头伏萝卜、二伏菜"。霜降前后适时收获就能获得优质产品。

收获时随即拧去缨叶，就地集积成小堆，覆盖菜叶，防止失水及受冻。如窖温及外温尚高，可在窖旁及田间预贮，堆积在地面或浅坑中并覆盖一层薄土，待地面开始结冻时入窖。入贮时要剔除病虫伤害及机械伤的萝卜。此外为了防止发芽和腐烂，有些地区在入贮时要削去茎盘（削顶），并沾些新鲜草木灰。如果贮于低温高湿环境，入贮初期不削顶待后期窖温回升时再削顶也可。

4.2.1.3　贮藏方法

（1）沟藏　各地用于萝卜的贮藏沟，一般宽 1～1.5m，深度比当地的冻土层稍深一些。沟东西走向，长度视贮量而定。表土堆在南侧，后挖出的土供覆土用。将挑选修整好的萝卜散堆在沟内，或与湿沙层积。萝卜在沟内的堆积厚度一般不超过 0.5m，如过厚，底层产品容易受热。入沟当时在产品面上覆一层薄土，以后随气温下降分次添加，最后土层稍厚于冻土层。必须掌握好每次覆土的时期和厚度，以防底层温度过高或表层产品受冻，为了掌握适宜温度的情况，有的在沟中间设一竹或木筒，内挂温度计，深入到萝卜中去定期观测沟内温度，以便及时覆盖。

萝卜贮于高湿的环境，才能保持其细胞的膨压而呈新鲜状态。一般用湿土覆盖或湿沙层积。如土壤湿度不够，可以在入贮时向萝卜堆上喷适量的水，但不能使窖底积水。或第一次覆土后将覆土平整踩实，浇水后均匀缓慢的下渗，保持萝卜周围具有均匀的湿润状态。

（2）窖藏和通风贮藏库贮藏　棚窖和通风库贮藏根菜类，是北方各地常利用的贮藏方式，贮量大，管理方便。根菜类不抗寒，入窖（库）时间比大白菜早些。

① 堆垛藏法　产品在窖（库）内散堆或码垛。萝卜堆不能太高，一般 1.2～1.5m。否则，堆内温度高容易腐烂。湿沙土层积要比散堆效果好，便于保湿并积累 CO_2，起到自发气调的作用。为增进通风散热效果，可在堆内每隔 1.5～2m 设一通风筒。贮藏中一般不搬动，注意窖或库内的温度，必要时用草帘等加以覆盖，以防受冻。立春前后可视贮藏状况进行全面检查，发现病烂产品及时挑除。

② 塑料薄膜半封闭贮藏法　沈阳等地区曾利用气调贮藏原理，在库内将萝卜堆码成一定大小的长方形垛，入贮开始或初春萌芽前用塑料薄膜帐罩上，垛底不铺薄膜，半封闭状态。可以适当降低 O_2 浓度、提高 CO_2 水平保持高湿，延长贮藏期，保鲜效果比较好。尤其是胡萝卜，效果更好。贮藏中可定期揭帐通风换气，必要时进行检查挑选。

③ 塑料薄膜袋装贮藏法　将削去顶芽的萝卜，装入 0.07～0.08mn 厚的聚乙烯塑料薄膜袋内，每袋 25kg 左右。折口或松扎袋口，在较适低温下贮藏，保鲜效果比较明显。

4.2.2　番茄贮藏

4.2.2.1　贮藏特性

番茄属典型的呼吸跃变型果实，果实的成熟有明显的阶段性。番茄的成熟分成五个阶段：绿熟期、微熟期（转色期至顶红期）、半熟期（半红期）、坚熟期（红而硬）和软熟期（红而软）。鲜食的番茄多为半熟期至坚熟期，此时呈现出果实鲜食应有的色泽、香气和味道，品质较佳。但该期果实已逐渐转向生理衰老，难以较长时期贮藏。绿熟期至顶红期的果实已充分长大，糖、酸等干物质的积累基本完成，生理上处于呼吸的跃变初期。此期果实健壮，具有一定的耐贮性和抗病性。在贮藏中能够完成后熟转红过程，接近在植株上成熟时的色泽和品质，作为长期贮藏的番茄应在这个时期采收。贮藏中设法使其滞留在这个生理阶段，实践中称为“压青”。压青时间愈长，贮藏期就愈长。

番茄原产拉丁美洲热带地区，性喜温暖，成熟果实可贮在 0～2℃，绿熟果和顶红果贮藏适温为 10～13℃，较长时间低于 8℃即遭冷害。遭冷害的果实呈现局部或全部水浸状软烂或蒂部开裂，表面出现褐色小圆斑，不能正常完熟，易感病腐烂。但在 10～13℃的大气中，绿熟果约半个月即达到完熟程度，整个贮期只有30d左右。为了延长贮期，抑制后熟，可采取气调措施。番茄是蔬菜中研究气调效应最早、也是迄今积累资料最多的产品。据国内外研究一致认为，绿熟番茄适于低O_2、低CO_2的条件，进入半熟期后，O_2浓度可适当提高，CO_2则应控制在3%以下，在适宜的温度和气体条件下，可使绿熟番茄的贮藏期达到2～3个月。气调贮藏是延缓番茄后熟的有效方法。当然，不同品种在气调贮藏上的效应还有差别。正如K. Stoll指出的，番茄气调贮藏的可行性首先决定于品种，早熟或生长期短的品种不适于气调贮藏。根据我国各地试验的结果，适于番茄贮藏的气体组成是O_2和CO_2均为2%～5%或3%±1%。

4.2.2.2 品种选择及采收

贮藏的番茄应选心室少，种腔小，果皮较厚，肉质致密，干物质和含糖量高，组织保水力强的品种。研究表明，长期贮藏的番茄应选含糖量在3.2%以上的品种。不同品种的番茄耐贮性和抗病性不同，且受到地区和栽培条件的影响，目前各地认为满丝、苹果青、橘黄佳辰、强力米寿、佛罗里达、台湾红这些晚熟品种适于贮藏，而早熟或皮薄的品种如沈农二号、北京大红等不耐贮藏。另外，根据番茄在田间生长发育的情况来看，前期和中期的果实，发育充实，耐贮性强；生长后期结的果营养较差，而只能作短期贮藏。植株下层的果和植株顶部的果不宜贮藏，前者接近地面易带病菌，后者果实的固形物少，果腔不饱满。

作为贮藏用的番茄，在采收前3～5d不应浇水，以增加果实的干重而减少水分含量。采用气调贮藏法贮藏番茄，要采摘绿熟果。采摘应在露水干后进行，不要遇雨采收。

4.2.2.3 贮藏方式

(1) 简易常温贮藏　夏秋季节可利用地下室、土窑窖、通风贮藏库、防空洞等阴凉场所贮藏。番茄装在浅筐或木箱中平放地面，或将果实堆放在菜架上，每层架放2～3层果。要经常检查，随时挑出已成熟或不宜继续贮藏的果实供应市场。此法可贮20～30d。

(2) 气调贮藏

①塑料薄膜帐贮藏　塑料帐内气调容量多为1000～2000kg。由于番茄自然完熟速度很快，因此采后应迅速预冷、挑选、装箱、封垛，最好用快速降氧气调法。但生产上常因费用等原因，采用自然降氧法，用消石灰（用量约为果重的1%～2%）吸收多余的CO_2。O_2不足时从帐的管口充入新鲜空气。塑料薄膜封闭贮藏番茄时，垛内湿度较高，易感病。为此需设法降低湿度，并保持库内稳定的库温，以减少帐内凝水。另外，可用防腐剂抑制病菌活动，通常较为普遍应用的是氯气，每次用量约为垛内空气体积的0.2%，每2～3d施用一次，防腐效果明显。但氯气有毒，使用不方便，过量时会产生药伤。可用漂白粉代替氯气，一般用量为果重的0.05%，有效期为10d。用仲丁胺也有良好效果，使用浓度0.05～0.1mL/L（以帐内体积计算），过量时也易产生药害。有效期约20～30d，每月使用1次。

番茄气调贮藏时间，多数人主张以1.5～2个月为佳，不必太长。既能“以旺补淡”，又能得到较好的品质，损耗也小。贮期少于45d，入贮时果实严格挑选，贮藏中不必开帐检查，避免了温、湿度及气体条件的波动，提高了气调贮藏效果。

② 薄膜袋小包装贮藏　将番茄轻轻装入厚度为0.04mm的聚乙烯薄膜袋内，数量在5kg以内，袋内放入一空心竹管，然后固定扎紧，放在适温下贮藏。也可单箱套袋扎口，定期放风，每箱装果实10kg左右。

③ 硅窗气调法　目前此法采用的是国产甲基乙烯橡胶薄膜，硅窗气调法免除了一般大帐补O_2和除CO_2的繁琐操作，而且还可排除果实代谢中产生的乙烯，对延缓后熟有较显著的作用。硅窗面积的大小要根据产品成熟度、贮温和贮量等条件而计算确定。

4.2.3 大蒜贮藏

4.2.3.1 贮藏特性

大蒜的食用部分是地下肥大的鳞茎，因大蒜富含大蒜素，具有抑菌和杀菌作用，所以大蒜是耐贮性很强的蔬菜。大蒜依鳞茎外皮颜色可分为紫皮蒜和白皮蒜两类，一般认为紫皮类型较白皮类型耐贮藏。大蒜具有明显的生理休眠期。休眠期一般为 2～3 个月，在休眠期内不会发芽，一旦脱离休眠期，遇有 5℃以上的温度就会发芽，因而控制贮藏期发芽是大蒜贮藏的关键。大蒜适宜贮藏的温度（－2.5±0.5)℃；气体成分：O_2 3%～5%，CO_2 10%左右；相对湿度：70%～75%。

4.2.3.2 贮藏技术要点

（1）适时采收　选择适宜的采收期是保证大蒜贮藏质量的前提。当地上假茎萎软，叶片开始枯萎，地下蒜头外皮开始脱落，须根萎缩起红线时为适宜收获期。蒜头、蒜薹兼收的大蒜一般应在收获蒜薹后 20d 左右采收大蒜为宜。

（2）合理晾晒　合理晾晒有利于大蒜进入休眠和贮藏运输。大蒜采后应选择适当的场所或就地进行晾晒，晾晒期适宜温度为 26～35℃，晾晒时应注意只晒茎叶不晒蒜头，定期翻动，一般晾晒 2～3d 后，削去须根，再转到通风阴凉处晾干，此时要注意防止内部发热和霉变。待基本晾干后，再剪去茎叶，去掉浮皮，把蒜头摊开，进一步晾晒。

（3）防止发芽　抑制大蒜发芽的方法有：①低温低湿（贮藏温度－2.5±0.5℃，相对湿度 70%～75%）；②高温低湿（贮藏温度 32℃以上、相对湿度 60%以下）；③气调贮藏；④采前处理，即采前 3～5d 在田间喷洒 0.2%～0.4%的青鲜素，喷后 24h 内遇雨应重喷；⑤辐照处理，用 80～150Gy 的 γ 射线进行辐照处理。

（4）贮藏方法　目前生产上常采用冷库进行低温低湿贮藏，或经辐照处理后再进行冷库贮藏。具体方法是将充分晾晒好的蒜头，经挑选、分级、装网袋后，在休眠期结束前运往冷库，品字型或井字型堆码，控制贮藏温度（－2.5±0.5)℃，相对湿度 70%～75%。此法贮至翌年 3～4 月份，蒜头内部萌芽长度一般不超过蒜瓣的 1/3，外观品质良好。

4.2.4 马铃薯贮藏

4.2.4.1 贮藏特性

马铃薯的食用部分是肥大的块茎，收获后有明显的生理休眠期。马铃薯的休眠期一般在 2～4 个月。休眠期的长短同品种、成熟度、气候、栽培条件等多种因素有关。早熟种，或在寒冷地区栽培，或秋作马铃薯休眠期长，对贮藏有利。贮藏温度也影响休眠期长短。在适宜的低温条件下贮藏的马铃薯休眠期长，特别是初期低温对延长休眠期有利。

马铃薯富含淀粉和糖，而且在贮藏中淀粉与糖能相互转化。试验证明，当温度降至 0℃时，由于淀粉水解酶活性增高，薯块内单糖积累；如贮温提高单糖又合成淀粉。但温度过高淀粉水解成糖的量也会增多。所以贮藏马铃薯的适宜温度为 3～5℃，0℃反而不利。适宜的相对湿度为 80%～85%，湿度过高也不利，过低则失水增大，损耗增多。

光能促使萌芽，增高薯块内茄碱苷含量。正常薯块的茄碱苷含量不超过 0.02%，对人畜无害；但薯块照光后或萌芽时，茄碱苷急剧增高，能引起不同程度的中毒。

4.2.4.2 采收和贮前处理

马铃薯收获后，可在田间就地稍加晾晒，散发部分水分，以利贮藏运输。一般晾晒 4h，就能明显降低贮藏发病率。晾晒时间过长，薯块将失水萎蔫不利贮藏。

夏季收获的马铃薯，正值高温季节，收后可将薯块放到阴凉通风的室内、窖内或荫棚下堆放预贮。薯堆一般不高于0.5m，宽不超过2m，在堆中放一排通风管，以便通风降温，并用草苫遮光。预贮期间要视天气情况，不定期地检查倒动薯堆以免伤热。倒动时要轻拿轻放和避免人为伤害。

南方各地夏秋季不易创造低温环境，薯块休眠期过后，萌芽损耗甚重，可采取药物处理，抑制萌芽。用*α*-萘乙酸甲酯或乙酯处理，有明显的抑芽效果。每10000kg薯块用药0.4～0.5kg，加15～30kg细土制成粉剂撒在块茎堆中。大约在休眠的中期处理，不能过晚，否则会降低药效。在采前2～4周用含量为0.2%的MH（青鲜素）进行叶片喷施，也有抑芽作用。

用（8～15）$\times 10^{-2}$Gy的γ射线辐照马铃薯，有明显的抑芽作用，是目前贮藏马铃薯抑芽效果最好的一种技术。试验证明，在剂量相同的情况下，剂量率愈高效果愈明显。马铃薯在贮藏中易因晚疫病和环腐病造成腐烂。较高剂量的γ射线照射能抑制这些病原菌的生育，但会使块茎受到损伤，抗性下降。这种不利的影响可因提高贮藏温度而得到弥补，因为在增高温度的情况下，细胞木栓化及周皮组织的形成加快，从而杜绝病菌侵染的机会。

4.2.4.3 贮藏方法

（1）沟藏　辽宁旅大地区在7月中下旬收获马铃薯，收后预贮在荫棚或空屋内，直到10月份下沟贮藏。沟深1～1.2m，宽1～1.5m，长不限。薯块堆至距地面0.2m处，上覆土保温，覆土总厚度0.8m左右，要随气温下降分次覆盖。

（2）窖藏　西北地区土质黏重坚实，多用井窖和窑窖贮藏。这两种窖的贮藏量可达3000～5000kg。由于只利用窖口通风调节温度，所以保温效果较好。但入窖初期不易降温，这种特点在井窖尤为明显。因此产品不能装得太满，并注意窖口的启闭。只要管理得当，适于薯类贮藏，效果很好。

东北地区多用棚窖贮藏。窖的规模与贮大白菜的棚窖相似，但窖顶覆盖增厚，窖身加深，因为马铃薯的贮藏温度高于大白菜。窖内薯堆高度不超过1.5m，否则入窖初期堆内温度增高易萌芽腐烂。窖藏马铃薯在薯堆表面易出汗，为此，严寒季节可在薯堆表面铺放草苫，以转移出汗层，防止萌芽与腐烂。

窖藏马铃薯入窖后一般不倒动，但在窖温较高，贮期较长时，可酌情倒动1～2次，去除病烂薯块以防蔓延。倒动时必须轻拿轻放，严防造成新的机械伤害。

（3）通风库贮藏　各城市菜站多用通风库贮藏马铃薯。薯堆高不超过2m，堆内放置通风塔。有的将薯块装筐堆叠于库内，通风效果及单位面积容量都能提高。也有在库内设置木板贮藏柜，通风好，贮量高，但需木材多，成本高。

不管采用哪种贮藏方式，薯堆周围都要注意留有一定空隙以利通风散热，以通风库的体积计算，空隙不得少于1/3。

4.2.5 甜椒（青椒）贮藏

4.2.5.1 贮藏特性

甜椒是辣椒的一个变种。甜椒果实大、肉质肥厚、味甜，多在绿熟时食用，故不同地区又叫青椒、柿子椒等。

甜椒多以嫩绿果供食，贮藏中除防止失水萎蔫和腐烂外，还要防止完熟变红。因为甜椒转红时，有明显呼吸上升，并伴有微量乙烯生成，生理上已进入完熟和衰老阶段。

甜椒原产南美热带地区，喜温暖多湿。甜椒贮藏适温因产地、品种及采收季节不同而异。国外报道，甜椒贮温低于 6℃易遭冷害。而据中国农业大学幺克宁（1986）报道：甜椒的冷害临界温度为 9℃，低于 9℃会发生冷害。冷害诱导乙烯释放量增加。不同季节采收的甜椒对低温的忍受时间不同，夏季采收的甜椒在 28h 内乙烯无异常变化；秋季采收的甜椒，在 48h 内乙烯无异常变化；夏椒比秋椒对低温更敏感，冷害发生时间更早。近十几年来，国内对甜椒贮藏技术，及采后生理的研究较多，确定了最佳贮藏温度为 9～11℃，高于 12℃果实衰老加快。

甜椒贮藏的适宜相对湿度为 90%～95%。湿度低，易萎蔫失重。但甜椒贮藏中室内易有辛辣气味，又要有较好的通风。

国内外研究资料显示，改变气体成分对甜椒保鲜，尤其在抑制后熟变红方面有明显效果。关于适宜的 O_2 和 CO_2 浓度，报道不一。一般认为气调贮藏时，O_2 含量可稍高些。CO_2 含量应低些。据沈阳农业大学（1988）报道：低水平 CO_2 和低（3%）、中（6%）、高（9%）水平的 O_2 组合，病烂损耗均较低；但 O_2 为低水平，CO_2 水平不同时，病烂指数随 CO_2 水平增高而增加，因此 CO_2 宜低于 4%。八一农学院（1980）则认为青椒对 CO_2 不敏感，虽偶然达到 13.5%也无生理损伤。

4.2.5.2　采收及贮前处理

甜椒品种间耐藏性差异较大。一般色深肉厚、皮坚光亮的晚熟品种较耐贮藏。如麻辣三道筋油椒、世界冠军、茄门、MN-1 号等。

采收时要选择果实充分膨大、光亮而挺拔，萼片及果梗呈绿色坚挺、无病虫害和机械伤的完好绿熟果作为贮藏用果。

秋季应在霜前采收，经霜的果实不耐贮，采前 3～5d 停灌水，保证果实质量。采摘甜椒时，捏住果柄摘下，防止果肉和胎座受伤；也有使用剪刀剪下，使果梗剪口光滑，减少贮期果梗的腐烂，避免摔、砸、压、碰撞以及因扭摘用力造成的损伤。

采收气温较高时，采收后要放在阴凉处散热、预贮。预贮过程中要防止脱水、皱褶，而且要覆盖注意防霜。入贮前，淘汰开始转红果和伤病果，选择优质果实贮藏。

4.2.5.3　贮藏方法

(1) 窖藏　窖藏的方法有两种。一是选择地势高的地块，掘成 1m 深，5～6m 长，3m 宽的地窖，将四周墙壁拍坚实。用砖将窖底铺好后，将装好甜椒的容器平排放入。窖口用塑料薄膜或芦席遮盖好，防止雨淋。每窖的贮量可据窖的容积而定。此法能起到保温和适当隔绝外界空气的作用，较适合于产地作短期贮藏。这是北方产地普遍采用的一种方式。二是可利用通风库（窖）进行贮藏。窖藏的包装方法有以下几种。

① 将甜椒装入衬有牛皮纸的筐中，筐口也用牛皮纸封严，堆码在窖内。

② 将蒲包用 0.5%的漂白粉消毒、洗净、淋去水滴衬入筐内，甜椒装入其中，堆码成垛，每隔 5～7d 更换一次蒲包。如空气湿润，可将蒲包套在筐外。

③ 甜椒装入筐中，外罩塑料薄膜，也可用包果纸或 0.015mm 厚的聚乙烯单果包装。

④ 临时贮藏窖中常采用散堆法，厚度约为 30cm，为降低堆内温度和湿度，可在窖底挖条小沟，必要时向沟内灌水。

入窖时，应设法使温度尽快降到 10℃，但又要防止甜椒过度失水。前期放风时间应选在夜间，当窖温下降到 7～10℃时，要注意保温防寒。贮藏期间每隔 10～20d 翻动检查一次。

(2) 冷藏　将选择好的甜椒装入木箱分层堆放，也可将甜椒装入塑料袋中，装量 1～

2kg为宜。然后连袋装箱，再分层堆码。库温掌握在9～11℃范围内，相对湿度保持在85%～95%。

(3) 气调贮藏　目前我国普遍采用的是薄膜封闭贮藏。试验表明：在夏季常温库内，如用薄膜封闭，因温度高，湿度大，损耗是较大的；而在秋凉时节，窖温降到10℃左右时，用薄膜封闭贮藏效果较好，尤其在抑制后熟转红方面，效果明显。因而在冷凉和高寒地区，或有机械冷藏设备的地方，利用气调贮藏甜椒，可以得到好的效果。

甜椒薄膜封闭贮藏方法及管理同番茄，气体管理调节可采用快速充N_2降O_2、自然降O_2和透帐法，O_2的浓度比番茄稍高些，CO_2的含量控制在5%以内。但也有甜椒在更高CO_2条件下延长贮藏寿命而无生理损伤的报道。

4.2.6　菜豆贮藏

4.2.6.1　贮藏特性

菜豆又叫四季豆、豆角、芸豆、青刀豆等，多以嫩荚作为菜用。在贮藏中最容易发生的问题是表皮出现褐斑（俗称锈斑）和腐烂。随着菜豆的衰老，豆荚变黄失水，纤维化程度增高，种子膨大。锈斑是菜豆贮藏中最常见的生理病害，在豆荚的任何部位都可发生。症状为病斑不规则，锈褐色。锈斑的发生与贮藏温度、气体成分、品种等因素密切相关。一般而言，贮温越低，锈斑越重；当贮藏环境中CO_2含量超过2%时，即可导致锈斑发生。

菜豆是喜温性蔬菜，贮温低于8℃会发生冷害，症状是豆荚表面出现凹陷的锈斑、水渍状、豆粒变暗变色，随着冷害发生时间的延长，豆荚很快腐烂。因此，菜豆适宜的贮藏条件为：温度8～10℃，相对湿度90%～95%，O_2 6%～10%，CO_2<2%。

4.2.6.2　贮藏技术要点

(1) 选择品种，适期采收　贮藏的菜豆，应选荚肉厚、纤维少、种子小、适合秋季栽培的品种。各地栽培的菜豆品种很多，其中青岛架豆、短生棍豆、丰收1号、法国菜豆等品种的锈斑发生较轻，较适合贮藏，另外，萨克萨、双季豆、抗秋6号、大花玉豆、菜豆12号等品种也可用于贮藏。

菜豆采收的时间一般应在花谢后10d左右进行。

(2) 贮藏方法　菜豆采后应尽快入库，在10℃的温度下预冷，剔除伤、病、虫产品，装入保鲜袋，每袋在5kg以下，放入CT1防霉保鲜剂折口，控制贮藏温度8～10℃，O_2 6%～10%，CO_2<2%。贮期20～30d。

4.2.7　黄瓜贮藏

4.2.7.1　贮藏特性

黄瓜是以嫩瓜供食用的。由于嫩瓜代谢旺盛，表皮保护组织差，极易失水萎蔫，所以，黄瓜贮藏的适宜相对湿度应在95%以上；黄瓜对低温很敏感，在10℃以下较长时间即遭受冷害。遭受冷害的黄瓜，初期症状是表面上出现大小不同的凹陷病斑或水浸状斑点，以后扩大并易受病菌侵染而腐烂。因此，黄瓜适宜贮藏的温度为11～13℃。

黄瓜对乙烯很敏感，即使微量的乙烯也会引起黄瓜衰老，使瓜条褪绿转黄，所以在贮藏期间，不能和香瓜、番茄、苹果、梨等释放乙烯较多的果蔬混放在一起，并应采用乙烯吸收剂吸收贮藏环境中的乙烯。也可采用气调贮藏抑制乙烯的产生和作用，适宜的O_2含量为2%～4%，CO_2含量为3%～5%。

黄瓜在贮藏中种子会再度发育而使瓜条部分膨大，出现“大肚瓜”现象，使瓜肉组织特别是瓜柄一端变糠。可见，黄瓜是较难贮藏的一种蔬菜，贮藏期一般为 35～45d。

4.2.7.2 贮藏技术要点

（1）选择耐贮品种，适期采收 黄瓜品种不同，其耐藏性差异很大，津研 4 号、津研 7 号、白涛冬黄瓜、漳州早黄瓜为较耐藏品种，其中前 2 个品种为有刺有瘤类型，后 2 个为无瘤少刺类型。一般来讲，具有少瘤少刺、无瘤无刺或抗病性及抗寒力强的品种都较耐藏。

采收成熟度对耐贮性也有明显的影响，在商品成熟度范围内，以初熟瓜（授粉后 8d）和适熟期采收的黄瓜（授粉后 11d 左右）贮藏效果较好。采摘时要用剪刀将瓜柄剪下，注意不要碰伤瘤刺。

（2）贮藏方法 黄瓜采后迅速预冷，装入保鲜袋，每袋 5kg，同时放入 1mL 克霉灵和适量乙烯吸收剂，放到货架上贮藏。贮藏期间，控制贮藏温度（11～13℃）稳定，定期通风，定期质检。

也可将黄瓜放入贮藏箱内，采用塑料大帐进行气调贮藏。贮藏时，在气调大帐内均匀放入防腐剂和乙烯吸收剂，控制温度 11～13℃。O_2 2%～4%，CO_2 3%～5%，定期测气，定期质检，也能收到良好的效果。

4.2.8 芹菜贮藏

4.2.8.1 贮藏特性

芹菜喜冷凉湿润，比较耐寒，芹菜可以在－1～－2℃条件下微冻贮藏，低于－2℃时易遭受冻害，难以复鲜。芹菜也可在 0℃恒温贮藏。蒸腾萎蔫是引起芹菜变质的主要原因之一，所以芹菜贮藏要求高湿环境，RH 98%～100%为宜。气调贮藏可以降低腐烂和褪绿。一般认为适宜的气调条件是：温度为 0～1℃，RH 90%～95%，O_2 2%～3%，CO_2 4%～5%。

4.2.8.2 品种及栽培要求

芹菜分为实心种和空心种两大类，每一类中又有深色和浅色的不同品种。实心色绿的芹菜品种耐寒力较强，较耐贮藏。经过贮藏后仍能较好地保持脆嫩品质，适于贮藏。空心类型品种贮藏后叶柄变糠，纤维增多，质地粗糙，不适宜贮藏。

贮藏用的芹菜，在栽培管理中要间开苗，单株或双株定植，并勤灌水，要防治蚜虫，控制杂草，保证肥水充足，使芹菜生长健壮。贮藏用的芹菜最忌霜冻，遭霜后芹菜叶子变黑，耐贮性大大降低。所以要在霜冻之前收获芹菜。收获时要连根铲下，摘掉黄枯烂叶，捆把待贮。

4.2.8.3 贮藏方法

（1）微冻贮藏 芹菜的微冻贮藏各地做法不同。山东潍坊地区经验丰富，效果较好。主要做法是在风障北侧修建地上冻藏窖，窖的四壁是用夹板填土打实而成的土墙，厚 50～70cm，高 1m。打墙时在南墙的中心每隔 0.7～1m 立一根直径约 10cm 粗的木杆，墙打成后拔出木杆，使南墙中央成一排垂直的通风筒，然后在每个通风筒的底部挖深和宽各约 30cm 的通风沟，穿过北墙在地面开进风口，这样每一个通风筒、通风沟和进风口联成一个通风系统。

在通风沟上铺两层秫秸，一层细土，把芹菜捆成 5～10kg 的捆，根向下斜放窖内，装满后在芹菜上盖一层细土，以菜叶似露非露为度。白天盖上草苫，夜晚取下，次晨再盖上。以后视气温变化，加盖覆土，总厚度不超过 20cm。最低气温在－10℃以上时，可开放全部通风系统，－10℃以下时要堵死北墙外进风口，使窖温处于－1～－2℃。

一般在芹菜上市前 3～5d 进行解冻。将芹菜从冻藏沟取出放在 0～2℃的条件下缓慢解冻，使之恢复新鲜状态。也可以在出窖前 5～6d 拔去南侧的荫障改设为北风障，再在窖面上扣上塑料薄膜，将覆土化冻层铲去，留最后一层薄土，使窖内芹菜缓慢解冻。

(2) 假植贮藏 在我国北方各地，民间贮藏芹菜多用假植贮藏。一般假植沟宽约 1.5m，长度不限，沟深约 1～1.2m，2/3 在地下，1/3 在地上，地上部用土打成围墙。芹菜带土连根铲下，以单株或成簇假植于沟内，然后灌水淹没根部，以后视土壤干湿情况可再灌水一二次。为便于沟内通风散热，每隔 1m 左右，在芹菜间横架一束秫秸把，或在沟帮两侧按一定距离挖直立通风道。芹菜入沟后用草帘覆盖，或在沟顶做成棚盖然后覆上土，酌留通风口，以后随气温下降增厚覆盖物，堵塞通风道。整个贮藏期维持沟温在 0℃或稍高，勿使受热或受冻。

(3) 冷库贮藏 冷库贮藏芹菜，库温应控制在 0℃左右，相对湿度控制为 98%～100%。芹菜可装入有孔的聚乙烯膜衬垫的板条箱或纸箱内，也可以装入开口的塑料袋内。这些包装既可保持高湿，减少失水，又没有二氧化碳积累或缺氧的危险。

近年来我国哈尔滨、沈阳等地采用在冷库内将芹菜装入塑料袋中简易气调的方法贮藏芹菜，收到了较好的效果。方法是用 0.8mm 厚的聚乙烯薄膜制成 100cm×75cm 的袋子，每袋装 10～15kg 经挑选带短根的芹菜，扎紧口，分层摆在冷库的菜架上，库温控制在 0～2℃。当自然降氧使袋内 O_2 含量降到 5%左右时，打开袋口通风换气，再扎紧。也可以松扎袋口，即扎口时先插直径 15～20mm 的圆棒，扎后拔除使扎口处留有孔隙，贮藏中则不需人工调气。这种方法可以将芹菜从 10 月贮藏到春节，商品率达 85%以上。

4.2.9 茄子贮藏

4.2.9.1 贮藏特性

茄子性喜温暖，不耐寒，对低温很敏感，在 7～8℃下易出现冷害，受冷害的茄子表皮出现凹陷斑点或大块烫伤病斑，种子和胎座薄壁组织变褐，易被病原菌侵染。

按照果实形状，茄子可分为圆茄、长茄和矮茄 3 个品种。按果实的皮色又可分为黑茄、紫茄、白茄和绿茄。一般含水量低、果皮较厚、种子少、肉质致密的深紫色或深绿色的晚熟品种较耐贮藏。圆茄类多为中晚熟品种，耐藏性较好。长茄类品质虽佳，但由于皮薄肉质疏松，一般不耐贮藏。

茄子适宜的贮藏条件：温度 10～12℃；相对湿度 85%～90%，O_2、CO_2 3%～5%。

4.2.9.2 贮藏技术要点

(1) 适期采收 用于贮藏的茄子要适时采收，其标准是果实生长缓慢，萼片与果实连接处的白绿色环带不明显，果实皮韧而不老。应在霜前采收，免遭霜冻。采收时应选择管理良好、病虫发生少的地块的茄子，采收时轻拿轻放，避免各种损伤。采后的茄子应尽快放在阴凉通风处，散去田间热，然后根据条件进行贮藏。

(2) 贮藏方法

① 简易贮藏 一般仅贮 10～15d，做短期存放或周转之用。简易贮藏方法很多，如采取搭架堆放，上面用牛皮纸、草帘或草席覆盖；采用柔软纸张单个包果；装筐或板条箱用塑料薄膜垫衬覆盖等。贮藏期间，定期检查，剔除变质的果实。

② 冷藏 茄子采后装箱后，迅速运往冷库，合理堆码，控制库温10～12℃。如贮藏量不大，可用0.015mm厚的塑料薄膜单果包装贮藏；若贮藏量大，可用壳聚糖保鲜剂浸泡1～2min，充分晾干后，装入贮藏箱贮藏。采用专用PVC保鲜袋，结合使用防腐剂，扎口贮藏，效果也比较好。

4.2.10 韭菜贮藏

4.2.10.1 贮藏特性

韭菜是百合科葱属多年生植物。品种主要有宽叶韭和窄叶韭两种类型。宽叶韭叶片宽厚，色绿而较浅，质地柔嫩，纤维少，香味稍淡。窄叶韭，叶片细长，色绿而较深，香味浓，纤维稍多。韭菜采后的主要问题是失水、萎蔫、发热、变黄及腐烂。因而，采后的快速预冷和低温对韭菜的贮藏保鲜尤为重要。

韭菜适宜的贮藏条件为：温度0±0.5℃，相对湿度90%～95%。韭菜的贮藏期较短，一般为15～20d。

4.2.10.2 贮运技术要点

（1）用于贮藏的韭菜，应在早晨露水消失后收割，收割后应剔除黄叶、烂叶和病虫叶，抖净茎基泥土，捆成0.5～1kg的小捆，送入冷库菜架上摊开，经预冷至接近0℃的低温，再装入0.03～0.04mm厚的聚乙烯袋或聚氯乙烯透湿袋中，袋装量10～15kg，折口或松扎袋口，摆放在冷库菜架上，库房温度控制在0±0.5℃。

（2）由于韭菜贮期较短，是南北运输流通鲜销的主要菜种之一。运输保鲜的流程为：采后挑选、整理→迅速预冷（采后24h内使品温降至近0℃）→装袋（将预冷好的韭菜打捆，装入0.015mm厚的聚乙烯薄膜袋内，扎口后装塑料箱或竹筐，也可采用同样厚度的薄膜垫衬在箱内或筐内，折叠覆盖，避免装得太满，压得太紧）→装车（最好采用机保车或冰保车，机保车的温度应控制在0～3℃，冰保车应及时加冰，以维持车厢内的低温，采用公路或铁路运输，应视运输距离而定）→快速运输（汽运要昼夜运行，火车运输应减少中途配挂时间，最长在5～7d内运抵销地）→快批、快销（销地可在0～1℃的冷库中短期贮藏几天，货架销售期仅1～2d）。

思考题：

1. 各主要果品的贮藏特性是什么？简述其贮藏保鲜技术要点？
2. 各主要蔬菜的贮藏特性是什么？简述其贮藏保鲜技术要点？
3. 你所在地区主要生产哪些果品、蔬菜？对它们分别采取什么技术措施延长其保鲜期？

第 5 章
果品蔬菜贮藏病害

教学目标： 通过本章学习，掌握主要果品、蔬菜贮运期间传染性病害主要病源、传染过程、病症和综合防病措施，生理性病害发病的原因、病症和防治措施；了解其它果品、蔬菜贮藏病害发生的原因及其防治方法。

果蔬贮运病害的发生和危害，是影响果蔬贮运质量，缩短贮藏期和货架期，造成大量腐烂和损失的主要原因之一。近几年来，据不完全统计，我国贮运的主要水果，如苹果、梨、葡萄、桃、杏、李、板栗、柑橘、香蕉、荔枝、龙眼、芒果、菠萝、称猴桃、枣等，因贮运病害的危害，病腐率一般在 10%～20%，严重者为 40%以上。尤其是有些果蔬，如葡萄、柑橘、香蕉、芒果、猕猴桃等，在长期贮运过程中不加防病措施，很难达到预期的效果。因此，研究解决贮运病害中各种水果蔬菜的病害种类，发生规律及其防治方法，仍是果蔬贮运一项亟待解决的主要问题。有人估计，目前在世界范围内新鲜果蔬采后的病害损耗可以满足约 2 亿人口的基本营养需求，这一问题已引起全球范围的极大关注。

5.1 贮藏病害的定义、病因及侵染特点

5.1.1 定义

果蔬贮藏病害也称贮运病害，一般是指在贮运过程中发病、传播、蔓延的病害，包括田间已被侵染，但尚无明显症状，在贮运期间发病或继续危害的病害。有些果蔬上的重要病害，在田间危害很大，但在贮运过程中基本不再传播、扩展危害，严格说来，这些病害不在贮运病害之列，如柑橘溃疡病，芒果疮痂病、白菜白斑病等。

5.1.2 病因

果蔬贮运病害与作物的田间病害一样，可分为二大类：一类是非生物因素造成的非侵染性病害（即生理性病害），另一类为寄生物侵染引起的侵染性病害。

5.1.2.1 非侵染性病害常见的病因

（1）冷害和冻害　果蔬都有一个能忍受低温的临界温度，在此温度以下就会发生低温伤害，即冷害。冷害表现内部组织崩解败坏，出现褐斑、黑心或烂心，外部色泽变暗，水浸状，稍下陷；或者果实不能成熟，成熟度差，香味减少，风味变劣。若温度低于冰点，进一步成为冻害，组织呈半透明，甚至结冰。

（2）营养失调　营养失调会使果蔬在贮藏期间生理失去平衡而致病，钙、氮钙比值、硼引起的生理性病害是国内外研究较多的。缺钙往往使细胞的膜结构削弱，抗衰老的能力变弱。钙含量低，氮钙比值大会使苹果发生苦痘病、鸭梨发生黑心病、芹菜发生褐心病。缺硼往往使糖的运转受阻，叶片中糖累积而茎中糖减少，分生组织变质退化，薄壁细胞变色、变大，细胞壁崩溃，维管束组织发育不全，果实发育受阻。硼素过多亦有害，例如可使苹果加速成熟，增加腐烂。

（3）CO_2 中毒或低 O_2 伤害　一般果蔬气调贮藏要求 O_2 含量不低于 3%～5%，热带、亚热带水果不低于 5%～9%。CO_2 含量不应超过 2%～5%，否则，会造成 CO_2 中毒。迫使果实或蔬菜进行无氧呼吸，产生毒物如乙醇、乙醛等，使果蔬组织变褐变坏。

（4）水分关系失常　新鲜果蔬一般含有很高的水分，其细胞都有较强的持水力，可阻止水分渗透出细胞壁。但当水分的分布及变化关系失常，田间就出现病害，并在贮运期间继续发展。例如马铃薯空心病往往由于雨水或灌溉过多，使块茎含水量激增，以致淀粉转化为糖，逐成空心。

（5）高温热伤　果蔬都有各自可忍受的最高温度，超过最高温度，产品会出现热伤，细胞内的细胞器变形，细胞壁失去弹性，细胞迅速死亡，严重时蛋白质凝固，其表现常产生凹陷或不凹陷的不规则形褐斑，内部全部或局部变褐、软化、淌水，也会被许多微生物继而侵入危害，发生严重腐烂。特别是一些多汁的水果对强烈的阳光特别敏感，极易发生日灼斑，影响贮运。

（6）SO_2 伤害　SO_2 常用于贮藏库消毒或将其充满包装箱内的填纸板以防腐，但处理不当，浓度过高，或消毒后通风不彻底，容易引起果蔬中毒。环境干燥时 SO_2 可通过产品的气孔进入细胞，干扰细胞质与叶绿素的生理作用。如环境潮湿，则形成亚硫酸，进一步氧化为硫酸，使果实灼伤，产生褐斑。

（7）乙烯伤害　果蔬自身在成熟过程中会产生乙烯，即内部乙烯。但乙烯又是常用的水果催熟剂，为外源乙烯。外源乙烯使用不当，或贮藏库环境控制不善，会使产品过早衰变。症状通常是果皮变暗变褐。

5.1.2.2　侵染性病害的主要病原

（1）真菌　鞭毛菌亚门中主要是：腐霉、疫霉和霜疫霉，引起瓜类和菜豆荚腐病，柑橘类、瓜类和茄果类疫病，荔枝霜疫病等。

接合菌亚门中主要是：根霉、毛霉、笄霉。引起桃、菠萝蜜和草莓软腐病，葡萄和苹果毛霉病，西葫芦笄霉病等。匍枝根霉是果蔬病害的著名病原真菌，可危害许多种果蔬，常使患病瓜果腐烂淌水。

子囊菌亚门中主要是小丛壳、长喙壳、囊孢壳、间座壳、核盘菌和链核盘菌，引起许多果蔬的炭疽病、焦腐病、褐色蒂腐病、菌核病、褐腐病、黑腐病等等。

担子菌亚门中没有果蔬贮运期间重要的病原真菌。

半知菌亚门中危害果蔬产品的真菌最多：

地霉，主要是白地霉，引起柑橘、荔枝、番茄等酸腐病；

灰葡萄孢，危害许多蔬菜，引起“灰霉病”；

木霉，引起水果腐烂，往往在贮藏后期出现；

丛梗孢，造成仁果类、核果类果树褐腐病，病部变褐软腐；

青霉，引起柑橘和苹果青、绿霉病，是贮运期中世界性的大病；

曲霉，危害不如青霉严重，在水果上病斑常呈圆形；

红粉菌，也可引起瓜果腐烂，但寄生性较弱，多为第二次寄生；

镰刀菌，是常见的瓜果腐烂病原之一，造成果斑，心腐，或果端腐烂；

链格孢，可使柑橘、苹果心腐，梨、白兰瓜及番茄等蔬菜发生黑斑；

拟茎点霉，危害柑橘、芒果、番石榴、鸡蛋果等水果，多先自蒂部发生，常称“(褐色)蒂腐病”；

小穴壳，危害苹果、梨、芒果，引起轮纹病；

球二孢，引起许多亚热带水果如柑橘、香蕉、芒果等的焦腐病，还可危害西瓜；

炭疽菌，引起各种果蔬的炭疽病。

(2) 细菌 最重要是欧氏杆菌中的一个种：胡萝卜欧氏菌（*Erwinia carotovora*）使大白菜、辣椒、胡萝卜等蔬菜发生软腐，有时还可危害水果。

边缘假单胞杆菌（*Pseudomonas marginalis*），引起芹菜、莴苣、甘蓝腐败；

枯草芽孢杆菌（*Bacillus subtilis*）在30～40℃下引起番茄软腐；

多黏芽孢杆菌（*B. polymyxa*）在37℃左右引起马铃薯、洋葱、黄瓜腐烂；一些低温的梭状芽孢杆菌（*Clostridium* spp.）可使马铃薯腐烂。

5.1.2.3 病原菌的侵染特点

病原菌的来源、侵染过程及侵染循环是植物侵染性病害的一个重要方面，果蔬贮运病害中，它们既有一般果蔬病害的共同之处，也有其本身的特点。

(1) 菌源 果蔬贮运期间的病害，其菌源主要是：①田间无症状，但已被侵染的果蔬产品；②产品上污染的带菌土壤或病原菌；③进入贮藏库的已发病的果蔬产品；④广泛分布在贮藏库及工具上的某些腐生菌或弱寄生菌。

(2) 侵染过程 即“病程”，一般分接触期、侵入期、潜育期及发病期四期。

a. 接触期 指从病原物与寄主接触开始，至其完成开始侵入前的准备。

b. 侵入期 指从病原菌开始侵入到其与寄主建立寄生关系。

c. 潜育期 指从病原菌与寄主建立寄生关系到呈现症状。

d. 发病期 指随着症状的发展，病原真菌在受害部位形成子实体，病原细菌则形成菌脓，它们是再侵染的菌源。

(3) 病害循环 指病害从前一生长季节开始发病到下一生长季节再度发病的全部过程。病原菌的越冬越夏、初侵染与再侵染、传播途径是病害循环的三个主要环节。

① 越冬越夏 病原菌的越冬越夏，很重要的是越冬或越夏的场所，也是菌源所在。但贮运病害，菌源与越冬越夏场所并不完全等同。大多数菌源来自田间已被侵染的产品的果蔬贮运病害，其越冬越夏场所与果园、菜地里发病的病害相似；少数菌源来自贮藏库本身的果蔬贮运病害，贮藏库、库内的箩筐、盛器、工具都是很好的越冬越夏场所。

② 初侵染与再侵染 病原菌在植物开始生长后引起的最早的侵染，称“初侵染”。寄主发病后在寄主上产生孢子或其它繁殖体，经传播又引起侵染，称“再侵染”，又称“重复侵染”。果蔬贮运病害中不少也有再侵染，不过它的再侵染是从产品到产品。再侵染最频繁的常是那些菌源来自贮藏库本身的贮运病害，这类病害往往病原的产孢最大、容易成熟、侵染过程短、适应环境范围广。

③ 传播途径 产品贮运期间的生活环境小，且较稳定，其病害的传播最重要的途径如下。

a. 接触传播 大量的产品在堆积、装箱、运输、加工过程中互相接触，把病原菌自病产品传播到健康产品上。

b. 震动传播 产品在堆放、搬动、装卸、运输过程中不断受到震动，由震动造成的局部小气流使患病产品上的病菌孢子大量飞散，到处传播。

c. 昆虫传播 产品在堆贮、纸箱、箩筐中，常因一些昆虫爬行，把患病产品上的病菌孢子沾带到健康产品上。

d. 水滴传播 产品在塑料薄膜袋内贮装，袋的内壁常产生许多水珠；产品装在箩筐内运输时，产品表面亦可产生许多水珠，水滴多时则下流，将病产品上的病菌孢子传播到健康产品上。

e. 土壤传播 产品采收不净，特别是蔬菜的块茎、块根产品，表面局部附着病土，使病菌孢子传播到健康产品上。

5.2 果品贮藏病害

5.2.1 侵染性病害

5.2.1.1 苹果、梨褐腐病

褐腐病是果实生长后期和贮运期间主要果实病害之一，我国南北方苹果及梨产区均有发生，造成巨大经济损失。除危害苹果和梨外，还危害桃等果树。

① 症状 果实受害初，产生浅褐色软腐状小斑，后迅速向四周扩展，经5～7d即可使整个果实腐烂。病果的果肉松软，海绵状，略有弹性，不堪食用。在病斑扩大腐烂过程中，其中央部分形成很多突起的、呈同心轮纹排列的、褐色或黄褐色绒球状分生孢子座。病果后期失水干缩成僵果，表面往往有蓝黑色斑块。

② 病原菌 该病原菌*Monilinia fructigena*属于子囊菌亚门盘菌纲，链核盘菌属，果生链核盘菌。无性态*Monilia fructigena*为半知菌亚门丝孢纲，丛梗孢属，仁果褐腐丛梗孢。

③ 发病规律 病菌主要通过各种伤口侵入，也可经过皮孔入侵果实，贮运期间可接触传播或昆虫传播。病害扩展期长短受温度控制，最适发病温度为25℃。不同品种抗病程度不同，苹果中的大国光、小国光为感病品种；晚熟的粗皮梨、莱阳梨、二宫白、康德梨、雪花梨等是感病品种。

④ 防治 适期采收，避免早采，以保证果品的品质和贮藏性能。避免伤口，严格剔除各种伤果和虫果，并进行分级包装。最好用包装纸单果包装，做到快装快运，避免各种挤压伤和碰撞伤。贮藏库最好保持0.5～1℃，相对湿度90%，以控制病害的发生。或实行产地分散贮藏（地沟、窑洞贮藏）以减少运输过程中造成的伤口，贮藏期间要定期检查，发现病果及时处理。

5.2.1.2 苹果、梨霉心病

苹果、梨霉心病又称“心腐病”、“霉腐病”，引起贮运期果实腐烂。危害严重者，果实采收时便大量发病。贮藏1个月，感病品种的病果率甚至可达60%以上。

① 症状 病菌初以墨绿色霉状菌丝体在果实心室内存活，条件合适时，使果心变褐腐烂，后不规则地向果实外缘扩展。通常首先表现症状的部位是梗洼，整个梗洼从下往上变为褐色湿腐斑，其上部边缘呈放射状扩展；稍后，果实胴部也可见到褐色水渍状不规则病斑。此时剖开病果，即可看到从果心向外呈不整齐扩展腐烂的病状。病组织及其附近果肉味苦，最后全果腐烂，不堪食用。

② 病原菌 主要为半知菌亚门丝孢纲链格孢属（*Alternaria* sp.）的真菌。此外，据报道红粉霉（*Trichothecium roseum*），镰刀菌（*Fusarium* spp.）等也能引致霉心病。

③ 发病规律 一般认为花期为重点侵染时期，尤其是开花前期，病菌侵染苹果稍多于果实期，要到果实生长后期或贮藏期才发病，继续霉烂。在贮库中无再侵染。苹果以红星、红冠最感病，金冠、元帅次之，小国光不感病。凡萼口开张率高、萼筒长与果心相连的品种发病重。

④ 防治 据北京农业大学生防室（1986）报道，在7～8月喷布纤维素500倍液（保湿剂）加50%多菌灵1000倍液3～4次，具有明显的防病效果。控制贮库或果窖温、湿度也是必须注意的环节，最好保持在1～2℃。

5.2.1.3 苹果、梨的青、绿霉病

苹果与梨的青、绿霉病又称“水烂”，分布极为普遍，是其贮运中最严重的烂果病害之一，除苹果与梨外，还可危害葡萄、柑橘等多种水果。

① 症状 果实上病斑呈黄白色水渍状圆斑，表面凹陷，果肉软腐，呈圆锥状向果心扩展。空气潮湿的条件下，病斑表面长出疣状霉粒，青霉菌初白色，后变为蓝绿色，表面覆有一层青色粉状物。腐烂的果肉有霉味。绿霉菌的分生孢子层为污绿色，并散发出一种芳香味。

② 病原菌 青、绿霉病病原菌均为半知菌亚门丝孢纲真菌。青霉病病原菌（*Penicillium expansum*）为青霉属扩展青霉，绿霉病的病原菌（*P. digitatum*）为同属中的指状青霉。

③ 发病规律 病菌分生孢子主要经伤口侵入果实，有时也能从皮孔、果面的自然小裂缝、萼凹及果柄处入侵，不过发病较慢。贮运期间主要靠接触、震动传播，绿霉病在贮藏初期或后期库温、窖温较高时，危害严重，冬季低温时则较少发生；青霉病则恰恰相反。

④ 防治 采收、分级、包装和运输过程中要尽量防止伤口。入库或入窖前，严格剔除各种病伤果。贮藏期间要定期检查，清除病果，防止病害蔓延。贮库、果窖及果筐使用前，用硫黄熏蒸消毒，每百立方米容积用量为2～2.5kg硫黄粉。入库入窖后注意控制温度，最好保持在0～4℃。在西北苹果产区可采用通气窑洞的简易气调贮藏，即将挑选后的苹果放在带有硅窗的塑料帐内，贮藏在窑洞中。

5.2.1.4 柑橘酸腐病

酸腐病是柑橘贮运中最常见、最难防治的病害之一，尤以柠檬、酸橙最易患酸腐病。

① 症状 酸腐病只危害果实。果实受侵后，出现水渍状斑点，病斑扩展至2cm左右时便稍下陷，病部产生较致密的菌丝层，白色，有时皱褶呈轮纹状，后表现白霉状，果实腐败，流水，并发出酸味。

② 病原菌 为半知菌亚门丝孢纲的白地霉（*Geotrichum candidum*）。

③ 发病规律 病菌广泛分布于土壤内，通过结果部位低的果实与土壤接触，或雨水飞溅孢子、风吹起土粒接触下层果实而传播。病菌起初常聚果蒂萼片下，条件适宜时，侵入受伤果实，特别是伤口深达内果皮的最易发病。贮藏期间，继续接触、震动传播。病菌需要相对较高的温度。15℃以上才引起腐烂，10℃以下腐烂发展很慢。通常，未成熟果实具有抗性，成熟或过熟的果实则易感病。

④ 防治 采收时不用尖头剪刀，小心避免造成伤口。低温贮运，一般果温低于10℃几乎完全抑制酸腐病。缩短贮藏期。据国外资料，邻苯基酚钠（SOPP）对酸腐病有一定作用，通常以0.8%～1%含量浸果1～2min，该药可在伤口处聚集而阻止病菌侵入。邻苯基酚钠易产生药害，使果皮变褐，浸果后要用清水冲洗干净才可包装贮藏。抑霉唑也是目前防治酸腐病效果相对较好的药剂，常用500～1000mg/kg浸果处理。

5.2.1.5 柑橘黑腐

黑腐病又称“黑心病”，是一种较严重的贮藏病害。宽皮橘类及甜橙、柚、柠檬均可发生。

① 症状 本病主要危害宽皮橘类，在果实上症状变化很大，可分4种类型。

蒂腐型：果蒂部呈圆形、褐色、软腐病斑，大小不一，通常直径1cm，轻则仅蒂部软腐，重则果实中心轴部位腐烂长霉。

褐斑型：发生于除蒂部外的其它部位，病斑褐色至暗褐色，软腐，大小不一，不规则形，上生墨绿色霉状物。

干疤型：发生于果皮，包括蒂部的任何部位，病斑褐色，圆形，直径1.5cm以下，革质，干腐状，手指压而不破，病斑上极少见霉状物，多发生于失水较多的果实。

心腐型：果实外表无任何症状，而果实内部，特别是中心轴空隙处长有污白色至墨绿色绒毛状霉。

② 病原菌 病原真菌为半知菌亚门丝孢纲链格孢属的柑橘链格孢（*Alternaria citri*）。

③ 发病规律 对于柑橙类，病菌以蒂部入侵为主，对于温州蜜柑，则主要是在果实成长期从果皮上伤口侵入。从蒂部、脐部入侵时，潜伏期长，需到贮藏后期方可出现蒂腐型或心腐型症状；从果皮伤口入侵时，潜伏期较短，从贮藏中期开始就可出现褐斑型症状。当果实经过一段时间贮藏，生理衰退，抗病性降低时才大量发病，通常贮藏三四周后才陆续“黑心”。果蒂脱落越多，病果越多。果实越近成熟，贮库时出现黑腐的时间越早。贮库温度过低，果实受冷害，发病较多。

④ 防治 采后处理一般用200mg/kg的2,4-D浸果，可以延缓果实衰老，保持果蒂青绿，推迟黑腐病的发生时间，用噻菌灵（特克多）100mg/kg＋抑霉唑332mg/kg＋2,4-D 200mg/kg浸果处理，除防治青、绿霉病外，还能抑制黑腐病发生。

5.2.1.6 柑橘褐色蒂腐病

在田间危害枝干称“树脂病”，危害叶片和果实称“沙皮病”，在贮藏期危害果实称“褐色蒂腐病”，“穿心烂”。通常，田间危害轻重直接影响贮运期间烂果的多寡。

① 症状 褐色蒂腐以甜橙类发生最多，主要出现于贮藏后期，多自蒂部开始发病，病斑圆形，褐色，革质，指压不破。病果内部腐烂较果皮速度快，致使病部边缘后期呈波纹状，色泽转深。剖视病果，可见白色菌丝体沿果实中轴扩至内果皮，当病斑扩大至果皮的1/3～1/2时，果心已全部腐烂。病部表面有时有白色菌丝体，并散生黑色小粒（病原菌的分生孢子器）。有时病菌侵染果实造成沙皮症状。病部可分布在果面任何部位，产生许多黄褐色或黑褐色、硬胶质的小疤点，散生或密集，成片时形成疤块，影响美观，降低商品价值。

② 病原菌 为子囊菌亚门核菌纲间座壳属柑橘间座壳（*Diaporthe medusaea*），通常在果实上发现的均为其无性态：即半知菌亚门拟茎点霉属柑橘茎点霉（*Phomopsis cytosporella*）。

③ 发病规律 贮运期间的病果，来自田间已被病菌入侵的果实。此菌亦有被抑侵染的特性，侵入蒂部和内果皮后，潜伏到果实成熟才发病。贮运期间，病果接触传染的机会很少，除非运输期过长或箩筐内湿度过大。果蒂干枯脱落、蒂部受伤及采收时果柄剪口是褐色蒂腐病的主要入侵处。高温高湿有利发病。

④ 防治 主要应控制田间发病。

5.2.1.7 柑橘焦腐病

焦腐病又称“黑色蒂腐病”，主要危害贮运期柑橘，成熟的果实采收后2～4周较易发病。

① 症状 初在果蒂周围出现水渍状、柔软病斑，后迅速扩展，病部果皮暗紫褐色，缺乏光泽，指压果皮易破裂撕下。蒂部腐烂后，病菌很快进入果心，并穿过果心引起顶部出现同样的腐烂症状。被害囊瓣与健瓣之间常界线分明。烂果常溢出棕色黏液，剖开烂果，可见果心和果肉变成黑色，味苦。后期病部密生许多小黑粒，即病原菌的分生孢子器。

② 病原菌 该菌（*Botryodiplodia theobromae*）为半知菌亚门腔孢纲蒂腐色二孢。

③ 发病规律 病菌以菌丝体和分生孢子器在病枯枝及其它病残组织上越冬。分生孢子

由雨水飞溅到果实上，由伤口，特别是果蒂剪口，或自然脱落的果蒂离层区侵入，一旦侵入，发展很快。故贮运期间的病果来自田间，但贮运过程中并不继续接触传播。果蒂脱落、果皮受伤的果实容易被害。乙烯脱绿时，用量过大会加速腐烂。温度28～30℃，果实腐烂迅速。果实逐渐成熟过程中多雨，发病亦较多。

④ 防治　采收时，尽量减少和避免产生伤口。正确使用乙烯催熟。采收后，结合防治青、绿霉病，作防腐浸果处理。若能在田间后期喷施1～2次50%多菌灵800～1000倍液，可减少贮运期间发病。

5.2.1.8　香蕉炭疽病

炭疽病是香蕉产区的常发病，此病始于蕉园，但以贮运期危害最重，一旦出现炭疽病斑，腐烂迅速，往往造成很大损失，故为香蕉贮运过程中的首要病害。

① 症状　在成熟的黄蕉上，初为近圆形的暗褐色斑点，后迅速发展为全部暗色、褐黑色下陷的斑块。天气潮湿时，生出许多橙红色的黏质粒，即病原菌的分生孢子盘和分生孢子。有些品种只发生油浸状斑点，有的品种病斑初期细小，但数量较多，甚至满布果面，呈梅花点状；有的品种则病斑呈梭形，中央开裂。

② 病原菌　香蕉炭疽菌（*Colletotrichum musae*）为半知菌亚门腔孢纲真菌。此菌只侵害芭蕉，以香蕉受害最重，龙牙蕉很少被害。

③ 发病规律　初侵染源是带病的蕉树，病斑上的分生孢子由风雨或昆虫等传播，侵入后，最易在幼嫩组织上先发病。果实上，通常呈被抑侵染，病菌在表皮下休眠，直到果实开始成熟才表现。在果上病害发展的最适温度为32℃。

④ 防治　防治上首先要控制田间侵染。采后以多菌灵、噻菌灵（特克多）或抑霉唑1000mg/kg浸果，效果较好。适时采收，采收应择晴天，果实成熟度达70%～80%较宜，过青果实尚未饱满，过熟容易损伤并感病。采收时小心避免擦伤，装入薄膜袋内减少装运期间的损伤。

5.2.1.9　香蕉镰刀菌冠腐病

镰刀菌引起的香蕉冠腐病主要是采后病害，以薄膜袋包装的发病最为严重。香蕉北运也常发生，蕉农称“白霉病”。

① 症状　采后的香蕉密封包装，在于25～30℃下贮藏至7～10d，蕉梳切口处出现白色棉絮状菌丝体，含大量大、小型分生孢子，造成轴腐，进而向果柄扩展，病部暗褐色，前缘水渍状，指果脱落；20～25d后果身发病，果皮爆裂，覆盖许多白色菌丝体及分生孢子，蕉肉僵死，不易催熟转黄。青果外软而中央胎座硬，食之有淀粉味感，一旦发病，扩展极为迅速。

② 病原菌　在广东，至少包括下述4种镰刀菌：半裸镰孢（*Fusarium semitectum*）、串珠镰孢（*F. moniliforme*）、亚黏团串珠镰孢（*F. monili-forme* var. *subglutinans*）和双胞镰孢（*F. dimerum*）。其中以半裸镰孢的致病性最强，但频率以串珠镰孢与亚黏团串珠镰孢最高。

③ 发病规律　蕉园内镰刀菌分布很广，采收时，附在健康的青蕉梳上，一旦青蕉以薄膜袋密封包装，袋内湿度增加，病菌便从各种伤口侵入，发展并继续接触传病。各种机械伤是病菌侵入的前提，高温高湿使病情迅速发展。青蕉若密封在薄膜袋内，因果实的呼吸作用，袋内二氧化碳浓度日益增高，甚至出现中毒，有利于镰刀菌的侵染危害。

④ 防治　改变传统采收、包装、运输和销售等环节，逐步用纸箱代替竹箩装蕉。轻割轻放，减少贮运过程中的机械损伤。由于蕉梳切口最易受病菌侵染，而切口又是采收不可避

免的，当前，药剂防腐是必须的一项措施。用 50％多菌灵、农用高脂膜水乳剂与水，三者按 1∶5∶1000 的比例混合后浸果处理，贮期 60d，对轴腐和果腐的防治效果分别为 90.0％和 100.0％。有条件的地方还可用 0.1％异菌脲（扑海因）与 0.1％噻菌灵（特克多）的混合液采后浸果，防治薄膜袋包装的香蕉冠腐，效果颇佳。

5.2.1.10 荔枝霜疫病

本病是荔枝果实上最重要的病害。结果期如遇阴雨连绵，会造成大量落果、烂果，损失可达 30％～80％，贮运中继续危害。

① 症状 荔枝幼果、成熟果、果柄、结果枝均可受害。成熟果受害时，多自果蒂开始发生褐色、不规则形、无明显边缘的病斑，潮湿时长出白色霉层，即病原菌的孢囊梗和孢子囊，病斑扩展极快，常全果变褐，果肉发酸，烂成肉浆，流出褐水。幼果受害很快脱落，病部亦生白霉。

② 病原菌 荔枝霜疫霉 *Peronophythora litchii* 属鞭毛菌亚门卵菌纲。在田间，除荔枝外，可危害番木瓜。

③ 发病规律 病菌以卵孢子在土壤内越冬，次年产生大量孢子囊和游动孢子。由于病程极短，再侵染频繁，很快造成严重危害。贮运期间的病果主要来自田间的外观完好，但已被病菌侵入的健果，适宜条件下，能继续接触传病。果肉厚、含水多或果皮薄、易透水、较湿润的成熟果易感染。每年病害的严重程度取决于当年荔枝结果期间的降水量，特别是降水日数与次数。

④ 防治 荔枝采后目前多以低温结合浸药处理。可在产地采后即用冰水溶解药液浸果，药剂用乙磷铝 1000mg/kg＋噻菌灵（特克多）1000mg/kg，在 10℃左右浸 10min（水温 5～6℃时浸 5min），晾干后运回冷库继续预冷，将果温降低至 7～8℃，再在冷库内选果包装。若不用冰水浸果则在药剂处理后，迅速运回冷库，以强冷风预冷至上述温度。

5.2.1.11 菠萝黑腐病

黑腐病是常见的菠萝贮藏病害，田间也可发生。

① 症状 未成熟或成熟的果实均可受害。感染先出现于果柄切端，靠切口的果面初产生暗色水渍状软斑，后扩大并互相连接，发展至整个果面，呈暗褐色，无明显边缘的大斑块，内部组织变软，水渍状部分与健康组织有明显的分界，果轴及其周围发黑，向上扩展，组织逐渐崩解，发出特殊的芳香味。后期病果大量渗出液体。

② 病原菌 为半知菌亚门丝孢纲根串珠霉属的异根串珠霉（*Thielaviopsis paradoxa*）。

③ 发病规律 病菌以菌丝体或厚壁孢子在土壤或病组织中越冬。并借雨水溅射及昆虫传播，遇适当寄主时萌发侵入伤口危害。在贮运期间，则通过接触传染而蔓延至健果上。收获时，果柄的切口是病菌入侵的主要途径。冬菠萝遭低温霜冻，运输途中鲜果被压伤或抛伤，采收后堆积受日灼等均增加发病。温度 23～29℃，果实黑腐发展最快。较甜的品种比较酸的品种病重。

④ 防治 根据果实成熟先后，分期分批采收。采收过程中必须轻拿轻放，绝对防止人货混载，野蛮装卸。采后防止日晒。最好 24h 内将果实运进工厂及时加工，或贮入 7.2℃冷库内。采收时每割一个菠萝，割刀先在消毒液内浸一下，或在果实基部裂缝处，滴以苯甲酸等消毒液。采后以噻菌灵（特克多）1000mg/kg 浸泡果实 5min，防治效果良好，或将果柄切面浸渍含 10％苯甲酸的酒精或农药抑霉唑，亦可防治黑腐病。

5.2.1.12 芒果炭疽病

炭疽病是芒果贮运期间最主要的病害，经常严重危害，已成为芒果发展的限制因素之一。

① 症状 田间与贮运期间均可发生，果实受害，侵染多始于花期。幼果皮易感病，果核尚未形成前被侵染，小黑斑扩展迅速，使幼果部分或全部皱缩变黑而脱落。果核已形成的幼果感染后，病斑通常只针头大，基本不发展，等到近成熟时再迅速发展。但若天气潮湿，小斑也会很快扩大并产生分生孢子。在果实接近成熟时，病斑黑色，形状不一，稍凹陷，常互相汇合，病斑下果肉坏死不深，通常腐烂限于表皮。潮湿条件下病部产生橙红色黏质粒，含大量病原菌的分生孢子。贮运期间，随着果实成熟度加大，病害发展极为迅速，病斑增大，果肉坏死部分纵横扩展，很快全果变黑烂掉。

② 病原菌 有性态为子囊菌亚门核菌纲的小丛壳属的围小丛壳（*Glomerella cingulata*），无性态为半知菌亚门腔孢纲炭疽菌属的胶孢炭疽菌（*Colletotrichum gloeosporioides*）。在芒果果实上产生的一般都是无性态。

③ 发病规律 贮运期间的菌源主要是田间的病果。本病的发生、流行要求高湿与高温（24～32℃）。在华南，关键因素是湿度。不同品种抗病性有差异。在我国，秋芒品种感病强，吕宋品种感病弱。

④ 防治 必须控制田间危害，防腐，冷藏，或热水处理难以获得高效。采前药剂防病。一般认为开花期自 2/3 的花开放起，喷布甲基硫菌灵（甲基托布津）800 倍和氧氯化铜 800 倍的混合液 6～8 次，每次间隔 10～14d。采后用 52～55℃的苯菌灵（苯莱特）或多菌灵 500mg/kg 热液处理 15min，能较好地防治贮运期炭疽病。国外报道，采后不用热水处理，只浸在 500mg/kg 的苯菌灵（苯莱特）药液中 1min，便获得良好防治效果。低温可暂时抑制病菌生长，推迟 3～4d 烂果，但芒果对低温反应敏感，不同品种反应有差异，仅仅冷藏，不易获得满意效果。

5.2.1.13 芒果褐色蒂腐病

炭疽病、焦腐病与褐色蒂腐病为芒果果实在南亚地区的三大病害。

① 症状 被害果实开始多发生于近果蒂周围，病斑褐色，水浸状，不规则形，与健部无明显界限，扩展迅速，蒂部成暗褐色，最终蔓延及整个果实，发褐，软腐。内部果皮容易分离。病部表面生许多小黑点，即病原菌的分生孢子器。

② 病原菌 芒果拟茎点霉（*Phompsis mangiferae*）为半知菌亚门腔孢纲拟茎点霉属真菌。

③ 发病规律 尚未完全清楚。贮运中的病果是由田间发病轻，或尚未发病而混进的。由于目前我国芒果贮期很短，贮运中的再侵染不起作用。品种间抗病性有一定差别，据广东省农科院植保所调查，“紫花芒”比“桂花芒”感病。

④ 防治 严格选果，凡果蒂有发褐迹象的应予淘汰；冷藏可延缓病菌发展。

5.2.1.14 芒果细菌黑斑病

本病又称“细菌角斑病”。广东、广西发生普遍，造成早期落叶，果实上病斑累累。贮运中继续接触传病。

① 症状 果实受害，起初在果面出现针头大、水浸状、暗绿色的小点，后发展为黑褐色，圆形或稍不规则形，中央常裂开，有胶液流出。大量细菌如果随水滴流淌，可在果面上出现成条、微黏的条状污斑。病果最终腐败。

② 病原菌 本病由黄单胞杆菌属细菌（*xanthomonas campestris*）引起。

③ 发病规律 在病残组织及被害的枝条上越冬，结果后借风雨溅到果上发病。贮运中，若湿度大，可继续传病。

④ 防治　贮运期间的菌源主要来自田间的病果，故必须首先控制田间危害。要清洁田园，集中烧毁病叶枯枝。芒果生育期间喷布链霉素 100mg/kg 3 次，亦可喷布 5～6 次 1%等量式波尔多液。甲基硫菌灵（甲基托布津）800 倍与氧氯化铜 800 倍混用效果颇佳，已被一些生产单位应用。

5.2.1.15　芒果曲霉病

芒果在贮运中遭受冷害后，极易发生本病。

① 症状　果实上病斑不规则形，初淡褐色，后暗褐色，较大，无明显的边缘，变色果皮下的果肉发褐，很快软化，最终腐烂淌水。潮湿条件下，病部长出大量点状黑霉，即病原菌的子实体。

② 病原菌　以半知菌亚门丝孢纲中的黑曲霉（*Aspergillus niger*）最重要。

③ 发病规律　病原菌广泛分布在土壤、空气及某些腐烂物上。侵入寄主后在潮湿条件下产生大量分生孢子，通过接触、各种震动、昆虫活动将其散布到其它果实上，不断再侵染而迅速使整箱整筐果实腐烂。冷害是发病的主要诱因，贮运过程中的各种震动是其扩大危害的重要条件。

④ 防治　最重要的是贮运期间避免冷害。一般芒果的贮运温度应控制在 13.5℃，若温度太低，极易冷伤和冻伤。采后以多菌灵 1000mg/kg 浸果处理可减轻发病。

5.2.1.16　桃、李、杏褐腐病

褐腐病不仅在田间引起花腐，在果实生长后期若虫害较重又碰上多雨天气，常造成严重烂果落果，贮运中继续接触传病，造成很大损失。

① 症状　果实被害，初呈褐色圆斑，迅速扩大，数日内便使全果变褐软腐，长出灰白色、灰色、黄褐色，大大小小的绒状颗粒，为病原菌的子实体，贮运期中造成严重烂果。

② 病原菌　已知有 3 种，均属子囊菌亚门盘菌纲链核盘菌属（*Monilinia*）的真菌，常见的是其无性态，为半知菌亚门丝孢纲丛梗孢属（*Monilia*）真菌。

③ 发病规律　病菌分生孢子经皮孔、虫伤侵入果实引起果腐。装进贮运的箩筐或纸盒内的病果，环境适宜时长出大量分生孢子又继续在贮运中接触传播，造成严重损失。贮运期间高温高湿有利病害发展。果园病果多，往往贮运中褐腐病也多。伤口是烂果多的重要原因之一。成熟后多汁、皮薄、味甜的品种较易感病，而果皮较硬的抗病性较强。

④ 防治　小心采收，轻剪轻放。采前喷 1000mg/kg 多菌灵或 750mg/kg 腐霉利（速克灵）均有效果，但不宜喷施过晚，一般不作采后浸果用。采后迅速预冷。冷藏最好控制在 4℃，使病菌扩展减慢。将氯硝胺加甲基硫菌灵（甲基托布津）于水溶性蜡内，进行涂膜贮藏。大库气调贮藏宜控制 CO_2 在 5%，O_2 在 1%。

5.2.1.17　桃、李、杏软腐病

软腐病是采后病害，危害颇大，尤以桃易感染。

① 症状　危害成熟果实。病斑初淡褐色，不规则形，水渍状，迅速扩展，全果变褐软腐，表面长出大量白色至灰色的绵毛状物，其上密生点点黑霉，即病原菌的子实体。烂果常有酸味，后期淌水。

② 病原菌　为接合菌亚门根霉属中的匍枝根霉（*Rhizopus stolonifer*）。

③ 发病规律　病菌广泛生存于空气中、土壤内，或附在各种工具上，通过伤口侵入成熟果实。病果表面长出的孢子囊和孢囊孢子经各种震动和昆虫活动散布，或者直接接触传病，绵毛状的菌丝体亦可伸展蔓延到邻近健果危害。果皮擦伤或磨破是最重要的诱因。其次

是湿度，高湿使病害迅速发展。

④ 防治 小心采收，轻剪轻放，尽量减少伤口。采收后迅速预冷，24h 内使果温降低到 0℃。国外报道，氯硝胺浸果，效果较好。预冷处理结合低温贮藏，可减少腐烂。单果包装可控制接触传病，若能再结合低温贮运，效果更佳。

5.2.1.18 板栗种仁斑点类病

种仁斑点类病是个统称，包括多种病害，主要是河北省板栗上的大害。

① 症状 病果外观绝大多数无异常，而其内部种仁产生各种坏死斑点，基本上可分 3 种类型。

a. 褐斑型 以采收、收购期发生较多。

b. 黑斑型 采收期一般较少发生，但贮存一段时期后，逐渐增多，当板栗运到口岸时，便大大增加，占绝对优势。

c. 腐烂型 此类病状可能是坏死性斑点的后期表现，虽贮存后逐渐增多，但为数不多。

② 病原菌 由多种真菌侵染所致，常见的都是半知菌：炭疽菌属胶孢炭疽菌（*Colletotrichum loeosporioides*）、链格孢属链格孢（*Alternaria alternata*）、镰孢霉属茄病镰刀菌（*Fusarium solani*）和串珠镰刀菌（*F. moniliforme*）。

③ 发病规律 栗果采前即可发生病斑，但为数很少，采后逐渐增加。贮运期温度是决定病害消长的主要因素，贮温 20～25℃最适于病斑扩展。栗仁表层失水能促使病情发展。栗果成熟度差的及有机械损伤的易发病。由于绝大多数栗果外表无症状，看来贮运期中不存在病果相互接触传播的问题。

④ 防治 采后 10～15d 内是控制病情的关键时期。适时采收，以拾栗果为主，分次打落，尽量减少不成熟粒，采后栗果及早摊开散热。减少经营环节，加快收购运输等进程，及时冷藏或装船外销。尽可能缩短在常温下的贮运时间，在贮运期中冷藏、降温、保水。

5.2.1.19 葡萄灰霉病

葡萄灰霉病是采收期及贮运期的常见病害，是目前限制葡萄远距离长期贩运的一个重要原因。

① 症状 主要危害果实，造成果腐。病果初期呈水渍状凹陷小斑，后迅速扩及全果而腐烂，同时在病果上长出浓密的灰色霉状物。果梗受害后则变黑，病斑形状不定，后期表面常生黑色块状菌核。

② 病原菌 属半知菌亚门丝孢纲葡萄孢属灰葡萄孢（*Botrytis cinerea*）。

③ 发病规律 分生孢子广泛存在于果库、用具及空气中，靠气流进行传播，通过伤口侵入葡萄。贮运期间继续接触传播。采收期气候凉爽多雨或高湿易使病害大发生。

④ 防治 果实采收应晴天进行，注意减少各种损伤，包括碰伤、压伤、挤伤；轻拿轻放，切忌多层装箱；尽量防止运输中的颠簸、震动。贮运中做好降温和通气，窖温维持在 0～5℃较宜。药剂防腐，用 50%多菌灵 1000 倍液采后浸果 1min，晾干后贮运，效果较好。亦可用仲丁胺熏蒸或洗果。熏蒸通常每公斤果实用 0.2～0.25mL 仲丁胺原液，如用克霉灵，药量要加倍，但不能与果实直接接触，否则易发生药害，使果穗、果粒变褐；洗果用 300 倍仲丁胺药液浸泡 2min，或在保果灵 200 倍液中浸泡 2min，晾干后入贮。

5.2.1.20 葡萄毛霉病

毛霉病是贮运期常见病害。

① 症状 主要危害成熟期果实。病斑水浸状，近圆形或不规则形。病组织软化，表面

生白色或灰白色绵毛，其上有点点灰黑色或暗灰色的霉，即病原菌的孢囊梗和孢子囊。病斑可迅速扩展到全果，引起腐烂，破裂后流出汁液，并将孢子带至同一果穗中其它果粒上，继续侵染危害。最后使整个果穗腐烂。

② 病原菌　由接合菌亚门接合菌纲中多种毛霉菌（*Mucor* spp.）引起。国内尚无种的鉴定报道。

③ 发病规律　贮运期发生，初侵染源广泛。病菌接触有伤果实后，在适宜条件下，迅速侵入发病，并继续接触、震动或经由昆虫传病。果实成熟期遇暴雨，伤口增加，往往使贮运期中病情加剧。侵染过程短，很快引起组织崩解、软腐淌水。

④ 防治　参考葡萄灰霉病，但一般药剂对毛霉病的防治效果逊于灰霉病。

5.2.1.21　草莓灰霉病

草莓贮运期以灰霉病最为严重，有时造成很大损失。

① 症状　果实被侵染组织呈褐色，中心稍坚实，表面的果肉则发软腐烂。各个部位的被害处都可长出灰色霉状物，即病原菌的子实体。通常幼果发病极少。

② 病原菌　由半知菌亚门丝孢纲葡萄孢属灰葡萄孢（*Botrytis cinerea*）引起。

③ 发病规律　病菌侵入果实后能潜伏到果实成熟，在环境条件适宜时发病。通常，低温高湿有利于灰霉病发生。蔓生型铺地过大的品种容易严重被害。

④ 防治　田间清除病残体，集中烧毁。喷施多菌灵、腐霉利（速克灵）均有防效。短期贮藏，最适宜贮温为 0～1℃，可保鲜 1 周。贮运过程中切忌高湿度。用脱氢醋酸钠 4000mg/kg 浸果 30s，或用乙醛气熏蒸，1%处理 0.5h 或 1h，能杀死灰葡萄孢与匍枝根霉而不影响浆果质量。气调与冷藏结合能延长保鲜期，通常 O_2 为 3%，CO_2 为 3%～6%可保持 2 周。

5.2.1.22　草莓软腐病

软腐病也是草莓贮运中的重要病害。

① 症状　主要危害成熟浆果，病果变褐软腐，淌水，表面密生灰白色绵毛，上有点点黑霉，即病原菌的孢子囊，果实堆放，往往严重发病。

② 病原菌　为接合菌亚门接合菌纲中的匍枝根霉（*Rhizopus stolonifer*）。

③ 发病规律　病菌广泛存在于土壤内、空气中及各种残体上。自伤口侵入，经风雨、气流扩散，贮藏期间继续接触，震动传病。过高（95%以上）或过低（60%）的相对湿度都不利于腐烂。

④ 防治　小心采摘、装运，避免擦伤、撞伤。采收时，过熟果实不宜与正常成熟的果实混装一起。采后预冷，24h 内将温度降低到 10℃。低温贮运十分重要，通常控制在 5～8℃。

5.2.1.23　西瓜炭疽病

炭疽病是西瓜田间和贮运中的主要病害，发生普遍，随着西瓜贮运的发展，变得十分重要。

① 症状　瓜果被害后，初为暗绿色、水渍状小斑点，后呈圆形或近圆形，暗褐色，凹陷处常裂开，潮湿时，病斑上产生橙红色黏质小粒（病原菌分生孢子盘上大量聚集的分生孢子）。通常果肉坏死不深，贮存较久又温度较高，也能局部腐烂。若瓜上病斑累累，可互相合并，果肉成片坏死，全瓜很快腐烂。

② 病原菌　病原菌属瓜类炭疽菌（*Colletotrichum orbiculare*），属半知菌亚门腔孢纲。

③ 发病规律 收获时，田间病斑上的分生孢子经人为搬运、昆虫活动或风吹雨溅传播到健瓜上，在堆聚和贮运途中继续侵染危害。湿度是诱发本病的重要因素。在适温下，相对湿度 87%～95%时，扩展期只有 3d。温度的影响不如湿度大，在 10～30℃范围内都可发病，以 24℃最适宜。西瓜对炭疽病的抗病性随成熟度而降低，故堆聚、贮运中发病加剧。

④ 防治 首先要通过选用无病种子、及时消除病残体和喷药防治等方法控制田间病势。采后以克霉灵熏蒸西瓜，每公斤用 0.1mL，贮温控制在 12.5℃左右。

5.2.1.24 白兰瓜与哈密瓜黑斑病

黑斑病是白兰瓜、哈密瓜贮藏后期的病害。

① 症状 被害瓜果形成褐色，稍凹陷的圆斑，直径 2～16mm，外有淡褐色晕环，有时内具轮纹，逐渐扩大变黑，甚至变成不规则形，病斑上生黑褐色至黑色的霉状物，为病原菌的子实体。病斑下果肉坏死，呈黑色，海绵状，与健肉易分离。

② 病原菌 为半知菌亚门丝孢纲链格孢属链格孢（*Alternaria alternata*）、甘蓝生链格孢（*A. brassicicola*）及瓜链格孢（*A. cucumerina*）。前二者通常只侵害有伤或贮藏后期逐渐衰变的瓜果。*A. cucumerina* 对叶片危害重。

③ 发病规律 三种病菌都经风雨传播，在瓜果成熟，抗病性逐渐降低时才能侵入。田间瓜地连作或前作为甘蓝、花椰菜的，土壤黏重的，生长过分茂密的瓜田发病的较多。此等瓜地的瓜采收贮藏发病较多。冷害、机械伤是病害的重要诱因。贮期长，果柄干缩，果柄处的果肉下陷，易被病菌侵入。薄膜袋密封包装，湿度高往往发病多。

④ 防治 *A. brassicicola*、*A. cucumerina* 病源主要来自田间，故田间加强药剂防治有助于减轻病害。消毒贮库、容器也是必要的。

5.2.1.25 白兰瓜与哈密瓜软腐病

白兰瓜与哈密瓜极易发生软腐病，采收入库 2～3d 便可发生。扩展极为迅速，造成很大损失。

① 症状 只危害贮运中的白兰瓜或哈密瓜。病果多自伤口发病，有或无明显的圆斑。果面有时还能龟裂，逐渐水浸状发软，破伤或裂口处常长出浓密或稀疏、白色至灰色的绵毛状物，上有点点黑霉，即病原菌的子实体。最终病部淌水，迅速腐烂。

② 病原菌 由接合菌亚门内多种根霉引起，最主要的是匍枝根霉（*Rhizopus stolonifer*）。

③ 发病规律 病菌广泛分布在空气中、土壤内及各种残体上，由伤口侵入。贮运中主要靠接触、震动、昆虫传播而再侵染，机械损伤、冷害造成的伤口是病害的重要诱因。未成熟的果实不易被害。贮温在 16～20℃时，危害严重。薄膜袋包装的，湿度大，往往造成严重软腐。

④ 防治 采收不宜过晚，尽量防止果实碰伤、擦伤、压伤。贮库应维持在白兰瓜 5～8℃，哈密瓜在 3～9℃，相对湿度低于 85%，并注意通风换气，定期翻瓜检查。贮运前以抑霉唑 750mg/kg 浸瓜半分钟，结合冷藏，效果较好。

5.2.1.26 白兰瓜与哈密瓜镰刀菌果腐病

镰刀菌果腐病在葫芦科的各种瓜果内，最易感病的是甜瓜类，在甜瓜类中以白兰瓜、哈密瓜最易被害。

① 症状 多先在果柄处发生，病斑圆形，稍凹陷，淡褐色，直径 10～30mm，后期周围常呈水浸状，病部可稍开裂，裂口处长出病原菌白色绒状的子实体和菌丝体，后往往呈粉红色，有时产生橙红色的黏质小粒（病原菌的分生孢子座）。病果肉海绵状，甜味变淡，不

久转为紫红色，果肉发苦，不堪食用，但扩展速度较慢。

② 病原菌　由半知菌亚门中多种镰刀菌引起，其中以半裸镰刀菌（*Fusarium semitectum*）、串珠镰刀菌（*F. moniliforme*），尖刀镰孢菌（*F. oxysporum*）和茄病镰刀菌（*F. solani*）较常见。

③ 发病规律　镰刀菌广泛分布于土壤内、空气中，大量分生孢子附在果面上，由伤口入侵，发病后进行再侵染。影响发病的主要因素及防治参考软腐病。

5.2.2　生理性病害

5.2.2.1　苹果生理病害

① 褐烫病　苹果褐烫病又名“虎皮病”，是我国苹果贮藏后期发生的一种病害，初期病部果皮呈不明显、不整齐的淡黄色斑块，后色泽变深，病部稍凹陷且起伏不平。病果的果肉组织变绵，并带有酒味。严重时，病部表皮可成片撕下，皮下数层细胞变为褐色。病斑以不着色的果实阴面较多，仅严重时才扩及阳面。

主要诱因是果实采收过早，运输及贮藏前期呼吸代谢过旺；其次则由于贮藏后期的温度过高，通风不良。品种“国光”、“印度”、“青香蕉”均易发病。

防治褐烫病的关键在于适期采收。防止贮藏后期温度升高，并注意贮库和果窖的通风。果箱内果实要摆布均匀，不宜过度密集，如冷库贮藏，果实出库时应逐渐升温，以免温度骤变而引起发病。用50%虎皮灵乳剂2000～4000mg/kg浸泡苹果，晾干后装箱，防治效果较好。用上海生产的BX-1型特种保鲜纸包果处理，有明显效果。

② 苦痘病　又称“苦陷病”，是苹果近熟期和贮藏初期发生的病害。病果的皮下果肉组织首先变褐，并干缩呈海绵状，病部以皮孔为中心的果皮，在红色品种上呈暗红色，黄色和绿色品种上则呈暗绿色，病斑近圆形，四周有深红色和黄绿色晕圈。随后，病部干缩下陷，变成暗褐色。病斑直径一般为2～4mm，也有大至1cm的。剖开病部，可见皮下的坏死果肉组织呈半圆形或圆锥形，深度为2～3mm或更深，坏死组织也可发生于果肉深处，食之有苦味。贮藏后期，病部被腐生菌危害而变色腐烂。

苦痘病的病因认为主要由于生理缺钙和氮、钙营养失调所致，防治主要应围绕降低氮/钙比值入手。首先，科学施肥，结合根外补施钙肥。其次，合理修剪，避免枝条旺长或过度修剪，注意果园排水，保持树势中庸。最后，果实发育的中后期，喷施0.8%硝酸钙液和0.5%氯化钙液4～7次，先后间隔20d。红色苹果品种喷施硝酸钙液会抑制着色，延迟成熟，可用氯化钙。

③ 水心病　水心病又名“蜜果病”。在高纬度、高海拔、日夜温差较大的果区，危害十分严重。病果内部组织的细胞间隙充满细胞液而呈水渍状，病部果肉的质地较坚硬而呈半透明。通常以果心及其附近较多，但也有发生于果实维管束四周和果肉的任何部位的。病组织含酸量，特别是苹果酸的含量较低，并有醇的积累，味稍甜，同时略带酒味。后期，病组织败坏变为褐色。水心病的发生与果实正常代谢的紊乱有关。高氮低钙会加重发病。一般认为增施磷肥，不施或少施铵态氮肥，采前2个月喷布1000mg/kg丁酰肼比久可防治苹果水心病。

5.2.2.2　梨生理病害——鸭梨黑心病

病变初期可在果心外皮上出现褐色斑块，待褐色逐步扩大到整个果心时，果肉部分会呈现界线不分明的褐变。病果风味变劣，严重影响鸭梨的保鲜贮藏寿命。本病因贮藏时期和条件的不同，可区分为早期黑心病和晚期黑心病两种。前者在入冷库30～50d后发生，认为由于贮藏期低温伤害所致；后者通常发生在土窑贮藏条件下，大多出现在翌年春节前后，初步认为可能与果实的自然衰老有关。此外，贮藏环境中 CO_2 浓度较高也可导致鸭梨黑心病的发生。鸭梨果心变褐主要由于多酚氧化酶的活性增高，促使果心及果肉组织发生氧化褐变反应所引起的。钙也是影响鸭梨黑心的主要矿质营养元素。防治上应在采用冷库贮藏时，进行逐步降温至0℃，可以减轻由于低温伤害引致的早期黑心病。

5.2.2.3 柑橘生理病害

① 水肿病 病果初期外观与健果无明显差异，但果皮无光泽，手捏有软绵感，后颜色变淡，全果饱胀，犹如开水烫过，果肉有酒味，不堪食用。多发生于宽皮柑橘类，甜橙较少发生。贮藏期间温度过低，或二氧化碳浓度过高，容易出现此病，故一般通风不良的仓库和以薄膜袋密封包装的，损失严重。通常贮温不宜低过7～8℃，不宜用薄膜大袋装果。

② 枯水病 病果外观完好，果皮并不减重，但内部大量失水，囊瓣变厚变硬，泡汁粒化，营养物质减少，以致果肉干缩，皮肉分离，轻者尚可食用，重者失去食用价值。宽皮柑橘类发生较多，病因亦尚无定论，有人认为贮藏过程中，果皮细胞分裂并生长，从而使营养物质消耗，是枯水病发生的根本原因。目前较有效的防治措施为采前20d用赤霉素10mg/kg喷果，或采后用其50mg/kg浸果。

5.2.2.4 香蕉生理病害

① 冻害 香蕉对低温极为敏感，冻害的临界温度为11～13℃。若夜间最低气温11～12℃持续2～3d，蕉果即可受轻微冻害。冻害严重时，果皮暗绿色，升温后，受冻部位迅速呈暗褐色，水浸状。受冻的香蕉常伴随发生酸腐病，以致病蕉发酸，腐烂流水，病部长出一层白霉状物，主要是酸腐病菌的节孢子。

② 裂果病 病蕉凸面的果皮沿心室的交界线纵裂，露出果肉，通常发生于久旱逢雨的蕉园，果皮开裂后易遭根霉侵染而腐烂。

③ CO_2 中毒 病蕉果皮青绿如常，但内部果肉已软腐，略带酒味，后期果皮变成暗褐色，不能正常催熟，一般发生于密封包装的香蕉。可进一步被镰刀菌侵染，造成严重的冠腐，加速果实软腐，大量流水，以致烂成一堆。

5.2.2.5 荔枝生理病害——荔枝果皮褐变病

荔枝采后1d左右果皮便可变暗，失去鲜艳的红色，商品价值大大降低。荔枝果皮这种生理变褐，主要是在有损伤或干燥（失水）情况下，果皮内形成暗色的多酚类物质。防治方法目前较注意用塑料薄膜袋装果以减少水分损失；改变贮藏温度，以7～10℃保持果皮红色较好。有条件的地方，结果后套袋也有一定作用。

5.2.2.6 菠萝生理病害——菠萝黑心病

果实外部无症状，但剖开后，紧靠中轴的果肉变褐，甚至变黑，故又称“内部褐变病”。病果通常先小果出现褐斑，后褐斑互相连接，色泽渐深，并向果髓发展，最终果髓几乎完全变黑，甚至果肉也部分变黑，而果实外表并无异状。其病因，国外不少研究者认为主要由低温引起，还有一些学者提出黑心病是一种病因不明的生理失调症。关于防治方法，菲律宾和夏威夷目前采用菠萝在冷藏前或冷藏后，连续24h将果实干燥，加热到32～38℃，然后置于2% O_2 与98% N_2 气调贮藏条件下。也可先在低温（4～8℃）下贮藏足够时间，再移到20℃放置。

5.2.2.7 葡萄生理病害——葡萄 SO_2 中毒

SO_2 是常用的库房消毒剂，使用不当极易使葡萄中毒，中毒葡萄粒上产生许多黄白色凹陷的小斑，与健康组织的界线清晰，通常发生于蒂部，严重时一穗上大多数果粒局部成片褪色，甚至整粒果实呈黄白色，最终被害果实失水皱缩，但穗茎则能较长时期保持绿色。果粒有伤，则 SO_2 很容易进入，贮藏库一开始使用高浓度的 SO_2，往往会出现 SO_2 中毒。防治应降低 SO_2 使用浓度，例如每周3次，每次200mg/kg；葡萄在包装前低温处理，使 SO_2 的挥发减慢。

5.3 蔬菜贮藏病害

5.3.1 侵染性病害

5.3.1.1 大白菜细菌软腐病

本病是世界性病害，不但田间危害严重，贮藏期间可造成更大损失，有时甚至全窖腐烂。本病除危害大白菜等十字花科作物外，还危害马铃薯、番茄、黄瓜、莴苣等多种蔬菜。

① 症状 主要受害部位是叶柄和菜心。发病从伤口处开始，初期病部呈浸润半透明状，后期病部扩大，发展为明显的水渍状，表皮下陷，上有污白色细菌溢脓。病部组织除维管束外全部软腐，并具恶臭。

② 病原菌 为欧氏杆菌属胡萝卜软腐欧文菌（*Erwinia carotovora*）。

③ 发病规律 大白菜贮藏期腐烂的主要菌源，是大白菜体内潜伏的软腐细菌。通过入窖时造成的伤口侵入。贮藏期间的冷害冻伤，也是病原细菌侵入的重要门户。

④ 防治 入窖前必须先除去病叶，并曝晒1d，使外叶萎蔫减少细菌入侵可能。贮窖应事先用1∶40倍福尔马林等药剂消毒。如有条件，应调节窖内温度至2～5℃左右。大窖最好有通风窗，以利调节窖内温度，并在入窖1～2个月内，每隔10～15d翻菜1次，剔除病菜。

5.3.1.2 花椰菜和青花菜黑斑病

花椰菜和青花菜（西蓝菜）黑斑病，主要在贮藏期间危害花球，使品质低劣，降低商品价值。

① 症状 在花球上初为水渍状小黄点，后扩大并长出黑色霉状物，即病原菌的子实体。严重时一个花球上有数十个黑斑。感病组织腐烂，但腐烂速度较慢。贮藏期间有时病斑继而被灰葡萄孢第二次寄生而混生灰霉状物，加速腐烂进程。

② 病原菌 为半知菌亚门丝孢纲链格孢属芸薹生链格孢（*Alternaria brassicicola*）。

③ 发病规律 贮藏中花球的感染，主要是田间采收时，叶上的病菌沾染到花球上引起。侵染适温为25～30℃，高湿度虽然可减少花椰菜与青花菜丧失水分，但黑斑病发生明显增多。因此装入薄膜袋密封后，危害加重。

④ 防治 做好田间防病。择晴天采收，入库前摘掉有病的小叶片，进行预冷，贮温控制在0～1℃，一般可贮6～8周，并可延缓出库后花球在室温下发生黄衰。如以薄膜袋密封包装可在袋内加入 $2cm^2$ 浸过仲丁胺（约0.08mL）的滤纸，一般可贮50～60d，或者加入适量饱和的高锰酸钾，以吸收乙烯，效果更好。用打孔薄膜袋包装，可比全封闭的薄膜袋包装发病减少。

5.3.1.3 萝卜（细菌）黑腐病

本病是甘蓝、花椰菜、萝卜、芜青的常见病害，贮藏期中以萝卜受害较严重。

① 症状　成株叶片被害，多由叶缘和虫伤处开始，呈现“V”字形黄褐色病斑，叶脉变黑坏死，横切叶柄，维管束变黑，并可伸展到茎和肉质根。病块根的外部症状不明显，内部自心部发褐，逐渐向四周扩展，严重时，病组织变黑干腐。

② 病原菌　为黄单胞杆菌属野油菜黄单胞菌甘蓝黑腐变种（*Xanthomonas compestris* pv. *campestris*）。

③ 发病规律　本病为维管束病害。病菌通常从幼苗子叶叶缘的气孔、成株叶缘的水孔或虫咬的伤口侵入，也可从受伤的根部入侵。病斑表面的病菌借风雨传播。进入种荚后，潜伏在种皮内外，通常播种带病种子，发病早而严重。贮藏期间一般不继续传播。病萝卜绝大多数是田间病害轻而混入贮藏库，逐渐发展而腐烂。

④ 防治　关键在田间防病。无病地留种，或无病株上采种，或进行苗床消毒。

种子在50℃温水中浸20min，立即移入冷水内冷却，晾干播种。或用链霉素100mg/kg湿润处理。沟藏将萝卜埋在湿沙中，切忌底层积水而上层过于干燥。

5.3.1.4 冬瓜疫病

冬瓜是南北方栽培较广的瓜类之一，冬瓜疫病是冬瓜贮藏期间的主要病害。

① 症状　贮运中的病瓜为田间已感染而尚未发病的瓜。病斑出现后，初呈水浸状，圆形，暗绿色，稍凹陷，很快扩展，病部皱褶软腐，表面长白色稀疏的霉层。严重时大半个，甚至整个瓜都腐烂掉，瓜面满布白霉。

② 病原菌　主要由鞭毛菌亚门卵菌纲疫霉属的瓜疫霉（*Phytophthora melonis*）引起。除危害冬瓜外还危害黄瓜、节瓜、白瓜、西瓜等。

③ 发病规律　以菌丝体、卵孢子及厚垣孢子随病残组织遗留在土壤中越冬，次年孢子囊在水中萌发产生游动孢子，通过雨水、灌溉水传播到寄主上。贮藏期间的菌源来自田间堆贮的冬瓜。若贮运中湿度大，可不断接触传播，扩大蔓延。

④ 防治　自幼株起喷施甲霜灵（瑞毒霉）、嘫霜锰锌（杀毒矾）等药剂2～3次。对贮藏的冬瓜，收获前喷1次25%甲霜灵（瑞毒霉）600倍液，尽量减少田间菌源。贮藏场地保持干燥、通风、清洁；搬运时小心轻放，避免损伤果实。

5.3.1.5 番茄酸腐病

酸腐病是导致番茄腐烂的一种发生较普遍的病害。在运输及销售中常危害番茄，造成一定损失。

① 症状　在绿番茄上，常从果蒂边首先发病。病斑暗淡，油渍状，后污白色，病果后期暗白色，水渍状。散发出酸味，并在表皮破裂处产生白色厚粉状的病原菌。成熟或正成熟的果实上，受侵染的组织变软，果皮常爆裂，其上长白色厚粉状的菌丝体和节孢子。腐烂发展迅速，细菌性软腐病往往跟着酸腐病后发生，更加速果实腐败，增加酸臭味。

② 病原菌　由白地霉引起（见柑橘酸腐病菌）。

③ 发病规律　贮运期间的初侵染源多来自田间粘附带菌土粒的果实上。通常总是以果蒂、果皮裂开处、虫伤处发病，冷害也是发病的前提。

④ 防治　小心采收，避免机械伤。包装时淘汰裂果。田间受过冷害的番茄不宜包装。采收后尽快预冷，将果温降低至12.7～15.6℃。采后药剂防腐，过去多用仲丁胺或克霉灵（含50%的仲丁胺）熏蒸。把沾有药液的棉花球或普通卫生纸置于薄膜袋内，再密封袋口，

用药量一般按每公斤产品 30mg 左右仲丁胺，或者以每立方米（2/3 空间充满产品）7g 左右仲丁胺。

5.3.1.6 番茄链格孢菌病

贮藏期间，番茄果实上由链格孢菌引起的病害有 3 种：早疫病、钉斑病、假黑斑病。

① 症状 早疫病：熟果上病斑褐色，淡褐色，近圆形至不规则形，有时略具同心轮纹，常从有“V”字形病痕的果蒂处发生，腐烂虽深入果肉，使之变黑，但通常不严重腐败。

钉斑病：熟果上病斑暗褐色，小，近圆形，稍下陷，边缘清楚，分散或整个合并，坏死部分深及种子。

假黑斑病：多是番茄受炭疽病、脐腐病、日灼或生理裂果后第二次寄生的，使病部变褐，并扩大、凹陷，加快腐烂，在各类病斑上继而产生大量黑霉状物（病原菌）。

② 病原菌 均由半知菌亚门丝孢纲的链格孢属（*Alternaria*）引起：早疫病菌（*A. dauci* f. sp. *solani*），钉斑病菌（*A. tenuissima*），假黑斑菌（*A. alternata*）。

③ 发病规律 早疫病菌和钉斑病菌致病性较强，主要在寄主残体和种子上越冬，贮运期间发生是由田间带入的。假黑斑病菌近于腐生，无所不在。田间主要靠风雨传播，贮运期间亦可进行一定的接触传播。早疫病在温度 21～26℃时腐烂较快，但在低温下贮藏较长时间，甚至在 2℃时病菌也能缓慢生长，并逐渐引起腐烂。钉斑病在 24～26℃时发生较多。伤害、冷害明显增加贮运期间链格孢菌病的发病率。

④ 防治 对质量较好的番茄果实，如能进行适当处理，譬如在 15.6～21.1℃下迅速催熟，可防治贮运中早疫病，并减少钉斑病发生。防止冷害和延迟成熟。采收时防止伤果，发现灼伤、脐腐和裂果在包装时剔除。

5.3.1.7 甜椒灰霉病

甜椒贮运期病害最重要的是灰霉病。

① 症状 果实上病斑水渍状，褐色，不规则形，大小不一。如发生在受冷害后的果上，病斑灰白色。病斑上生灰色霉状物，即病原菌的子实体，发展极快，被害果实迅速腐烂。

② 病原菌 由半知菌亚门葡萄孢属灰葡萄孢（*Botrytis cinerea*）引起。

③ 发病规律 病菌广泛存在于箩筐内、工具上，甚至贮藏场所的墙上都可存在。一旦病果混进健果贮运，发展极快，只要果实有损伤，如在采收运输过程中擦伤、压伤、冷害、冻害等，病菌便迅速侵入，与冷害、冻害的关系尤其明显，可整箱整筐烂掉。低温高湿是贮运中引起灰霉病的主要环境条件。所以高湿下贮运，会加重此病发生。

④ 防治 最重要是防止冷害。甜椒的临界温度稍低于番茄，通常为 10～13℃。生长期间应用 50%腐霉利（速克灵）2000 倍液喷雾 2 次，间隔 7～10d。一般不作采后防腐。

5.3.1.8 甜椒细菌软腐病

细菌性软腐是甜椒贮运期间常见病害，严重时造成较大损失。

① 症状 病斑常先发生于果梗附近，稍凹陷，暗绿色，水渍状，很快软化，扩展成大型水渍斑，颜色变淡，2～3d 全果腐烂成一层皮，内部充满水液，无法拣起。

② 病原菌 由欧氏杆菌属胡萝卜软腐细菌（*Erwinia carotovora*）引起（参考大白菜软腐病菌）。

③ 发病规律 贮运中，细菌主要由果柄的剪口、裂口，或因昆虫爬动、取食造成的伤口进入果实。一旦侵入，迅速造成烂果。氮肥过多、果实含水量高、发生冷害等都可使本病加重。雨天采收，或采收后以水洗果均能使发病增多。

④ 防治 田间注意防治虫害。贮库和盛器，包括箩筐、纸箱等必须彻底熏蒸灭虫。晴天采收。采收时避免损伤果实。低温贮藏。

5.3.1.9 茄疫病

茄疫病包括晚疫病与绵疫病。田间发病，贮运中继续危害，目前尚无理想的防治办法。

① 症状 疫病主要危害果实。病果初呈水浸状圆斑，稍凹陷，迅速扩展至整个茄果，果肉变黑腐烂，往往扩展到果实的一半就落地。病部在天气较干燥时，生出稀疏的白霉状物（病原菌的子实体）；天气潮湿时，生出茂密的白色绵状物（病原菌的菌丝体和孢子囊）。通常，绵疫病危害将成熟的果实，晚疫病则幼果至熟果均可危害。

② 病原菌 由鞭毛菌亚门卵菌纲内两种疫霉引起：绵疫病菌是疫霉属烟草疫霉寄生变种［*Phytophthora nicotianae* Breda de Haan var. *parasitica*（Dastur）Waterhouse］，晚疫病菌是致疫疫霉［*P*·*infestans*（Mont·）de Bary］。

③ 发病规律 病菌主要在土壤中的病残体上越冬，靠雨水、灌溉水传播，侵入无需伤口。贮运中继续接触传病，并不断蔓延。贮运期间，温度高，湿度大，或者库温与果温相差大，造成茄果“发汗”，使孢子囊有足够的水分萌发、侵染，容易造成严重烂果。

④ 防治 最重要是田间防病和贮运前严格选果。与非茄蔬菜轮作，喷施25%甲霜灵（瑞毒霉）500倍液2～3次、40%乙磷铝250倍液3～4次，发现病果及时摘除。采收时严格挑选健果，贮温控制在10～13℃，保持通风低湿。气调贮藏时O_2宜在2%～5%范围，CO_2宜在5%。

5.3.1.10 马铃薯干腐病

本病是马铃薯贮藏期间最普遍的传染性病害。通常马铃薯贮藏1个月多便会出现干腐。

① 症状 被害块茎上病斑褐色，起初较小，缓慢扩展、凹陷并皱缩，有时病部出现同心轮纹，病斑下薯肉坏死，发褐发黑，严重者出现裂缝或空洞，裂缝间或空洞内都可长出病原菌白色或粉红色的菌丝体和分生孢子，病斑外部还可形成白色绒团状的分生孢子座。此时若窖内湿度大，极易被软腐细菌从干腐的病斑处侵入，迅速腐烂、淌水，甚至整个块茎烂掉。

② 病原菌 由半知菌亚门丝孢纲内多种镰刀菌 *Fusarium* spp. 引起，其中最常见的是腐皮镰孢（*F. solani*）。

③ 发病规律 病菌主要在土壤内或病薯上，可通过虫伤或机械伤侵入块茎，马铃薯收获后，病菌主要来自混进窖库的病薯、污染病土的健全块茎及箩筐工具，经接触、昆虫等传播，不断扩大危害，一般到翌年早春播种期达到发病高峰。在相对湿度较高的情况下，15～20℃时干腐发展最快，0℃时仍可缓慢发展，通常70%相对湿度使病害减轻。

④ 防治 收获或贮藏期尽量避免一切机械损伤。入库前要精选种薯，剔除病薯、虫薯、伤薯。入库后，早期需高湿度通风，以便伤口较快愈合。贮藏期间勤检查，发现病薯应及时剔除，减少传播。采后药剂处理成本较高，我国一般不用。美国多用克菌丹1500mg/kg或噻菌灵（特克多）1000mg/kg浸泡1～2min。

5.3.1.11 马铃薯细菌软腐病

为贮藏期间重要的细菌病害。

① 症状 如病菌自块茎皮孔侵入，可形成褐色、稍凹陷、水浸状的圆斑；如自伤口侵入，病斑往往不规则形。病薯的病健界限较分明，腐烂组织可用水完全洗掉，往往扩展极快，后期发出恶臭，淌出黏液。

② 病原菌　由欧氏杆菌属胡萝卜软腐欧氏杆菌（*Erwinia caratovora*）引起。

③ 发病规律　软腐细菌主要在土壤内越冬，从伤口侵入。同一窖库内，贮藏大白菜与马铃薯病菜亦是马铃薯软腐的菌源。块茎未充分成熟、有伤、有其它病害、缺氧、温度较高均有利于软腐细菌侵染。采后水洗的马铃薯入窖库后容易腐烂。25～30℃下，块茎腐败最快，低于 10℃，腐败逐渐受阻。

④ 防治　应尽量避免机械伤，收获前土壤湿度不宜大，土温应低于 20℃，块茎应大都充分成熟。收获后将马铃薯凉到 10℃以下，贮温控制在 1.6～4.5℃，空气流通，避免块茎表面形成一层水膜。

5.3.1.12　胡萝卜菌核病

菌核病是贮运期一种严重病害，尤以窖藏胡萝卜发病更重。

① 症状　贮藏的患病肉质根软腐，外部缠有大量白色絮状菌丝体和鼠粪状的初白色，后黑色的颗粒（病原菌的菌核）。

② 病原菌　由子囊菌亚门核盘菌属核盘菌（*Sclerotinia sclerotiorum*）引起。此菌寄主极多，至少危害 64 科 360 多种植物。

③ 发病规律　贮藏期间的烂根主要来自田间采收时附在健康块根上的带菌土粒、连在肉质根上的病茎叶，或者因感染轻微而混入窖库的肉质根。病菌在潮湿情况下，菌丝体生长茂盛，直接不断蔓延危害，故贮藏期间接触传病是本病造成严重烂窖的主要途径。高温常使病害迅速蔓延，对菌核病来说，贮藏期间的扩展蔓延比入窖（库）时的菌源影响更大。肉质根冻伤、擦伤是病害在窖库中大爆发的诱因。

④ 防治　加强田间防病，严格挑选健根入窖，或入窖前用水洗根，然后晾干。收获、贮运时小心，避免擦伤或冻伤。采后药剂处理，美国用氯硝胺 900mg/kg 浸 10s，允许残留量 10mg/kg。

5.3.1.13　胡萝卜黑腐病

黑腐病是贮运期间较普遍的病害，但腐烂速度远比菌核病和（细菌）软腐病慢。

① 症状　主要危害肉质根，形成不规则或近圆形，稍凹陷的黑斑，上生黑色霉状物（病原菌的菌丝体和子实体）。腐烂深入内部 5mm 左右，烂肉发黑，但一般不烂及中心部位，病组织稍坚硬，但如湿度大，也会呈现软腐。

② 病原菌　为半知菌亚门丝孢纲链格孢属的根生链格孢（*Alternaria radicina*），此菌还危害芹菜、欧芹、莳萝、欧洲防风等伞形科植物。

③ 发病规律　病菌在土壤内、患病肉质根或病残茎叶上越冬。危害地下肉质根时，有无伤口均可侵入，但通常发展较慢，堆贮入窖后，逐渐发展为严重黑腐。病根上大量产生的分生孢子和菌丝体都可继续接触传病。24～26℃最适于发病。贮运期间湿度大腐烂严重。

④ 防治　收获、装运时避免损伤肉质根。选取健根入窖贮藏，或者先将病斑刮除。贮温宜控制在 0～2℃。在陕西等地将叶片、麦糠、麦草等简单覆盖在种植地上，可以使胡萝卜露地越冬，并称这种冬前不采收的天然贮藏为简易覆盖贮藏法，由于肉质根不需堆贮，减少了接触，黑腐病发生颇少。

5.3.1.14　大蒜青霉病

青霉病是大蒜贮运中颇重要的病害，越来越受到注意。

① 症状　被害蒜头外部出现淡黄色的病斑，在潮湿情况下，很快长出青蓝色的霉状物，即病原菌的子实体。贮存时间久，霉状物增厚，呈粉块状。严重时，病菌侵入蒜瓣内部，组

织发黄，松软，干腐。通常蒜头上一至数个蒜瓣干腐。

② 病原菌 由半知菌亚门丝孢纲青霉属的产黄青霉（*Penicillium chrysogenum*）引起。

③ 发病规律 病菌广泛存在于土壤内、空气中，由各种伤口迅速进入蒜瓣组织。外部产生子实体后，贮运中继续接触传播。冷害与蒜蛆危害是青霉病发生的重要诱因。

④ 防治 大量贮藏时，宜先消毒贮存场所。采收后，以多菌灵 1000mg/kg 浸泡半分钟，然后晾干贮藏。贮温控制在 4～13℃。

5.3.1.15 大蒜曲霉病

由黑曲霉引起的烂蒜在我国大蒜贮运中发生较多，值得注意。

① 症状 被害蒜头外观正常，无色泽变暗或腐烂迹象，但剥开蒜瓣，蒜皮内部充满黑粉，极似黑粉病的症状，最终整个蒜头干腐。

② 病原菌 *Aspergillus niger*，为半知菌亚门丝孢纲曲霉属黑曲霉真菌。

③ 发病规律 病菌在土壤中、空气内、工具上及各种腐烂的植物残体上广泛存在，可能随采收由蒜头顶部剪口或擦伤处侵入，贮运期间再侵染不明显。高湿度病菌分生孢子才能萌发，完成侵入。蒜头剪头过早，留梗过低的发生较多。而且贮运期越长，患病蒜头越多。白皮蒜比褐皮蒜、紫皮蒜感病。

④ 防治 参考大蒜青霉病。剪蒜头时，剪口浸一下农药灭病威 200 倍液，有较好防治效果。

5.3.1.16 蒜薹灰霉病

蒜薹是大蒜的花茎，冷藏中以灰霉病发生较多。

① 症状 蒜薹上初呈黄色水浸状、椭圆形至不规则形的病斑，上生灰霉状子实体，逐渐上下扩展，最终软化腐烂，以致蒜薹烂梢、烂基、断条。若用薄膜袋小包装，打开有强烈的霉味。

② 病原菌 由半知菌亚门丝孢纲中葡萄孢属真菌引起。我国已报道有 2 种：灰葡萄孢（*Botrytis cinerea*），和葱鳞葡萄孢（*B. Squamosa*）。

③ 发病规律 贮藏期间蒜薹上灰霉病菌有部分可能来自田间，部分可能在贮库中本来就存在。一旦侵入，病菌在蒜薹上迅速产孢，不断再侵染，以致造成较大损失。薄膜袋内湿度大，发病明显增加。贮温过低，使蒜薹遭冷害，或者贮温不适当地波动，以致薄膜袋内壁水汽过多，湿度大，发病较多。

④ 防治 贮库及包装用具预先彻底消毒。采收后在 0℃充分预冷，一般 30cm 厚需 24～36h。采用薄膜小包装，每袋 15～20kg，扎紧袋口后冷藏（0±0.5℃）。前期约 15d，中期约 10d，后期约 7d 分别打开扎口，放风换气。采用薄膜大帐，可以消石灰或 CO_2 脱除机吸收帐内过量的 CO_2，使之维持在 O_2 2%～5%，CO_2 5%～10%，库温控制在－0.5±0.5℃

5.3.2 生理性病害

5.3.2.1 大白菜生理病害

① 干烧心病 此病田间发生，贮藏期间病情加重。患病大白菜，外观无异常，内部自心部向外多层叶片发褐发苦，故名“烧心”。病因国外已确认为缺钙引起，我国调查认为，除秋季旱情外，与土壤 pH 值、过量追施铵态氮、水质碱性等有关。这些因素造成土壤溶液浓度过大，严重阻碍根系对钙的吸收。防治上单纯的心叶补钙只是应急措施，不能根本解决，应从综合防治着手：秋季干旱，增加灌水量，尤其是追肥后要立即灌水；多施农家肥，

少施氮素化肥；适当根外补钙，大白菜即将结球时，开始向心叶喷施 0.7%氯化钙($CaCl_2 \cdot 2H_2O$) 水溶液加 150mg/kg 萘乙酸，每隔 10d 喷 1 次。

② 脱帮　大白菜冬季贮藏二三个月后，叶球外部的叶片会逐渐脱落，叶色变黄，若被微生物侵害会进一步腐烂。贮库（窖）温度变化大，湿度低或通风不良时，更会引起大量外层叶片“脱帮”。采收前 3～5d，以 25～50mg/kg 的 2,4-D 钠盐水溶液喷施大白菜，以外部叶片几乎全湿为准可防止“脱帮”发生。

5.3.2.2　马铃薯生理病害

① 冻害和冷害　马铃薯采收后，堆放在场院或入窖入库遭受冻害、冷害，在北方是常见事。通常低于－1.7℃，马铃薯便受冻害。块茎外部出现褐黑色的斑块，薯肉逐渐变成灰白色、灰褐色直至褐黑色。如局部受冻，与健康组织界线分明。以后薯肉软化，水烂，特别易继而被各种软腐细菌、镰刀菌侵害。受冷害的马铃薯往往外部无明显症状，内部薯肉发灰。这类块茎煮食时有甜味，颜色由灰转暗。冷害程度较重的可使韧皮层局部或全部变色，横剖块茎，切面有一圈或半圈韧皮部呈黑褐色；严重的四周或中央的薯肉变褐，如发生在中央，则易与生理性的黑心病混淆。

防治措施：应不将田间已经受霜冻、冷害的马铃薯入窖（库）贮藏；贮库温度宜保持在 3.5～4.5℃，且库内有足够的氧气可供呼吸，故应适当通风。

② 黑心病　黑心病是马铃薯货运中的常见病。被害薯块中央薯肉变黑，甚至蓝黑色，变色部分形状不规则，与健全部界线分明，虽然变色组织常发硬，但如置于室温下，便将变软。通常由马铃薯堆贮后，呼吸所需的 O_2 不足或 CO_2 中毒引起。

故贮藏马铃薯不能堆积过高，避免贮温过高（超过 21℃）或过低（近 0℃）下贮藏太长时间。

5.3.2.3　蒜薹生理病害

① 高温致病　蒜薹贮温过高，呼吸强度大，促使体内营养由薹梗向薹苞转移，以致薹苞膨大，结出小蒜，薹梗纤维化，空心发糠，品质迅速下降。蒜薹适宜的贮藏温度为－1～0℃较为适宜。最好低温结合气调贮藏。

② CO_2 毒害　薄膜袋包装蒜薹，后期 CO_2 含量过高，往往发生中毒，表现薹梗出现黄色斑点，逐渐下陷，连接，组织坏死，水渍状腐烂，最终蒜薹断条，有时薹苞坏死，发出酒精味，伴有恶臭。严重者，整袋蒜薹烂掉。此病已成为蒜薹贮藏中的重要病害。

蒜薹气调贮藏时，一般 CO_2 不宜超过 5%，应定时通风换气，后期 CO_2 超过 13%就会中毒。

思考题：

1. 何谓果蔬的传染性病害和生理性病害？其发病的原因有何不同？
2. 各主要果品的贮藏病害有哪些？简述其防治要点。
3. 各主要蔬菜的贮藏病害有哪些？简述其防治要点。

下　篇

果品蔬菜加工

第6章
果蔬罐藏

教学目标： 通过本章学习，了解果蔬罐藏基本原理；掌握果蔬罐头加工工艺以及罐头食品贮藏和检验方法。

果蔬罐藏是将果蔬原料经预处理后密封在镀锡薄板、玻璃罐等容器或包装袋中，通过杀菌工艺杀灭大部分微生物的营养细胞，在维持密闭和真空的环境中，能够在室温下长期保藏的加工方法。凡用密封容器包装并经过杀菌而在室温下能够长期保存的食品称为罐藏食品。

罐藏食品的正式出现，应归功于阿培尔（Nicholas Appert）。他于1810年发明了用沸水煮密封瓶装的各种食品，并能长期贮存的保藏方法，被称为“阿培尔技艺”。但由于对引起食品腐败变质的主要因素——微生物还没有认识，故技术上进展缓慢。1864年法国科学家巴斯德（Louis Pasteur）发现了微生物，确认食品的腐败变质主要原因是微生物生长繁殖的结果，从而阐明了罐藏的原理，并科学地制订出罐头生产工艺。1874年施赖弗（Shriver）发明了从外界通入加热蒸汽，并配置有控制设施的高压杀菌锅，它既保证了操作安全又缩短了热处理时间，得到了普遍推广使用。1920～1923年比奇洛（Bigelow）和鲍尔（Ball）提出了用数学方法确定罐头食品合理的杀菌温度和时间的关系。1948年斯塔博和希克斯（stumbo Hicks）进一步提出了罐头食品杀菌的理论基础F值，从而使罐藏技术趋于完善。目前，罐藏工业正在向连续化、自动化方向发展，容器也由以前的焊锡罐演变为电阻焊缝罐、层压塑料蒸煮袋等。

世界罐头年产量4000万吨左右，其中水果和蔬菜罐头占70%以上，主要的生产国有美国、日本、俄罗斯、澳大利亚、德国、英国、意大利、西班牙、加拿大和中国等国家。

我国劳动人民对用密封和热处理保藏食品的可能性早已有所研究。宋朝朱翼中著《北山酒经》（1117年）也曾提到瓶装酒加药密封、煮沸，再静置在石灰上贮存的方法。我国的罐头工业创建于1906年，新中国成立前仅在沿海的少数大城市有一些设备简单的罐头食品厂，年产近500吨，新中国成立后才得到较快的发展，生产技术和设备也不断提高和完善。20世纪80年代初年产达50万吨，2006年产量已达513万吨，出口近70万吨。罐头厂2000余家，产品不仅销售国内市场，还远销多个国家和地区。

罐藏食品具有营养丰富、安全卫生，且运输、携带、食用方便等优点，可不受季节和地区的限制，随时供应消费者，无需冷藏就可长期贮存，这可以调剂食品的供应，改善和丰富人民生活，更是航海、勘探、军需、登山、井下作业及长途旅行者等的方便营养食品，同时可以促进农牧渔业生产发展。

6.1 果蔬罐藏基本原理

6.1.1 杀菌原理

罐头食品腐败变质主要是由于微生物在食品中生长繁殖和食品内所含酶的活动所致，而经过罐藏后能大大延长其保质期，是因为罐藏食品经过排气、密封和杀菌处理，杀灭了罐内能引起败坏、产毒、致病的微生物，破坏了原料组织自身的酶活性，并保持密封状态使其不受外界微生物的污染。

6.1.1.1 罐头食品杀菌的目的和意义

在罐头食品的制作过程，罐藏原料会被各种微生物污染，这些微生物能使罐藏原料腐败变质。因此罐头食品装罐密封后，必须进行热力杀菌，以杀死食品中污染的致病菌、产毒菌及腐败菌，并破坏果蔬原料中的酶，从而使罐头能够长期保存而不变质。罐头食品杀菌时，在考虑杀菌工艺的同时，必须尽可能保存食品品质和营养价值。

罐头食品的杀菌与微生物学研究领域的杀菌有一定的区别。微生物学上的杀菌是指杀灭所有微生物，达到绝对无菌状态，即将所有微生物杀死；而罐头杀菌并非要求绝对无菌，只要求不允许有上述有害微生物存在，但允许罐内残存某些微生物或芽孢。这些微生物或芽孢在罐内特殊的环境（如真空状态、pH 等）中，不会引起食品腐败变质，达到这种标准的杀菌称为“商业无菌”。

6.1.1.2 微生物的耐热性

罐头食品经过密封杀菌，防止再感染，得以长期保存。如原料加工不当，就会发生败坏，其主要原因一是由于各种微生物的侵染危害，二是各种酶类的活动引起食品变质。

(1) 罐头食品中的微生物

① 霉菌和酵母菌　霉菌和酵母菌一般都不耐热，在罐头杀菌过程中容易被杀灭。另外，霉菌属好氧性微生物，在缺氧或无氧条件下，均被抑制。因此，罐头食品很少遭到霉菌和酵母菌的败坏，除非密封有缺陷，才会引起罐头败坏。

② 细菌　细菌是引起罐头食品败坏的主要微生物。目前，所采用的杀菌理论和杀菌计算标准都是以某些细菌的致死为依据。细菌生长对环境条件要求各不相同，如水分、营养成分等，果蔬罐头食品恰好满足细菌生长的需要，残留的氧又恰好满足了嗜氧菌的生长繁殖。

细菌的生长与 pH 值密切相关。pH 值的大小会影响细菌的耐热性，从而影响罐头的杀菌和安全性。因此，按 pH 的高低将罐头食品分为低酸性、中酸性、酸性和高酸性四类。

(2) 杀菌机理　罐藏食品中的微生物种类很多，但杀灭对象主要是致病菌和腐败菌。

温度对微生物的生命活动有着极其重要的影响。任何微生物的生长和繁殖都有其最适宜的温度范围，而在此范围内活动的结果就是导致食品的腐败变质，若温度超过或低于此最适温度范围，其生长活动就受到抑制或死亡。加热促使致病菌和腐败菌死亡的原因普遍认为是由于菌体细胞内的蛋白质受热凝固变性而失去了新陈代谢的能力。温度越高，细胞内分子热运动越快，蛋白质凝固变性越迅速，细菌的死亡越快，所以细菌的营养体细胞较芽孢容易死亡，要杀死细菌的芽孢一般需要更高的温度或更长的时间。

微生物细胞内蛋白质凝固的难易程度，直接影响食品加热杀菌的效果。

(3) 微生物耐热性的表示方法　通常情况下，微生物的耐热性用温度和时间来表示。要经过耐热性的试验才能确定不同菌的耐热性。

① D 值（Decimal reduction time）　D 值表示在一定的温度下杀死 90%细菌数（或芽孢数）所需要的时间，称为加热致死时间（微生物的 D 值）。例如在 100℃下，杀死 90%某一细菌需要 10min，则该菌在 100℃下的耐热性便可用 $D_{100}=10$（min）表示。

121.1℃(250℉）的 D（DRT）值常写作 Dr。例如嗜热脂肪芽孢杆菌的 $Dr=4.0\sim4.5$min；A、B 型肉毒梭状芽孢杆菌的 $Dr=0.1\sim0.2$min。在加热致死速度曲线图上 D 值表示在纵坐标上细菌减少数为一个对数循环时，所对应的横坐标上的加热时间，它是直线斜率 K 值的倒数，表示微生物的抗热能力，不同种类微生物的 D 值不同，如图 6-1 所示。

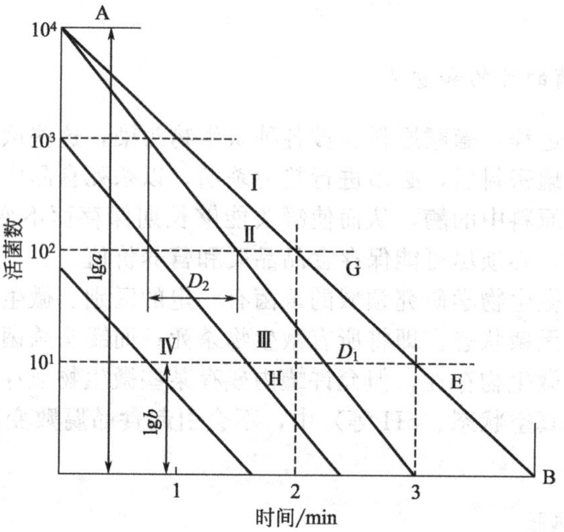

图 6-1 活菌曲线

D 值可按下式计算：

$$D=\frac{t}{\lg a-\lg b}$$

式中 t——热处理时间，min；

a——菌的初始浓度，菌的个数/毫升；

b——经 t 时间处理后残存菌浓度，菌的个数/毫升。

D 值的大小可以反映微生物的耐热性。在同一温度下比较不同微生物的 D 值时，D 值愈大，表示在该温度下杀死 90%微生物所需的时间愈长，即该微生物愈耐热；反之某菌的 D 值越小，该微生物的耐热性越弱。因此，D 值大小和微生物的耐热强度成正比。

② TDT 值（Thermal death Time） 表示在规定温度下，将处于一定条件下的细菌悬浮液或食品中某一种微生物的细胞或芽孢数全部杀死所必需的最短热处理时间（min），称为热力致死时间。微生物热力致死时间随致死温度而异。它表示了不同热力致死温度下微生物的相对耐热性。

③ F 值和 Z 值 F 值指在恒定温度下（一般 121.1℃或 100℃），杀死一定浓度的微生物所需要的加热时间（min）。Z 值即当热力致死时间或致死率减少 1/10 或增加 10 倍时，所需要提高或降低的温度值。F 值越大则表明微生物耐热性越强。F 值可用于比较 Z 值相同的微生物的耐热性。Z 值愈大杀菌效果愈小，不同种类微生物的 Z 值不相同。对于低酸性食品求 F 值时，定 Z=10℃。酸性食品采用沸水或 80～90℃热水杀菌时，一般定 Z=8℃。

F 和 Z 之间的关系如下：

$$F=\tau\times 10^{\frac{t-121.1}{Z}}$$

式中，τ 为在温度 t 下的加热致死时间；t 为加热杀菌温度。

④ TRT 值（Thermal Reduction Time） TRT 值表示加热指数递减时间，是指在某一加热温度下，将细菌数（或芽孢数）减少到某一程度，如 10^{-n} 时所需要的加热时间（min）。n 为递减指数，并用 TRT_n 表示。例如将供试验的细菌从最初的 100 万个减少到 1 个时即减少到 $1/10^6$ 个需要 5min，那么 TRT_n 就可用 TRT_6=5min 表示。

6.1.2 影响杀菌的因素

6.1.2.1 罐头食品在杀菌前的污染程度

罐头食品从原料采收、进厂到加工，经常会被微生物污染。所污染微生物的种类及污染程度与原料状况、工厂环境卫生、车间卫生、机器设备卫生、工艺条件、工作人员卫生等有密切关系。微生物种类不同，其耐热性有明显差别。即使同一种细菌，菌株不同，其耐热性也有很大差别。一般说，营养细胞在70～80℃左右温度下加热，很短时间便可杀灭。而细菌芽孢的耐热性很强，其中又以嗜热菌的芽孢为最强，在55℃时生长得很好，最高能耐75～80℃热处理。同时芽孢的耐热性因加热处理前的状态（如菌龄、贮藏环境）不同而不同。几种细菌芽孢的耐热性列于表6-1。

表6-1 细菌芽孢的耐热性

细菌种类	致死时间/min	
	100℃	121℃
枯草杆菌	120	30
马铃薯杆菌	110	25
肉毒杆菌A	300	12
肉毒杆菌B	150	12

微生物的耐热性与一定容积中所污染微生物的数量有关，最初所污染微生物的数量越多，所需的致死时间就越长。

6.1.2.2 食品原料

食品原料营养丰富，是微生物生长繁殖的良好培养基。下面从杀菌角度来考查食品化学成分对微生物耐热性的影响。

(1) pH值　食品的pH值反映食品的酸碱程度，对微生物活动的影响很大。pH值可以改变细胞原生质膜的渗透性，从而影响微生物对营养物质的吸收，进而影响代谢过程中酶的活性。在某种程度上pH值决定食品中的微生物种类以及肉毒梭状芽孢杆菌能否生长和产生毒素，是影响杀菌条件的重要因素。

pH值可以影响微生物对热的抵抗力。在一定温度下，pH值越低，微生物及芽孢的耐热性越差。根据腐败菌对不同pH值的适应情况及其耐热性，罐头食品按照pH不同常分为低酸性、中酸性、酸性和高酸性四类。在罐头工业中酸性食品和低酸性食品的分界线以pH4.6为界。对低酸和中酸性食品的杀菌主要取决于肉毒杆菌的生长习性。常见污染食品的腐败菌耐热性最强时的pH值见表6-2。

表6-2 常见污染食品腐败菌耐热性最强时的pH值

菌　名	pH值	菌　名	pH值
粪链球菌	6.8	多黏芽孢杆菌	7.0
鼠伤寒沙门菌	6.5	生芽孢梭状芽孢杆菌	6.6～7.5
金黄色葡萄球菌	6.5	肉毒杆菌33A	6.7～7.0
枯草芽孢杆菌	6.0	生芽孢梭状芽孢杆菌PA3679	7.0
巨大芽孢杆菌	7.0～7.5		

罐头食品工业中，通常采用产生毒素的肉毒梭状芽孢杆菌的芽孢作为杀菌对象，后来又提出两种耐热性更强、能致腐败但不致病的细菌 *Putrefactive Anaerobe* 3679（P.A.3679）

和 *Bacillus stearothermophilus*（F. S. 1518）作为杀菌对象，这样将进一步提高罐头杀菌的可靠性。P. A. 3679 在不同 pH 值时的耐热性 D 值见表 6-3。

表 6-3 pH 值对 P. A. 3679 生芽孢梭状芽孢杆菌的影响

pH	D 值/min			
	加热磷酸缓冲液培养基		加热豌豆泥培养基	
	110℃	115.6℃	110℃	115.6℃
7.0	15.9	6.4	25.3	8.9
6.0	15.0	5.4	24.5	6.5
5.0	10.6	4.0	16.7	3.7

环境的 pH 值相同时，酸的种类不同也会使细菌的耐热性有所不同，酸的种类对杀菌效果的影响由强到弱的顺序是：醋酸、乳酸、柠檬酸。

（2）水分　微生物发育期细胞含水量为 75%～80%，芽孢的含水量为 6%～17%。这些水分在细胞中以自由水和结合水的状态存在，并与外界环境中的水分保持着平衡关系。细胞外的水分无论是对细胞内水分的含量，还是对细胞内所含水分的状态都具有重要的影响。

实验表明，细菌芽孢的耐热性随所处环境中的水分活度 a_w 的变化有一定的一致性，当孢子在 $a_w=0.2\sim0.4$ 范围时，表现出耐热性最强，达到 $D_{110℃}=2\sim4h$；而在 $a_w=0.2$ 以下时，耐热性则减弱，当 $a_w=0.00$ 时，$D_{110℃}=0.5\sim30min$；$a_w>0.4$ 时，D 值显著降低；$a_w=1.0$ 时，除凝结芽孢杆菌、嗜热解糖梭状芽孢杆菌的孢子耐热性降低得较少外，其余的耐热性都降至最弱。

（3）糖　装罐的食品和填充液糖的浓度越高，则杀菌时间越长。添加蔗糖时，糖水浓度的增加将导致芽孢的耐热性增强，但如果浓度增加到一定程度后，由于造成高渗透压环境，反而对微生物的繁殖产生抑制作用。研究表明，随着添加糖浓度的增加，食品的水分活度 a_w 值将不断下降，细菌的耐热性 D 值则有所增加。

（4）蛋白质　食品中的蛋白质在加热时对细菌有一定的保护作用，但对其保护作用的机理目前还不十分清楚。有人认为是由于蛋白质分子之间或蛋白质与氨基酸之间相互结合，从而使微生物蛋白质产生了稳定性。还有人认为是因为微生物细胞表层外蛋白质的凝固变性，对蛋白质包裹的微生物细胞起到保护作用。

酶是一种生物催化剂。果蔬原料中的酶在 79.4℃ 条件下几分钟就会发生不可逆失活。但是在生产实践中发现，有些酶如果没有完全被钝化，还会导致酸性、高酸性食品的腐败变质。其中过氧化物酶对高温的抗性最强，因此常将罐藏食品中的过氧化物酶系的钝化作为酸性罐头食品杀菌的指标。

（5）食盐及其它　低含量的食盐溶液（2%～4%）对芽孢的耐热性有增强作用，但随着含量的增高将使芽孢的耐热性减弱。如果含量高达 20%～25%时，细菌将无法生长。肉毒梭状芽孢杆菌在 8%以上的食盐含量下，不会产生毒素。

当食品中加有各种添加剂、防腐剂、杀菌剂共同存在时，它们对细菌的耐热性会产生一定的影响。很多香辛料中的芳香油及芥末、丁香、洋葱、胡椒、大蒜等一类调味品常具有防腐作用，它们能降低细菌芽孢的耐热性。

6.1.2.3 热的传递

罐头食品热量传递的基本过程是热量由蒸汽或热水传给罐头外壁表面，通过罐壁传到罐内食品，再传到罐头中心，然后随着加热杀菌时间的延续，罐头中心温度逐渐上升，并达到规定的杀菌温度。各种食品罐头的传热方式和速度不相同，同时还受到各种因素的影响，在传热过程中罐内各部位上的食品受热程度也不一样，因而，在相同热力杀菌工艺条件下，各种食品罐头，甚至同一罐头内各部位上的杀菌效果不一定相同。了解食品的传热方式和传热速度，对制订合理的食品杀菌工艺条件非常重要。

(1) 罐头食品的传热方式　罐头食品的传热方式基本上可归纳为传导、对流、对流传导结合三种。罐头容器全部靠传导传递热量，罐内食品的传热方式则视食品的性质而定。

① 传导　加热和冷却过程中，受热温度不同，分子所产生的振动能量不同，在分子之间相互碰撞下，热量从高能量分子向邻近低能量分子依次传递的方式称为传导。在加热和冷却过程中，罐内壁和罐内几何中心之间将出现温度梯度。热量总是从高温向低温方向传递，即在加热时，热量向罐头几何中心传递，冷却时，热量向罐壁传递。因此罐内各点的受热程度并不一样，传导传热最慢的一点，一般都在罐头几何中心，如图 6-2 (a) 所示，此点称为冷点，它是加热时罐内温度的最低点，冷却时温度的最高点。

食品原料都是传热的不良导体，以传导方式传热的罐头食品热力杀菌时，冷点温度的变化缓慢，故加热杀菌时间较长，但并不是所有食品都以传导方式传热。属于这种传热方式的罐头有固体食品和黏稠度较高食品，如干装食品、午餐肉、火腿肉、浓缩汤类、糊状玉米、南瓜、肉类、高浓度番茄酱食品等。

② 对流　借助于液体和气体流动传递热量的方式称为对流，即流体各部位上的质点发生相对位移而产生的热交换。罐头食品（包装食品）内的对流一般为自然对流。液态食品在加热介质与食品间温差的作用下，部分食品受热后迅速膨胀，密度就降低，比未受热的或温度较低部分的食品轻，轻者上升重者下沉，形成了液体的循环流动，并在不断受热过程中进行热交换，这样在加热和冷却过程中，罐内各点的温度比较接近，温差很小传热速度快，所需要的加热杀菌时间或冷却时间较短。对流传热罐头食品的冷点在罐头轴上约离罐底 20～40mm 的部位，如图 6-2 (b) 所示。

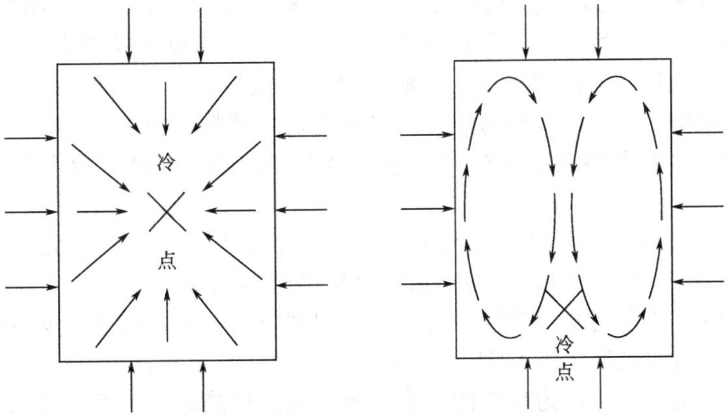

(a) 传导加热 (固体食品)　　(b) 对流加热 (液体食品)

图 6-2　罐头传热的冷点

一般来说，装有糖水、盐水或其它低黏度液体的罐头，如果汁、蔬菜汁、稀的调味汁等就是以对流传热为主的食品。还有一部分食品，液体和小块水果、蔬菜、鱼、肉同装在罐头（容器）内，属缓慢型的对流传热，如片状蘑菇、清水青豆等。

③ 对流传导结合　食品加热杀菌处理时对流和传导传热同时存在，或者相继出现称为混合型传热。如糖水水果、盐水香肠等罐头，其罐内液体是对流传热，而固体则为传导传热，属于同时发生的混合型传热；乳糜状玉米罐头，某些浓汤罐头是先对流传热，加热后由于淀粉糊化，便由对流转为传导传热，冷却时也是传导传热。先传导传热后对流传热的罐头食品比较少见，它在冷却时则以对流方式冷却，苹果沙司罐头就属于这类。苹果沙司罐头开

始杀菌时因糖的浓度高，黏度大，属于传导型传热，随着温度升高，糖液的黏度下降，流动性增加，逐步转为对流型传热。还有一类食品，加热初期，沉积在罐底上的固态食品占全罐容积的2/3，因而最初以传导方式传热，当液体对流的力量足以悬浮固态食品，并使它随着液体循环流动时，它就以对流方式传热。如原汁贝类罐头，开始加热时，由于装入的是无汤汁的块形食品，故为传导传热，由于加热使贝肉脱水，汤汁逐渐增多，便开始对流和传导同时进行，冷却阶段也如此。混合型传热的速度介于传导和对流型之间。

(2) 影响罐头传热的因素　罐头食品的传热状况，对罐头的加热杀菌效果有明显影响。罐头在杀菌锅内加热杀菌时，通过热水或蒸汽供应热量，从罐头外侧表面向罐内传递热量是遵循热的传导和对流规律的。一般说，罐头中心附近传热最慢。因此罐头中心温度是影响杀菌的重要因素。罐头传热受到下列因素的影响。

① 罐头食品的物理特性　与传热有关的食品物理特性，主要是形状、大小、浓度、密度、黏度等。食品的物理特性不同，传热方式就不同，传热速度也不同。

a. 流体食品　这类食品的黏度和浓度不大，如果汁、肉汤、清汤类罐头食品，加热时产生对流，属对流传热型，传热速度较快。

b. 半流体食品　这类食品虽呈流体状态，但浓度较大，如番茄酱、果酱、水果沙司等罐头食品，加热杀菌时不产生对流，或对流很小，主要靠传导传热，传热速度较流体食品慢。这类食品中的糖分、淀粉、果胶等的含量对传热速度产生很大影响。随着浓度、黏稠度和密度的增加，其传热方式趋向于传导为主，传热速度下降。

c. 固体食品　干装（或水分含量极少）食品，如面条、粉条、豆沙、枣泥、蔬菜酱、果胶和果泥罐头；肉类与谷物混合制品，如午餐肉；加有浓厚调味汁的蔬菜肉类混合食品；这类食品呈固态或高黏度状态，加热杀菌时，罐头食品不产生流动，是以传导方式传热，传热速度较慢。

d. 流体和固体混装食品　这类食品既有流体又有固体，传热状态是很复杂的。如糖水、清水、盐水类果蔬罐头食品等。这类食品的块形、大小、装罐方式等也会影响到传热速度。这类食品是以导热与对流结合型传热。一般来说，小颗粒、条、块形食品，在加热杀菌时，罐内的液体容易流动，以对流传热为主，传热速度比大颗粒、条、块形食品快。大块形食品是对流-传导型传热。层片装食品的传热较慢。竖条装食品，液体可以上下流动，传热速度比层片装食品快。

② 罐头食品的初温　罐头食品的初温是指杀菌刚刚开始时，罐内食品中心温度（即冷点温度）。传导型罐头食品（包装食品）加热时初温的影响极为显著，初温与杀菌温度之间温差越小，罐头中心加热到杀菌温度所需要的时间越短。如有两罐玉米罐头同时在121℃温度中加热杀菌，它们加热到115.6℃时，初温为21.1℃的罐头需要加热时间为80min，而初温为71.1℃的则仅需40min，为前者的一半。但对流型传热罐头，尤其是对流强烈的罐头食品，食品初温对加热时间没有显著影响。如葡萄汁罐头，初温为16℃和70℃时，加热到杀菌温度需要的时间都在28～29min以内，而杀菌锅温度上升到杀菌温度的时间也需20min。

③ 罐藏容器

a. 容器材料、大小、形状对杀菌传热的影响　食品包装容器的热阻对传热速度有一定影响。它取决于容器的厚度（δ）与热导率（λ），可用δ/λ值表示。不同的容器其传热速度也不相同。玻璃罐的热阻最大，其次铁罐，再次铝罐，因此传热最快的是铝罐，铁罐次之，玻璃罐最慢。

热力杀菌中，传热方式的不同将导致包装容器材料热阻、食品材料热阻对传热速度和加热时间的影响有所不同。传导型罐头食品杀菌时加热时间主要取决于食品的导热性，而不取决于罐壁（包装材料）的热阻；而对流传热型罐头食品（包装食品）杀菌时间却取决于容器的热阻。

食品包装容器大小对传热速度或加热时间也有影响。容器增大，不论增加罐径 D（横向尺寸）或罐高 H（纵向尺寸），加热杀菌时间都将相应增加。

罐头容器的形状对它的传热或加热时间也有影响。其形状对杀菌传热的影响取决于 H/D 比值，常用比值为 0.4～4.0。容积相同时，$H/D=0.25$ 的罐头加热时间最短。

b. 软包装食品杀菌的传热　堤阳太郎（1975）进行了袋装食品与罐头的传热比较的研究，如图 6-3 所示。

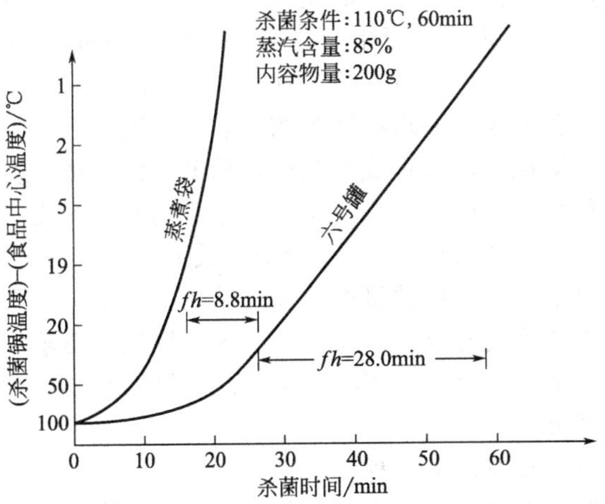

图 6-3　蒸煮袋与罐头食品传热速度的比较

图中 fh 作为传热速度指标（fh：称为加热特性值，是使杀菌锅温度和蒸煮袋的中心温度之差变为 1/10 所需要的时间，min）。蒸煮袋的 fh 为 8.8min，而金属罐的 fh 为 28.0min。在杀菌锅为 120℃、食品温度为 100℃的情况下，加热终了时它们之间的差值变为 20℃的 1/10 为 2℃。也就是说，食品的中心温度达到 118℃时，蒸煮袋所需要的加热时间为 8.8min，金属罐则需要 28.0min。因为袋子比罐头扁平，所以传热较快。对于软罐头的传热，取决于食品本身的温度传导率和食品的厚度。袋装食品传热速度的指标 fh 可用下式表达。

$$fh=\frac{2.303}{9.87}\times\frac{\text{包装食品厚度}}{\text{内容物的温度传导率}}$$

上式表明，fh 与包装食品的厚度和食品的温度传导率有关。

④ 杀菌设备　杀菌设备有回转式（或称旋转式）杀菌釜和静置式杀菌釜。罐头食品在回转式（或旋转式）杀菌设备内杀菌时，处于不断旋转状态中，因而其传热速度比在静置式杀菌设备内杀菌时快，也比较均匀。回转式杀菌设备对传导对流混合型传热的罐头食品及流动性较差的层装罐头如桃片、番茄、叶菜等尤其有效。

(3) 海拔高度　海拔高度影响气压的高低，故能影响水的沸点温度。通常每增高 300m，水的沸点就要降低 1℃左右，因此，杀菌时间应相应增加。一般海拔升高 300m，常压杀菌时间在 30min 以上的，应延长 2min。

6.2　罐藏原料

果蔬原料对果蔬罐藏制品品质的影响主要体现在制品的色泽、风味、质地、大小及原料的利用率等方面。因此，正确地选择罐藏原料，是保证制品质量的关键。罐藏对果蔬原料的要求比较严格，虽然大部分水果和多数蔬菜都可罐藏，但其适应性在品种、品系之间常有较大的差异，以致罐藏常局限于少数品种，这些罐藏性能良好的品种称为罐藏用种或罐藏专用种。它们与鲜食品种虽有不少相同之处，但有其特殊的品种特性。

6.2.1 水果罐藏原料

对罐藏水果原料的要求包括品种栽培和加工工艺两个方面。品种栽培上要求树势强健，结果习性良好，丰产稳产，抗逆性强等。这是一切良种所必备的条件，罐藏用种也不例外。工艺上的要求依当前的加工工艺过程和成品质量标准而定。为使成品达到一定的色香味，要求糖酸含量适中，以及无异味的质量要求。在品种成熟期方面，要求早、中、晚熟品种搭配，但常以中、晚熟品种为佳，因后者品质常优于早熟品种，且有较好的耐藏性，可以延长工厂的生产季节；在成熟度方面，要求有适当的工艺成熟度，便于贮运、减少损耗、能经受工艺处理和达到一定的质量标准，这种成熟度往往稍低于鲜食成熟度，称之为罐藏成熟度。

水果罐藏的工艺过程大致为原料处理（包括洗涤、切分、去皮、去核、预煮、酸碱处理等）、装罐加糖液，再经排气、密封、杀菌和冷却，最后包装。其中原料处理和加热杀菌对原料有特殊要求。为了便于原料处理的机械化和自动化，要求果实形状整齐、大小适中；为避免预煮、酸碱处理和加热杀菌时果块组织溃烂，汤汁混浊，要求果肉组织紧密，具有良好的煮制性。此外，为减少加工过程中的损耗，降低原料的消耗定额，提高产品率，要求果皮、果核、果心等废弃部分少。

用于罐藏的水果原料主要有以下几种。

（1）柑橘　用于制取全去瓤衣和半去瓤衣的糖水橘片罐头的品种，由于工艺上需去皮和分瓤，所以只有宽皮橘类才符合这一要求。生产上以全去瓤衣品质为上，主要生产国有日本、中国、西班牙、摩洛哥、南非和以色列。目前我国橘子罐头年产量已接近 50 万吨，占世界橘子罐头产量的 75%以上，其中，年出口量达 30 万吨，占世界橘子罐头贸易量的 70%以上，已成为世界橘子罐头的中心产地。

加工上用于罐藏的柑橘，要求剥皮容易，橘瓤紧密，色泽鲜艳，香味浓郁，糖分含量高，糖酸比合适。果形扁圆，大小适中，果形指数（横径/纵径）在 1.30 以上，橘片形状接近半圆形且整齐，容易分瓤，以无核为佳，果皮薄，橙皮苷含量低，果实横径 50～70mm（重约 50～100g），耐热力强，有利于杀菌，耐贮运，成熟度要求充分成熟。

世界橘片罐头主产中国。日本、西班牙用普通温州蜜柑制取，摩洛哥用克莱门丁（Clementine）红橘制取，我国用温州蜜柑制取，此外还有本地早、芦柑、四川红橘、朱红等。温州蜜柑中品系甚多，以中、晚熟的较好，因早熟温州蜜柑瓤衣薄，果肉较软易破碎，色浅味淡，不耐贮藏，成品白色沉淀多，质量欠佳。用于罐藏的普通温州蜜柑品系主要有尾张、宫川、南柑 20 号、林温州、山田等。我国罐藏温州蜜柑的主要良种有：浙江的宁红、海红、石柑，湖南的涟源 73-696，四川的成风 12-1 及南方各省均有栽培的宫川、尾张。

本地早的罐藏适应性仅次于温州蜜柑，其优点为果肉硬度较好，果形大小和橘瓤大小适当，果肉色泽较深，成品白色沉淀少。但其缺点为早熟且不耐贮藏，酸分较低、风味较淡、种子多（种子重量占全果的 1.56%～1.88%），故加工费时，所以不及温州蜜柑。目前推广的少核优良罐藏本地早品种有浙江黄岩的新本 1 号和福建的黄斜 3 号本地早，种子少，加工性能好。作为半去瓤衣橘子罐头的原料，四川用大红袍红橘，广东、广西用蕉柑和温州蜜柑，福建用福橘，浙江用早橘，相比之下，以温州蜜柑和早橘为好。

（2）桃　糖水桃是世界水果罐头中的大宗商品，生产量和贸易量均居世界首位，年产量近百万吨，其中美国约占 2/3。桃的罐藏品种要求如下。

① 色泽　白桃应白色至青白色，果尖、合缝线及核洼处无花青素，白桃不含无色花青素。黄桃含有多量的类胡萝卜素，果肉金黄色至橙黄色，若稍有褐变也不如白桃明显，且具有波斯系及其杂种所特有的香气和风味，其品质优于白桃。

② 肉质要求不溶质　不溶质桃果实耐贮运及加工处理，生产效率高，原料吨耗低。而溶质品种，尤其是水蜜桃，不耐贮运，加工中碎破多，损耗大，劳动效率低，成品常软塌、烂顶和毛边，质量差。

③ 种核应黏核　黏核种肉质较致密，粗纤维少，树胶质少，去核后核洼光洁；离核种则相反。所谓的"罐桃品种"常指黄肉、不溶质、黏核品种。此外，罐藏用桃还要求果实横径在55mm以上，个别品种可在50mm以上，蟠桃60mm以上，果形圆整，核小肉厚，可食率高；风味好，无显著涩味和异味，香气浓；成熟度接近成熟，单果各部位成熟一致，后熟较慢等。

美国的罐桃品种最多，主要的罐藏品种有三个类型：早熟种以泰斯康（Tuscan）为主，中熟种以Paloro为主，晚熟种为菲利浦（Phillips），都是黄肉不溶质黏核品种。

日本供罐藏加工的黄肉桃品种有爱保太（Elbert），晚黄金，罐桃2号、5号、12号及14号，明星等，都是日本引进黄桃后培育出来的；另有少量的白桃品种如山下、大久保、冈山白等。

我国用于罐藏的黄桃品种有黄露、丰黄、连黄、橙香、橙艳、爱保太黄桃和日本引进的罐桃5号、罐桃14号、明星；另有不溶质白肉60-24-7、京玉白桃、北京24、大久保白桃、简阳白桃、白凤、新红白桃、白香水蜜桃、中州白桃、晚白桃等白桃也用于罐藏。

(3) 菠萝　又名凤梨，是一种重要的罐藏原料。近年来菠萝罐头出口量呈逐年递增的趋势，主要出口美国、欧盟等市场。制品有圆片、扇形块、碎块和菠萝米等。菠萝的罐用品种要求果实新鲜良好，果形呈长筒形，果心小而居中心位置，纤维少，果眼浅，果肉黄色，呈半透明，风味浓，糖酸适合；无黑心、水泡、霉烂和褐斑等损伤和缺陷。果实在充分成熟时才能达到最好的风味和品质，供罐藏的果实应在成熟时采收，不但能提高制品质量，而且还能获得较高的产量，充分成熟的果实应尽快加工。

菠萝的罐藏良种有无刺卡因（Smooth Cayenne）、沙捞越（Sarawak）、巴厘（Comtede Paris），要求横径80mm以上。另外，菲律宾、红色西班牙（Red Spanish）、皇后（Queen）、台湾种、本地种等亦可作罐藏。

(4) 荔枝　荔枝是我国特产水果，罐藏用品种的果实较大而圆整，要求果实横径在28mm以上，个别品种可在25mm以上；核小肉厚，果肉洁白而致密，风味正常，无开裂、流汁、干硬，糖分高、香味浓、涩味淡，酶褐变轻微或不褐变。罐藏品种以乌叶最佳，也可采用淮枝、陈紫、大造、上番枝、下番枝、尚书怀、桂味等。一般要求果实八至九成熟时采收。

(5) 龙眼　龙眼为我国南方特产佳果。罐藏要求果实大，横径在24mm以上，个别品种可在20mm以上；肉厚核小，肉质致密，风味正常，乳白色，不易褐变的品种。罐藏品种以福建泉州的福眼、厦门同安的水涨、福州的南圆种为好，此外还有东壁（糖瓜蜜）、石硖等品种。

(6) 苹果　苹果不是重要的罐藏原料，也没有专用品种。一般要求果实大小适当，果实横径在70mm以上，果形圆整，果肉致密呈白色或黄白色，果肉硬而有弹性，耐煮制，无明显的褐变现象，风味浓、香气好，成熟后果肉不发绵等。罐藏性能较好的有红玉和醇露，其它还有国光、翠玉、青香蕉、青龙、印度、柳玉、凤凰卵等。此外，我国的小苹果类用来罐藏的有黄太平、白海棠和红铃果。一些肉质绵软的品种，煮制后肉色淡红或黄色均不适于罐藏。英国常用布瑞母里实生（Bramleys seedling），日本采用金帅、惠、红元帅等。

（7）梨 罐藏对梨的要求是果实中等大小，果面光滑，果形圆整或“梨形”；果心小，肉质细致，风味好，香味浓，石细胞与纤维少，肉白色；加工过程中无明显褐变，不具备无色花青素的红变现象；成熟适度，果肉硬度达7.7～9.6kg（用顶尖直径8mm的硬度计），耐贮运。巴梨（Bartlett）是西洋梨中供罐藏的专用种，其它还有大红巴梨（Max-Red Bartlett）、拉·法兰西（La France）、秋福（Kieffer）、大香槟（Grand Champion）等均可罐藏。中国梨和日本梨仅限于内销产品，因它石细胞多和缺乏香气之故。日本梨以长十郎为好，其它如二十世纪、菊水、八云、晚三吉、黄蜜、今村秋等也可少量加工。中国梨用作罐藏的有莱阳的茌梨、河北的鸭梨、辽宁的秋白梨、河北赵县的雪花梨、延边的苹果梨等品种。

（8）杏 罐藏杏要求果实中大，横径35mm以上，个别品种可在30mm以上；果肉厚，肉质致密，粗纤维少，色泽黄亮，风味浓郁，耐煮制和运输，易去皮；成熟度适当，过熟会软烂而不耐加工处理，过青的果实罐藏后有苦涩味。我国的杏罐用种有辽宁的大红杏、大杏梅，河北的串枝红，河南的鸡蛋杏，山东的荷包榛、玉杏和北京的铁巴达、红桃、黄桃、老爷脸等。美国的罐藏杏品种有Royal、Moorpork和Tilton等品种。

（9）猕猴桃 罐藏品种要求果实圆形、椭圆形，肉色黄白，风味酸甜适口，香味浓郁的无毛品种，而有毛品种因果肉青绿、果心大、籽多、味酸、成品色泽暗淡而不适于罐藏。我国各地选育的罐藏品种有江西的庐山79-2，奉新县的F-T-79-3，福建建宁县的D-13、D-15、D-16、D-25，此外还有从新西兰引进的海沃德（Hayward）、布鲁诺（Brono），罐藏适性也比较好。

（10）草莓 选择果形中大且整齐、色泽鲜红、质地紧密、含糖量高、甜酸适口、耐热煮性好的品种。采收以果实转色为宜，加工前还需进行硬化处理，防止烂果。品种有群星等。

6.2.2 蔬菜罐藏原料

用作罐藏的蔬菜原料要求新鲜饱满，成熟适度且一致，具有一定的色、香、味，肉质丰富、质地柔嫩细致，粗纤维少，无不良气味，没有虫蛀和霉烂以及机械损伤，能耐高温处理。罐藏蔬菜原料的选择通常从品种、成熟度和新鲜度三个方面考虑。

罐藏用的蔬菜品种极其重要，不同的产品均有其特别适合于罐藏的专用种，对原料也有一些特殊的要求。如青刀豆应选择豆荚呈圆柱形、直径小于0.7cm，豆荚直而不弯，无粗纤维的品种；蘑菇要采用气生型；番茄应选择小果型、茄红素含量高的品种。

蔬菜原料的成熟度对罐藏蔬菜色泽、组织、形态、风味、汤汁澄清度有决定性影响，与工艺过程的生产效率和原料利用率关系密切。不同的蔬菜种类、品种要求有不同的罐藏成熟度，如豌豆罐头应选用幼嫩豆粒，蘑菇罐头应用不开伞的蘑菇，罐藏加工的番茄要求可溶性固形物含量5%以上，番茄红素含量达到12%以上。

罐藏用蔬菜原料越新鲜，加工的质量越好。损耗率也越低。因此，从采收到加工间隔时间越短越好，一般不要超过24h。有些蔬菜如甜玉米、豌豆、蘑菇、芦笋等应在2～6h加工。如果时间过长，甜玉米或青豌豆粒的糖分就会转化成淀粉，风味变差，杀菌后汤汁混浊。

用于罐藏的蔬菜原料主要有以下几种。

（1）番茄 世界各地均有番茄栽培，它色泽鲜艳、风味良好、营养丰富。用于罐藏加工有较长的历史，产品主要有番茄酱、整装番茄、番茄汁和调味番茄酱等。

供罐藏的品种，要求果形中等，果面光滑，颜色鲜红而全果着色均匀，果肉丰实，果心小，种子少，番茄红素、可溶性固形物及果胶含量高，酸度适当，香味浓且抗裂果。用作整装番茄的果实，横径在30～50mm之间为宜，生产番茄汁的应选大果型为好，而生产番茄酱等制品应采用大果型番茄与小果型番茄混合搭配较好。

许多国家都有自己的罐藏加工专用品种，如美国的Pearson、Roma、Chico、H1370、Red

Rock和Success，意大利的Acc、San Marzano，日本的赤福3号、大罗马，匈牙利的Kecskemet 262，K815、K529等品种。我国用于罐藏的品种有红玛瑙140、新番4号、佳丽矮红、罗城1号、罗城2号、北京早红、浦红1号、罗马、浙江1号、浙江2号、扬州红、奇果等。

（2）芦笋 芦笋也称石刁柏，是一种多年生宿根性植物，食用部分是其幼嫩带有细小鳞片的嫩茎。供罐藏加工的芦笋有两种类型：一种是在培土条件下生长的白色芦笋，在未形成叶绿素之前，于地下15cm处切取，以肉质白嫩，清香者为上；另一种类型是长出地面的绿色芦笋，待其长到10～15cm高时自地面切取。芦笋在采收后组织变化很快，易木质纤维化和弯曲，采后应迅速加工处理。

优良的罐藏品种要求植株生长旺盛，早熟、丰产、抗病；组织致密，粗壮幼嫩，乳白色或绿色，粗细一致，不弯曲，不开裂，无空心；肉质细嫩、纤维少，滋味、气味鲜美，没有苦味或苦味少，目前我国普遍引用的罐藏良种有美国的玛丽华盛顿（Mary Washington）和玛丽华盛顿500，另外还有Martha Washington，Schwetizinger Meisterchuss等。

（3）竹笋 竹笋是我国特产。供罐藏的竹笋有冬笋和春笋。冬笋系未出土之前掘取，这时组织脆嫩，粗纤维少，肉质呈乳白色或淡黄色，味道鲜美，没有苦涩味；要求无病虫害，笋肉无损伤。春笋原料要求新鲜质嫩，肉质白色，笋体充实无明显空洞，无霉烂、无病虫害和机械伤，不畸形，不干缩。罐藏优良品种有产于福建、广东、广西、海南、台湾等地的绿竹笋和麻竹笋，浙江天目山区所产的早竹笋、石竹笋及广笋；陕西秦岭以南和长江流域的毛竹笋和淡竹笋。

（4）蘑菇 供罐藏的蘑菇要求伞球质地厚实，未开伞，色泽洁白，无异味，有蘑菇特色的香气。整菇罐头要求菌盖直径18～40mm，菌柄切口平整，不带泥根，无空心，柄长不超过15mm，菌盖直径30mm以下的菌柄长度不超过菌盖直径的1/2（菌柄从基部计算）。片菇和碎菇采用菇色正常，无严重机械损伤和病虫害的蘑菇，菌盖直径不超过60mm，菌褶不得发黑。蘑菇采后极易褐变和开伞，故采收后到加工前的处理要及时，或用亚硫酸盐溶液进行护色，尽量减少露空时间。

用于罐藏的品种均为白蘑菇。如浙农1号，上海白蘑菇（洋蘑菇）、嘉定29号、南翔3号、索密塞尔11号等。

（5）四季豆 又称青刀豆。罐藏上要求新鲜饱满，色泽深绿，脆嫩无筋，豆荚横断面近似圆形，肉质丰富，成熟一致，豆荚不弯曲。最主要的罐藏品种是美国的蓝湖（Bluelake），其它还有长箕（Extender）、顶簇（Topmost）、嫩荚（Tender crop）、嫩白（Tender white）和嫩绿（Tender green），意大利的丰收（Top crop）、纤绿（Slimgreen）和长荚白（Slender white），日本的黑三度和白三度，法国的旦冈（Digoin）和曲兰奔（Drabant），荷兰的阿姆保依（Arnboy）、瓦尔雅（Valja）和马克西多尔（Maxidor）等。我国供罐藏用的主要品种有小刀豆、棍儿豆、白子长箕、曙光等品种。

（6）青豆（青豌豆） 罐藏品种：要求丰产，植株生长一致，豆粒光滑饱满，质地鲜嫩，含糖量高，粒小有香气，色泽碧绿，种脐无色，植株上豆荚成熟一致。罐藏豌豆品种有两种类型，一种是光粒种，另一种是皱粒种。所谓皱粒种是指豌豆老熟干燥后的表现，在幼嫩时种皮仍是保持光滑，此类品种成熟早，色泽保持好，风味香甜，但不及光粒种丰实。红花豌豆因种脐黑色，不宜用做罐藏。

最有名的罐藏品种是阿拉斯加（Alaska），此外还有派尔范新（Perfection）、大绿537（Green Giants）。日本用冈山绵荚、白姬豌豆和滋贺改良白花等。我国生产上常用小青荚、大青荚、宁科百号等，目前有中豌4号、中豌6号等。

（7）甜玉米 玉米有粉质和糖质两种类型，粉质类型只作粮食和饲料，糖质类型主要用于罐藏加工，因其糖含量甚高，口味甜糯，所以称为甜玉米。甜玉米罐头有整粒、糊状或两者相混进行装罐。罐藏上要求甜玉米糖含量高，种粒柔嫩、风味甜香，耐煮，色泽金黄或白色，成熟度整齐一致。甜玉米从甜与柔嫩阶段到粗硬多淀粉阶段时间很短，要在适当的成熟度采收。过嫩使产品稀薄呈汤状；过熟则失去甜香风味，淀粉过多，质地老硬粗糙，品质劣变。甜玉米采收后应及时加工，否则糖分转化快，甜度降低，品质下降。罐藏甜玉米的主要品种有 Stowell's Evergeen、Country Gentleman、Golden Bantam、Croshy 等。我国甜玉米罐藏品种有甜单 1 号、华甜 5 号、农梅 1 号和甜玉 26 等。

(8) 黄瓜 黄瓜常加工成酸黄瓜罐头。罐藏要求黄瓜无刺或少刺，新鲜饱满，深绿色，瓜形正常，组织脆嫩（种子尚未发育），直径 30～40mm，长不超过 110mm，粗细均匀，无病虫害及机械伤。常用的黄瓜罐藏品种有哈尔滨小黄瓜和成都的寸金子等。

6.3 罐藏工艺

果蔬罐藏工艺包括原料的预处理、装罐、排气、密封、杀菌、冷却、保温和商业无菌检验等。

6.3.1 原料预处理

6.3.1.1 原料的选别和分级

原料的分级包括原料的大小、重量和品质的分级。选别是指进厂的原料进行粗选，剔除虫蛀、霉变和伤口大的果实，对残、次果和损伤不严重的则先进行修整后再应用。其目的在于使成品质量均一，保证后续各项工艺过程的顺利进行。如将柑橘进行分级，按不同的大小和成熟度分级后，就有利于制订出最适合于每一级的机械去皮、热烫、去囊衣条件，从而保证有良好的产品质量和数量，同时也降低能耗和辅助材料的用量。

果品的分级包括大小分级、成熟度分级和色泽分级几种，视不同的果品种类及这些分级内容对果品加工品的影响而分别采用一项或多项。

在我国，成熟度分级常用目视估测的方法进行。在果品加工中，桃、梨、苹果、杏、樱桃、柑橘等常先要进行成熟度分级。大部分目视分成低、中、高三级，以便于能合理地制订后续工序。如供制整装番茄罐头的原料，要选择色泽红艳夺目、形态圆正、体积不大的为好。速冻酸樱桃常用灯光法进行色泽和成熟度分级。

色泽的分级与成熟度分级在大部分果品中是一致的，常按色泽的深浅分开。除了在预处理以前分级外，大部分罐藏果品在装罐前也要进行色泽分级。

按体积大小分级是分级的主要内容，几乎所有的加工果品均需按大小分级。

分级的方法有手工分级和机械分级。手工分级在生产规模不大或机械设备配套不全时采用，同时可配备简单的辅助工具，如圆孔分级板、蘑菇大小分级尺等。除分级板外，有根据同样原理设计而成的分级筛，适用于果品，而且分级效率高，比较实用。机械分级可大大提高分级效率，且分级均匀一致，主要适用于不易受伤的果蔬产品。目前常用的机械分级方法有：滚筒式分级机、振动筛和分离输送机等。这些分级机的分级都是依据原料的体积和重量不同而设计的。随着计算机的发展，把计算机与分级机连接于一起，利用计算机鉴别被分离果品的色泽、重量或体积，这样使果品的分级可完全实行自动化分级，现已成功地用于苹果、猕猴桃等的分级。

除了各种通用机械外，果品加工中有许多专用的分级机械，如橘片专用分级机和菠萝分级机等。

6.3.1.2 原料的清洗

果品原料清洗的目的在于洗去果品表面附着的灰尘、泥沙和大量的微生物以及部分可能残留的化学农药，保证产品的清洁卫生。对于有农药残留的果蔬原料，或如枇杷等要手工剥皮的果品以及制取果汁、果酒、果酱、果冻等制品的原料，洗涤时常在水中加化学洗涤剂。常见的有盐酸、醋酸，有时用氢氧化钠等强碱以及漂白粉、高锰酸钾等强氧化剂（表 6-4），可除去虫卵、减少耐热菌芽孢。近年来，更有一些脂肪酸系的洗涤剂如单甘油酸酯、磷酸盐、蔗糖脂肪酸酯、柠檬酸钠等应用于生产。

表 6-4　几种常用化学洗涤剂

药品种类	含　量	温度处理时间	处理对象
盐酸	0.5%	常温 3～5min	苹果、梨、樱桃、葡萄等具蜡质果实
氢氧化钠	1.5%	常温数分钟	具果粉的果实，如苹果
漂白粉	0.1%	常温 3～5min	柑橘、苹果、桃、梨等
高锰酸钾	600mg/L、0.1%	常温 10min 左右	枇杷、杨梅、草莓、树莓等

果品的清洗方法多种多样，需根据生产条件、果品形状、质地、表面状态、污染程度、夹带泥土量以及加工方法而定。

（1）手工清洗　手工清洗是简单的方法。所需设备只要清洗池、洗刷和搅动工具即可。在池上安装水龙头或喷淋设备，池底开有排水孔，以便排除污水。有条件时，在池靠底部装上可活动的滤水板，清洗时，泥沙等杂质可随时沉入底部，使上部水较清洁。大小可按需要建造，可建成方形、长形或圆形，池体可用砖砌成，再铺磨石和混凝土或瓷砖，也可用不锈钢板单个制成，池底装有重锤排污阀。

手工清洗简单易行，设备投资少，适用于任何种类的果品，但劳动强度大，非连续化效率低。对于一些易损伤的果品如杨梅、草莓、樱桃等，此法较合适。

（2）机械清洗　用于果品清洗的机械多种多样，典型的有如下几种：滚筒式清洗机、喷淋式清洗机、压气式清洗机、桨叶式清洗机等。喷淋式清洗机和压气式洗涤机对原料损伤小，洗涤效果好，尤其适用于柔软多汁的果品洗涤。

6.3.1.3　原料去皮与修整

（1）去皮　果品外皮（除大部分叶菜类）一般口感粗糙、坚硬，虽有一定的营养成分，但口感不良，因此果蔬加工时应去皮、去核以提高制品品质。如苹果、梨、桃、李、杏等外皮富含纤维素、原果胶及角质；如柑橘外皮含有香精油、果胶、苦味物质；荔枝、龙眼的外皮木质化；菠萝的外皮粗硬且富含菠萝酶。因而，这些原料除制汁制酒外，一般要求去皮。只有在加工某些果脯、蜜饯、果汁和果酒时因为要打浆、压榨或其它原因不用去皮。

去皮时，只要求去掉不可食用或影响制品品质的部分，不可过度，否则会增加原料的消耗，且产品质量低下。果品去皮的方法很多，常见的有手工去皮、机械去皮、碱液去皮、热力去皮及冷冻去皮，此外还有酶法去皮、真空去皮等。

① 手工去皮　手工去皮是用特别的刀、刨等工具人工削皮，其优点是去皮干净、损失率少，并可有修整的作用，同时也可以去心、去核、切分等同时进行。在果品原料质量较不一致的条件下能显示出其优点。但手工去皮费工、费时、生产效率低、大量生产时困难较多。此法常用于柑橘、苹果、梨、柿、枇杷等果品。如柑橘去外果皮，为了保持果肉完整，多采用手工去皮。

② 机械去皮　机械去皮一般采用去皮机进行。机械去皮机主要有下述三大类。

a. 旋皮机　主要原理是在特定的机械刀架下将果品皮旋去，适合于苹果、梨、柿、菠萝等大型果品。

b. 擦皮机　利用内表面有金刚砂，表面粗糙的转筒或滚轴，产生摩擦力而擦去表皮。

这种方法常与热力去皮连用，如桃的去皮。

c. 专用的去皮机械 专门为某种果品去皮而设计，如菠萝去皮机。

机械去皮比手工去皮的效率高，质量好，但一般要求去皮前原料有较严格的分级。另外，用于果品去皮的机械，特别是与果品接触的部分应用不锈钢或合金制造。铁质者引起果肉迅速变色，而且易被酸腐蚀增加成品的重金属含量。

③ 碱液去皮 碱液去皮使用方便、效率高、成本低，是果品原料去皮中应用最广的方法，其原理是利用碱液的腐蚀性来使果蔬表皮或表皮与果肉之间的果胶物质腐蚀溶解，从而使果皮分离。此法适用于桃、李、杏、梨、苹果等去皮及橘瓣脱囊衣。

碱液去皮常用氢氧化钠，因此物腐蚀性强且价廉。也可用氢氧化钾或者与氢氧化钠的混合液，但氢氧化钾较贵。有时也用碳酸氢钠等碱性稍弱的碱，或者是用碳酸钠（土碱与石灰的混合液），这种方法适应于果皮较薄的果品。为了帮助去皮可加入一些表面活性剂和硅酸盐，因它们可使碱液分布均匀，易于作用。

碱液去皮时碱液的浓度、处理的时间和碱液温度为三个重要参数，应视不同的果品原料种类、成熟度和大小而定。碱液浓度高，处理时间长及温度高会增加皮层的松离及腐蚀程序。适当增加任何一项，都能加速去皮作用。如温州蜜柑囊瓣去囊衣时，0.3%左右的碱液在常温下需 12min 左右，而 35～40℃时只需 7～9min，在 0.7%的含量下 45℃时仅 5min 即可。生产中必须视具体情况灵活掌握，只要处理后经轻度摩擦或搅动能脱落果皮，且果肉表面光滑即为适度的标志。几种果品的碱液去皮参考条件如表 6-5 所示。

表 6-5 几种果品的碱液去皮参考条件

果品种类	NaOH 含量/%	液温/℃	处理时间/min	备 注
桃	1.5～3	90～95	0.5～2	淋或浸碱
杏	3～6	90 以上	0.5～2	淋或浸碱
李	5～8	90 以上	2～3	浸碱
苹果	8～12	90 以上	2～3	浸碱
海棠果	20～30	90～95	0.5～1.5	浸碱
梨	8～12	90 以上	2～3	浸碱
全去囊衣橘片	0.3～0.75	30～70	3～10	浸碱
半去囊衣橘片	0.2～0.4	60～65	5～10	浸碱
猕猴桃	10～20	95～100	3～5	浸碱
枣	5	95	2～5	浸碱
青梅	5～7	95	3～5	浸碱

经碱液处理后的果品必须立即在冷水中浸泡、清洗，反复换水。同时搓擦、淘洗，除去果皮渣和粘附余碱，漂洗至果块表面无滑腻感，口感无碱味为止。漂洗必须充分，否则有可能导致果品制品，特别是罐头制品的 pH 偏高，导致杀菌不足，使产品败坏，同时口感也不良。为了加速降低 pH 和清洗，可用 0.1%～0.2%盐酸或 0.25%～0.5%的柠檬酸水溶液浸泡，这种方法还有防止果品变色的作用。盐酸比柠檬酸好，因盐酸离解的氢离子和氯离子对氧化酶有一定的抑制作用，而柠檬酸较难离解。同时，盐酸和原料的余碱可生成盐类，抑制酶活力。

碱液去皮的处理方法有浸碱法和淋碱法两种。浸碱法可分为冷浸与热浸，生产上以热浸较常用。

碱液去皮优点甚多，首先是适应性广，几乎所有的果品均可应用碱液去皮，且对原料表面不规则、大小不一的原料也能达到良好的去皮目的。其次，碱液去皮掌握合适时，损失率较少，原料利用率较高。第三，此法可节省人工、设备等。但必须注意碱液的强腐蚀性，注意安全，设备容器等必须由不锈钢制成或用搪瓷，不能使用铁或铝制容器。

④ 热力去皮 果品先用短时间的高温处理，使之表皮迅速升温而松软，果皮膨胀破裂，与内部果肉组织分离，然后迅速冷却去皮。此法适用于成熟度高的桃、杏、枇杷、番茄、甘薯等薄皮果实的去皮。热力去皮的热源主要有蒸汽（常压和加压）与热水。蒸汽去皮一般采用近 100℃的蒸汽，这样可以在短时间内使外皮松软，以便分离。具体的热烫时间，可根据原料种类和成熟度而定。

用热水去皮时，小量的可采用锅内加热的方法；大量生产时，采用带有传送装置的蒸汽加热沸水槽。果蔬经短时间的热水浸泡后，用手工剥皮或高压冲洗。例如充分成熟的桃切半去核，皮向上放在不锈钢带上进入蒸汽去皮机，用 100℃的蒸汽下处理 8～10min（以蒸透为主），然后淋水后用毛刷辊或橡皮辊冲洗冷却；枇杷经 95℃以上的热水烫 2～5min 即可剥皮。

⑤ 酶法去皮 柑橘的囊瓣，在果胶酶的作用下，可使果胶水解，脱去囊衣。将橘瓣放在 1.5%的 703 果胶酶液中，在 35～40℃，pH2.0～3.5 的条件下处理 3～8min，可达到去囊衣的目的。酶法去皮能充分保存果品的营养、色泽及风味，是一种理想的去皮方法。但酶法去皮只能用在果皮较薄的原料上，且成本高。

湖南省农产品加工研究所 2007 年申请了一种柑橘生物酶法脱皮的专利，包括以下步骤：a. 将分选洗净后的柑橘用针床扎孔；b. 在水中加入质量分数为 1.5%～5%的果胶酶和 1%～5%的纤维素酶，搅拌均匀；c. 将扎孔后的柑橘浸泡于配得的酶解液液面以下，然后抽真空，待酶解液浸透柑橘内表皮后恢复至常压；d. 将浸泡有柑橘的酶解液升温至 30～60℃，并保持 0.25～2.5h 进行酶处理；e. 酶处理后的柑橘再经外力去皮、去络，得脱皮柑橘。本发明较传统人工剥皮方法具有方便、高效、损耗小、无污染、质量安全性好等优点，适用于宽皮橘类、橙类、柚类等柑橘的脱皮。

⑥ 冷冻去皮 将果品在冷冻装置中经轻度表面冻结，然后解冻，使皮松弛后去皮，此法适应于桃、杏、核桃内皮的去除。据报道核桃仁在－40℃下迅速冷冻，然后在 0℃下用强冷风吹核桃仁皮即可脱落。

除上述去皮方法外，另外还有真空去皮，火焰去皮，紫外线去皮等方法。

（2）原料的切分、去心（核）和修整 体积较大的果品原料在罐藏、干制、加工果脯、蜜饯时，为了保持适当的形状，需要适当地切分。切分的形状则根据产品的标准和性质而定。制果酒、果汁，加工前需破碎，使之便于压榨或打浆，提高取汁效率。核果类加工前需去核，仁果类则需去心。有核的柑橘类制罐头时需去种子。枣、柑橘、梅等加工蜜饯时需划缝，刺孔。罐藏或果脯、蜜饯加工时为了保持良好的形状外观，需对果块在装罐前进行修整。

上述工序在小量生产或设备较差时一般手工完成，常借助于专用的小型工具。如枇杷、山楂、枣的通核器，匙形的去核心器，金柑、梅的刺孔器等，规模生产常用多种专用机械，如劈桃机、多功能切片机和专用切片机。

6.3.1.4 原料热烫与漂洗

热烫在生产中常称预煮，即将已切分的或经其它预处理的原料放入沸水或热蒸汽中进行短时间的处理。除供腌制的原料外，做糖制、罐藏、干制、制汁及冻藏原料，大多需冻藏处理，主要目的如下。

（1）果品原料经过烫漂处理后可以钝化其内部的酶，排除果实内部空气，防止果品多酚类物质及色素、维生素 C 等发生氧化褐变，具有稳定或改进色泽的作用。

（2）原料经烫漂后，组织细胞死去，膨压消失，改变了细胞膜的通透性。在果品干制、糖制过程中，使水分易蒸发，糖分易渗入，不易产生裂纹和皱缩。

(3) 烫漂可以除去果品表面的大部分污物、虫卵、微生物及残留农药。

(4) 由于空气从组织中排出，体积缩小，烫漂以后组织比较透明，色泽明亮。

(5) 有些蔬菜如石刁柏稍具苦味，辣椒含有辛辣刺激性物质，经过烫漂之后即可减少其苦味、涩味及辣味，无论罐藏还是干制，均可使这类蔬菜的品质明显改善。

果蔬原料烫漂常用的方法有热水和蒸汽两种。热水法是在不低于90℃的热水中热烫。但是某些原料如制作罐头用的葡萄和制作脱水蔬菜（个别组织细嫩的如菠菜、小葱等），采用76.6℃的温度热烫，否则感官质量差。热水烫漂的优点是物料受热均匀，升温速度快，方法简便。缺点是可溶性固形物损失多，其烫漂用水的可溶性固形物浓度随烫漂的进行不断加大，且浓度越高，果品中的可溶性物质损失越多，故应不断更换。

烫漂的方法可用手工在夹层锅内进行，现代化生产常采用专门的连续化机械。依其输送物料的方式，目前主要机械有链带式连续预煮机和螺旋式连续预煮机。烫漂时间随原料的种类大小而异，一般为2～10min。烫漂后必须立即用冷水浸漂，以防止预热持续作用。

烫漂的程序，应根据果品的种类、块形、大小、工艺要求等条件而定。一般情况下，特别是罐藏时，从外表上看果实烫至半生不熟，组织较透明，失去新鲜果品的硬度，但又不像煮熟后的那样柔软即被认为适度。烫漂条件也以果品中的最耐热的过氧化物酶的钝化作标准，特别是在干制和冷冻时更如此。

6.3.1.5 原料的抽空处理

果蔬组织内部含有一定量的空气，含量依据品种、栽培条件、成熟度等的不同而不同。某些果品如苹果内部组织较松，含空气12.2%～29.7%（以体积计），对加工、特别是罐藏不利，体现在如变色、改变风味、组织形态不良、果块上浮、腐蚀罐壁、降低罐内真空度，使罐头内容物品质发生变质，需进行抽空处理，即将原料在一定的介质里置于真空状态下，使内部空气释放出来，代之为糖水或无机盐水等介质。

果蔬的抽空装置主要由真空泵、气液分离器、抽空锅组成。真空泵采用食品工业中常用的水环式，除能产生真空外，还可带走水蒸气。果品抽空的具体方法有干抽和湿抽两种，分述如下。

(1) 干抽法　将处理好的果品装于容器中，置于真空室或锅内（一般90kPa以上）的抽去组织内的空气，然后吸入规定浓度的糖水或盐水等抽空液，使之淹没果面5cm以上，并保持一段时间。当抽空液吸入时，应防止真空室或锅内的真空度下降。

(2) 湿抽法　将处理好的果实，浸没于抽空液中，放在抽空室内，在一定的真空度下抽去果内的空气，在抽去组织内空气的同时渗入抽空液，抽至果品表面透明。

果蔬所用的抽空液常用糖水、盐水、护色液三种，因种类、品种和成熟度而选用。原则上抽空液的浓度越低，渗透越快；浓度越高，成品色泽越好。

6.3.1.6 果品的护色

果品去皮和切分之后，与空气接触会迅速变成褐色，从而影响外观，也破坏了产品的风味和营养品质。这种褐变主要是酶促褐变。由果品中的多酚氧化酶氧化具有儿茶酚类结构的酚类化合物，最后聚合成黑色素。关键的作用因子有酚类底物、酶和氧气。因为底物不可能除去，一般护色措施均从排除氧气和抑制酶活力两方面着手，在加工预处理中所用的方法有下述几种。

(1) 食盐水护色　将去皮或切分后的果品浸于一定浓度的食盐水中，食盐对酶活力有一定的抑制和破坏作用；另外，氧气在盐水中的溶解度比空气小，故有一定的护色效果。果蔬加工中常用1%～2%的食盐水护色。桃、梨、苹果、枇杷类均可用此法。用此法护色后应注意漂洗净食盐，这点对于果品尤为重要。

(2) 硫处理　熏硫是将被护色的果品放入密闭室中，点燃硫黄或直接通入 SO_2 气体，使果品吸收 SO_2 气体，起到护色的目的。一般每 100kg 果品要硫黄 2kg 或每立方米熏硫室空间约用 200g。硫处理不仅对果品的护色有良好的效果，而且常在半成品保存中用它来延长果品的保藏期。

亚硫酸盐既可防止酶褐变，又可抑制非酶褐变，效果较好。常用的亚硫酸盐有亚硫酸钠、亚硫酸氢钠和焦亚硫酸钠等。罐头加工时应注意采用低浓度，并尽量脱硫，否则易造成罐头内壁产生硫化斑。但干制等可采用较高的浓度。浸泡溶液中 SO_2 含量为 1×10^{-6} 时能降低褐变率 20%。有报道，加工香蕉泥可用 2%的亚硫酸钠护色。

(3) 酸溶液护色　酸性溶液可降低 pH 以及果品多酚氧化酶的活力，而且由于氧气在酸液中的溶解度较小，而兼有抗氧化作用，大部分有机酸还是果品的天然成分，所以优点甚多。常用的酸有柠檬酸、苹果酸或抗坏血酸，但后者费用较高，故除了一些名贵的果品或速冻时加入外，生产上一般采用柠檬酸，含量在 0.5%～1%左右。

另外，有时可把食盐、亚硫酸氢钠，柠檬酸三者混合在一起使用，它们可起到相互协同作用，增强护色效果。工厂最常用的护色液的配制是用 2%的氯化钠，0.2%的柠檬酸和 0.02%的亚硫酸氢钠混合液，可对绝大多数果品的护色起到很好的作用。

除以上三种护色剂外，烫漂和抽空处理也是常用的护色方法，且效果很好，尤其是烫漂。

6.3.2 装罐

6.3.2.1 罐藏容器准备

罐藏容器对于罐头食品的长期保存起很重要的作用，而容器的材料又是很关键的。供罐头食品容器的材料，要求具有耐高温高压、能密封、与食品不起化学反应，便于制作和使用，价廉易得，能耐生产、运输、操作处理和轻便等特性。完全符合这些条件的材料是很难得到的。目前罐头容器主要有金属罐、玻璃罐和蒸煮袋。

(1) 金属罐　金属容器按构成的材料分为镀锡铁罐、涂料铁罐、铝罐。按制造的方法分为接缝焊接罐和冲底罐。按罐型分为圆形罐和异形罐（包括方罐、椭圆罐、马蹄形罐）。

(2) 玻璃罐　玻璃罐以玻璃为材料制成。玻璃的种类很多，随配料成分而异。盛装食品的玻璃瓶是碱石灰玻璃（Na_2O-CaO-SiO_2）。即石英砂、纯碱和石灰石按一定比例配制后，在 1500℃高温下熔融，再缓慢冷却成型铸成的。

(3) 蒸煮袋　蒸煮袋亦称软包装或高压复合杀菌袋，用它作为罐头食品的包装容器，经过杀菌后能长期保存，将这种产品叫软罐头。

根据食品的种类、物性、加工方法、产品规格和要求以及有关规定，选用合适的容器。由于容器上附着灰尘、微生物、油脂等污物以及残留的焊药水等，为此在装罐之前必须进行洗涤和消毒，以保证容器卫生，提高杀菌效率。洗涤方法视容器种类而定。在一般企业中，是将容器放在沸水中浸泡必要时可用毛刷刷去污物；在大企业中，则多采用洗罐机喷射热水或蒸汽进行洗罐和消毒。

6.3.2.2 罐注液的配制

果品蔬菜罐藏中，除了液态食品（果汁）、糜状黏稠食品（果酱）或干制品外，一般要向罐内加注液汁，称为罐注液或填充液或汤汁。果品罐头的罐注液一般是糖液；蔬菜罐头的罐注液多为盐水。罐头加注汁液后有如下作用：增加罐头食品的风味，改善营养价值；有利于罐头杀菌时的热传递，升温迅速，保证杀菌效果；排除罐内大部分空气，提高罐内真空度，减少内容物的氧化变色；罐液一般都保持较高的温度。可以提高罐头的初温，提高杀菌效率。

(1) 盐水的配置 盐水大多数采用直接配制法，配制时将食盐加水煮沸，除去泡沫，经过滤、静置，达到所需浓度即可。多数蔬菜罐头的盐水含量为1%～3%，有的加入0.01%～0.05%柠檬酸。

(2) 糖液的配置 糖液配制有直接法和间接法两种。

① 糖液浓度要求 我国目前生产的各类水果罐头，除了个别产品如杨梅、杏子外，一般要求开罐时的糖液含量为12%～18%（折光计），每种水果及少数蔬菜罐头装罐的糖液浓度，可根据装罐前水果本身可溶物含量，每罐装入的果肉量及每罐实际加入的糖液量，按下式计算：

$$w_2=\frac{m_3w_3-m_1w_1}{m_2}$$

式中 m_1——每罐装入果肉量，g；

m_2——每罐加入罐注液量，g；

m_3——每罐净重，g；

w_1——装罐前果肉可溶性固形物含量，%；

w_2——需要配制糖液的糖含量，%；

w_3——开罐时要求糖液糖含量，%。

实际生产中，经常遇到原料成熟度多变，或预处理条件不一致，其可溶性固形物不相同，罐液浓度必须随之而变，否则，会导致成品糖度达不到标准要求。

② 罐注液配制 罐注液配制分为直接法和间接法。

直接法是根据装罐所需的糖液浓度，直接称取白砂糖和水，在溶糖锅内加热搅拌溶解，煮沸、过滤，除去杂质，校正浓度后备用。

间接法是先配制高浓度的浓糖浆（一般65%以上），装罐时根据装罐要求的浓度加水稀释。加水量按下式推算：

$$\text{加水量 (kg)}=\frac{\text{浓糖浆浓度}-\text{要求糖液浓度}}{\text{要求糖液浓度}}\times\text{浓糖浆质量 (kg)}$$

③ 糖液配制注意事项 糖液配制时，必须煮沸；糖液有时要求加酸，应做到随用随加，防止加酸过早或糖液积压，以减少蔗糖转化，否则会促进果肉色泽变红、变褐；配制的糖液浓度一般采用折光计测定。

6.3.2.3 食品的装罐

罐藏食品原料经处理加工后，应及时迅速装罐，装罐是罐头生产过程中一个重要工序，直接关系到成品的质量。

(1) 装罐的工艺要求

① 原料经预处理后，应迅速装罐，不应堆积过多，导致微生物大量繁殖而降低杀菌效率。

② 装罐时应力求质量一致，保证罐头食品的净重和固形物含量达到要求。净重是指罐头总质量减去容器质量后所得的质量，它包括固形物和汤汁；固形物含量是指固形物在净重中占的百分率。一般要求固形物含量为45%～65%之间。

③ 必须控制一定的顶隙度。顶隙是指罐内食品表面至罐顶盖之间的距离。顶隙大小将直接影响到食品的容量、卷边的密封性能、产品的真空度、铁皮的腐蚀、食品的变色、罐头

的变形及腐蚀等。装罐时食品表面与容器翻边一般相距 4～8mm，待封罐后顶隙高度为 3～5mm。顶隙过大，罐头净重不足，而且杀菌冷却后因罐内压的显著降低，罐身会自行凹陷，若排气不充分，罐内残留的空气较多，将加剧罐内壁的腐蚀和产品的氧化变色。顶隙过小，即内容物超重，杀菌时因食物膨胀而引起罐底盖凸起变形，进而影响卷边的密封性。

④ 装罐时注意合理搭配，例如果蔬块形大小、色泽、块数、成熟度基本一致。

⑤ 罐口保持清洁，不得受食物碎块、油脂、汤汁等污染，以保证封罐质量。严格禁止杂物混入罐内。

(2) 装罐方法　根据产品的性质、形状和要求，装罐的方法可分为人工装罐和机械装罐两种。选用装罐方法大都取决于食品类型和装罐要求。

① 人工装罐　水果、蔬菜等块状或固体产品等的装罐，大多采用人工装罐。这类产品的形状不一，大小不等，色泽和成熟度也不相同，为了达到产品要求，多采用熟练工人来挑选搭配装罐。

② 机械装罐　一般用于颗粒状、粉末状、流体及半流体等产品，如青豆、甜玉米、果酱、果汁、调味汁和糜状食品等。机械装罐速度快，份量均匀，能保证食品卫生。

装罐机可分为半自动和全自动两大类。目前国内使用较普遍的有蚕豆自动装罐机、果汁自动灌装机、自动加汁机等。流体和半流体状食品大多采用流体定量装罐机。

6.3.3 排气

排气是指食品装罐后，密封前将罐内顶隙间的、装罐时带入的和原料组织细胞内的空气尽可能从罐内排除的一项技术措施，使得密封后罐头顶隙形成部分真空的过程。

6.3.3.1 排气的意义

(1) 防止或减轻罐藏食品在贮藏过程中出现罐内壁腐蚀　空气中的氧对金属有较强的氧化作用。较多的氧会使锡大量溶出，引起内壁腐蚀。尤其对于含酸较高的水果罐头，氧的存在会加速铁皮的腐蚀甚至穿孔。

(2) 避免或减轻罐内食品色、香、味的不良变化和维生素等营养物质的损失　氧对食品有较强的氧化作用。会使食品的色泽、风味劣化，使营养价值降低，尤其对色泽有明显的影响。食品在加热和贮藏过程中，存在非酶褐变现象，这种褐变反应可在无氧的厌气环境中进行，有氧存在时可加快其反应。罐头中如含有较多氧时，会加快褐变速度。而且有氧存在时会加速维生素的破坏。

(3) 防止或减轻容器变形　容器中如果含有大量气体，密封后在杀菌过程中，由于加热而使罐内气体容积增大，产生较高内压，易使罐头发生变形，罐头变形会影响卷封的牢度及容器的密封性能，或使玻璃罐出现“跳盖”现象。

(4) 加速杀菌时热的传递　容器内如果含有较多空气时，因空气的热导率远小于水，传热效果差，加热杀菌中的传热就会受到阻碍。

(5) 抑制罐内好气性微生物的繁育　经商业灭菌的罐头食品中仍有活菌存在，其中以好气性芽孢菌为最多。它们在繁育时需要一定量的氧气，而在缺氧的状况下就不易生长，排气可排除罐内残留气体，给这些微生物造成不良环境。

6.3.3.2 排气方法

目前国内罐头工厂常用的排气方法有三种：加热排气、真空封罐排气和蒸汽喷射排气。加热排气法使用得最早，也是最基本的排气方法。真空封罐排气法，也可称为真空抽气法，是发展很快、使用得很普通的方法。蒸汽喷射排气法，是近几年得到迅速发展的排气方法。

(1) 加热排气法　加热排气的基本原理是将装好原料的罐头（未密封）通过蒸汽或热水进行加热或预先将食品加热后趁热装罐，利用罐内食品的膨胀和食品受热时产生的水蒸气，以及罐内空气本身的受热膨胀，而排除罐内空气。

目前常用的加热排气方法有热装罐法和排气箱加热排气法。

热装罐法是将食品加热到一定温度（一般 75℃以上）趁热装罐并迅速密封的方法。采用这种方法时，不得让食品温度下降，否则就会使罐内的真空度相应下降。这种方法只适用于流体或酱状食品，或者食品的组织形态不会因加热时的搅拌而遭到破坏的情况下，如番茄汁、番茄酱、糖浆草莓、糖浆苹果等。采用此法时，要及时杀菌，因为这样的装罐温度非常有利于嗜热性细菌的生长繁殖，如杀菌不及时，食品可能在杀菌前就已腐败变质。热装罐法还可以先将食品装入罐内，另将配好的汤汁加热到预定的温度，然后趁热加入罐内，并立即封罐。此时食品温度不得低于 20℃，汤汁温度不得低于 80～85℃，否则就得不到所要求的真空度。

排气箱加热排气法即食品装罐后，将其送入排气箱内，在预定的排气温度下，经过一定时间的加热，使罐头中心温度达到 70～90℃左右，使食品内部的空气充分外逸。

排气箱加热排气可以间歇地或连续地进行，目前多采用连续式排气，常用的排气箱有齿盘式和链带式两种，后者更常用。排气温度应以罐头中心温度为依据。各种罐头的排气温度和时间，根据罐头食品的种类和罐型而定，一般为 90～100℃，6～15min。大型罐头或装填紧密、传热效果差的罐头，可延长到 20～25min。从排气效果来看，低温长时间的加热排气的效果好于高温短时间的加热排气，这是由于固体或半流体食品传热较慢，原料中存在的气体需在食品升温到一定程度后，才能加以排除。但也要考虑到由于加热排气时间过长会导致食品色香味和营养成分的损失。所以在确定某一种罐头食品的排气温度和时间时，必须全面地从排气效果和保持食品质量等方面综合考虑。一般说，果蔬应采用低温长时间排气工艺，如糖水桃子罐头一般采用 85℃/10min 排气，若采用 100℃/4min 排气，就会出现果实软化现象，反而使食品内部空气得不到有效的排除。

罐藏容器材料不同，排气温度和时间也不相同，铁罐传热速度快，排气温度可低些，排气时间可短些。玻璃罐传热速度慢，排气温度应高些，排气时间应长些。生装和冷装的罐头，排气温度应高些，排气时间应长些。

加热排气能使食品组织内部的空气得到较好的排除，获得一定的真空度；还能起到某种程度的脱臭作用，但是加热排气法对于食品色香味有不良的影响，对于某些水果罐头有不利的软化作用，而且热量的利用率较低。

(2) 真空封罐排气法　这种排气法是在封罐过程中，利用真空泵将密封室内的空气抽出，形成一定的真空度，当罐头进入封罐机的密封室时，罐内部分空气在真空条件下立即外逸，随之迅速卷边密封。这种方法可使罐内真空度达到 $(3.33\sim4.0)\times10^4$ Pa，甚至更高。

这种排气法主要是依靠真空封罐机来抽气的，目前多采用高速真空封罐机，国内常用的有 GT4B2 型真空封罐机等。封罐机密封室的真空度，可根据各类罐头的工艺要求、罐内食品的温度等进行调整。

这种方法可在短时间内使罐头达到较高的真空度，因此生产效率很高，有的每分钟可达到 500 罐以上，能适应各种罐头食品的排气，对于不宜加热的食品尤其适用；能较好地保存维生素和其它营养成分；真空封罐机体积小占地少，但这种排气法不能很好地将食品组织内部和罐头中下部空隙处的空气加以排除；封罐过程中易产生暴溢现象造成净重不足，严重时可能产生瘪罐。

(3) 蒸汽喷射排气法　这种排气法是向罐头顶隙喷射蒸汽，赶走顶隙内的空气后立即封罐，依靠顶隙内蒸汽的冷凝而获得罐头的真空度。这是国内近几年新发展的排气方法，已在一些罐头厂中使用。

这种方法主要由蒸汽喷射装置来喷射蒸汽，一般是在封罐机六角转头内部或封罐压头顶隙内部喷射蒸汽，喷射的蒸汽具有一定压力和温度，喷蒸汽一直延续到卷封完毕。喷蒸汽封罐装置如图 6-4 所示。

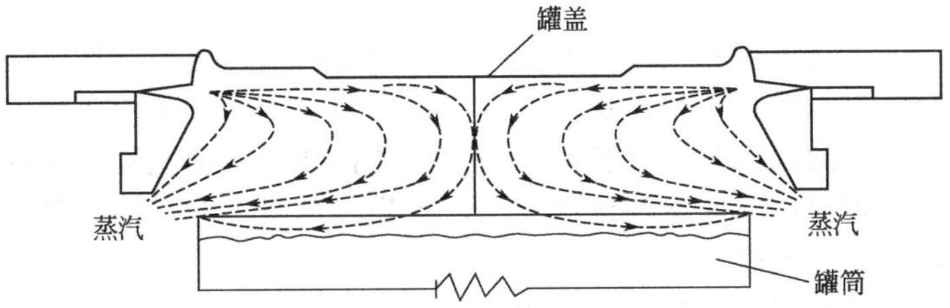

图 6-4　喷蒸汽封罐装置

操作中应注意两个问题：第一，在罐身和罐盖交接处周围必须维持规定压力的蒸汽，以防止外界空气侵入罐内；第二，罐内必须留有适当的顶隙。依照经验，顶隙度为 8mm 左右。为了保证得到适当的罐头顶隙，可在封罐工序之前增设一道顶隙调整装置，用机械带动的柱塞，将罐头内容物压实到预定的高度，并让多余的汤汁从柱塞四周围溢出罐外，从而得到预定的顶隙度，溢出的汤汁可过滤回收。

装罐前，罐内食品温度对喷蒸汽排气封罐后的真空度也有一定影响。图 6-5 表示美国 No. 2 罐（532mL 罐）装番茄酱的顶隙度为 9. 53mm 时，封罐温度对罐内真空度的影响。

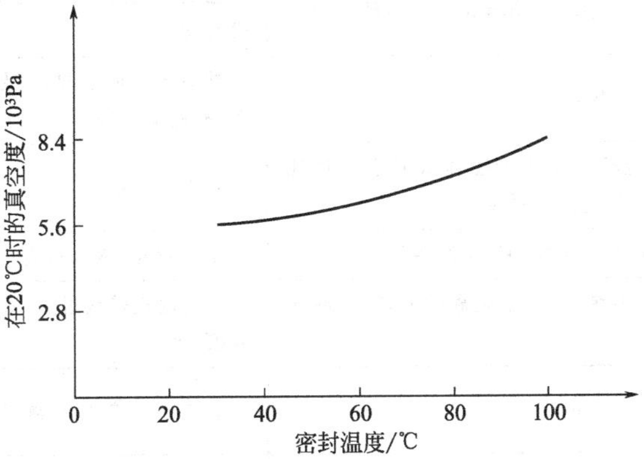

图 6-5　密封温度对真空度的影响

从图 6-5 可以看出，提高密封温度也能获得较高的罐内真空度。所以，为了获得较高的真空度，可将罐头加热后再进行蒸汽喷射排气封罐，这样就可获得良好的效果。对于含有大量空气或其它气体的罐头，如整粒装甜玉米罐头，装罐后可先喷温水加热，然后可喷蒸汽排气密封。

在普通封罐机上装喷蒸汽装置后，对于某些罐头食品而言，就可省去排气箱的排气了。

蒸汽喷射排气封罐法适用于大多数加糖水或盐水的罐头食品和大多数固态食品或半流体食品，但此法不适合于干装食品。

由于这种方法的喷蒸汽时间较短，罐内食品除表层外没有受到加热的影响，就是在食品表面所受到的加热程度也是极其轻微的。但这种方法不能将食品内部的空气以及食品间隙里存在的空气加以排除，所以不适用于含气多的食品，如块装桃子或梨、片装桃子等。这类食品要在喷蒸汽排气前先将果实进行抽真空处理，使食品内部空气排除，然后再喷蒸汽排气封罐，才能获得适当的真空度。

除上述三种排气方法外，还可采用气体置换排气法。这种方法与蒸汽喷射排气法相类似，是用 CO_2 或 N_2 喷射罐头顶隙，置换掉顶隙中的空气，以达到排气的目的。这种方法常用于橘汁或啤酒等罐头。

6.3.4 密封

罐头食品所以能够长期保存，除充分杀灭罐内的致病菌和腐败菌外，再就是依靠容器的密闭性，使食品与外界隔绝，不致再受外界空气及微生物的污染而引起败坏。为保持这种高度密封状态，必须采用封罐机将罐身和罐盖的边缘紧密卷合，这就称为密封或封罐，也可称为封口。如果罐头的密封性不能达到预期要求，罐头食品就不能长期保存，因此，密封是罐头生产工艺中非常重要的工序。

由于罐藏容器的种类不同，罐头密封的方法也各不相同。

（1）马口铁罐的密封方法　马口铁罐是目前罐头厂的主要罐藏容器。马口铁罐的密封与空罐的封底原理、方法和技术要求基本相同。但封罐机的种类、结构不甚相同，目前罐头厂常用的封罐机有手摇封罐机、半自动封罐机、自动封罐机、真空封罐机及蒸汽喷射封罐机。封罐过程中所产生的质量问题如表 6-6 所示。

表 6-6　常见卷边质量问题

卷边缺陷	引起的原因	特征
卷边过长	头道辊轮滚压不足	盖的钩边短，整个卷边伸长
卷边过短	头道辊轮滚压过度，二道辊轮滚压不足	卷边内侧边缘上产生缺口，或急弯卷边松弛，钩边带有皱纹
卷边松弛	二道辊轮滚压不足	卷边太厚而长度不足，钩边成弓形状态叠接不紧密，有起皱现象
卷边不均匀	辊轮磨损，辊轮与压头的锤面或其它机件相碰，头道及二道辊轮滚压过度	卷边松紧不一
罐身钩边太短	托底板压力太小；辊轮和压头间距过大	罐头较高，罐身钩边缩短，卷边顶部被滚压成圆形
垂力过度	身缝叠接处堆锡太多，辊轮靠得太紧，托底压力太大	垂边附近盖钩过短，垂边的下缘常常被辊轮切割或划痕
盖钩边过短	头道辊轮滚压不足	卷边较正常者长，罐身钩边正常，可能形成边唇
盖钩边过长	头道辊轮滚压过度	卷边顶部内侧边缘上产生缺口
钩边起皱、埋头度过深	二道辊轮滚压不足，托底板压力太小，辊轮与压头间距太大，压头凸缘太厚	卷边松弛，钩边卷曲，埋头度过深，常因此产生盖钩边过短情况
翻边损坏	罐头没有放在压头中心，在运输及搬运时造成的损伤	翻边破坏，无法与盖钩紧密结合
打滑	托底板压力太小，压头磨损；托底板压力太大或弹簧不正；托底板或压头有油污；头道及二道辊轮滚压过度	部分卷边过厚，且较松
缺口	托底板压力太大；头道辊轮滚压过度；压头与辊轮间距过大；压头磨损	身缝附近缺口特别明显
边唇	头道辊轮滚压不足；二道辊轮滚压过度；托底板压力较弱；罐身翻边过宽	边唇常出现在身缝附近，边唇附近钩边叠接不足
跳封	二道辊轮缓冲弹簧疲劳受损，压头有问题	部分卷封不紧，通常在搭接部之前后两侧发生

在实罐的密封时，应注意清除黏附在翻边部位的食品，以免造成密封不严。或在加热排气之前采取预封，也可避免食品附着在罐口上。

(2) 玻璃罐的密封方法　玻璃罐的密封方法与马口铁罐不同，罐身是玻璃，罐盖一般为马口铁皮，是依靠马口铁皮和密封填圈紧压在玻璃罐口而形成密封的，由于罐口边缘与罐盖的形式不同，其密封方法也不同。目前采用的密封方法有卷边密封法、旋转式密封法、套压式密封法和抓式密封法等。

卷边密封法是依靠玻璃罐封口机的滚轮的滚压作用，将马口铁盖的边缘，卷压在玻璃罐的罐颈凸缘下，以达到密封的目的。这种方法多用于 500mL 玻璃罐的密封。其特点是密封性能好，但开启困难。最近研究的卷舌盖开启较方便，已在一些罐头厂试用。

旋转式密封法有三旋、四旋、六旋和全螺旋式密封法等，主要依靠罐盖的螺旋或盖爪扣紧在罐口凸出螺纹线上，罐盖与罐口间填有密封填圈或加注滴塑，当装罐后，由旋盖机把罐盖旋紧，便得到良好的密封。三旋、四旋和六旋密封法的特点是开启容易，罐盖可以重复使用，广泛用于果酱、糖酱、果冻、调味番茄酱等罐头的密封。全螺旋密封法的特点是密封性能好，一般用于酸黄瓜、花生酱等罐头的密封。

套压式密封法先是依靠预先嵌在罐盖边缘内壁上的密封胶圈，密封时由自动封口机将盖子套压在罐口凸缘线的下缘而得到密封。特点是开启方便，已用于小瓶装的蘑菇罐头等。

抓式密封法靠抓式封罐机将罐盖边缘压成“爪子”，紧贴在罐口凸缘的下缘而得到密封，适用于果酱、糖浆、酱菜类罐头的密封。

(3) 蒸煮袋的密封方法　作为生产软罐头的蒸煮袋，又称复合薄膜袋，一般采用真空包装机进行热熔密封法，是依靠内层的聚丙烯材料在加热时熔合成一体而达到密封的。热熔强度取决于蒸煮袋的材料性能，以及热熔合时的温度、时间和压力和封边处是否有附着物等因素。目前常用密封方法有电加热密封法、脉冲密封法和高频密封法。

6.3.5　杀菌

6.3.5.1　杀菌时间及 F 值的计算

从微生物死亡的特性看，凡是温度达到微生物死亡温度时，微生物就开始死亡，并随着温度的提高，其死亡时间呈对数级速度减少。因此罐头杀菌过程的 F 值等于整个杀菌过程的杀菌效果的总和，即把罐头在实际杀菌条件下的总杀菌效果，换算成标准温度（121℃或 100℃）下杀灭一定量腐败对象菌所需要的时间，这就是所求的实际杀菌条件下的 F 值。

安全杀菌 F 值可由 $\tau=D(\lg a-\lg b)$ 求得。如果标准温度 t_0 定为 121℃，则 τ 和 F 相等。于是 F_0 值可由下式求得，

$$即\ F_0=\tau=D(\lg a-\lg b)$$

式中　F_0——在恒定杀菌温度（通常取标准温度 $t=121$℃）下杀灭一定浓度的对象菌所需的杀菌时间，min；

D——在恒定的热杀菌温度 t 下，使 90%对象菌杀灭所需的加热时间，min；

a——杀菌前的对象菌数（或每罐菌数）；

b——杀菌后残存的活菌数（或罐头允许的腐败率）。

例如某罐头厂生产蘑菇罐头时，根据工厂的卫生条件及原料的被污染情况，通过微生物检验，选择以嗜热脂肪芽孢杆菌为对象菌，每克罐头食品在杀菌前含嗜热脂肪芽孢杆菌数不

超过 2 个，经 121℃杀菌、保温、贮藏后，允许腐败率为 0.05%以下，要求估算 425g 蘑菇罐头在标准温度 121℃下杀菌的安全 F_0 值。

已知嗜热脂肪芽孢杆菌 $D_{121}=4\text{min}$。

$a=425\text{g}/罐\times2个/\text{g}=850个/罐$

$b=5/10000=5\times10^{-4}$

则 $F_0=D(\lg a-\lg b)=4\times(\lg850-\lg5\times10^{-4})=24.92\text{min}$

6.3.5.2 罐头在实际杀菌条件下 F 值的计算

此法的理论为在某温度（t）下，细菌每分钟死亡率是该温度杀死细菌时间（τ）的倒数，亦即热力致死时间（TDT）的倒数。将加热和冷却阶段产品冷点经受的时间、温度所产生的致死效果累加起来就是该实际杀菌条件下的 F 值。

应用此法，必须知道两种数据：

a. 产品中最耐热的腐败菌在杀菌中能达到的各种温度下的 TDT。

b. 产品的传热数据。

举例说明如下，从上面两种数据可以得到表 6-7 的数据。第一列为杀菌时间，第二列为冷点达到的温度。时间和温度都是系统地从传热曲线获得，第三列为从 TDT 曲线取得的与第二列温度对应的 TDT。第四列是第三列的倒数，表列以后，用第一列，第四列数据画在坐标纸上，以光滑曲线连接各点就形成了致死率曲线。将整个杀菌过程中的致死率累加即某种产品的 F 值。

实例：

表 6-7 芦笋罐头杀菌过程中测得的温度及其致死效果

加热时间/min	罐内温度/℃	热力致死时间(TDT)/min	致死率(L_i)	$\sum L_i$
0	34			
2	34			
4	34			
6	36			
8	41			
10	52			
12	65			
14	79		0.0000	0.0000
16	91	1000	0.0010	0.0010
18	101.5	90.9	0.0110	0.0120
20	108.0	20.42	0.0490	0.0610
22	112.0	8.128	0.1230	0.1840
24	114.0	5.129	0.1950	0.3790
26	115.5	6.631	0.2754	0.6544
28	116.0	3.236	0.3090	0.9634
30	116.2	3.090	0.3236	1.2870
32	116.4	2.910	0.3436	1.6306
34	116.6	2.818	0.3549	1.9855
36	116.8	2.692	0.3715	2.3570
38	117.0	2.570	0.3891	2.7461
40	117.0	2.570	0.3891	3.1252
42	117.0	2.570	0.3891	3.5243
44	106.0	32.36	0.0309	3.5552
46	80		0.0000	

续表

加热时间/min	罐内温度/℃	热力致死时间(TDT)/min	致死率(L_i)	$\sum L_i$
48	60			
50	47			
52	37			

注：1. 罐头初温 34℃，升温时间 17min，杀菌时间 24min，反压冷却，杀菌温度 117℃。

2. 表中数据由中心温度测得罐内冷点的温度曲线。

3. 致死率从表 6-7 中查得。

4. $F_0=\triangle t\sum L_i$，表 6-7 中测温相隔时间为 2min，故$\triangle t=2$min。计算杀菌过程中间段的致死率后再乘$\triangle t$。如测温间隔并不相等，可按 $F=\sum_{t-1}^{n-1}\frac{L_i+L_i+1}{Z}\Delta t_i$ 计算。

上述罐头杀菌过程中罐温测定后计算所得 F_0 的值，必须和该产品主要杀菌对象菌必需的 F 值一致，才能达到商业无菌和产品安全的要求。但是实际测定和计算结果，杀菌值 F_0 可能低于或超过该产品杀菌时最低 F 值的要求，为此必须确定适宜的杀菌时间，找出适宜的 F_0 值。这就要求在实际测得数据中找出预期的 F_0 值和适宜的杀菌时间。例如芦笋罐头117℃杀菌时加热到 41min 开始冷却，实际杀菌从 17min 开始算起为 24min，冷却 5min 后罐温下降至 80℃，用求和法计算所得 $F_0=\triangle t\sum L_i=2\times3.5552=7.1$(min)。芦笋罐头杀菌时的 F 值要求到 4min 即可，从表 6-7 中 L_i 值来看，加热时大约可减少到 34min 左右就可以开始冷却，那么它的$\sum L_i=1.9855+0.0309$(冷却)$=2.02$，则它的 F_0 值为 $2.02\times2=4.04$(min)，达到了要求，实际杀菌仅需 17min，可减少 7min。当它要求 F_0 提高到 10min，则原来杀菌时间所得 F_0 值达不到要求，需延长杀菌时间。杀菌加热时间到达 41min 时罐温已达 117℃，若延长杀菌时间 8min，则致死率累积值将增加 $8\times0.3891=3.1128$(min)，计算所得总致死值将为 $7.1+3.1128=10.2$(min)，达到了 $F_0=10$min 的要求。

也可采用图解法求出各杀菌条件下的 F_0 值。方法是将表 6-7 中各对应温度下的 L_i 值与时间的关系在方格纸上作出 L_i 曲线图，其曲线下与横坐标所围的面积，即为该罐头杀菌时所杀灭微生物的总量。如图 6-6 所示，然后作出单位致死面积 A_0，A_0＝时间×致死率值＝1。单位致死面积 A_0 即表示 $F_0=1$，亦就是在温度 121℃时，杀菌 1min 的细菌致死值。

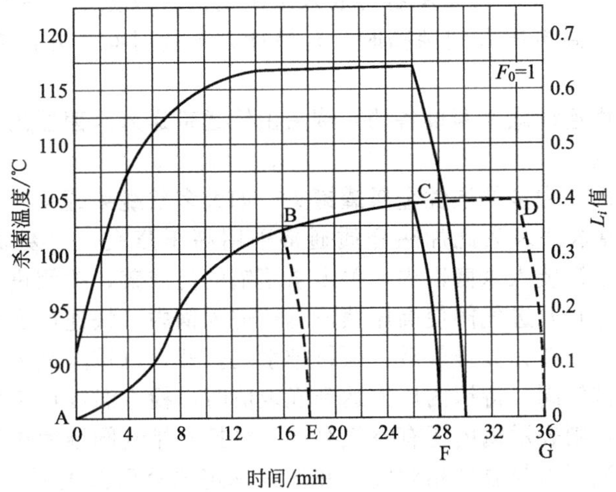

图 6-6 芦笋罐头杀菌时的传热和致死率曲线（F_0 值的计算）

注：面积 ABE0＝4.1min；面积 ACF0＝7.1min；面积 ADG0＝10.2min

最后计算实际杀菌 F 值其方法如下。

a. 数出方格纸上致死率值曲线下面积 A 的小方格数，然后和 $F_0=1$ 的单位面积 A_0 的小方格数相比，其比值就是实际杀菌 F 值，即 $F=A/A_0$(min)。

b. 将 $F=1$ 的单位面积 A_0 剪下称重为 m_0(mg)，然后再将 A 的面积剪下称重为 m(mg)，再将 m 和 m_0 相比，即为此罐头的实际杀菌 F 值。

罐头食品杀菌工艺条件的确定。罐头杀菌的工艺条件也即所谓杀菌规程，是指杀菌温度、时间及反压等因素，一般表示成下列形式：

$$\frac{\tau_h—\tau_p—\tau_c}{t_s}P$$

式中：τ_h 为杀菌锅内的介质由初温升高到规定杀菌温度所需的时间，也叫升温时间，min；τ_p 指在杀菌温度下保持的时间，也称恒温时间，min；τ_c 为杀菌锅内介质由杀菌温度降低到出罐温度所需的时间，称为冷却时间或降温时间，min；t_s 为规定的杀菌温度，℃；P 为加热或冷却时杀菌锅所用反压，kPa。

上式也叫杀菌规程或杀菌式。确定合理的杀菌规程，是杀菌操作的前提。合理的杀菌规程，首先必须保证食品的安全性，其次要考虑到食品的营养价值和商品价值。

杀菌温度与杀菌时间之间存在互相依赖的关系。杀菌温度低时，杀菌时间应适当延长，而杀菌温度高时，杀菌时间可相应缩短。因此，存在低温长时间和高温短时间两种杀菌工艺。这两种杀菌工艺孰优孰劣，依具体情况而定。一般地，高温短时热力杀菌有利于保藏或改善食品品质，但可能难以达到钝化酶的要求，也不宜用于导热型食品的杀菌。

6.3.5.3 罐头食品常用的杀菌方法

罐头的热力杀菌方法通常有两大类，即常压杀菌和高压杀菌，前者杀菌温度低于100℃，而后者杀菌温度高于100℃。高压杀菌根据所用介质不同又可分为高压水杀菌和高压蒸气杀菌。此外，近年来，超高压杀菌、微波杀菌等新技术也不断出现。

(1) 常压沸水杀菌　多用于糖水水果、果酱以及添加有机酸的pH值低的产品，因为这些食品具有一定的酸度，不利于微生物发育，可考虑较低的杀菌温度。杀菌操作比较简单，杀菌设备为立式开口杀菌锅。杀菌温度不超过100℃，先在杀菌锅内注入适量的水，然后通入蒸汽加热。待锅内水沸腾时，将装满罐头的杀菌篮放入锅内（罐头应全部浸没在水中），最好先将玻璃罐装罐头预热到60℃左右再放入杀菌锅内，以免杀菌锅内水温急剧下降导致玻璃罐破裂。当锅内水温再次升到沸腾时，开始计算杀菌时间，并保持水的沸腾直到杀菌结束。

常压杀菌也有采用连续式杀菌设备的。罐头由输送带送入杀菌器内，杀菌时间可通过调节输送带的速度来控制。

(2) 高压蒸汽杀菌　大多低酸性金属罐罐头，如大多数蔬菜罐头、动物类罐头食品必须采用100℃以上的高温杀菌。为此加热介质通常采用高压蒸汽，主要设备是静止高压杀菌釜。将装有罐头的杀菌篮装入杀菌锅内，关闭杀菌锅的门或盖，关闭进水阀和排水阀。打开排气阀和泄气阀，然后打开进气阀使高压蒸汽迅速进入锅内，快速彻底地排除锅内的全部空气，并使锅内温度上升。在充分排气后，须将排水阀打开，以排除锅内的冷凝水。排除冷凝水后，关闭排水阀和排气阀。待锅内压力达到规定值时，检查温度计读数是否与压力读数相对应。如果温度偏低，则表示锅内还有空气存在。可打开排气阀继续排除锅内空气，然后关闭排气阀。待锅内蒸汽压力与温度相对应，并达到规定的杀菌温度时，开始计算杀菌时间。杀菌过程中可通过调节进气阀和泄气阀来保持锅内恒定的温度。达到预定杀菌时间后，关掉进气阀，并缓慢打开排气阀，排尽锅内蒸汽，使锅内压力恢复到大气压。然后打开进水阀放进冷却水进行冷却，或者取出罐头浸入水池中冷却。

(3) 高压水杀菌　此法特点是能平衡罐内外压力，一般低酸性大直径罐、扁形罐、玻璃罐常用此法杀菌。高压是由通入的压缩空气来维持。压力不同，水的沸点就不同。将装好罐头的杀菌篮放入杀菌锅内，关闭锅门或盖。关掉排水阀，打开进水阀，向杀菌锅内进水，并使水位高出最上层罐头15cm左右。然后关闭所有排气阀和溢水阀。放入压缩空气，使锅内压力升至比杀菌温度对应的饱和水蒸气压高出54.6～81.9kPa为止。然后放入蒸汽，将水温快速升至杀菌温度，并开始计算杀菌时间。杀菌结束后，关掉进气阀，打开压缩空气阀和进水阀。但冷水不能直接与玻璃罐接触，以防爆裂。可先将冷却水预热到40～50℃后再放入杀菌锅内。当冷却水放满后，开启排水阀，保持进水量和出水量的平衡，使锅内水温逐渐下降。当水温降至38℃左右时，关掉进水阀、压缩空气阀，打开锅门取出罐头。

6.3.5.4 其它技术

(1) 火焰杀菌法　将罐头由运输带输送，边回转边通过高温火焰，在常压下加热杀菌，杀菌后罐头经过冷水喷淋冷却。国外主要用于黏度小的小型蘑菇等盐水调味的蔬菜罐头。

(2) 无菌罐装　将液状食品经过热交换器，超高温瞬时处理后急速冷却，用无菌充填法装入已灭菌的容器密封后制成。一般认为加热温度上升10℃，食品品质劣化程度增大约2倍，而对细菌芽孢杀灭效果则增大10倍。高温瞬时处理的无菌罐藏法可以保持食品风味良好。一般适用于对热敏感、加热时间不宜过长的罐头食品。

(3) 超高压杀菌　超高压杀菌是将密封在容器中的食品，放置在100～1000MPa以上的压力下进行处理，以达到抑制或杀灭食品中污染的微生物，从而获得长期保藏的目的。高压杀菌机理通常认为是在高压下蛋白质的立体结构崩溃而发生变性使微生物致死。

超高压杀菌技术是1985年由日本京都大学农学部的林力九教授首先提出在食品工业中应用，并于1991年4月内日本明治屋食品公司率先推出了超高压杀菌的果酱产品。这种新的杀菌技术是在较低的温度下处理食品的，属于冷杀菌方法，在灭菌的同时，能较好地保持食品原有的色、香、味及营养成分。

食品超高压处理技术被称为“食品工业的一场革命”、“当今世界十大尖端科技”等，可被应用于所有含液体成分的固态或液态食物，如水果、蔬菜、奶制品、鸡蛋、鱼、肉、禽、果汁和酱油、醋、酒类等。

(4) 膜分离技术　膜分离是一种分子级分离，主要的膜系统按膜孔紧密程度由密到疏，可分为反渗透、纳米过滤、超滤、微滤。将微滤技术和色谱方法及化学处理、酶处理结合起来，将乳蛋白中各种组分分开，得到酪蛋白和乳清蛋白。免疫球蛋白可用于生产高级婴儿奶粉。用微波膜可对发酵工业中的用水和产品实现无菌化。目前各酒业公司已广泛使用0.45μm滤芯对成品酒进行终端过滤替代原有的热杀菌技术，节省能耗，避免高温给产品带来的煮熟味。鲜生啤酒（通过膜过滤技术，在常温条件下进行除菌而生产出的啤酒）一出现，便以其优异的品质和口感迅速占领市场。除此之外膜分离技术在海水和苦咸水中的淡化，矿泉水杀菌以及食品厂废水处理、空气中的细菌去除等方面都已得到广泛利用。

(5) 超高压脉冲电场杀菌　它是用高压脉冲器产生的脉冲电场进行杀菌的。脉冲产生的电场和磁场的交替作用，使细胞膜透性增加，膜强度减弱，最终膜被破裂，膜内物质外流，膜外物质渗入，细菌体死亡。电磁场的作用，产生电离作用，阻断了细胞膜的正常生物化学反应和新陈代谢，使细菌体内物质发生变化。国内外对此技术已作了许多研究，并设计出相应处理装置，有效地杀灭与食品腐败有关的几十种细菌。法国、美国一些厂家已将这种电场破坏细胞的新技术用于实践，避免了加热引起的蛋白质变性和维生素破坏等一系列缺点。

6.3.6 冷却

6.3.6.1 冷却的意义

罐头在杀菌完毕后，必须迅速冷却，否则罐内食品继续处于较高的温度，会使色泽、风味变劣，组织软化，甚至失去商品价值。此外，高温还能促进嗜热性细菌如平酸菌繁殖活动，致使罐头变质腐败，并加速罐头内壁的腐蚀。因此，罐头食品杀菌结束，应立即进行冷却，冷却的速度愈快，对于产品质量的影响愈小。但是对于玻璃罐的冷却速度不宜太快，常采用分段冷却的方法，以免玻璃罐爆裂。罐头冷却的最终温度一般掌握在用手取罐不觉烫手，约35～40℃，罐内压力已降至正常为宜，此时罐头一部分余热，有利于罐面水分的继续蒸发，使罐头不易生锈。

6.3.6.2 影响冷却的因素

罐头冷却时降温速度理论上说与罐头杀菌时的升温速度是相当的，升温快的罐头冷却也较快。

通常有汤汁的罐头产品要比没有汤汁的产品冷却快些，同一产品块形小的冷却较块形大的快些，果酱类产品浓度低的比浓度高的冷却快些。

由于所用容器不同，冷却速度也不一样，装入同一种原料时，铝罐比铁罐冷却快，而铁罐又比玻璃罐快些，这主要是由于不同材料传热系数不同的缘故。如采用同一种材料容器时，罐型小的比罐型大的冷却快些。

6.3.6.3 冷却方法

目前罐头生产普遍使用冷水冷却的方法，极少采用空气冷却。

(1) 常压冷却　常压杀菌的罐头和部分高压杀菌罐头可采用喷淋冷却和浸水冷却，以喷淋冷却的效果较好，喷淋的水滴与热的罐头接触时，水滴遇到罐头热量蒸发变成水汽吸收大量潜热。冷却用水必须清洁，符合饮用水标准。

(2) 加压冷却（反压冷却）　高压水杀菌及高压蒸汽杀菌的罐头内压较大，需采用反压冷却，它的操作过程如下：杀菌结束后，关闭所有的进气阀和泄气阀。然后一边迅速打开压缩空气阀，使杀菌锅内保持规定的反压，一边打开冷却水阀进冷却水。由于锅内压力将随罐头的冷却而不断下降，因此应不断补充压缩空气以维持锅内反压。在冷却结束后，打开排气阀放掉压缩空气使锅内压力降低到大气压，罐头继续冷却至终点。

加压冷却因加压方法不同又可分为蒸汽加压冷却，空气加压冷却及加压水反压冷却等。

目前有些罐头杀菌器都连接冷却装置，例如常压连续杀菌器、静水压杀菌器等，生产效率较高。

6.3.7 保温及商业无菌检验

为了保证罐头在货架上不发生败坏，传统的罐头工业常在冷却之后采用保温处理。它是检验罐头杀菌是否完全的一种方法。将冷却后的罐头在保温仓库内（37±2)℃贮存7d左右，之后挑选出胀罐，再装箱出厂。但这种方法会使果蔬罐头质地和色泽变差，风味不良；同时对耐热菌没有作用。因此许多工厂已不再采用此法，代之以商业无菌检验法。

此法首先基于全面质量管理，其方法要点如下。

（1）审查生产操作记录。如空罐记录、杀菌记录等。

（2）抽样。每杀菌锅抽 2 罐或 0.1%。

（3）称重。

（4）保温。低酸性食品在（36±2）℃下保温 10d，酸性食品在（30±1）℃下保温 10d。预定销往 40℃以上热带地区的低酸性食品在（55±1）℃下保温 5～7d。

（5）开罐检查。开罐后留样、感官检查、测 pH、涂片。如发现 pH、感官质量有问题即进行革兰染色、镜检，确定是否有明显的微生物增殖现象。

（6）接种培养。

（7）结果判定。①通过保温发现胖听或泄漏的为非商业无菌。②通过保温后的正常罐开罐后的检验结果可参照表 6-8 进行。

表 6-8　正常罐保温后的结果判定

pH	感官检查	镜检	培养	结果
－	－			商业无菌
＋	＋			非商业无菌
＋	－	＋	＋	非商业无菌
＋	－	＋	－	商业无菌
－	＋	＋	＋	非商业无菌
－	＋	＋	－	商业无菌
－	＋	－		商业无菌
＋	－	－		商业无菌

注：－代表正常，＋代表不正常。

6.4　罐头败坏检验及贮藏

6.4.1　罐头的检验

为了确保罐头质量，必须加强罐头食品的质量检验工作。罐头质量检验方法有打检法、开罐检验法和保温检验法。保温检验法会造成罐头色泽和风味的损失，因此目前许多工厂已不采用。现介绍开罐检验法和打检法。

6.4.1.1　开罐检验法

包括感官与理化检验及微生物检验。

（1）感官检验　罐头的感官检验包括容器检验与罐头内容物质量检验。

罐头容器检验：观察瓶与盖结合是否紧密牢固，胶圈有无起皱；罐盖的凹凸变化情况；罐盖打号是否合乎规定要求；罐体是否清洁及锈蚀等。

罐头内容物检验；主要是对内容物的色泽、风味、组织形态、汁液透明度、杂质等进行检验。

（2）理化检验　包括罐头的总重、净重、固形物的含量、罐内真空度、食品添加剂和重金属含量（铅、锡、铜、锌、汞等）、农药残留、黄曲霉素等分析项目。

（3）微生物检验　为了获得可靠数据，取样要有代表性。通常每批产品至少取 12 罐。抽样的罐头要在适温下培养适当的时间，促使活着的细菌生长繁殖。对五种常见的可使人发生食物中毒的致病菌，必须进行检验。它们是溶血性链球菌、致病性葡萄球菌、肉毒梭状芽孢杆菌、沙门菌和志贺菌。

6.4.1.2 打检法

用打检棒敲击罐头判断罐头优劣是多年来检查罐头品质的简易方法，检查时用特制的金属棒敲击罐盖或底，由发出的声音和传给手上的感觉鉴别罐头的好坏，但需有熟练的技术工人操作。一般发出坚实清脆的叮叮声是好的，混浊的扑扑声是不好的。敲击时产生浊音可能是由于罐头排气温度和时间不足，或是罐内食品充填较满，顶隙过小或根本没有顶隙度，虽经排气但真空度不够高；预封太紧，罐头不易排气、使真空度降低；罐头排气后没有及时封口，致使温度降低没有达到要求的真空度；真空封罐机没有调节好，真空泵力量不足或仪表失灵；罐头密封不好，焊锡罐接缝处焊锡不良，盖钩及身钩具有皱纹，或切角引起的漏气等等，也可能是因微生物作用产生气体或因食品和罐头内壁接触，产生腐蚀放出气体。

近年来由于罐头生产效率的提高，目前已采用在生产线上进行打检的自动打检设备，这种打检设备是一种光电技术检测器，能把低真空度罐头检剔出去。

还有一种常用的是利用声学原理检查罐头真空度高低以识别罐头优劣的自动打捡机。其特点是检查时不直接接触制品，罐盖表面沾染的水滴及油脂等并不影响结果，适用于含膨胀圈纹或镀铬铁罐头。较著名的有美国制造的 Taptone 检测装置。

6.4.2 常见的罐头败坏现象及其原因

果蔬罐头在加工过程中，如果管理不良，工艺条件不当，或成品贮藏条件不适宜等，会发生败坏。现将常见的败坏作简单介绍。

6.4.2.1 罐头内容物腐败变质现象

由物理、化学因素或微生物因素引起罐头内容物的败坏，包括胀罐、平盖酸坏、发霉、变色和变味、混浊沉淀等。

(1) 胀罐　正常情况下，罐头底盖呈平坦或内凹陷状，当出现底盖鼓胀现象时称为胀罐。根据外凸的程度，可将其分为弹胀（Springer)、软胀（Softswell）和硬胀（Hard-swell）几种。弹胀是罐头一端稍外突，用手揿压可使其恢复正常，但一松手又恢复原来突出的状态；软胀是罐头两端突出，如施加压力可以使其正常，但一除去压力立即恢复外突状态；硬胀即使施加压力也不能使其正常。形成胀罐可能有如下几种原因：即物理性胀罐，化学性胀罐，细菌性胀罐。

① 物理性胀罐　罐头内容物装量太多，顶隙过小，加热杀菌时内容物膨胀，冷却后即形成胀罐；加压杀菌后，消压过快，冷却过速；排气不充分或贮藏温度过高；高气压下生产的制品移置低气压环境里等，都可能形成罐头两端或一端凸起的现象，这种罐头的变形称为物理性胀罐。此种类型的胀罐，内容物并未坏，可以食用。

② 化学性胀罐（氢胀罐）　高酸性食品中的有机酸（果酸）与罐头内壁（露铁）起化学反应，产生氢气，内压增大，从而引起胀罐。这种胀罐虽然内容物有时尚可食用，但不符合产品标准，所以不食为宜。

③ 细菌性胀罐　食品工厂胀罐的主要原因是微生物生长繁殖所致，尤其是产气微生物的生长，产生大量的气体而使罐头内部压力超过外界气压之故。主要是由于杀菌不彻底，或罐盖密封不严细菌重新侵入而分解内容物，产生气体，使罐内压力增大而造成胀罐。这种胀罐已完全失去食用价值。

(2) 平盖酸坏　平盖酸坏的罐头外观正常，但内容物已变酸。主要是杀菌条件不足，未将嗜热性腐败菌（如嗜热脂肪芽孢杆菌、凝结芽孢杆菌等）杀死所致，这种不产气酸败常在低酸性蔬菜罐头中出现。

(3) 发霉 罐头内产品表层上出现霉菌生长的现象称为发霉。一般并不常见，只有容器裂漏或罐内真空度过低时，才有可能在低水分及高浓度糖分的食品表面上生长。果酱及糖浆水果中曾出现过的霉菌有青霉菌、曲菌和柠檬霉菌等。

(4) 变色及变味 这是果蔬中的某些化学物质在酶或罐内残留氧的作用下或与包装的金属容器等的作用或长期贮温偏高而产生的酶褐变和非酶褐变所致。罐头内平酸菌（如嗜热性芽孢杆菌）的残存，会使食品变质后呈酸味；橘络及种子的存在，使制品带有苦味。如桃子、杨梅等果实中的花色素与马口铁作用而呈紫色，甚至可使杨梅褪色；荔枝、白桃、梨等的无色花青素变色（变红）；绿色蔬菜的叶绿素变色；桃罐头的多酚类物质氧化为醌类而显红色；苹果中的单宁物质变黑以及果蔬罐头中普遍存在的非酶褐变引起的变色等。这些情况都会影响产品的质量指标，故应尽量加以防止。

(5) 罐内汁液的混浊和沉淀 此类现象产生的原因有多种：加工用水中钙、镁等金属离子含量过高（水的硬度大）；原料成熟度过高，热处理过度，罐头内容物软烂；制品在运销中震荡过剧，而使果肉碎屑散落；罐头贮藏过程中受冻，化冻后内容物组织松散、破碎；微生物分解罐内食品。这些情况如不严重影响产品外观品质，则允许存在。

6.4.2.2 罐藏容器的腐蚀

罐藏容器的腐蚀，主要是指马口铁罐，可分为罐头外壁的锈蚀和罐头内壁的腐蚀两种情况。现分述如下。

(1) 罐头生锈 罐头生锈是指罐头外壁锈蚀。罐头外部锈蚀大多是由于贮藏环境中湿度过高而引起马口铁与空气氧气作用，形成黄色锈斑，严重时不但影响商品外观，还会促进罐壁腐蚀穿孔而导致食品的变质和腐败，从而影响销售，造成一定损失。

(2) 罐头内壁腐蚀 就是内壁锡层和钢基层与装入食物相接触，发生化学变化。常见的罐头内壁腐蚀有如下几种情况：即脱锡腐蚀、穿孔腐蚀、界面腐蚀（氧化圈）和硫化腐蚀等。

脱锡腐蚀是无涂料罐装糖水水果罐头中多见的腐蚀现象，酸性食品中锡首先被溶出，铁受到保护、不溶出，严重时锡被大量溶出，产生异常腐蚀。如果制造用水和原科中含有较多的硝酸根离子时，会加速锡的溶出。

穿孔腐蚀往往在酸性食品或空气含量较高的水果罐头中出现。铁溶出较多的场合下，伴有氢气发生，使罐头膨胀，严重时使罐头穿孔，使产品不能食用，通常涂料罐较易产生这种类型腐蚀。

界面腐蚀是无涂料罐的糖水水果产品中常会出现的现象，主要是由于排气不充分，食品中含有气体。顶隙和内容物液汁界面出现锡集中溶出，产生暗灰色腐蚀圈。允许微量存在，但应尽量防止。

硫化腐蚀是指罐头内壁出现的硫化斑点，含蛋白质较多的食品，原料用亚硫酸保藏或使用二氧化硫漂白的白砂糖及马口铁擦伤的容器均易造成此种现象。严重时形成的硫化物会污染食品、影响品质。

6.4.3 罐头食品贮存

罐头食品生产的特点是带有季节性，在原料供应充沛的季节，大量生产，然后经过仓库贮存，销售至各地。罐头食品在贮存过程中，影响其质量好坏的因素很多，但主要的是温度和湿度。

(1) 温度 罐头在贮存期间，温度的变化对罐头品质具有较大的影响，实践证明，库温在20℃以上，罐头会发生风味、组织等变化，或出现胀罐等现象，其中水果罐头尤为显著。另外库温过高会促进罐壁腐蚀，也给罐内残存的微生物创造发育繁殖的条件，导致内容物腐败变质。温度高，则贮期明显缩短。罐头贮存的温度愈低，品质变化愈少，贮存时间也就愈久，但温度过低（低于罐头内容物冰点以下）对品质也是不利的，易造成果蔬组织解体，发生汁液混浊和沉淀。果蔬罐头贮存适温一般为10～15℃。应当避免仓库温度剧烈变化。

（2）湿度 库房内相对湿度过大，罐头容易生锈、腐蚀乃至罐壁穿孔。因此要求库房干燥、通风，有较低的湿度环境，以保持相对湿度在70％～75％为宜，最高不要超过80％。

此外，罐瓶要码成通风垛；库内不要堆放具有酸性、碱性及易腐蚀性质的其它物品；不要受强日光曝晒等。

思考题：

1. 试述罐藏的基本原理。
2. 微生物耐热性的常见参数有哪些？
3. 影响罐头杀菌的因素有哪些？
4. 罐头产品传热方式及影响因素有哪些？
5. 罐藏原料预处理包括哪些环节？
6. 试述罐头加工工艺过程。
7. 什么叫排气？其目的是什么？影响因素有哪些？
8. 常用的杀菌方法有哪些？
9. 简述罐头胖听的类型、原因及控制措施。

第7章
果蔬制汁

教学目标：通过本章学习，了解果蔬汁的分类方法以及加工对果蔬汁的原料要求；掌握果蔬汁加工工艺过程及关键技术操作要点；掌握果蔬汁加工中常见质量问题的处理方法。

果品蔬菜汁是指以成熟适度的新鲜或冷藏的水果蔬菜为原料，经过压榨或提取所制得的汁液。果蔬汁一般指天然果蔬汁而言，由人工加入其它成分调配而成的果蔬汁称为饮料。

新鲜果蔬汁主要成分为水分，其次为糖类、有机酸（苹果酸、柠檬酸）、维生素和矿物质等。由于水果及蔬菜中富含的钾、钠等矿物质，进入人体后呈碱性，可中和肉、鱼、蛋和粮食等食品产生的酸性，因而可以保持人体适宜的 pH 值，因此果蔬汁也是很好的“碱性食品”。

7.1 果蔬汁分类

果品蔬菜汁有多种分类方法，按原料种类可分为果汁及果汁饮料，蔬菜汁及蔬菜汁饮料，混合果蔬汁；按澄清状态可分为澄清果蔬汁和混浊果蔬汁两种；按果汁制品性质可分为原果汁，浓缩果汁，果饴（加糖果汁、果汁糖浆）和果汁粉等。

（1）果汁及果汁饮料　果汁是指将水果经机械方法压榨后制成的未经发酵但可以进行发酵的汁液，或采用渗滤及提取等工艺提取水果中的汁液，然后再用物理方法除去加入的溶剂制成的汁液，或在浓缩果蔬汁中加入与浓缩时失去的天然水分等量的水制成的具有原果果肉色泽、风味和可溶性固形物的汁液。

果汁饮料指以果汁或浓缩果汁为基料，加入水、糖、酸味剂或香料等调配而成的清汁或浊汁制品，如橙汁饮料、菠萝汁饮料等。含有两种或两种以上不同品种果汁的果汁饮料称为混合果汁饮料。成品中果汁含量不低于 100g/L。

（2）蔬菜汁及蔬菜汁饮料　目前，蔬菜汁逐渐受到消费者青睐，其市场份额逐年扩大。利用丰富而廉价的蔬菜资源，为消费者提供营养均衡、价格合理的蔬菜汁系列产品，其经济效益和社会效益都很可观。

① 蔬菜汁　蔬菜汁是以新鲜蔬菜为原料经压榨而取得的汁液，如番茄汁、黄瓜汁等。其营养丰富，含有多种维生素和矿物质。

② 复合蔬菜汁　复合蔬菜汁是以不同种类的蔬菜原料取汁，并以一定的比例进行混合，进而制得的蔬菜汁产品。复合蔬菜汁富含维生素、糖、酸、氨基酸、膳食纤维、矿物质及果胶等各种营养成分，它可同时体现不同蔬菜原料的营养特征，并将不同品种的营养素组成优势互补，相互取长补短，更好地发挥蔬菜汁的营养作用。此外，复合蔬菜汁还可通过不同种类蔬菜的搭配取得最佳的色、香、味及口感等。

③ 蔬菜汁饮料　蔬菜汁饮料是指以一种或多种新鲜蔬菜汁、冷藏蔬菜汁、发酵蔬菜汁，加入食盐或糖等配料，经过脱气、均质以及杀菌等所得的各种蔬菜汁制品。食用菌饮料、藻类饮料等也属于蔬菜汁饮料。

（3）混合果蔬汁　混合果蔬汁是指在按一定配比的蔬菜汁与果汁的混合汁中加入糖、酸等配料经过脱气、均质以及杀菌等工序所得的可直接饮用的制品。混合果蔬汁包括混合原果蔬汁、混合果肉果蔬汁饮料等。

(4) 果蔬原汁　果蔬原汁包括澄清果蔬汁和混浊果蔬汁。果蔬原汁的平均含水量为85%～92%，平均固形物含量为8%～15%，碳水化合物主要是葡萄糖和果糖。

① 澄清果蔬汁　澄清果蔬汁也称为透明果蔬汁，外观清亮透明。但是加工过程中，果蔬原料经提取所得的汁液会含有一定比例的微细组织、蛋白质及果胶等物质，使汁液混浊不清，放置一段时间后，就会出现分层现象，产生沉淀，因此必须经过过滤、静置或加澄清剂后，才能得到澄清透明果蔬汁。这种果蔬汁由于组织微粒、果胶质等部分被除去，其中的固形物仅仅是可溶性固形物，虽然制品稳定性高，但风味、色泽和营养价值亦由此受到损失，故大部分国家均提倡生产混浊果蔬汁。

② 混浊果蔬汁　混浊果蔬汁是混浊均匀的液体，其中含有许多悬浮着的细小微粒。其制作工艺与澄清果蔬汁有所不同，不经澄清处理，但是为了保持产品稳定性，不允许有大的颗粒，因此需要经过高压均质等工序进行处理。这类果汁的营养成分大部分存在于悬浮的微粒中，故风味、色泽和营养价值都比澄清果蔬汁好。此外，有的混浊汁中混有微小的果肉碎片，有的混浊汁（如橙汁）则含有乳化了的橙皮油。

(5) 浓缩果蔬汁　浓缩果蔬汁是指原果蔬汁经蒸发或冷冻，或其它适当的方法，除去一定比例的天然水分而制成的其浓度高达20°Bé以上的浓厚果蔬汁，并且不得加糖、色素、防腐剂、香料、乳化剂及人工甜味剂等添加剂。浓缩果蔬汁浓缩程度各不相同，其浓缩倍数有3、4、5、6等几种，其可溶性固形物含量有的可高达60%～75%。浓缩果汁供稀释后饮用，也可作为其它果汁饮料的配料。另外，果蔬汁经浓缩后体积大大减少，有利于降低运输成本。

(6) 果饴　果饴（又称加糖果汁、果汁糖浆）是指在原果汁或部分浓缩果汁中加入多量食糖、酸，或在糖浆中加入一定比例的果汁配制而成的产品，稀释后方可饮用。一般含糖量高达60%以上（以转化糖计），含酸0.9%～2.5%（以柠檬酸计），可溶性固形物含量为45%或60%，原汁含量不低于30%，按照产品标签上标明的稀释倍数稀释后果汁含量不低于50g/L。

(7) 果汁粉　果汁粉是浓缩果汁或果汁糖浆通过喷雾干燥法制成的脱水干燥产品，含水量1%～3%。常见产品有橙汁粉等。

(8) 其它果蔬汁饮料　随着食品工业的快速发展，果蔬汁饮料的品种越来越丰富，比如果肉饮料、果粒果肉饮料等。

此外，果蔬汁生产发展极为迅速，新产品层出不穷，到目前为止还没有一个完善的果蔬汁分类方法。果蔬汁的分类方法也可参阅GB 10789—2007。

7.2 果蔬汁原料

7.2.1 加工果蔬汁对原料的要求

选择品质优良的原料制取果蔬汁，对于生产出高质量的果蔬汁具有决定性意义，加工果蔬汁对原料的要求如下。

(1) 出汁率高　要求果蔬原料汁液丰富，取汁容易，出汁率高。出汁率一般是指从果蔬原料中压榨出的汁液的质量与原料质量的比值。果蔬原料出汁率的高低与果蔬的品种、成熟度、衰老程度以及加工性能等指标密切相关，出汁率不仅可以衡量原料的新鲜度、成熟度、品种特性的好坏，而且也可以衡量该原料是否适于加工果蔬汁。出汁率低不仅会给加工过程造成困难，而且会使原料的成本升高，影响企业的生产效率和经济效益。在生产中，比较适宜加工利用的原料的出汁率应该达到以下指标：苹果 77%～86%、梨 78%～82%、葡萄 76%～85%、草莓 70%～80%、酸樱桃 61%～75%、柑橘类 40%～50%、其它浆果类 70%～90%。

(2) 甜酸适口、香气浓郁，糖酸比要适宜　一般情况下，仁果类水果糖酸比在 (10∶1)～(15∶1) 较为适合制汁；浆果类含酸可以多一些。浓郁的香气是果蔬品质优良的标志之一。

(3) 色彩绚丽　绚丽的色彩可以提高果蔬汁的吸引力，并且色泽不良的果实糖度低、酸度高，不适合加工果汁。应选用色泽典型、着色度好、果肉颜色好并在加工过程中色素含量稳定的原料来加工果蔬汁。

(4) 营养丰富　果蔬汁中包含了果品蔬菜中的绝大部分营养成分。要根据品种的营养特性选择营养丰富且在加工过程中保存率高的原料来加工果蔬汁。

(5) 可溶性固形物含量较高　可溶性固形物的含量较高，说明果蔬汁中溶质较多，营养丰富，同时也有利于加工，能避免加大机械负荷，能量消耗等。

(6) 质地适宜　质地直接关系到加工难易以及出汁率，质地太硬制汁过程困难，能量损失大；质地太软也不利于出汁。

(7) 果实的大小及形状　果皮厚的果实和果梗部突出的椭圆形果实，其果肉所占百分率低、出汁率低，糖度和维生素 C 含量也低，酸度高，不适合制果汁。

(8) 品种　相同种类不同品种的水果或蔬菜（比如苹果中的富士和红星）的芳香成分、糖、酸、维生素和色素的含量都可能有很大差异，有的品种适合制汁，有的品种不适合制汁，有的品种适合制澄清汁，有的品种适合制混浊汁，因此，制汁时应该按照产品要求，根据原料的特性来选择合适的品种制取。

(9) 成熟度和采收期　不论是加工还是鲜销，果蔬原料根据需要适时采收是保证原料质量最重要的一个环节。果蔬加工一般要求原料达到最佳加工成熟度，未成熟的果实或过熟的果实都不能用。采用未成熟或发育不良的果蔬原料制汁往往芳香物质、糖和可溶性固形物含量过低、酸度大、肉质硬、产量低，导致色泽和风味很差，并且出汁率低；采用过熟的原料，则组织松软（或纤维化）、原料中的原果胶转变为水溶性果胶、酸度降低，导致原料不耐贮藏和热处理、不易榨汁和澄清、出汁率下降。

7.2.2　常见果汁原料

目前国内外作为果汁原料的水果约 30 余种，最主要的果汁原料有柑橘类、苹果、桃和葡萄，其中柑橘类的消费量最大。除此之外，近年来，随着食品工业的不断进步，越来越多种类的水果出现在制汁领域中，比如梨、杨梅、樱桃、草莓、醋栗、龙眼、荔枝、猕猴桃、山楂以及菠萝、西番莲、芒果、番石榴等热带水果也都是制造果汁的良好原料。

(1) 柑橘类　世界最主要的柑橘类加工产品是橙汁，橙汁是全球最重要的果汁产品，其销量占全球果汁的一半以上。柑橘类主要包括橙、柠檬、柚、柑、橘等类型。优良的柑橘类原料应达到汁液鲜艳橙黄、香味浓郁、糖酸比适宜且稍偏酸、少核或无核、出汁率高、耐贮存。甜橙类中适合制汁的优良品种有华盛顿脐橙、伏令夏橙、哈姆雷甜橙、先锋橙、锦橙、哈姆林橙、晚生橙以及我国广泛栽培的四川锦橙、湖南冰糖橙、湖北桃叶橙和广西血橙等；柑和橘类中适合制汁的优良品种有樟头红、红橘、克来门丁、温州蜜橘、本地早和苏橘等；葡萄柚类中供制汁用的以红肉品种为好，如福司特粉红肉葡萄柚、玛须红肉无核葡萄柚、红宝石葡萄柚，此外还有白肉品种中的橙开葡萄柚；柠檬类中适合制汁的优良品种有尤力克、欧立加、里斯本、法兰根、维拉费兰卡柠檬等。

(2) 苹果　苹果是我国北方主要的果树之一，其产量已居世界第一位。除早熟的伏苹果外，大多数中熟和晚熟品种都可用来制果汁。一般可供制汁的品种有国光、赤龙、红玉、君袖、金冠、元帅、青香蕉、玉露、黄魁、西北绿、旭和倭锦等，其中以小国光、旭、醇露、红玉和君袖为最好。近年来发展的富士苹果也较适合制汁。

（3）葡萄 葡萄汁是最传统的果汁之一，用来制作果汁的葡萄品种主要是康可、托卡、伊凡斯、奈格拉、渥太华、克林顿、玫瑰露和玫瑰香等。在我国制取葡萄汁的主要品种是玫瑰香和黑虎香。

（4）桃 一般以肉厚核小，汁液较多，粗纤维少，酸度适度的欧洲品系为宜。目前我国没有专用品种，一般加工桃汁品种为大久保和白凤等。

（5）菠萝 制作菠萝汁的品种有无刺卡因、沙捞越、皇后。我国的主要品种为菲律宾、沙捞越和本地种等。

7.2.3 常见蔬菜汁原料

适合制汁的蔬菜原料一般包括果菜类、根菜类和绿叶菜类。果菜类中的番茄和根菜类中的胡萝卜是比较常见的蔬菜汁原料。生产蔬菜汁最主要的根菜类有萝卜、胡萝卜以及甜菜。绿叶菜中的芹菜和菠菜也已用来加工蔬菜汁制品，其中芹菜汁具有利尿与降血压的功能。除了上述各种蔬菜外，洋葱、大蒜、芦笋、冬瓜、辣椒、甜椒、西瓜等均可用于生产果蔬汁。

（1）番茄 适合制汁的番茄品种应具备以下特点：风味鲜美，果实红熟一致，茄红素含量高，抗裂性好；糖酸比适宜，可溶性固形物一般大于5%，pH值约为4.2～4.3；果梗木质化轻，蒂小而浅，肉厚，出浆率高，粗纤维少，种子少；维生素C含量高，去皮容易，单果重约40～50g，耐贮运。

（2）胡萝卜 胡萝卜含有大量的胡萝卜素、维生素C、B族维生素、矿物质、碳水化合物、粗纤维等，不仅营养丰富，而且色泽诱人，近年来日益受到消费者欢迎。适于制汁的胡萝卜品种应该表现为色泽橙红或红色，粗纤维少，无木质化现象等特点，如鲜红五寸、烟台三寸、一支蜡等比较适合制造胡萝卜汁。

7.3 果蔬汁加工工艺

果蔬汁加工工艺流程如下：

原料→预处理→取汁或打浆{澄清、过滤 / 均质、脱气}→调配→杀菌→灌装→冷却→成品

7.3.1 预处理

为了保证生产出的果蔬汁具有优良的品质，制汁之前果蔬原料必须经过预处理，原料预处理一般包括分级、清洗、拣选、破碎、热处理、酶处理等。

7.3.1.1 原料清洗

由于果蔬原料在采收、运输和贮存过程中会受到泥土、微生物、农药及其它有害物质的污染，为了防止这些有害物质影响果蔬汁的质量，在取汁之前必须将其去蒂、充分洗涤。而对于带果皮榨汁的原料，充分洗涤就更为重要。

果蔬原料的清洗效果取决于清洗温度、清洗时间、机械力的作用方式以及清洗液的性质等因素的影响。果蔬原料的洗涤方法，可根据原料的性质、形状以及设备的条件加以选择，一般分为物理方法和化学方法。物理方法有浸泡、摩擦、刷洗、鼓风、喷淋、搅动、震动等；化学方法包括用清洗剂和表面活性剂等化学物质清洗。物理方法和化学方法结合使用效果更佳。

污染不严重的原料可以采用喷水冲洗或流动水冲洗。对于有农药残留的果蔬，清洗效果还取决于农药的种类和施加剂量，如果原料受到了严重的农药污染，可以先添加化学物质（如 0.5%～1%的稀酸溶液或洗涤剂）在不锈钢装置中进行预清洗，以便大部分黏附在果蔬原料表面上的农药残留物被脱除，然后再用清水洗净。此外，对于严重受微生物污染的原料，还要用漂白粉、高锰酸钾等杀菌剂进行消毒处理。添加表面活性剂也可大大提高清洗效果。

7.3.1.2 原料拣选

加工过程中只要有少数果蔬原料出现了腐败现象或者受到污染，即使采用最好、最先进的工艺方法也可能直接影响到果蔬汁的品质，因此制汁之前必须拣选。拣选可以排除腐败的、破碎的和未成熟的水果或蔬菜以及混在果蔬原料中的其它异物，以保证制汁过程顺利进行以及果蔬汁的质量不被损坏。

一般情况下，拣选是在输送带上进行的，即在输送带旁，每隔一定间距安排一名操作工人，拣除不合格的原料或异物以及果实中的不合格部分。对于浆果类水果，还应增设磁选装置，以除去铁质的杂物，以免损坏破碎机。

7.3.1.3 破碎和打浆

破碎可使果蔬原料的部分组织和细胞壁遭到或多或少的破坏，适当的破坏程度有利于汁液流出。在一定范围内，原料破碎程度越高，其组织和细胞壁的破坏程度就越严重，越有利于制汁。但若破碎程度超过一定限度，则会使榨汁时间延长、榨汁压力增高、出汁率下降、混浊物质含量增大，从而导致成本增加。不同原料、不同的榨汁方法所要求的破坏程度不同，一般要求果浆泥的粒度在 3～9mm（不得超过 10mm），并且破碎粒度均匀。但实际上由于原料组织强度大，结构不均匀，所以很难将它破碎成为粒度一致的颗粒。通过调节破碎工作部件的间隙，可将果浆的粒度控制在 3～9mm 之间。通常葡萄只要压破果皮即可，橘子、番茄以及带果肉的果汁则可用打浆机破碎，但应注意果皮和种子不要被磨碎。破碎时，还可加入适量的异维生素 C 钠等抗氧化剂，以改善果汁的色泽和营养价值。

目前，工业中的用于破碎的方法主要是热力破碎法和机械破碎法。热力破碎是把果蔬加热到 80℃左右，使具有半渗透性质的果蔬细胞原生质壁产生变性作用，从而显著地提高组织细胞的渗透率，使出汁变得容易。机械破碎法是指采用机械设备通过压力和剪切力的作用破坏原料组织的细胞壁，从而有利于榨汁。

此外，还有一些比较先进的破碎技术，比如电质壁分离法和超声波破碎法。电质壁分离是指首先直接加热果蔬原料，使其细胞的蛋白质变性，然后用辊式电质壁分离器处理已经排出了部分汁液的果浆泥，增加其细胞的质壁分离程度，改善其出汁性能，进而提高出汁率。超声波破碎法是用强度高达 $3W/cm^2$ 以上的超声波处理果蔬原料，引起原料组织共振，造成不可逆的伤害，导致细胞壁破坏，从而有利于出汁。研究表明，水果原料含水量越大，吸收声波的能力就越强，并且低频率（20～40kHz）的超声波破碎能力大于高频率（800kHz）的超声波。

7.3.1.4 加热处理和酶法处理

果蔬原料经破碎后，各种酶从破碎的细胞组织中逸出，活性大大增强，同时由于水果表面积急剧扩大，大量吸收氧，各种氧化反应会快速进行。此外，果浆又为来自外界的微生物的生长繁殖提供了良好的营养条件，极易腐败变质。因此必须对果浆进行及时处理，钝化水果原料自身含有的酶，抑制微生物繁殖，保证果汁的质量。通常采取的措施是加热处理和酶法处理。

（1）加热处理 首先，加热处理可以凝固细胞原生质中的蛋白质，改变细胞的半透性，促进色素、风味物质及汁液的渗出；其次，加热处理可以软化果肉、水解果胶质，从而降低汁液的黏度；此外，加热处理还可以钝化酶并同时杀灭大部分微生物。但是加热果浆时，随着水溶性果胶含量的增加，果浆泥的排汁通道会被堵塞或变细，从而降低了出汁率。因此，加热处理适用于果胶含量低的原料，如红葡萄、红樱桃等水果，一般在60～70℃的条件下，加热处理15～30min比较适宜。对于带皮橙类，预煮1～2min，可减少汁液中果皮精油的含量。对于宽皮橘类，在95～100℃热水中烫煮25～45min，便于去皮。

（2）酶法处理 原料中大量的果胶能降低果蔬的出汁率，果胶酶可以有效地分解果肉组织中的果胶物质，使果汁黏度降低，容易榨汁过滤，提高出汁率。所以应向果浆泥中添加果胶酶，分解果胶。为了达到理想的效果，要求酶法处理能溶解低酯度、不溶于水的果胶细胞中胶层，并能部分溶解细胞壁以及作用于高酯度的果胶分子，还要保持一定的纤维素酶和半纤维素酶的活性。而且经过酶法处理后，果浆的黏度应该保持在一定限度之内，使榨出的果蔬原汁具有一定的黏性。

把果浆加热到50℃左右，并加入适量的酶制剂，保温1h左右，再加热到80～85℃，保温10～120s，能使酶迅速钝化，并使果浆保持理想的黏度，可显著提高果蔬汁的质量。此外，先把果浆加热到80～85℃，保温10～120s，然后冷却到50℃左右，加入酶，再保温30～150min，能钝化天然氧化酶，提高色素获得率和某些有效成分的含量，适合于花色素含量丰富的原料。最后，添加果胶酶时还应注意要使之与果肉均匀混合，并且根据原料的果胶含量控制酶制剂的种类、用量，以及作用的温度和时间。

7.3.2 取汁

取汁是果蔬汁生产的重要环节，可分为压榨法和浸提法。含汁丰富的果蔬，大多数采用压榨法取汁。含汁较少的果蔬，则用加水浸提法来提取果蔬汁，如山楂、杏和李等。

7.3.2.1 压榨法

一般常见的果蔬在压榨前要经过破碎工序，如苹果、梨、葡萄、草莓和菠萝等。而柑橘类果实和石榴等果实等就不宜破碎榨汁，而应该采用逐个榨汁的方法。这是因为它们都有一层很厚的外皮，外皮中含有不良色泽和风味的可溶性物质，在榨汁时会一起进入到果蔬汁中。

榨汁是果蔬原汁生产的关键工序之一，通常用出汁率来表示榨汁效果，出汁率除了与果蔬原料的特性有关，还与榨汁条件有关，比如果浆预加工、挤压层厚、挤压速度、挤压压力、挤压时间、挤压温度和预排汁等。其中破碎度和挤压层厚度对出汁率有重要影响，将破碎的浆料先适当地进行薄层化处理，再加压榨汁，有利于汁液排放。与此同时，在一定的压力范围内出汁率与挤压压力成正比，但在相同的挤压压力下，挤压速度增大，有时出汁率反而降低。另外，进行预排汁能够显著提高榨汁机的出汁率和榨汁效率。榨汁出汁率的计算，目前国内外通常采用的计算公式为：

$$出汁率=\frac{榨出的汁液重量}{被加工原料重量}\times 100\%$$

在榨汁过程中，为了提高出汁率或缩短榨汁时间，往往还使用一些榨汁助剂如稻糠、硅藻土、珠光岩、人造纤维和木纤维等。榨汁助剂的添加量，取决于榨汁设备的工作方式、榨汁助剂的种类和性质以及果浆的组织结构等。使用榨汁助剂时，必须均匀地分布于果浆中。此外，还可以在榨过的果渣中加入适量热水，浸泡渗出后再行压榨，但二次压榨所得汁液品质较一次压榨者为低。

榨汁的方法随果实的结构、果蔬汁存在的部位及其组织性质以及成品的品质要求而异。对于果蔬的破碎和榨汁，不论采用何种设备和方法，均要求工艺过程短，出汁率高，要防止和减轻果蔬汁色、香、味的损害，并最大限度地防止空气混入果蔬汁中。榨汁可分为冷榨或加热后榨汁。冷榨汁液香味好，但色调淡，出汁率较低，为 50%～60%。热榨则需先加热至 60～80℃，数分钟后冷却至 50℃榨汁。热榨对酶有钝化作用，且出汁率可达 70%以上，但香气损失较多，风味较差，且果皮、果肉中的色素及果胶溶入汁中，果汁透明度差。此外热榨还可使葡萄汁中的酸及其产量增加。草莓可通过冷冻压榨，凝固其黏质物，使汁液容易榨出，且色泽浓赤而透明，具有新鲜香气，出汁率也可达 70%。

7.3.2.2 浸提法

与榨汁相比，浸提所得到的汁液具有芳香成分含量高、鞣质含量较高、色泽明亮、氧化程度小、微生物含量低、易于澄清处理等优点，并且适于生产各种果蔬汁，是一种有前途的加工工艺，因此其应用越来越受到人们的重视。

浸提就是把果蔬细胞内的汁液转移到液态浸提介质中的过程。通常在加工过程中用加热的方法破坏细胞壁，使其完全渗透，容易与外界进行液体交换，可加速浸提过程，但浸提时间越长，浸提温度越高，果蔬中各种易热解和挥发的成分损失就越大。生产上对一些汁液含量较少，难以用压榨方法取汁的水果原料如山楂、梅、酸枣等常采用浸提工艺，但浸提温度、浸提时间、浸提技术还有待于提高。目前国外比较先进浸提技术的浸提时间为 60min，最长也在 70～80min 之间；浸提温度在 40～65℃之间，这样有效成分损失很少。浸提前最好先将原料切成波纹片状，厚度在 1.8～4.5mm，形状和厚度应均匀，然后将其浸泡在热水中浸提。此外，对于掺入了浸提介质的原汁，通过浓缩的方法可以分离出掺入的浸提介质，还可以进一步浓缩成浓缩汁。

7.3.3 澄清

新榨出的果蔬汁中包括发育不完全的种子、果芯、果皮、维管束和色粒等悬浮物以及容易产生沉淀的胶粒。悬浮物中含有纤维素、半纤维素、糖苷、苦味物质和酶等，会影响果蔬汁的质量和稳定性；胶体中含有果胶质、树胶质和蛋白质，会影响果蔬汁的澄清度，因此必须清除这些物质。生产澄清果蔬汁时，需先经过粗滤，再进行澄清。澄清可以排除细小的悬浮颗粒，并防止在澄清后的果蔬汁饮料中出现二次混浊物和沉淀物；减轻后续混浊物分离作业的负荷；改善果蔬汁饮料的感官性质。但澄清也会排除一些果蔬原汁的芳香物质，因此对于要进行浓缩加工的果蔬原汁，应先提取它们的芳香物质，再进行澄清处理。下面介绍几种目前常用的澄清方法。

7.3.3.1 酶法

酶法澄清是利用果胶酶、淀粉酶等来水解果蔬汁中的果胶和淀粉等物质，从而达到澄清的目的。

果蔬汁中含有的果胶等物质会使果蔬汁混浊不清。这是因为大多数果蔬汁中含有 70～4000mg/L 的果胶物质，它具有强烈的水合能力，特别是可溶性果胶，可以作为保护胶体裹覆许多混浊物颗粒，从而阻碍果汁的澄清。果胶酶能使果汁中的果胶物质降解，生成聚半乳糖醛酸和其它产物，使果蔬汁中的混浊物因失去保护作用而相互聚集，形成絮状物沉淀。

选择果胶酶时，应预先了解酶制剂的特性，使其特性与被澄清果蔬汁中的作用基质相吻合，以提高效果。用来澄清果蔬汁的商品果胶酶制剂，是分解果胶的多种酶的总称。这些酶需要较低的pH环境，通常pH为3.5～5.5，反应的最佳pH因果胶酶种类不同而异。使用果胶酶还应注意反应的温度，温度太低，则反应速度过慢；在50～55℃以内，其反应速度随着温度升高而加快；超过55℃，酶会因高温作用而钝化，反应速度反而减慢。澄清果蔬汁时，果胶酶的用量要根据果蔬汁的性质和果胶物质的含量及酶制剂的活力来确定。一般用量是每吨果蔬汁加入干酶制剂2～4kg，可在榨出的新鲜果蔬汁中加入，也可以在果蔬汁加热杀菌后加入。一般来说，前者效果好，因为果蔬汁中的天然果胶酶还没因加热而受到破坏，可以与加入的果胶酶起协同作用。

许多仁果类水果原料含有淀粉，采用先进的榨汁设备时，常使大量的淀粉进入果汁中，当果汁进入热交换器后，淀粉糊化并渐渐老化，以悬浮状态存在于果汁中而难以除去。另外，在灌装后，形成的淀粉-单宁络合物也会严重导致混浊，因此，淀粉酶对于果蔬汁澄清也是必不可少的。

有些水果如红葡萄中氧化酶活性较高，鲜果汁在空气中存放易氧化而产生褐变，可将果汁经80～85℃短时加热灭酶，冷却至55℃以下再进行酶处理。值得注意的是，对于混浊果蔬汁或带肉果蔬汁，则应尽可能地保留新鲜压榨汁的原有果胶质的含量。

7.3.3.2 高分子化合物絮凝法

将极少量可溶性高分子化合物加入到果蔬汁中，可导致水溶性混浊胶体迅速沉淀，呈疏松的棉絮状，这类沉淀称为絮凝物，这种现象称为絮凝作用。能产生絮凝作用的高分子化合物称为絮凝剂。天然的高分子絮凝剂有明胶、淀粉和改性多糖等。

常用的高分子化合物絮凝法是明胶单宁法。压榨出的新鲜果蔬汁含有少量的单宁，单宁可与明胶、鱼胶或干酪素等蛋白质物质形成络合物，随着络合物的沉淀，果蔬汁中的悬浮颗粒因被缠绕也随之沉淀。此外果蔬汁中的果胶、单宁、纤维素及多缩戊糖等带负电荷，酸介质、蛋白质、明胶带正电荷，正负电荷微粒相互作用，促使胶体物质不再稳定而沉降，进而使果蔬汁澄清。此法适用于含有较多单宁物质的原料，如苹果、梨、葡萄、山楂等。但如果明胶过量，其本身会形成胶态溶液，不仅不能产生沉降作用，反而能保护和稳定胶体，从而影响澄清果蔬汁的品质。另外，果汁的pH值和某些电解质，特别是高铁离子，也可能影响明胶的沉淀能力。明胶还可与花色苷类色素反应，特别是对单宁含量少的果蔬汁更能引起变色和变味。

选择材料时，明胶和单宁必须是食用级的，其用量也应因果蔬汁的种类、品种、成熟度以及明胶和单宁的种类不同而异，故在使用前应进行澄清试验。一般情况下，100L果蔬汁约需明胶20g左右，约需单宁10g左右。

此外，高分子化合物絮凝法还有膨润土-明胶-硅溶胶絮凝法、聚乙烯吡咯烷酮（PVPP）絮凝法，海藻酸钠絮凝法、琼脂絮凝法等，其中膨润土-明胶-硅溶胶絮凝法在生产中也经常用到。

7.3.3.3 物理澄清法

（1）加热澄清法　果汁中的胶体物质常因加热而凝聚，并容易沉淀。将果汁在80～82℃的条件下加热80～90s，然后急速冷却至室温，由于温度剧变，果汁中蛋白质和其它胶质变性，凝固析出，从而使果汁澄清。但加热以及氧化也会损失一部分芳香物质。为避免有害的氧化作用，必须在无氧条件下进行加热，一般可采用密闭的管式热交换器或瞬间巴氏杀菌器进行加热和冷却。用瞬间巴氏杀菌器进行加热澄清的主要优点是能在果汁进行巴氏杀菌的同时进行加热。但加热法很难完全澄清果蔬汁，还需在后续工序中进一步过滤。

（2）冷冻澄清法 冷冻可以使胶体受到浓缩和脱水的复合影响，将果汁急速冷冻后，胶体溶液完全或部分被破坏，在解冻时形成形沉淀，故混浊的果汁经冷冻后容易澄清，但很难完全澄清。通过冷冻法澄清苹果汁作用尤为明显，对于葡萄汁、草莓汁和柑橘汁也可采用此法进行澄清预处理。

7.3.4 过滤

过滤是果蔬汁澄清后必不可少的工序，用以除去分散在果蔬汁中的胶体或悬浮粒及其它杂质，使果蔬汁澄清透明。过滤分为粗滤、精滤以及新发展起来的超滤。制作澄清果蔬汁时，刚榨出的果蔬原汁可以先经过粗滤，再澄清，最后进行精滤或超滤，有时也可以先过滤，后澄清。总之，只要达到使果蔬汁澄清透明，并且性质稳定，风味不被破坏的目的即可。

7.3.4.1 粗滤

破碎压榨出的新鲜果蔬汁中含有许多大颗粒的种子、果皮和其它悬浮物，不仅影响果蔬汁的外观和风味，而且还会加速果蔬汁腐败变质。粗滤又称筛滤，粗滤后的果蔬汁，杂质含量大大减少，有利于减缓果蔬汁变质的速度，也有利于后续工序顺利进行。一般粗滤可在榨汁过程中进行，也可单机操作。粗滤时所用的设备是筛滤机，有水平筛、回转筛、振动筛、圆筒筛等。此类粗滤设备的滤孔大小为 0.5mm 左右。

7.3.4.2 精滤

为了得到高品质的澄清果蔬汁，除粗滤和澄清以外，还必须对其进行精滤，以分离其中的沉淀和悬浮物。果蔬汁过滤常用的过滤设备有袋滤器、纤维过滤器、真空过滤器、板框压滤机和离心过滤机等；滤材有帆布、纤维、石棉、不锈钢丝网等；果汁过滤一般要用助滤剂，如硅藻土、珍珠岩等。此外，不论采用哪一种方式过滤，都必须减少压缩性的组织碎片淤塞滤孔，以提高过滤效果。下面介绍几种精滤方法。

（1）压滤法 果蔬汁压滤可采用过滤层和硅藻土过滤。

① 过滤层过滤 过滤层过滤的滤板是由石棉和纤维的混合物构成。滤板上单位面积孔的数量和大小，因滤板的类型和种类的不同而异。使用时，滤板固定在滤框上，果蔬汁一次通过滤板。过滤速度取决于果蔬汁的悬浮颗粒大小、汁液黏度、温度和过滤层的物理结构、滤孔大小以及过滤压力。并要注意过滤时，压力差不应超过设备所规定的最大压力，以防止滤板纤维结构的变形。

② 硅藻土过滤 硅藻土过滤是果汁、果酒及其它澄清饮料生产使用较多的方法，也可作为非常混浊的果蔬汁的预滤。硅藻土来源广泛，价格低廉，具有高度多孔性、表面积大、重量轻、过滤效果好等特点。其用量，一般依据果蔬汁的悬浮粒数量和果蔬汁的黏度而定。操作时用硅藻土配料器将硅藻土添加到混浊果汁中，经过一段时间之后，当硅藻土沉积在滤板上的厚度达 2～3mm（450～800g/m^2）时，形成过滤能力，只要硅藻土沉积层没有被堵塞，就可以连续过滤。与此同时还需要一台有效的离心泵来提供较高的滤压，以保证理想的出汁量。影响硅藻土过滤效率的因素主要有果蔬汁中非可溶性固形物的种类和数量、滤板表面积、滤板负荷、硅藻土量等。40mm×40mm 的板框可容纳 1.5kg 的硅藻土，60mm×60mm 板框可容纳 4kg 硅藻土。一般苹果汁过滤需用硅藻土 1～2kg/1000L；葡萄汁 3kg/1000L，其它果汁 4～6kg/1000L。

此外，果蔬汁压滤还可采用硅藻土或其它过滤材料在板框式过滤机中进行。板框过滤机是目前常用的分离设备之一，其用途非常广泛，近年来常作为果汁进行超滤澄清的前处理设备。

(2) 抽滤法　抽滤又称真空过滤，与压滤恰好相反，是用真空泵将过滤筛内部抽成真空，真空度一般维持在 84.6kPa，利用压力差来完成固液分离。过滤前在真空过滤器的滤筛外表面涂上一层助滤剂（常用厚度约为 6.7cm 的硅藻土），滤筛部分浸没在果蔬汁中，再通过过滤器的转动，均一地把果蔬汁带入整个过滤筛表面，过滤器内部的真空可使果蔬汁有效地渗过助滤剂。随着过滤不断进行，固体颗粒沉积在过滤层表面上形成滤饼，与此同时滤饼刮刀不断刮除滤饼，以保持过滤流量恒定。

(3) 离心分离法　离心分离是用外加的离心力场来完成固液分离的。它同样是果蔬汁分离的常用方法，通过高速转动的离心机来分离果蔬汁内部的悬浮颗粒，有自动排渣和间隙排渣两种。但此法会混入氧气，不利于保证果蔬汁的品质。

(4) 膜分离技术与超滤　膜分离技术是指通过天然或人工合成的高分子薄膜，以外界能量或化学位差为推动力，对双组分或多组分的溶质或溶剂进行分离、分级、提纯和富集的技术。膜分离技术通常包括超滤、反渗透、电渗析、膜精滤和扩散渗析。超滤法和反渗透法是 20 世纪 60 年代新发展起来的膜分离技术，在食品工业中常用于分离和浓缩。

超滤和反渗透是比较类似的分离方法。超滤是指被分离的溶液借助外界压力的作用下，以一定的流速沿着具有一定孔径的超滤膜面上流动，让溶液中的无机离子、分子量相对低的物质透过膜表面，把溶液中的胶体、悬浮体、蛋白质等高分子物质以及细菌、病毒等微生物截留下来，从而实现分离的目的。一般超滤压力在 0.1～1MPa 之间，截留范围是0.001～0.1μm。反渗透是利用反渗透膜的选择性只能透过溶剂（通常是水）的性质，对溶液施加压力以克服溶液的渗透压，使溶剂通过反渗透膜而从溶液中分离出来的过程。一般反渗透压力在 5～10MPa 之间，截留范围为 0.0001～0.001μm，不仅能截留高分子、病毒、细菌、胶体和悬浮物，还能截留无机盐、糖、氨基酸等低分子物质，仅能透过水或溶剂。超滤和反渗透所使用的膜称为各向异性膜，其表面致密，厚度仅为 0.1～1.0μm，且是活性层，活性层下部有支撑层，呈多孔性结构，厚度为 0.13～0.26mm。由于活性层的存在，使得透过液的流量较大，从而使运用超滤和反渗透技术进行分离和浓缩得以实现。

在果蔬汁加工中，如果果蔬原汁受到一个大于渗透压的压力，原汁中的水分就会通过膜渗入到另一侧，从而浓缩果蔬原汁，这就是反渗透浓缩工艺；如果除水分之外，其它低分子成分也渗入到另一侧，就是超滤工艺。膜分离技术是在密封回路中通过膜转移物质的，不受氧的影响，不需加热，不发生相的变化，挥发性成分损失少，因此操作过程中产品的品质变化极小。此外由于其耗能少，是一种高效节能的分离方法，在果蔬汁加工业中已显示出其广阔的应用前景。此外，影响反渗透和超滤的因素如下。

① 浓差极化　当分子混合物由压力带到膜表面时，某些分子被阻止，就会导致在临近膜表面的边界层中被阻组分集聚，使得透过组分的透过速度降低，削弱了膜的分离特性，这种现象即为浓差极化。通常采用加大流速、装设湍流促进器、脉冲法、搅拌法、流化床强化、提高扩散系数等方法来减轻浓差极化。此外应注意，在所有的分离过程中都会产生这一现象，在膜分离中其影响特别严重。

② 膜的适用性及介质的影响　不同的果蔬汁应该用不同种类的膜，并且介质的化学性质对膜的效果也有一定的影响。如醋酸纤维素膜在 pH4～5 之间，水解速度最小，在强酸和强碱中水解加剧。

③ 操作条件　由于受到膜的性质和组件特性的影响，同一种膜在低压和高压下的反应不一样，所以不一定操作压力越大，渗透速率越大。此外，随着物料温度的升高，透汁速率

会加快，但果蔬汁大多为热敏物质，所以物料温度应控制在 40～50℃为宜。

④ 果蔬汁的特性 果蔬汁浓度越高、黏度越大，则溶质间作用力越大，渗透压越大，回扩散越强、浓差极化越严重，因此果浆及可溶性固形物的含量太高不利于反渗透和超滤的进行。

应注意清洗工作对于超滤膜恢复其正常过滤能力至关重要，每次工作完毕后应及时进行清洗，先将设备中的料液放净，再用水洗一次，然后在水箱内配制 1%～2% NaOH 溶液，循环清洗 1.5～2h，直至冲洗干净为止，以便备用。另外，在存放超滤设备时，必须向其中注入超滤水，而且每天将设备内的水需置换一次，以降低细菌的生长繁殖。

7.3.5 调整

果蔬汁的调整与混合俗称调配，目的是标准化，提高产品的风味、色泽、口感、营养和稳定性。100%果蔬汁不添加其它物质，非 100%果蔬汁需要添加香精、糖、酸、色素等。一般情况下，大多数果蔬汁成品的糖酸比在（13∶1)～(15∶1）左右为宜。通常调整糖酸比的方法有两种，一种是在鲜果蔬汁中加入适量的糖、酸，糖可用白砂糖，酸可用柠檬酸或苹果酸；一种是采用不同品种的果蔬汁相互混合，取长补短制成混合果蔬汁。

(1) 糖酸调整

① 调糖及含糖量的测定 一般情况下，糖酸调整是先将糖溶化并过滤制成比较纯净的糖液，然后加入盛有原果蔬汁的夹层锅内，并且边加边搅拌，尽量使其均匀分布于果蔬汁中，最后用折光仪测定其含糖量。如不符合产品规格，可先按下面的公式算出需要补加浓糖液的质量，再进行适当调整。

$$X=\frac{W(B-C)}{D-B}$$

式中 X——需补加浓糖液的质量，kg；
D——浓糖液的含糖量，%；
W——调整前原果蔬汁质量，kg；
C——调整前原果蔬汁含糖度，%；
B——要求果蔬汁调整后含糖度，%。

② 调酸及含酸量的测定 糖度调整好后，应先测定其未加酸时的含酸量，然后根据所测出的含酸量，再计算每批果蔬汁调整到要求酸度所应补加的柠檬酸量。测定酸的含量时，先称取待测定的果蔬汁 50g 放在 200mL 锥形瓶中，并加入 1%酚酞指示剂数滴，然后用 0.1563mol 氢氧化钠标准溶液滴定至终点。此外，调整酸度时有时还要加适量缓冲剂，如柠檬酸钠。计算果蔬汁中含酸量的公式如下：

$$\text{果蔬汁含酸量（\%）}=\frac{V\times N\times 0.064\times 100}{50}=0.02V$$

式中 V——滴定耗用氢氧化钠标准溶液数量，mL；
N——氢氧化钠标准溶液的浓度 mol/L；
0.064——柠檬酸系数。

需要补加的柠檬酸溶液质量的公式如下：

$$m_2=\frac{m_1(z-x)}{y-z}$$

式中 z——要求调整酸度，%；
m_1——果蔬汁重量，kg；
m_2——需补加的柠檬酸液量，kg；

x——调整前原果蔬汁含酸量，%；

y——柠檬酸液含量，%。

(2) 果蔬汁的混合 不同种类或品种果蔬汁的酸度、糖度、色泽、风味及营养成分各不相同，因此根据风味协调、营养互补以及功能协调等原则，将不同的果蔬汁按适当比例相互混合，可取长补短，进而制成品质优良的混合果蔬汁。

制作混合果蔬汁时，因为不同的风味可以相互增强或抑制，所以应尽量使得各原料的不良风味在制成复合汁时可以相互减弱、被抑制或被掩盖，而优良风味则得以改善或提高。例如，根据甜味可以掩盖酸味、酸味可以适当降低甜味的特性，把具有强烈酸味的山楂汁和具有不适甜味的胡萝卜汁进行适当混合后，可以获得酸甜适口的山楂-胡萝卜汁。

此外，对于风味物质来说，某种风味的体现，与体现该风味物质的绝对数量有关，也与其它各种风味物质的绝对数量及其比例有关。对于营养物质来说，不同种类果蔬汁中所含的某些营养物质可能会相互作用，从而影响到营养物质的吸收利用。所以，制作混合果蔬汁时，必须进行反复研究、试验，以找出各种原料之间的最佳配比。

通常用于制作混合果蔬汁的果蔬汁有夏橙、香橙、柠檬和葡萄柚等柑橘类果汁和以桃、杏、李、梨、杨梅、樱桃、菠萝、香蕉等为原料的果汁，也可利用以杧果、木瓜等热带水果为原料的果汁，以及以番茄、西瓜、胡萝卜、黄瓜和大蒜等为原料的蔬菜汁。

7.3.6 均质

食品加工中的均质是指物料的料液在挤压、强冲击与失压膨胀的三重作用下使物料细化，这样物料能更均匀地相互混合，从而使整个产品体系更加稳定的一项技术。

均质是混浊果蔬汁制造过程中的重要工序。不经过均质的混浊果蔬汁，由于悬浮颗粒较大，在重力作用以及悬浮颗粒之间的相互作用下会逐渐沉淀而影响其品质。通过均质设备使果蔬汁中所含的不同粒度、不同密度的悬浮粒子以及果肉纤维或悬浮油脂颗粒破碎，促进果胶渗出，使果胶和果蔬汁亲和，抑制果汁分层、沉淀等现象，从而使破碎后大小均一的细微颗粒，能够均匀稳定地分散于果蔬汁中。均质后的果蔬汁风味细腻，混浊度均匀，品质稳定。常用的均质设备有高压式、回转式和超声波式等，生产上常用的均质机械有胶体磨和高压均质机。

(1) 胶体磨 胶体磨是借于快速转动转子和狭腔的摩擦作用而达到破碎、均质的目的。破碎过程主要在胶体磨的狭腔中进行，狭腔的间距可调整，通常在0.05～0.075mm。当果蔬汁进入狭腔时，受到强大的离心力作用，颗粒在转齿和定齿之间的狭腔中摩擦、撞击而分散成均匀而细小颗粒，进而达到均质的目的。但胶体磨中的物料与空气接触机会多，很容易将果蔬汁氧化变质，所以还应在后面的工序采用脱氧措施。对于浓稠状、含果肉及果胶较多的原料，如山楂果茶类，不宜使用高压均质机，可用胶体磨。如图7-1所示为常用胶体磨的结构图。

(2) 高压均质机 高压均质机是最常用的均质机械，通常其均质时的压力控制在13.3～20.0MPa(133～200atm)下，其原理是将混匀的物料通过柱塞泵的作用，在高压低速的条件下进入阀座和阀杆之间的空间，这时其速度增至290m/s，同时压力相应降低到物料中水的蒸气压以下，于是在颗粒中形成气泡并膨胀，引起气泡炸裂物料颗粒，造成强大的剪切力，由此得到极细且均匀的固体分散物。这就是空穴效应。如图7-2所示为高压均质机的工作原理，其所用的均质压力随果蔬种类、物料温度、要求的颗粒大小而异，一般在15～40MPa。

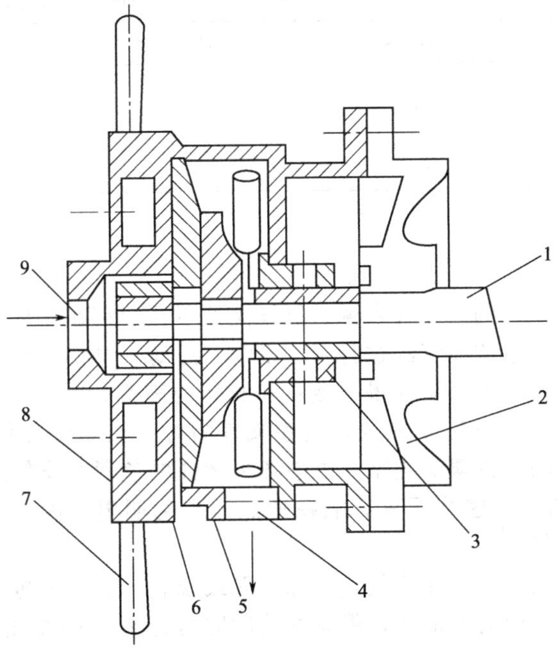

图 7-1　卧式胶体磨

1—工作主轴；2—壳体；3—密封装置；4—出料口；
5—动磨盘；6—静磨盘；7—调整手柄；8—挡盖；9—进料口

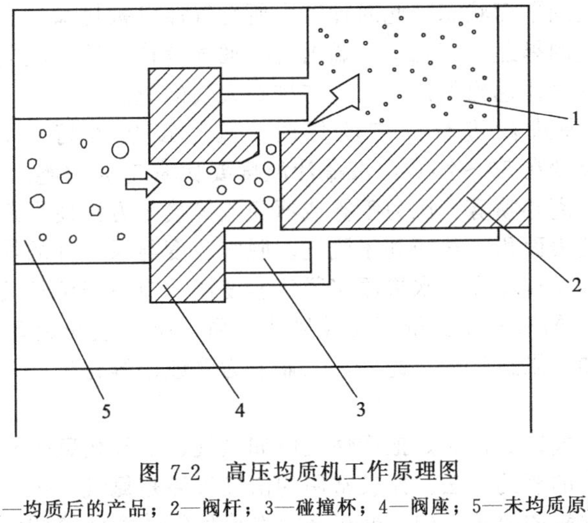

图 7-2　高压均质机工作原理图

1—均质后的产品；2—阀杆；3—碰撞杯；4—阀座；5—未均质原料

此外不同种类果蔬汁所需的均质压力不同；均质次数不同，得到的果蔬汁制品效果也不同，从表 7-1 及表 7-2 中可明显看出。

表 7-1　几种果蔬汁的推荐均质压力

果蔬汁种类	均质压力/MPa	果蔬汁种类	均质压力/MPa
桃、杏	30	番茄、南瓜	20～30
柑橘类	40	胡萝卜	30～40
凤梨	40	番石榴	30
苹果	30	洋梨	40

表 7-2 50%果浆含量的桃带肉果汁不同处理的均质效果

处 理	稠度/s	自然分层率 30d	粒子<3μm 比例/%
对照	109.4	3	73.64
一次均质果浆	164.6	0	83.20
二次均质果浆	315.4	0	87.62
带肉桃汁	250.4	0	83.31

7.3.7 脱气

对于没有经过脱气处理的果蔬汁来说，氧气无处不在。存在于果蔬原料组织内部的大部分氧气以及外界空气中大量的氧气经过打浆、澄清、过滤、调整、混合、均质等一系列工序后，能够溶解进果蔬汁中或被吸附在果肉微粒和胶体的表面，甚至以游离态存在于汁液中。通常果蔬汁中约含有 2.5～5mL/L 氧气，这些氧气为好氧微生物提供生长繁殖的条件，能腐蚀某些包装容器（如马口铁罐）内壁，能破坏果蔬汁的色素及香气成分和营养成分，尤其对维生素 C 的损耗特别大。这些不良影响在加热时更为明显，因此在果蔬汁加热杀菌前，必须除去果蔬汁中的氧气。

除去果蔬汁中氧气的过程叫作脱气，亦称去氧或脱氧。脱气可防止或减轻上述果蔬汁的不良反应，以保证果蔬汁应有的品质。但脱气的同时可能造成挥发性芳香物质的部分损失，为了减少这种损失，必要时可进行芳香物质的回收，加回到果蔬汁中，以保持原有风味。常用脱气方法有真空脱气法、气体交换法、酶法脱气和抗氧化剂法等。

(1) 真空脱气法　气体在液体内部的溶解度与该气体在液面上方的分压成正比，当进行真空脱气时，气体在液面上分压逐渐降低，溶解在果蔬汁中的气体不断逸出，直到总压降至果蔬汁的蒸气压时，达到平衡状态，此时汁液中所有气体已被排除。真空脱气法就是利用以上原理，用泵将处理过的果蔬汁打到真空罐内进行抽气操作，达到脱气目的的。而达到平衡的时间，取决于溶解的气体逸出的速度和气体排到大气的速度。

一般情况下，对果蔬汁进行真空脱气时，真空度应维持 90.7～93.3kPa（680～700mmHg），热脱气温度在 50～70℃，果蔬汁温度要比真空罐内绝对压力所对应的温度高 2～3℃。此外还应采用离心喷雾、压力喷雾或薄膜流等喷雾方法使果蔬汁分散，形成薄膜或雾状，以扩大果蔬汁的表面积，从而利于脱气。脱气速度与果蔬汁的性状、温度及其在脱气罐内的状态密切相关，黏稠度高的水果原浆脱气速度慢，应适当延长其脱气时间。通常真空脱气时会损失 2%～5%的水分和少量挥发性风味物质，所以应安装芳香回收装置回收风味物质，完成脱气后再加入果蔬汁中。此外，工业上为保证连续化生产，真空脱气一般与热交换器、均质机相连。

(2) 气体交换法　气体交换法是把惰性气体如氮气、二氧化碳等充入果蔬汁中，利用惰性气体来置换果蔬汁中的氧的方法。比较常用的惰性气体是氮气。生产中采用气体分配阀把惰性气体压入或鼓入含氧的果蔬汁中，使果蔬汁在惰性气体泡沫流的强烈冲击下失去所附着的氧。脱氧速度及脱氧程度取决于气泡的大小、气体和液体的相对流速以及脱氧塔的高度。气体交换法能减少挥发性芳香物质的损失，有利于防止果蔬汁在加工过程中氧化变色。

(3) 化学脱气法　化学脱气法是利用一些抗氧化剂或需氧的酶类作为脱氧剂，脱氧效果甚好。常见的有酶法脱气和抗氧化剂法脱气。酶法脱气时，向果蔬汁中加入葡萄糖氧化酶，去氧效果显著。葡萄糖氧化酶是一种典型的需氧脱氢酶，可使葡萄糖氧化而生成葡萄糖酸及过氧化氢，过氧化氢酶又可使过氧化氢分解为水及氧气，氧气又消耗在葡萄糖气体生成葡萄糖酸的过程中，由此达到脱氧的目的。其反应方程式如下：

$$\text{葡萄糖} + O_2 + H_2O \longrightarrow \text{葡萄糖酸} + H_2O_2$$

$$H_2O_2 \longrightarrow H_2O+1/2O_2$$

此外，抗氧化剂法是在罐装的果蔬汁中加入少量抗坏血酸等抗氧化剂，以除去罐头顶隙中的氧。

7.3.8 浓缩

浓缩是生产浓缩果蔬汁的关键工序，浓缩果蔬汁是从澄清果蔬汁中脱去部分水分而制成的产品，其用途非常广泛，可直接稀释饮用，也可以作为其它果蔬汁产品的配料。浓缩果蔬汁有如下优点。

(1) 通过浓缩脱水可使果蔬汁固形物含量从原来的5%～20%提高到60%～75%，体积缩小，大大节约了贮存、包装和运输的费用。

(2) 通过提高糖和酸的含量，有利于抑制微生物生长繁殖，提高了产品的稳定性，无需添加防腐剂，可以长期保存，也适合于冷冻保藏或制成冷冻果蔬汁等。

在确定浓缩果蔬汁的生产工艺时，应先考虑到稀释复原时，必须具备原果蔬汁的风味、色泽、混浊性和营养成分等。过去采用的常压加热浓缩法，因温度过高、芳香物质和维生素C损失太大，故现在基本不用。目前常用的浓缩方法有真空浓缩、冷冻浓缩和反渗透膜浓缩。

7.3.8.1 真空浓缩法

目前，真空浓缩法是食品工厂中使用最广泛的一种浓缩方法。真空浓缩法是通过真空浓缩设备在果蔬汁液面上形成一定的真空度，进而降低果蔬汁的沸点温度，使它在较低温度下就可以沸腾，能迅速蒸发出汁液中的水分。通常将真空度控制在94.7kPa(710mmHg) 左右，浓缩温度为25～35℃，不宜超过40℃。苹果汁可采取较高的温度浓缩，但也不宜超过55℃。由于这种方法排出了大部分氧气，缩短了操作时间，并且一直维持在较低的温度下进行，所以果蔬汁中的营养成分、风味物质等不会因为长时间加热而氧化变质。但是这种温度也为微生物的生长繁殖以及酶活性的提高创造了条件，所以浓缩前应先对果蔬汁进行瞬间杀菌和冷却，以便杀菌和灭酶，达到较好地保持果蔬汁质量的目的。此外，果蔬汁中的芳香物质大多数是易挥发的醇类、醛类以及酯类，浓缩过程中会受到损失，所以在浓缩果蔬汁前应先将芳香物质提取回收，以便以后再加以利用。

真空浓缩设备一般包括蒸发器、真空冷凝器和附属设备。其中最主要的部件是蒸发器，它包括加热室和分离室两部分。加热器的作用是蒸汽通过换热器加热被浓缩的液料，使其中水分气化逸出，这种逸出的蒸汽称为二次蒸汽。分离室的作用是将二次蒸汽中夹带的雾沫分离出来。真空冷凝器由冷凝器和真空系统组成。冷凝器的作用是将真空浓缩所产生的二次蒸汽进行冷凝。真空系统中最主要的是真空泵、其作用主要是将其中不凝结的气体（如空气、二氧化碳等）分离，以减轻真空系统的容积负荷，进而保持一定的真空度。真空浓缩设备的其它附属设备还有捕集器等，捕集器一般安装在分离器的侧面或顶部，用来对气液进行分离，防止蒸发过程形成的细微液滴被二次蒸汽带出，以减少果蔬汁料液损失。

降膜式是浓缩过程中采用的主要方式，而果肉浆质含量高的番茄酱则采用盘管式或强制循环的方式，浓度高的果蔬汁应采用搅拌蒸发式。此外板式浓缩和离心薄膜式浓缩也较常用。

(1) 降膜式浓缩　降膜式浓缩又称薄膜流下式，浓缩时物料从蒸发器入口流入后，在真空条件下扩散成薄层，并且由于其自身重力从上往下流动，在靠近排列整齐的加热管时，部分水分便汽化成水蒸气逸出。降膜式浓缩可分为泵循环式和喷流薄膜式两种。泵循环式的优点是果蔬汁贮存量少，通过传热面的果汁流速非常快，在加热管内没有静水压，不会因液面高度而使沸点上升，因此可利用循环泵的循环，尽可能浓缩成高浓度的果蔬汁。喷流薄膜式的优点是加热时间短，一次流过加热面，浓缩比大，适于连续操作及高黏度果蔬汁的浓缩。

(2) 强制循环式浓缩　本法采用泵和搅拌机让果蔬汁在加热管内以2～4m/s的流速循

环流动，使其呈沸腾状态，并将液面高度控制在分离注入处，其水垢生成较少，传热系数大。用于因热变化少的番茄汁的浓缩。如图 7-3 所示强制循环式双效浓缩锅。第一效强制循环，第二效自然循环，对于冷破碎番茄汁可浓缩到 35%，热破碎汁可达 25%～27%。适合于高黏度和高浓度的果蔬汁浓缩，它可与降膜式蒸发器连用，放在第一效作最终浓缩用。

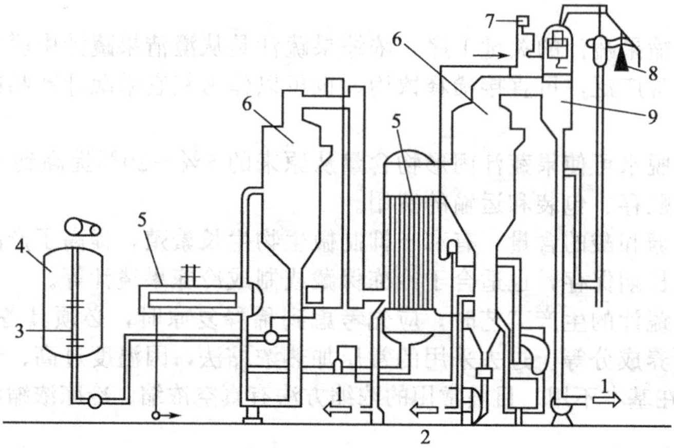

图 7-3 强制循环式双效浓缩锅

1—排水；2—浓缩汁；3—果蔬汁；4—贮汁罐；5—加热器；6—分离器；7—冷却水；8—蒸汽喷射器；9—低水位气压冷凝器

(3) 离心薄膜式浓缩 离心薄膜蒸发器为一回转圆锥体，浓缩时果蔬汁从进料口进入回转圆筒内，再通过分配器的喷嘴进入圆锥体加热表面，由于离心力的作用，形成了 0.1mm 以下的薄膜，瞬间蒸发浓缩。优点是浓缩加热时间短，蒸发器内贮存汁量少，适合于高温加热的高浓缩比果蔬汁的浓缩。如图 7-4 所示真空离心浓缩器工作原理。

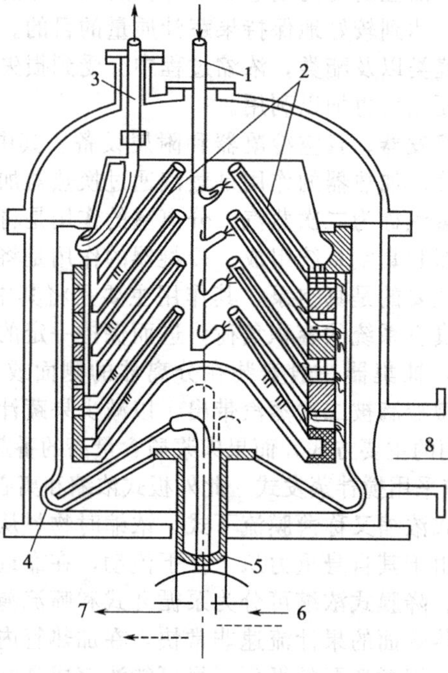

图 7-4 真空离心浓缩器

1—原液入口；2—加热面；3—浓缩液出口；4，7—凝缩水；5—回转轴；6—加热蒸汽；8—蒸发蒸汽

(4) 板式浓缩　此法是将升降膜原理应用于板式热交换器内部，加热室与蒸发室交替排列。果蔬汁从第一蒸发室沸腾成升膜上升，然后从第二蒸发室成降膜流下，与蒸汽一起送到分离器，通过离心力进行果汁与蒸汽的分离。生产能力可通过板组数目的增减调节。这种浓缩方式流速高，传热好，停留时间短。

(5) 片状蒸发式浓缩　此法浓缩原理是果蔬汁从蒸发器的下端进入，以便接触传热面，之后上升到达片状蒸发器上部，再沿蒸发片一边蒸发一边下降，与蒸汽一起送到分离器，通过离心力进行果蔬汁与蒸汽的分离。

7.3.8.2 冷冻浓缩

冷冻浓缩法是将果蔬汁降温至其冰点以下进行冻结，使其中的水分结成冰结晶，除去这些冰晶，导致果蔬汁中的可溶性固形物含量升高，进而得到浓缩果蔬汁。冷冻浓缩的优点在于其浓缩过程是在低温下进行的，使果蔬汁原有的色泽、芳香物质、营养成分、不会因受热而受到损害，产品质量远比蒸发浓缩的好。尤其是热敏性果蔬汁特别适合通过此法进行浓缩。此外，此法热量消耗少，蒸发 1kg 水所需的热量为 2260.8kJ，而使同量的水冻结成冰所需要的热量仅为 334.9kJ，因此冷冻浓缩是比较节能的浓缩手段。但是在冻结过程中，会有少量的果蔬汁成分进入冰晶内部，也会有部分有效成分由于低温而凝集或析出，当除去冰晶时，它们都会随之除去，从而造成部分果汁流失。

果蔬汁的浓缩程度可以影响到它的冰点温度，果蔬汁越浓，黏度越大，冻结的温度也就越低。比如当苹果汁糖度含量为 10.80%时，冰点为−1.30℃，而糖度含量为 63.7%时，则冰点为−18.60℃。若在太低的温度下冻结的时间过长，浓度过高的果蔬汁与冰块就很难分离了，所以冷冻浓缩的浓缩度要有一定的范围。理论上，在除去的冰晶中绝无果蔬汁时，最大含量可达到 55%。但实际上分离出来的冰晶中必定会有少量果蔬汁成分，第一次可以浓缩至 25%～30%，所以需将冰晶熔化后再行浓缩，并且需要反复多次，最后含量可达 40%～45%。

冷冻浓缩最典型的方法是首先将果蔬汁注入不锈钢容器中，然后向其中注入−28℃的盐水，开始时需进行搅拌，等到果蔬汁凝结成冰粒状时，立刻将其转移到−10℃盐水中，并间接地搅拌，直至冰粒全部形成时取出，最后离心分离冰粒与果蔬汁。

7.3.8.3 反渗透膜浓缩法

反渗透是利用反渗透膜的选择性只能透过溶剂（通常是水）的性质，对溶液施加压力以克服溶液的渗透压，使溶剂通过反渗透膜而从溶液中分离出来的过程。通常采用两级浓缩的反渗透装置，第一级操作压力 5～6MPa，第二级操作压力 11～12MPa，操作时在密封回路中通过膜转移物质，不受氧的影响，不需加热，不发生相的变化，挥发性成分损失少，因此产品的品质变化极小。并且反渗透浓缩时，所需要能量约为蒸发式浓缩法的 1/17，冻结浓缩法的 1/2 等，是一种高效节能的浓缩方法。

目前，在果蔬汁浓缩中使用的反渗透膜主要是醋酸纤维膜和聚酰胺纤维膜，膜的厚度仅 0.1μm，能够截留分子的范围为 0.0001～0.001μm 的物质。这种膜能保证较高且稳定的水流速度，防止膜表面附着和堆积某些果蔬成分而降低膜的透过流量。果蔬汁反渗透浓缩用的膜装置有平面膜、空心纤维膜和管状膜三种。生产中对膜的品种和质量的选择至关重要。浓缩时，不同的果蔬汁应该用不同种类的膜，比如浓缩猕猴桃汁时用 HC50 膜，浓缩柑橘汁时用醋酸纤维膜或聚丙烯腈系列膜。

此外，采用膜浓缩时，果蔬汁浓度不宜过高，常在 25Brix 左右，且一般最终只能浓缩到 2.0～2.5 倍。这是因为果蔬汁浓度越高、黏度越大，就会使得溶质间作用力加大，渗透压加大，回扩散加强，不利于反渗透的进行。并且由于果蔬汁中的果胶和果浆也会附着在膜表面上生成凝胶层，使透过流量变小，使膜难以清洗恢复，所以膜浓缩法只适于在较低浓度下使用。

7.3.9 芳香回收

在加工浓缩果蔬汁的过程中，芳香回收也是非常重要的工序。新鲜果蔬汁的芳香物质非常丰富，酯类、醇类、羟基化合物以及其它多种有机物质都以一定比例存在于其中，形成了果蔬汁特有的芳香。大多数芳香物质沸点低，很容易在果蔬汁的浓缩过程中，随蒸发而逸出。因此，必须将这些逸散的芳香物质进行回收浓缩，返回到浓缩果汁中，以保持果蔬汁原有的风味。

回收浓缩芳香物质时，可以在浓缩前将芳香成分分离回收，然后再加到浓缩果蔬汁中；另一种方法是将浓缩罐的蒸发蒸汽进行分离回收，然后加到果蔬汁中。芳香回收的目的是尽可能多地回收芳香物质，但实际上很难完全回收，通常能回收20%左右就很高了。香橙汁中芳香物质的回收率比较高，在26%～30%；苹果汁为8%～10%；黑醋栗也可回收10%～15%。番茄的挥发性香气成分很不稳定，故制番茄汁时，应先将固液相分离，再将香气成分浓缩后加到产品中进行调配。

此外，在调配之前若要对回收后的浓缩液进行短期内储藏还应注意最好在充氮或二氧化碳的条件下灌装；盛装容器要充分装满，不得留有顶隙；并且最好在2℃左右的低温环境中保存。

7.3.10 干燥与脱水

果蔬汁经浓缩后再脱水干燥，可制得天然果蔬汁粉。天然果蔬汁粉与液体果蔬汁相比具有水溶性好，重量轻，体积小，便于贮藏与运输，应用范围广等特点。优良的果蔬汁粉应具有该品种特有的色、香、味并且无结块、无刺激、无焦糊、无酸败及其它异味，冲溶后应是澄清或均匀混浊的液体，无肉眼可见的杂质。

目前，制造果蔬汁粉的方法主要是喷雾干燥法、真空干燥法和冷冻干燥法。

喷雾干燥法是利用喷雾干燥机，将浓缩果蔬汁分散为细小液滴，同时受到高温干燥空气的作用，水分蒸发很快，最后使干燥果汁粉沉积于底部。干燥过程中，液滴在湿球温度下蒸发，物料温度不会升至很高，而且干燥时间很短，所以果汁品质受影响不大。但是由于物料分散度大，会损失部分芳香物质。

真空干燥法是通过一定的真空度，使果蔬汁的水分在低温真空下迅速蒸发。干燥过程中，可以在浓缩果蔬汁加入发泡剂打成泡沫状，使物料在料盘中形成多孔质泡沫，有利于增加蒸发面积，达到快速干燥的目的。真空干燥法由于工作温度低，干燥时间短，有利于保证产品的品质。

冷冻干燥，又称升华干燥，是将湿物料或溶液在较低的温度下（－10～－50℃）冻结成固态，然后在高真空度下，将其中固态的冰直接升华成水蒸气而脱水干燥的过程。这种干燥方法由于处理温度低，对热敏性物质特别有利。

此外，果蔬汁粉吸湿性极强，且具有黏性，易附着在容器表面，有时还会腐蚀容器接触面，因此必须采用隔绝性能好的包装材料或容器，例如，可选择马口铁罐、玻璃杯、复合塑料瓶或袋等，还可选择用聚乙烯、铝箔、纸的复合薄膜等材料制成的包装。

7.3.11 杀菌与包装

7.3.11.1 果蔬汁的杀菌

果蔬汁中存在各种细菌、霉菌和酵母等微生物，这些微生物大量繁殖，不仅影响产品品质，而且影响产品的保藏性。因此，在灌装之前，必须对果蔬汁进行杀菌。

果蔬汁的杀菌包括加热杀菌和冷杀菌。为了保持鲜果蔬汁的风味，部分果蔬汁采用冷杀菌的方法使微生物钝化，但为了保证质量安全，大多数果汁还是采用加热杀菌。加热杀菌根据用途和条件的不同分为巴氏杀菌、高温短时杀菌和超高温瞬时杀菌。巴氏杀菌是低温杀菌，通常温度是62～65℃，保持时间为30min；高温短时杀菌（HTST），又称作高温瞬间杀菌法，通常杀菌温度为91～95℃，时间为15～30s；超高温瞬时杀菌（UHT）温度在120℃以上，保持3～10s。

一般天然果汁的酸性比蔬菜汁高，所以也比蔬菜汁易于杀菌。对果汁进行杀菌时，常用的方法是高温短时杀菌法和超高温瞬时杀菌法，它们比低温长时杀菌工艺的杀菌效果显著，而且对果汁品质的损害也较小。当前，随着无菌包装技术的快速发展，越来越多的企业采用UHT杀菌，先对果汁杀菌后，再进行无菌灌装。

对蔬菜汁进行杀菌时，由于蔬菜汁酸性低并且含有耐热性芽孢杆菌，所以必须进行高温杀菌，通常温度在112～126℃，停留几分钟。但这样做由于加热温度过高、时间过长，而严重损害蔬菜汁的风味物质和营养成分。所以常采用通过提高蔬菜汁酸度，来降低杀菌温度，缩短杀菌时间的方法。这是因为即便是耐酸的芽孢，通常在pH＜4.2时也不能生长，因此提高了某些蔬菜汁的酸度，就可以降低杀菌的温度，缩短杀菌时间，从而确保蔬菜汁良好的品质。提高酸度的方法有添加有机酸、加入高酸度的蔬菜汁调配或进行发酵。

此外，紫外线照射灭菌法和高压处理法都是比较先进的杀菌方法。紫外线灭菌设备由紫外线灯及紫外光反射器组成，它们封在透明聚四氟乙烯制管道内，果蔬汁通过此管道时，受到紫外线的灭菌处理。紫外线灭菌法可使细菌的DNA中的碱基形成嘧啶二聚体，从而无法正常生长繁殖而达到灭菌目的，可用于苹果汁、柑橘汁、胡萝卜汁以及它们的混合汁的灭菌，而且对果蔬汁的风味几乎无影响。高压处理法可以在不加热的情况下，通过600MPa的高压，使腐败性细菌钝化失去活性，同时也可使果胶甲基酯酶（PME）的活性锐减。这种方法可以解决鲜柑橘汁中由于PME的存在，而使果汁的浊度受损，货架期缩短的问题。对于混浊果蔬汁还要对果浆进行热处理，以便在高压处理前消除残留在果浆中的酶活性。

7.3.11.2　包装

包装是果蔬汁生产的最后工序，也是至关重要的一个环节，果蔬汁的包装也可称为罐装。

(1) 灌装方法　果蔬汁罐装的方式方法很多，根据灌装方式的不同，有重力式、真空式、加压式和气体信号控制式等；根据罐装温度不同，有高温灌装法和低温灌装法两种。

高温罐装法是在果蔬汁杀菌后，还处于高温状态时直接罐装，利用果蔬汁的热量对容器内表面进行杀菌。这种方法虽然能保持罐装后的果蔬汁无菌，但从杀菌到罐装一般需3min以上，而且冷却也需要一段时间，长时间受热会引起品质的下降。

低温罐装法是将果蔬汁加热到杀菌温度后只保持短时间，就立即通过热交换器冷却至常温或常温以下，然后将冷却后的果蔬汁在无菌环境中进行罐装、密封。这种方法对果蔬汁的影响很小。这就是在现代化企业中普遍采用的无菌包装技术。所谓无菌包装是指食品在无菌环境下进行的一种新型包装方式。它通常采用蒸汽超高温瞬时杀菌法对果蔬汁进行处理，由于加热过程相当短，营养损失少，风味不变，不需冷藏保管，可长期贮存。

对于无菌包装技术来说，首先必须是食品本身无菌。其次是包装容器必须无菌，无菌包装的容器一般用过氧化氢溶液或环氧乙烷气体进行灭菌，也可以将低浓度的过氧化氢和紫外线照射并用，这样灭菌容器的过氧化氢残留量能减少至最低范围，并有利于减少环境污染。

最后是包装环境必须无菌，即包装时的工作空间要求无菌，这样可避免由于大气污染造成产品的二次污染。

(2) 包装材料　常用的无菌包装有蒸煮袋、无菌罐、无菌瓶等。包装材料的选择直接关系到果蔬汁产品的质量及成本。对果蔬汁包装材料的要求主要有以下几点：

① 包装材料中不能含有危及人体健康的成分；

② 与果蔬汁接触的一面，化学性质要稳定，不能与果蔬汁发生作用；

③ 加工性能良好，资源丰富，成本低，能满足工业化的需要；

④ 有优良的综合防护性能，如阻气性、防潮性、遮光性和保香性能等；

⑤ 耐压，强度高，重量轻，不易变形破损，能够保证商品安全，而且便于携带和装卸。

果蔬汁的包装形式多种多样，比较传统的有玻璃瓶、金属罐等。玻璃瓶造型灵活、透明、美观，并且化学稳定性高、阻气性好、易密封，利于保证果蔬汁的品质。另外，其原料丰富，并可多次循环使用，成本低廉，生产自动化程度高，使其在果蔬汁包装上的应用经久不衰。但它机械强度低、易破损、并且重量大，不利于运输。金属罐机械强度大、不易破碎、但成本比较高。

随着合成材料的迅速发展，各种塑料薄膜、塑料容器以及复合材料被广泛应用于包装领域中。例如百利包（Prepak）和芬包（Finpak）都是应用非常广泛的塑料袋无菌包装。塑料包装材料是以合成树脂为主要原料，添加稳定剂、增塑剂、润滑剂以及着色剂等成分合制而成的。用于果蔬汁包装的主要塑料复合材料有聚乙烯（PE)、聚氯乙烯（PVC)、聚丙烯(PP)、聚酯（PET 或 PETP)、聚偏二氯乙烯（PVDC)、聚碳酸酯（PC)。塑料包装具有形式多样、高度防潮、隔氧、保香、易成型、易热封、易黏合等特性，并且适于印刷、造型、装潢，以增强其观赏性。

纸盒包装作为一支新生力量，在果蔬汁包装的领域中特别具发展潜力。目前利乐公司发明的纸盒包装在中国应用最广泛，它是由几层薄纸和聚乙烯压合而成的，在生产无菌包装时，还要加入一层铝箔。纸盒包装具有很多优点，比如不存在顶隙，可以很好地保持产品的稳定性；重量轻、贮存空间小、运输成本低；原材料便宜，仅是玻璃瓶及金属罐的 50%；印刷性能好，容易吸引顾客；成品合格率高，包装材料浪费少；可降解的纸盒包装还有利于环保。

7.4 果蔬汁加工中常见的问题

7.4.1 变色

不同的果蔬汁含有各种不同的天然色素，如叶啉色素、类胡萝卜色素、多酚类色素等，但它们并不能稳定存在，很容易因发生各种反应而使果蔬汁变色。在加工过程中，果蔬汁变色的原因主要是酶促褐变和非酶褐变。此外，绿色蔬菜汁还会由于叶绿素脱镁而失绿。

7.4.1.1 酶促褐变

酶促褐变是果蔬汁中的多酚类物质在多酚氧化酶（酚酶）及氧的作用下产生褐色素。由此可知在酶促褐变发生时，多酚类物质、酚酶及氧气三者缺一不可，只要控制其中一个条件，就可防止褐变的发生。酶促褐变在果蔬汁加工的初期较为明显。主要控制途径有以下几种。

(1) 钝化酶的活性　原料在加工前尽快通过高温钝化酶活性，一般在 75～90℃处理 5～7s 可使大部分酚酶失活。

(2) 降低 pH 值　由于酚酶只有在 pH 值为 6～7 时才能表现出最大活力，所以添加柠檬酸或维生素 C 等物质，将 pH 调整到 4.0 以下可有效抑制酚酶活性。

(3) 减少原料中的多酚类物质 选择充分成熟的新鲜的原料，或用适量的 NaCl 溶液浸泡将原料中的多酚类衍生物盐析出来。

(4) 隔绝或驱除氧气 加工过程中要减少或避免空气与果蔬汁的接触，要及时进行脱气处理，包装时还要排除容器顶部间隙的空气。

(5) 加工过程中避免接触铜、铁等用具。

7.4.1.2 非酶褐变

非酶褐变是不需经酶的催化而产生的褐变，如美拉德反应、抗坏血酸氧化、脱镁叶绿素褐变等，如橙汁、葡萄汁的褐变。果蔬汁非酶褐变后会使必需氨基酸、糖类、维生素 C 等物质被破坏，而降低果蔬汁的营养价值，并且增加二氧化碳及酸性物质，逐步引起产品 pH 值的降低，同时感官品质劣变。控制非酶褐变的途径如下：

(1) 尽可能避免过度的热力杀菌，防止长时间受热；

(2) 采用亚硫酸盐及酸性亚硫酸盐将 pH 值调整到 3.5～4.5，可有效抑制非酶褐变；

(3) 采用低温（10℃以下）避光贮藏，可以推迟非酶褐变；

(4) 用蔗糖作甜味剂，而不宜用还原性糖类，以防止美拉德反应的发生；

(5) 避免长时间的高温处理；

(6) 避免使用铁、锡、铝、铜类工具和容器，可使用不锈钢、玻璃、搪瓷等材料的设备和容器进行加工生产。

7.4.1.3 蔬菜汁失绿

绿色是绿色蔬菜汁的一个重要质量指标。绿色蔬菜的绿色来源于叶绿素，叶绿素不稳定，对光、热、酸、碱等条件都非常敏感，这使绿色蔬菜汁在加工或贮藏过程中极易变色，尤其是在酸性条件下很容易变暗。对于酸性蔬菜汁的护绿有以下几种方法。

(1) 在稀碱液中将绿色蔬菜原料浸泡 30min，使游离出的叶绿素皂化水解为叶绿酸盐等产物，绿色更为鲜亮。

(2) 用稀 NaOH 溶液烫漂 2min，进而钝化叶绿素酶，同时中和细胞中释放出的有机酸。

(3) 用 pH 值为 8～9 的极稀的锌盐（如醋酸锌、葡萄糖酸锌）或钙盐浸泡蔬菜原料数小时，使叶绿素中的 Mg^{2+} 被 Zn^{2+}、Ca^{2+} 取代，生成对酸、热较稳定的络合物，从而达到护绿效果。

(4) 杀菌时，采用高温短时杀菌法，有利于降低叶绿素的损失。

7.4.2 风味变差

果蔬汁的风味是其感官质量的重要指标。但是在加工贮藏过程中由于处理不当，很容易损害果蔬汁的风味。果蔬汁变味的原因很多，主要有以下几个方面：①加工时过度的热处理会损害热敏性的风味物质；②调配不当；③各种褐变反应的发生；④微生物的污染；⑤加工和储藏过程中设备和罐壁的腐蚀。因此，要想得到品质优良的果蔬汁，必须控制加热的温度和时间，适当降低储藏的温度，必须调配得当，并不得使用非不锈钢容器盛装饮料，以防止上述现象发生。此外，还应对不同的果蔬原料施以不同的处理方法，如生产柑橘汁时，应先对原料磨油，再榨汁，且压榨时不要压破种子和过分压榨果皮，否则会使柑橘汁产生苦味；胡萝卜在加工过程中会产生大多数人不愿接受的怪味，先将其切片软化 20min，再用清水冲洗迅速冷却至室温，最后在水中浸泡 25min，可有效地除去这种异味。

7.4.3 后混浊、分层及沉淀

7.4.3.1 澄清果蔬汁的后混浊与沉淀现象

澄清果蔬汁要求澄清透明，但其生产后在储藏销售过程中，容易产生后混浊与沉淀的现象。澄清蔬菜汁发生的后混浊现象是由淀粉、果胶、蛋白质、氨基酸、微生物、多酚类化合物、阿拉伯聚糖、右旋糖苷及助滤剂等引起的。这些物质在一定条件下会发生酶促反应、美拉德反应以及蛋白质变性等，从而产生沉淀使产品混浊。防止后混浊的途径主要有以下几种：

(1) 采用成熟而新鲜的蔬菜原料，并适量使用明胶、聚乙烯基聚吡咯烷酮、聚酰胺等澄清剂，尽可能降低多酚类物质和蛋白质的含量；

(2) 加工用水必须达到饮用水的要求，避免不合格水中的钙、镁离子等物质与果蔬汁发生沉淀反应；

(3) 合理地使用酶制剂来分解果胶和淀粉；

(4) 压榨时尽可能轻柔，以便降低阿拉伯聚糖等容易引起后混浊的物质的含量；

(5) 调配时选择质量好的糖、酸、香精等添加剂；

(6) 应严格进行澄清处理，并且采用合理的过滤及超滤系统，充分除去果蔬汁中的悬浮颗粒以及易沉淀物；

(7) 保证生产的卫生条件，减少微生物及其代谢产物污染，尤其是微生物产生的右旋糖苷所引起的污染；

(8) 通过低温贮藏来降低引起后混浊的各类化学反应的速度；

(9) 避免使用有腐蚀性的设备和包装。

7.4.3.2 混浊果蔬汁的分层和沉淀现象

混浊果蔬汁要求混浊度均匀，但其生产后在储藏销售过程中，往往会出现分层和沉淀现象。混浊果蔬汁是由果胶、蛋白质等亲水胶体物质组成的多相不稳定体系，其稳定性与 pH 值、离子强度以及保护胶体稳定性物质的种类与用量等因素有关。分层和沉淀现象的主要原因如下。

(1) 加工用水中的盐类会破坏果蔬汁体系的 pH 值及电性平衡，而使胶体物质和悬浮颗粒凝聚沉淀。

(2) 果胶酶的作用或微生物的繁殖都可使果胶分解而失去胶体性质，从而降低混浊果蔬汁的黏度，引起悬浮颗粒沉淀。

(3) 调配时，糖、香精的种类和用量不适易引起果蔬汁的分层。

(4) 果蔬汁中自身果胶含量较少，但又没有添加其它增稠剂，体系的黏度低，导致果肉颗粒因缺乏浮力而沉淀。

(5) 均质效果不理想，果蔬汁中的果肉颗粒太大。

(6) 若脱气不完全，气体吸附到果肉上会使果肉的浮力增大，使饮料分层。

防止分层和沉淀的途径主要有以下几种。

(1) 榨汁前加热处理要严格，彻底破坏果胶酶活性。

(2) 均质、脱气以及灭菌等工序都要严格进行。

(3) 通过脱水处理来增加汁液的浓度，以降低颗粒和液体之间的密度差。

(4) 根据实际情况添加果胶、黄原胶、羧甲基纤维素钠、海藻酸钠、琼脂、阿拉伯胶等稳定剂，来保护胶体，防止凝胶沉淀。实践表明多种稳定剂复合使用比单独使用效果更好。

(5) 添加金属离子螯合剂。

此外，带肉果蔬汁因明显含有果肉颗粒，更加容易沉淀。为了维持其稳定性，应在工艺允许的情况下，必须注意尽量降低果肉颗粒的粒度，并且尽量使果肉颗粒密度与汁液密度相等，还要添加合适的稳定剂以增加汁液的黏度。

7.4.4 营养成分损失

在加工和贮藏过程中，果蔬汁中所含有的维生素、矿物质等营养成分都会发生不同程度的损失，尤其是维生素 C 很容易被氧化，从而严重损害果蔬汁的营养价值。减少营养成分的损失的具体措施如下：

(1) 在整个加工过程中，要减少或避免果蔬汁与氧气的接触，尽量在无氧或缺氧环境下进行压榨、过滤、灌装等工序，并采用管式输送；

(2) 严格进行脱气处理，并且稳定剂的浓度不宜过高，避免由于气泡难以排除而损失维生素 C；

(3) 脱气、浓缩、干燥等工序尽量采用低温、真空的方法，以减少氧气和加热对营养成分的损害；

(4) 在保证杀菌充分的情况下，尽量降低杀菌温度，缩短杀菌时间；

(5) 贮藏时，尽量隔氧、蔽光。

7.4.5 腐败变质

果蔬汁生产过程中杀菌不彻底或杀菌后有微生物的再污染，都会造成微生物在产品贮藏销售过程中生长繁殖，从而引起果蔬汁饮料的腐败变质。果蔬汁饮料腐败变质后可表现出变味、长霉、混浊和发酵等现象。为防止腐败变质现象的发生，必须注意以下几点。

(1) 选用新鲜、完整、无霉烂、无病虫害的果蔬原料，并注意原料的洗涤消毒及烫漂处理。

(2) 加工用水及各种食品添加剂都必须符合有关卫生标准。

(3) 在保证果蔬汁饮料质量的前提下，必须充分杀菌处理。通常适当增加酸度，有利于提高杀菌效果，但对于多数蔬菜汁而言，其 pH 值较高（大于 4.5），酸度低，普通的杀菌工艺难以达到商业无菌的要求，必须进行高温杀菌。例如胡萝卜汁和芹菜汁应在 125℃，杀菌 3～5min；番茄汁也应在 120℃，杀菌时间 30～40s。

(4) 在生产期间，车间、设备、管道、工具以及包装容器等都必须经过严格消毒，并且尽量缩短工艺流程的时间。

(5) 果蔬汁灌装后封口要严密，防止泄漏，冷却水必须符合饮用水标准。

(6) 果蔬汁饮料生产过程中应及时抽样检查，发现带菌现象，及时找出原因，以便指导生产。

(7) 运输、贮藏过程中最好在低温、无氧的环境中存放，并且贮藏时间不宜过长。

思考题：

1. 什么是果蔬汁？其种类有哪些？
2. 试述加工果蔬汁对原料的基本要求。
3. 简述果蔬汁加工工艺过程及关键技术要点。
4. 为什么果汁压榨前要进行热处理和酶处理？
5. 果汁澄清方法有哪些，其原理如何？
6. 为什么带肉果蔬汁要进行脱气，有哪些方法？
7. 果汁浓缩方法有哪些？
8. 试述果蔬汁加工中常见的问题及相应的解决方法。

第8章 果品蔬菜干制

教学目标：通过本章学习，了解果蔬中水分的存在状态以及水分活度和干制品贮藏性的关系；掌握果蔬干制机理；了解影响果蔬干燥速度的因素；了解干制过程中的物理化学变化；掌握果蔬干制的加工工艺以及果蔬干制的方法。

果蔬干制又称果蔬脱水，即利用一定技术脱除果蔬中水分，将其水分活度降低到微生物难以生存繁殖的程度，从而使产品具有良好保藏性；制品为果干和脱水菜。在我国，果蔬的干制历史悠久，源远流长，许多果蔬干制品如红枣、柿饼、葡萄干、木耳、香菇、金针菜等，深受国内外消费者的喜爱，成了畅销国内外的土特产品。

果蔬干制原本是为了能在室温条件下长期保藏果品蔬菜，以延长果蔬的供应季节，平衡产销不均衡的矛盾，交流各地特产，贮备供救济、救灾和战备用的物资。随着果蔬干制技术的不断改进，不仅提高了果蔬干制品的品质，而且改善了其耐藏性和复水性，因此，果蔬干制技术已成为果蔬加工的重要手段之一。

果蔬干制过程是一个复杂的工艺过程，在广义上被看作是多相反应，这种多相反应是取决于化学、物理化学、生物化学和流变学过程的综合结果，这些过程的动力学决定着干制过程的进行机制和速度，而在果蔬中产生的理化现象是确定干制过程机制的主要因素，研究这些现象的实质和规律，是果蔬干制科学的基本任务之一。

近年来，随着我国对农产品采后深加工产业化的重视，以及对果蔬干制技术和设备研究的不断深入，干制正逐步朝着脱水、包装、贮藏等过程的机械化、自动化的方向迈进，果蔬干制品的产量和质量不断提高，许多高新干制技术及设备如真空冷冻脱水、微波脱水、远红外线脱水等应用于果蔬脱水加工业，改善和提高了果蔬干制品的感官性状和营养价值，为果品蔬菜干制工业开辟了无限广阔的前景。

8.1 果品蔬菜干制的基本原理

8.1.1 果蔬中水分的存在状态和特性

8.1.1.1 果蔬中水分的存在状态和水分活度

新鲜果品含水量多在70%～90%，而蔬菜含水量高达75%～95%。在干制过程中，水与果蔬中各种物质相互作用，使各种果蔬具有不同的理化特性。物料中的水分通常被分为化学结合水、物理-化学结合水和机械结合水。

化学结合水：这种水以严格的比例组成物质的分子，只有在高温或化学作用于原料时，才能脱去。果蔬脱水时不能亦不应脱去，脱去化学结合水后，实际上改变了物料的物理特性。

物理-化学结合水：这种水没有如化学结合水那样严格的比例关系，是准确的数量关系的理化结合，如吸附结合水、细胞内的渗透压保持水等。没有溶剂的性质，因它不能轻易地自由移动和参加化学反应，故脱掉这部分水需要消耗一定的能量。

机械结合水：为不定量的水，如各种大小毛细管水。它具有水的全部性质，这部分水在果蔬中既可以液体形式移动，也可以蒸汽形式移动，在果蔬干制时很容易释出，类似游离水。各种果品蔬菜的水分含量如表 8-1 所示。

表 8-1　果品蔬菜的水分含量

果蔬种类	含水量/%	果蔬种类	含水量/%
苹果	83.4～90.8	马铃薯	79.8
梨	83.6～91.0	胡萝卜	87.4～89.2
桃	85.2～92.2	白萝卜	88.0～93.9
杏	89.4～89.9	大蒜头	66.6
柑橘	88.1～89.5	香椿(尖)	85.2
香蕉	75.8	芹菜	89.4～94.2
荔枝	81.9	莲藕	80.5
猕猴桃	83.4	洋葱	89.2

水分活度是食品的蒸汽压与同温下纯水的蒸汽压的比值，可用公式表示为：

$$A_w=\frac{p}{p_0}$$

式中　A_w——水分活度；

p——食品的蒸汽压；

p_0——纯水的蒸汽压。

与水分活度密切相关的概念有平衡相对湿度（ERH），二者间的关系为：

$$A_w=\frac{p}{p_0}=\frac{\text{ERH}}{100}$$

平衡相对湿度（ERH）指食品中水分的蒸发达到平衡时（即单位时间内脱离食品的水分子数等于返回食品的水分子数的时刻），食品上空已经恒定了的水蒸气的分压力与此温度时水的饱和蒸汽压的比值（用乘 100 后的整数表示）。

值得强调的是，水分活度是食品内在的性质，与食品的组成结构有关，而平衡相对湿度则是与食品平衡大气的性质有关。

水分活度是 0～1 之间的数值。纯水的 $A_w=1$。因溶液的蒸汽压降低，所以溶液的 A_w 小于 1。果品蔬菜中的水总有一部分是以结合水的形式存在，因此其水分活度总是小于 1。图 8-1 表示物料中的含水量与 A_w 之间的关系。在通常含水量很高的果品蔬菜中（约 1g/g 干物质），A_w 接近 1.0，近似理想稀溶液。在图 8-1 曲线上低含水量区的线段上可见，极少量的水分含量变动即可引起 A_w 极大的变动，曲线上的这一线段称为等温吸湿曲线。

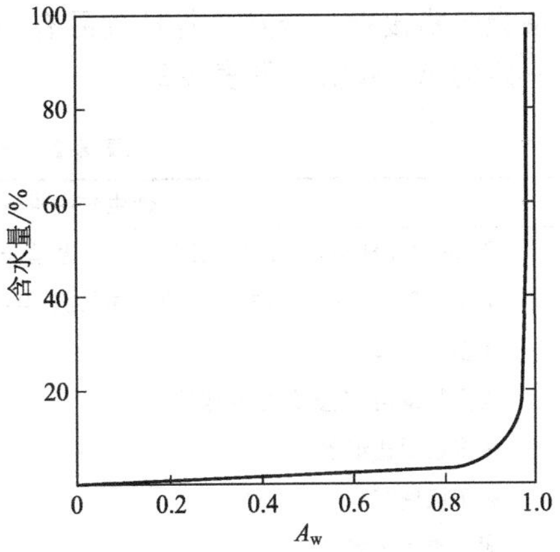

图 8-1　吸湿性食品的等温吸湿线

等温吸湿曲线［即在恒定的温度下，以产品的水分含量（g/g 干物质）为纵坐标，以 A_w 为横坐标所作的曲线］，表示产品的含水量与水分活度之间的关系。放大后的这一线段如图 8-2，在吸湿区的吸附和解吸之间有滞后现象。在等温吸湿曲线上，按照含水量和水分活度情况，可以分为三个区段（见图 8-3）。

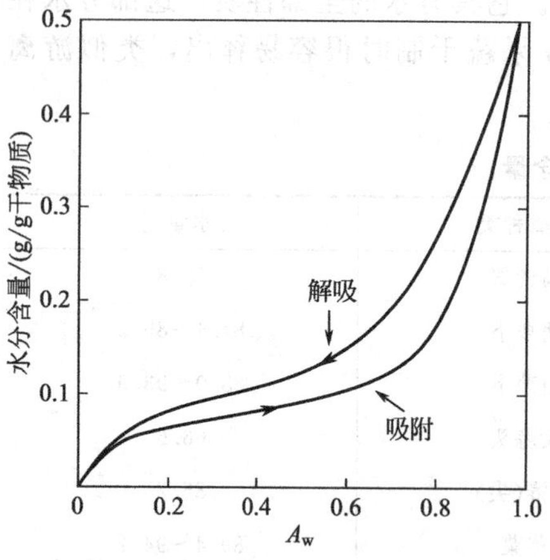

图 8-2 等温吸湿线的滞后现象

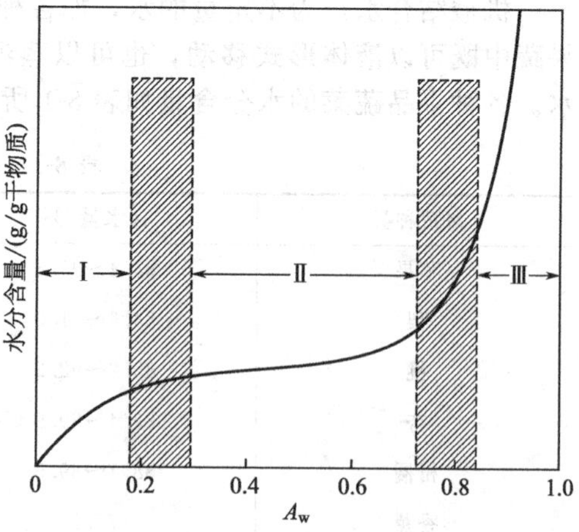

图 8-3 等温吸湿线分区

第Ⅰ区段是单层水分子区。水在溶质上以单层水分子层状吸附着，结合力最强，A_w 也最低，在 0～0.25 之间，这种状态下的水称为Ⅰ型束缚水。在这个区段范围内，相当于物料含水 0～0.7g/g 干物质。

第Ⅱ区段是多层水分子区。在这种状态下存在的水是靠近溶质的多层水分子，它通过氢键与邻近的水以及产品中极性较弱的基团缔合，它的流动性较差，其 A_w 在 0.25～0.8 之间，这种状态下的水称为Ⅱ型束缚水。这个区段范围内，产品含水量在 0.07～0.33g/g 干物质范围内。第Ⅰ区和第Ⅱ区的水通常占总水分含量的 5%以下。

第Ⅲ区段是产品组织内和组织间隙中的水以及细胞内的水和凝胶中束缚的水，这部分水流动性受到阻碍，在其它方面与稀盐溶液中水具有类似的性质。这是因为Ⅲ区的水被Ⅰ区、Ⅱ区中的水所隔离，溶质对它的影响很小，其 A_w 在 0.80～0.99 之间，这种状态的水称为Ⅲ型束缚水。这个区段范围内，产品含水量最低为 0.14～0.33g/g 干物质，最高为 20g/g 干物质。第Ⅲ区的水通常占总水分的 95%以上。

由于区域划分并不是绝对的，干制过程中水分的散失是沿三个区段的一个方向进行，一般情况下，干制只需进行到区段Ⅱ即可，此时食品的含水量会在要求的范围内。

8.1.1.2 果蔬水分活度与保藏性

食品微生物赖以生存的水主要是自由水，食品中自由水含量越多，水分活度越大，越易使微生物侵染、繁殖。各种食品有一定的 A_w 值，各种微生物的活动和各种化学反应也都有一定的 A_w 阈值，见表 8-2。

表 8-2 一般微生物生长发育的最低 A_w 值

微生物种类	生长繁殖的最低 A_w 值
Cram 阴性杆菌，一部分细菌的孢子和某些酵母菌	1.00～0.95
大多数球菌、乳杆菌、杆菌的营养体细胞、某些霉菌	0.95～0.91
大多数酵母	0.91～0.87
大多数霉菌、金黄色葡萄球菌	0.87～0.80
大多数耐盐细菌	0.80～0.75
耐干燥细菌	0.75～0.65
耐高渗透压酵母	0.65～0.60
任何微生物不能生长	<0.60

干制品能够长期保藏主要在于其水分活度值低到微生物难以利用的程度，阻碍或抑制了微生物的繁殖，同时也钝化了许多酶的活性，减少了一些酶促氧化和非酶褐变的进行。酶的活性也与水分活度有关。当水分活度降低到单分子吸附水所对应的值以下时，酶基本无活性。但当水分活度超过多层水所对应的值后，酶的活性显著增大。果蔬干制时，当干制品的水分降到1%以下时，酶的活性才算消失。但实际干制品的水分不可能降到1%以下。因此，在干制前进行热烫处理以钝化果品蔬菜中的酶类，有利于制品长期保存。

8.1.2 干燥机理

8.1.2.1 果品蔬菜干燥过程中的推动力和阻力

湿物料受热进行干燥时，虽然开始时水分均匀分布于物料中，但由于物料水分汽化是在表面进行，故逐渐形成从物料内部到表面的湿度梯度，从而物料内部的水分就以此湿度梯度为推动力，逐渐向表面转移。

但是物料内部水分的扩散推动力不只是湿度梯度，温度梯度也可以使物料内部水分发生传递，称为热湿导，水分分布均匀的物料，由于温度分布不均，水分将从温度高处向低处转移，所以热湿导的方向是由高温向低温进行。

对任何一种干燥方法，上述两种梯度均存在于物料内。

水分由物料内部扩散至表面以后，便在表面汽化，并向气相中传递。可以认为在表面附近存在一层气膜，此层内的水蒸气分压等于物料中水分的蒸汽压。显然，此蒸汽压的大小主要取决于物料中水分的结合方式。水分在外部气相中传递的推动力即为此膜内的蒸汽压分压与气相主体中蒸汽压分压。

果蔬干燥时，受热是由表面逐渐向内部发展的。因此果蔬细胞间隙的气体压力分布是表面高内部低。干燥过程开始时，果蔬表面的一部分气体先由果蔬的外表扩散到空间，另有一部分气体则向组织内部压入，这股压入的气体就构成了内部水分向外扩散的阻力。外表温度越高或升温越快，即温度梯度越明显，这种阻力就越大，直至果蔬内外温度相同、温度梯度不存在时，这种阻力才会消失。水分在外部推动力作用下的扩散，也同内部扩散一样存在着阻力。

8.1.2.2 果品蔬菜干燥过程中水分外扩散作用和内扩散作用

果蔬干制时所需除去的水分，是游离水和部分结合水。由于果蔬中水分大部分为游离水，所以开始蒸发时，水分从原料表面蒸发得快，称水分外扩散（水分转移是由多的部位向少的部位移动）；蒸发至50%～60%后，其干燥速度依原料内部水分转移速度而定。干燥时原料内部水分转移，称为水分内扩散。

由于外扩散的结果，造成原料表面和内部水分之间的水蒸气分压差，水分由内部向表面移动，以求原料各部分平衡。此时开始蒸发部分结合水，因此，干制后期蒸发速度就显得缓慢。另外，在原料干燥时，因各部分温差发生与水分内扩散方向相反的水分热扩散，其方向从较热处移向不太热的部分，即由四周移向中央。但因干制时内外层温差甚微，热扩散作用进行得较少，主要是水分从内层移向外层的作用。如水分外扩散远远超过内扩散，则原料表面会过度干燥而形成硬壳，降低制品的品质，阻碍水分的继续蒸发。这时由于内部水分含量高，蒸汽压力大，原料部分较软的组织往往会被压破，使原料发生开裂现象。干制品含水量达到平衡水分状态时，水分的蒸发作用就看不出来，同时原料的品温与外界干燥空气的温度相等。

8.1.2.3 果品蔬菜干燥过程中的恒速干燥阶段和降速干燥阶段

干燥过程可分为两个阶段，即恒速干燥阶段和降速干燥阶段。在两个阶段交界点的水分称为临界水分，这是每一种原料在一定干燥条件下的特性。

图 8-4 表示干燥速度和干燥时间的关系。干燥速度是指在单位时间内，单位汽化表面积蒸发水分的数量。原料的干燥速度最初是不随着干燥时间变化而变化的（BC 段），即恒速干燥阶段；达到 C 点之后，干燥速度随着时间的延伸而下降，即降速干燥阶段。这是因为，一方面原料蒸发一定量的水分要消耗一定量的热能，在干燥初期，干燥介质传热和原料本身吸收热，需要一段时间才使原料品温逐渐升高而开始蒸发水分，另一方面蒸发作用进行时，原料本身所含的有机质、空气、水分都受热膨胀，就其膨胀系数而言，通常气体比液体大，液体又比固体大。干燥初期，原料内部存在较多的空气和大量的游离水，品温不断增高，致使空气和水蒸气膨胀，原料内部压力增大，促使原料内部的水分向表面移动而蒸发，这时候只要原料表面有足够的水分，原料表面的温度维持在湿球温度。此时，水分在表面汽化的速度是起控制作用的，称之为表面汽化控制，干燥速度不随时间的变化而变化，所以又称 BC 段为恒速干燥阶段。随着干燥作用的进行，当原料的水分含量减少 50%～60% 时，游离水已大为减少，开始蒸发部分胶体结合水，这时，内部水分扩散速度较表面汽化速度小，内部水分扩散速度对于干燥作用起控制作用，这种情况称为内部扩散控制，干燥速度随着干燥时间的延长而下降，最后达到其平衡含水量，干燥过程即停止。

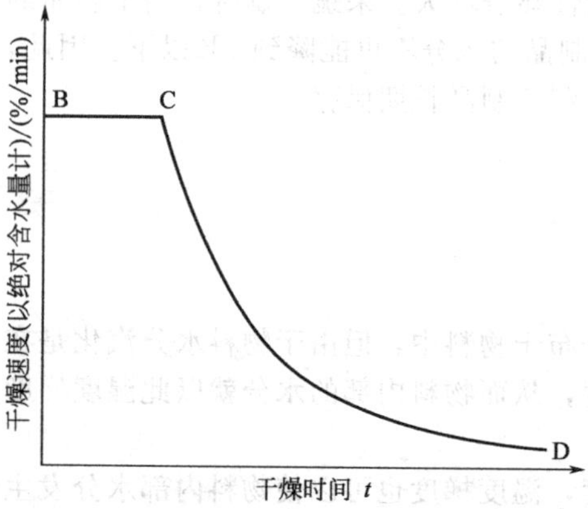

图 8-4 干燥速度曲线图

8.1.3 果品蔬菜干燥速度和温度的变化

8.1.3.1 果品蔬菜干燥速度的变化及其影响因素

果蔬干燥初期，干燥介质传递给物料的热量主要用于果蔬温度的提高，伴随着水分蒸发，果蔬含水量会小幅度地下降，而干燥速度则由零增大到最高值，本阶段为果蔬的初期加热阶段；经过初期的加热阶段后果蔬进入干燥过程的第一干燥阶段，此时蒸发掉的是蒸汽压恒定的非结合水分。当外界干燥条件一定时，可以认为此阶段的干燥速度是恒定的，这一阶段称为恒速干燥阶段；当全部非结合水汽化完毕后，在原有的干燥条件下，物料水分蒸发明显变缓，物料的干燥速度也就不断地下降，此阶段叫做降速干燥阶段。需要指出的是，降速干燥阶段的干燥机制十分复杂，不同的物料在此阶段的干燥曲线表现都不相同。

干燥速度的快慢对于成品品质起决定作用。一般来说，干燥越快，制品的质量越好。干燥的速度常受许多因素的影响。

(1) 空气温度　若干燥空气的绝对湿度不变，当空气温度升高时，空气的饱和差随之增加见表 8-3。

表 8-3 相对湿度为 80%时，不同温度的湿度饱和差

温度/℃	饱和差/Pa	与温度 10℃时空气饱和差相比/%	温度/℃	饱和差/Pa	与温度 10℃时空气饱和差相比/%
10	246	100	25	633	258
15	341	139	30	849	345
20	468	190			

表 8-3 说明温度每提高 10℃，空气的饱和差约增加 1 倍，也就是说，空气中水蒸气饱和差随温度的变化而变化。在一定的水蒸气含量的空气中，温度越高，达到饱和所需要的水蒸气越多，水分蒸发越容易，干燥速度就越快。相反，温度越低，干燥速度也越慢。

但是在果蔬干燥的初期，一般不宜采用过高的温度。因为骤然高温，会使组织中的汁液迅速膨胀，导致细胞壁破裂，内容物流失；原料中的糖分和其它有机物也可能因高温而分解或焦化，有损成品的外观和风味；此外，初期的高温低湿易造成结壳现象，阻止水分的外扩散。具体所用温度的高低，应根据干制原料的种类来决定，一般在 55～60℃。

(2) 空气湿度　空气湿度决定了干燥过程中果蔬水分能下降的程度。在一定温度下空气的湿度越低，果蔬干燥则越快。因为物料的水分始终要与空气湿度保持平衡状态，物料中自由水分含量不同，其表面的水蒸气压则不同。此时若物料的水分含量低，其表面蒸汽压一般也较低。当空气中蒸汽压高于物料表面蒸汽压时，空气中的水蒸气就会向物料表面扩散，物料就会吸收水分而增重，反之则会进一步失水而干燥。因此，干燥的空气流动或是低于物料表面蒸汽压的空气与物料接触时，干燥就会继续进行，直到达到新的平衡为止。

(3) 空气流动速度　空气流动速度越大，干制速度越快。原因在于果蔬附近的饱和水汽不断地被带走，而补充未饱和的新空气，从而加速蒸发过程。因此，有风晾晒比无风干燥得快。在用人工干燥设备干燥时，常用鼓风的办法来增大空气流速，以缩短干燥时间。

(4) 果蔬种类和状态　果蔬种类不同，所含化学成分及其组织结构也不同。即使是同一种类果蔬，因品种不同，其成分及结构也有差异，因而干燥速度也各不相同。为了加速湿热交换，果蔬常被先切分成薄片状，再行干制。果蔬切成薄片或小颗粒后，缩短了热量向果蔬中心传递和水分从果蔬中心外移的距离，增加了果蔬和加热介质相互接触的表面积，为果蔬内部水分外逸提供了更多的途径，从而加速了水分蒸发和果蔬脱水的速度。果蔬表面积越大，干燥效果越好。

(5) 原料的装载量　单位烤盘面积上装载原料的数量，对干燥速度有很大的影响。原料装载量多，厚度大，不利于空气流通，会阻止水分的蒸发。原料装载量以不妨碍空气流通为原则。在加工初期，可摊薄些，后期再合并盘，加厚料层，这样既有利于烘干，也可加大产量。

(6) 大气压力和真空度　水的沸点随着大气压力的减少而降低。气压越低，水的沸点也越低。若温度不变，气压降低，则水的沸腾加剧。果蔬干制的速度和品温取决于真空度和果蔬受热的强度。真空加热干燥就是利用这一原理，在较高的真空度和较低的温度下使果蔬内部水分以沸腾的形式蒸发。真空干燥法对干制热敏性蔬菜尤其重要，由于干制在低气压下进行，果蔬可以在较低的温度下脱水，这样既可缩短干制时间，又能获得品质优良的产品。

8.1.3.2　果品蔬菜温度的变化

果蔬物料在干燥过程中，必须向果蔬提供水分汽化的潜热的同时，也必定伴有物料本身温度的提高。在水分汽化的过程中，因消耗汽化潜热的缘故，果蔬的温度不可能高于传热介质的温度。当干燥过程处于恒速干燥时，果蔬接受的热量、水分汽化的速度与果蔬的温度，自动达到一个相对的平衡状态。当恒速干燥阶段临近结束时，随着干燥速度逐渐变低，所需汽化热减少，物料表面的温度逐渐升高。

图 8-5 表示对流干燥果蔬脱水过程中典型的温度曲线。在加热初期，物料的表面温度提高并很快达到湿球温度；在干燥过程的第一阶段内，物料的表面温度依然是恒定的，这个时期产生最强烈的水分扩散作用，且传给物料的全部热量都消耗于水分的蒸发；同时，物料不被加热，物料的温度等于蒸发液体的温度（湿球温度，$t_{湿}$）；从第一临界点（在干燥过程的第二阶段）开始，干燥速度降低，物料的温度提高；当物料的湿度达到平衡湿度时（干燥速度的等于零），物料的温度等于空气的温度（干球温度，$t_{干}$）。

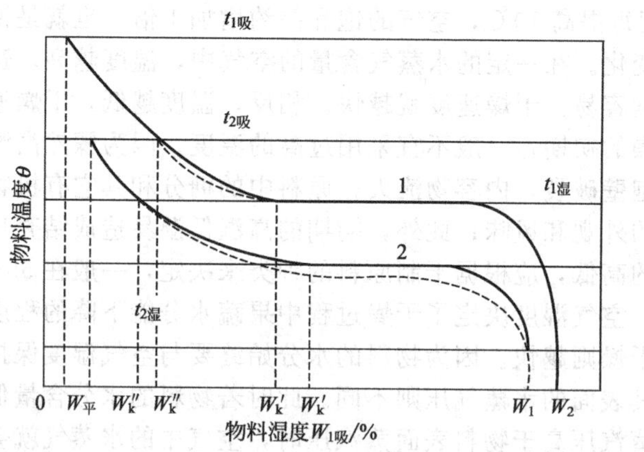

图 8-5 温度曲线

1—对流干燥时细小物料样品典型温度曲线；2—对流干燥时粗大物料样品典型温度曲线；
W—物料湿度；$W_平$—平衡状态物料温度

在第一干燥期内，如果在细小物料的内部水分以液体形式迁移，物料各处的温度大致相同，$\theta=t_{湿}$（图 8-5 中曲线 1）；而在第二干燥期的最后，$\theta=t_{干}$。

粗大物料的表面温度等于 $t_{湿}$，而中心温度小于 $t_{湿}$，即在恒速干燥期内物料中具有湿度梯度。在减速干燥期内，当蒸发强度开始减小时，物料温度 θ 提高。在平衡湿度下，当蒸发强度为 0 时，$\theta=t_{湿}$。在几乎整个干燥期内，粗大物料样品中心层的温度（图 8-5 中曲线 2）总是落后于表面温度，只有在第二临界点下才能达到它的数值。

8.1.4 原料在干燥中的变化

8.1.4.1 物理变化

果蔬在干制过程中因受热和脱水双重作用的影响，将发生显著的物理变化，主要有以下几个方面。

(1) 体积缩小、重量减轻 体积缩小、重量减轻是果蔬最明显的变化，一般干制后的体积为鲜原料的 20%～40%，重量约为鲜重的 6%～20%。体积和重量的变化对包装和贮藏是有利的。表 8-4 是几种产品干制前后质量和体积的变化情况。

表 8-4 几种产品干制前后质量和体积的对比

名 称	干制前质量/kg	干制后质量/kg	干制前体积/m^3	干制后体积/m^3
甘 蓝	100	5.9	0.368	0.044
小青菜	100	5.2	0.418	0.052
青 椒	100	6.1	0.356	0.052
胡萝卜	100	7.7	0.282	0.069
菠 菜	100	5.6	0.388	0.089

(2) 溶质迁移现象 果蔬干燥过程中，其内部除了水分会向表层迁移外，溶解在水中的溶质也会迁移。溶质的迁移有两种趋势：一种是由于果蔬干燥时表层收缩使内层受到压缩，导致组织中的溶液穿过孔穴、裂缝和毛细管向外流动，迁移到表层的溶液蒸发后，浓度将逐渐增大；另一层是在表层与内层溶液浓度差的作用下出现的溶质由表层向内层迁移。上述两种方向相反的溶质迁移的结果是不同的，前者使果蔬内部的溶质分布不均匀，后者则使溶质分布均匀化。干制品内部溶质的分布是否均匀，最终取决于干燥速度，也即取决于干燥的工艺条件。只要采用适当的干制工艺条件，就可以使干制品内部溶质的分布基本均匀化。

（3）干缩　食品在干燥时，因水分被除去而导致体积缩小，组织细胞的弹性部分或全部丧失的现象称作干缩。果蔬的细胞在存活状态时，每个细胞都因其内容物的存在而受到膨压的作用，从而表现出像充气球那样有一定的结构刚性，细胞壁受到张力，内容物受到压缩。虽然细胞壁结构有它的弹性和强度，但如果张力增大到一定数值，便会发生结构的屈服，部分结构不可恢复，在解除压力之后，伸展的材料始终不会收缩到原来不受力的形状。

干缩有两种情形，即均匀干缩和非均匀干缩。有充分弹性的细胞组织在均匀而缓慢地失水时，物料各部分会均匀地线性收缩，但更多情况是食品在高温和热烫后进行干燥，在中心干燥之前表面已经干燥变硬了，当中心干燥收缩时就会牵拉坚硬表面下的各层次，导致内部开裂，有空隙和蜂窝等，这种情况属于非均匀干缩。

（4）表面硬化　表面硬化是指干制品外表干燥而内部仍然软湿的现象。有两种原因会造成表面硬化。其一是产品干燥时，其内部的溶质随水分不断向表面迁移的积累而在表面形成结晶所造成的；其二是由于产品表面干燥过于强烈，水分汽化很快，因而内部水分不能及时迁移到表面上来，而表面便迅速形成一层干硬膜的现象。第一种表面结壳现象常见于含糖或含盐多的食品的干燥，第二种表面结壳现象与干燥条件有关，人为可控。发生表面硬化后，产品表层的透气性将变差，使干燥速度急剧下降，延长了干燥过程。为了获得好的干燥结果，必须控制好干燥条件，使物料温度在干燥的早期保持在 50～55℃，以促进内部水分较快扩散和再分配；同时使空气湿度大些，使物料表层附近的湿度不致变化太快，这样可在一定程度控制溶质分子迁移造成的硬壳现象。

（5）透明度的变化　新鲜果蔬细胞间隙中的空气，在干制时受热被排除，使干制品呈半透明状态。因而干制品的透明度取决于果品蔬菜中气体被排除的程度。气体排除愈彻底，则干制品愈透明，质量愈高。透明度高的干制品不仅外观好，而且由于其空气含量少，可以减少氧化作用，使制品耐贮藏。干制前的热烫处理即可达到这个目的。

（6）物料内多孔性的形成　快速干燥时果蔬表面硬化及内部蒸汽压的迅速建立会促使果蔬成为多孔性制品。多孔性的形成一般与物料表面硬化、屈服变形现象、干制品内部水分直接汽化蒸发等因素有关。

现在，有不少的干燥技术或干燥前处理力求促使果蔬能形成多孔性的制品，以便有利于提高果蔬的干燥速率。实际上多孔性海绵结构为最好的绝热体，会减慢热的传递，并不一定能加速干燥速率。最后的效果取决于干制系统与该种果蔬的多孔性对干燥的影响何者为大。不论怎样，多孔性果蔬能迅速复水或复原，成为其食用时主要的优越性。

（7）挥发物质损失　干燥时，从产品中逸出的水蒸气总是夹带着微量的各种挥发性物质，使产品特有的风味受到不可回复的损失。目前一些试验者借助活性炭或其它吸附剂的吸附作用对减少挥发性物质损失的方法正在进行积极的研究，但是这些方法还尚未应用于生产。

（8）水分分布不均现象　干燥过程是产品表面水分不断汽化、内部水分不断向表面迁移的过程。推动水分子迁移的主要动力是物料内外的水分梯度。从物料中心到物料表面，水分含量逐步降低，这个状态到干燥结束始终存在。因此，在干制品中水分的分布是不均匀的。

8.1.4.2　化学变化

果蔬在干制过程中，除物理变化外，同时还有一系列化学变化发生，这些变化对于制品及复水后的品质会产生影响。

（1）糖分变化　果蔬含有的糖分主要是葡萄糖、果糖和蔗糖。不同种类的果蔬，这三种糖的含量有很大程度的差别。糖是果品蔬菜甜味的来源，它的变化直接影响到果蔬干制品的质量。

在自然干燥环境下，温度条件较温和，但果蔬中含有的果糖和葡萄糖均不稳定，易氧化分解，因此物料在酶的作用下，代谢仍在继续，呼吸使部分糖分消耗。干燥时间愈长，糖分损失越多，干制品的质量就越差，重量也相应降低，这是果蔬自然干制品质量损失的一个方面。人工干燥时，较快的干燥速度和一定的温度条件可以抑制呼吸作用酶的活性，糖分损失减少，但所采用的温度和时间对糖分也有很大影响。一般说，糖分的损失随温度的升高和时间的延长而增加（表 8-5），温度过高时糖分焦化，颜色深褐直至呈黑色，味道变苦。

表 8-5 不同温度、时间下的葡萄糖损失率

热空气温度/℃	糖分损失率/%		
	8h	16h	32h
60	0.6	0.8	1.0
85	8.7	12.2	14.9

（2）蛋白质脱水变性 含蛋白质较多的干制品在复水后，其外观、含水量及硬度等均不能回到新鲜时的状态，这主要是由于蛋白质脱水变性而导致的。蛋白质在干燥过程中的变性机理包含两个方面，其一是热变性，即在热的作用下，维持蛋白质空间结构稳定的氢键、二硫键等被破坏，改变了蛋白质分子的空间结构而导致变性；其二是由于脱水作用使组织中溶液的盐浓度增大，蛋白质因盐析作用而变性。另外，氨基酸在干燥过程中的损失也有两种机制。一种是通过与脂肪自动氧化的产物发生反应而损失氨基酸，另一种则通过参与美拉德反应而损失掉氨基酸。

蛋白质在干燥过程中的变化程度主要取决于干燥温度、时间、水分活度、pH 值、脂肪含量及干燥方法等因素。一般来说，干燥温度越高，蛋白质变性速度越快；干燥初期蛋白质的变性速度较慢，而后期较快；脂质对蛋白质的稳定有一定的保护作用，但脂质氧化产物将促进蛋白质的变性；与普通干燥法相比，冻结干燥法引起的蛋白质变性要轻微得多。

（3）脂质氧化 干制品的水分活度尽管很低，使脂酶及脂氧化酶的活性受到抑制，但是由于缺乏水分的保护作用，因而极易发生脂质的自动氧化，导致干制品的变质。

脂质氧化不仅会影响干制品的色泽、风味，而且还会促进蛋白质的变性，使干制品的营养价值和食用价值降低甚至完全丧失。脂质的氧化速度受到干制品种类、温度、相对湿度、脂质的不饱和度、氧的分压、紫外线、金属离子、血红素等多种因素的影响。一般情况下，含脂量越高且不饱和度越高，储藏温度越高，氧分压越高，与紫外线接触以及存在铜、铁等金属离子和血红素，将促进脂质的氧化。

（4）维生素的变化 果蔬是人类维生素摄取的重要来源之一，其中维生素 C 和维生素 A 原（胡萝卜素）对人体健康尤为重要。干制过程对果蔬中维生素影响较大，其中维生素 C 很容易被氧化破坏。维生素 C 的破坏与干制环境中氧含量、温度、抗坏血酸酶的含量及活性有关，氧气和高温对维生素 C 保存不利。此外，维生素 C 在阳光照射下和碱性环境中也易遭受破坏，但在酸性溶液或者浓度较高的糖液中则较稳定。因此。干制对原料的处理方法不同，维生素 C 的保存率也不同，表 8-6 为不同处理方法红枣的维生素 C 保存率。维生素 A 在干制中不及维生素 B_1、维生素 B_2 和烟酸稳定，容易受高温影响而破坏损失；维生素 B_1（硫铵素）对热敏感，硫熏处理时常会有所损耗；维生素 B_2（核黄素）对光敏感；胡萝卜素也会因氧化而遭受损失。因此加工中应注意洗涤、破碎、热处理、硫处理等操作，选择合适的干制设备，注意维生素的保存率。

表 8-6 不同处理方法红枣的维生素 C 保存率

处理方法	机械擦伤	热处理(热水烫漂)	1% NaCl 处理	0.5% $NaHSO_4$ 处理	2% NaOH 处理	对照
保存率/%	23.0	90.3	18.2	65.0	37.5	30.0

（5）色泽变化 果蔬在干制过程中或干制品在贮藏中，常变成黄色、褐色或黑色等，一般统称为褐变。褐变是果蔬干制不可回复的变化，被认为是产品品质的一种严重缺陷。褐变

反应的机制有：在酶催化下的多酚类的氧化，常称为酶促褐变；不需要酶催化的褐变称为非酶褐变，它的主要反应是羰-氨反应。

① 酶促褐变　果蔬组织中的多酚类物质（如单宁）在有氧存在的条件下，经过多酚氧化酶或过氧化物酶的作用，氧化成醌类物质，并进一步缩合、聚合成黑色素类物质的过程，即酶褐变。单宁是果蔬的基质，其中包含的儿茶酚在氧化酶的催化下与空气中的氧相互作用，形成过氧儿茶酚，使空气中氧分子活化，因此在果蔬干制时应选择单宁含量少而成熟的原料。此外，果品蔬菜中还含有蛋白质，组成蛋白质的氨基酸，尤其是酪氨酸在酪氨酸酶的催化下会产生黑色素，使产品变黑。

与酶促褐变有关的氧化酶系统包括氧化酶或过氧化物酶，它们是酶褐变中不可缺少的酶系，如果破坏酶系的一部分，即可中止酶褐变的进行。酶是一种蛋白质，在一定温度下，可被钝化而失去活性。酶的种类不同，其耐热能力也有差异。氧化酶在 71～73.5℃，过氧化物酶在 90～100℃的温度下，5min 可遭到破坏。因此，干制前，采用沸水或水蒸气进行热处理、硫处理，都可破坏酶的活性，有效地抑制酶褐变。

② 非酶褐变　不属于酶的作用所引起的褐变，均属非酶褐变。在果蔬干制和制品贮藏时都可能发生，非酶褐变比较难控制。

a. 美拉德反应　是指含有羰基的化合物（如各种醛类和还原糖）与氨基酸发生的反应，使氨基酸和还原糖分解，分别形成相应的醛、氨、二氧化碳和羟甲基呋喃甲醛，亦称为羰-氨反应。其中，羟甲基呋喃甲醛很容易与氨基酸及蛋白质化合而成黑蛋白素一类黑色素。

这种变色的程度和快慢取决于糖的种类、氨基酸的含量和种类、温度和时间、产品含水量等几个方面。

参与类黑色素形成的糖类只有还原糖，即具有醛基的糖。据研究，不同的还原糖对褐变影响的大小顺序是：五碳糖为核糖、木糖、阿拉伯糖；六碳糖为半乳糖、鼠李糖。双糖和多糖一般不会发生褐变或是发生极为缓慢，需在相当高的温度下才起反应，如蔗糖只有在高温及加酸等作用下转化成葡萄糖和果糖后，才参与反应。

氨基酸含量一般与该类褐变呈正相关，例如苹果干在贮藏时比杏干褐变程度轻而慢，是由于苹果干中氨基酸含量较杏干少的缘故。在各种氨基酸中以 α-丙氨酸、胱氨酸、丝氨酸、缬氨酸及苏氨酸等对糖的反应最强。

温度和时间直接可影响美拉德反应速度。提高温度能促使氨基酸和糖形成类黑色素的反应加强。据实验，温度每提高 10℃即促进褐变率提高 5～7 倍。同样，温度低，如果时间延长，也会发生褐变。可见，美拉德反应的温度和时间关系很密切，缺一不可。如某产品在 90℃高温几秒钟，不发生褐变，而在 16℃低温下，8～10h 产生很明显的褐变。

美拉德反应还受产品含水量的影响。一般情况下，产品含水量过高或过低，褐变缓慢，而在某个中间水分含量（15%～20%）时褐变速度达到最高值，随着干制结束，褐变越来越慢，当水分含量为 2%时，即使贮藏温度很高，也能长期不发生褐变。

b. 焦糖化变色　糖在温度过高时，随着糖分子的分解形成褐色，即引起焦糖化反应。在反应过程中引起糖分子的烯醇化、脱水、断裂等一系列反应，产生不饱和环的中间产物，共轭双键吸收光，发生褐变。含糖高的果蔬在干制过程中，尤其是水分被蒸发到较低含量（15%～30%）时，如果温度过高则易发生焦糖化褐变。

c. 色素物质变色　果蔬中的色素主要有四种：叶绿素、胡萝卜素、叶黄素和花青素，其中胡萝卜素和叶黄素在干制过程中性质比较稳定，不容易发生变色，而叶绿素和花青素在干制过程中不稳定，容易引起变色。

任何加工和贮藏过程都会破坏果蔬中存在的叶绿素，但热加工破坏作用最为严重。在酸性条件下，叶绿素中心的镁离子可被氢原子取代，生成暗绿色至绿褐色的脱镁叶绿素；叶绿素在碱性环境中，与碱作用生成叶绿素酸盐（绿色）。叶绿素的钾盐或钠盐都较稳定，能使制品保持绿色，也可在果蔬干制前使用钙、镁的氢氧化物或氧化物，提高pH，防止脱镁叶绿素的生成。

花青素是一类水溶性的红色色素，已知花青素有20多种，食物中重要的有6种。花青素的颜色随pH值的改变而改变，酸性条件为红色，碱性条件为蓝色，中性或微碱性条件为紫色。由于这个缘故，花青素在加工过程中很不稳定，常引起内容物的变色，使外观变差。花青素对光和高温敏感，在光下或稍高温下会很快变成褐色。

d. 金属变色　重金属也会促进褐变，按促进作用从小到大的顺序排列为：锡、铁、铅、铜。单宁与铁可生成黑色单宁铁，单宁与锡长时间加热可生成玫瑰色化合物。加工过程中蛋白质的分解产生硫化氢，与铁和铜作用，生成黑色的硫化铁和硫化铜。

非酶褐变是干制品加工贮藏中不希望出现的现象，维持较低的水分活度、降低贮藏温度、使用二氧化硫或亚硫酸盐及抗氧化剂、真空包装等，都是防止或减缓非酶褐变的有效手段。

8.2 果品蔬菜干制工艺

8.2.1 原料选择和处理

8.2.1.1 原料选择

果蔬干制原料应选择干物质含量高、风味色泽好的品种。选择适合干制的原料，能保证干制品质量、提高出品率、降低生产成本。水果原料要求干物质含量高，纤维素含量低，风味良好，核小皮薄，成熟度在8.5～9.5成。大多数果品都是极好的干制原料，如苹果、梨、桃、杏、葡萄、柿子、枣、荔枝和桂圆等，对个别果品又有个别要求，如苹果要求肉质致密、单宁含量少；梨要求石细胞少，香气浓；葡萄含糖20%以上，无核。蔬菜原料要求干物质含量高，肉质厚，组织致密，粗纤维少，新鲜饱满，色泽好，废弃物少，风味佳。不同种类的蔬菜，干制对成熟度的要求有很大的不同。黄花应在花蕾长10cm开花前采收，青豌豆乳熟采收；食用菌开伞前采收；红辣椒、干姜老熟采收。蔬菜中有少数蔬菜不适宜于干制，如石刁柏干制后组织坚韧，不堪食用；黄瓜干制后软面；番茄除做番茄粉外不宜制块状干番茄。一般来说，凡原料汁液损失大、成品吸湿性强者，不宜用一般方法干制。

8.2.1.2 原料处理

（1）分级、清洗　为使成品的质量一致，便于加工操作，应当按原料成熟度、大小、品质及新鲜度等方面情况进行选择分级，并剔除病虫、腐烂变质的果品蔬菜和不适宜干制的部分。其后根据原料的性质和污染程度等情况，采用手工或机械洗涤，以除去原料表面附着的污物，确保产品的清洁卫生。

（2）去皮、去子和切分　有些果蔬的外皮粗糙坚硬，有的含有较多的单宁或具有不良风味。因此，在干制前需要去皮，以利于提高干燥速度。去皮可根据原料的特性和形态，采用手工、机械、化学和热力方法。去皮后有些果蔬还需要去子，如番茄需挖去种子。对于形体大的果蔬应根据其种类和加工的要求，采用手工或机械切分成一定形状和大小。桃、香蕉、杏、柿饼宜切半；苹果宜切成圆片；瓜类、白菜、甘蓝宜切成细条状；生姜宜切成片状。萝卜、胡萝卜、马铃薯可切成圆片、细条或方块。

（3）热烫处理　亦称预煮、杀青等。一般是对原料进行短时的沸水热烫或蒸汽处理。果蔬经过热烫可钝化酶的活性，减少氧化现象，使干制品呈半透明状态；其次增加原料组织的通透性，利于水分蒸发，缩短干燥时间；另外还可以去除原料的一些不良风味，杀灭原料表面的大部分微生物和虫卵。

热处理的温度和时间因果实种类不同而异。常用的是热水和蒸汽，温度为 80～100℃，采用蒸汽热烫时应注意原料需分层铺放，使之受热均匀。热烫时间要根据果品蔬菜品种特性、形状、大小和切分程度作适当的调整，一般果品蔬菜热烫时间为 2～8min。热烫后应迅速用冷水冷却，以防原料组织软烂，为防止变色，冷水中可加入少量的柠檬酸或亚硫酸钠。

热烫程度可用愈创木酚或联基苯胺检查是否达到要求，其方法是将以上化学药品的任何一种用酒精溶解，配成 0.1%的溶液，取已烫过的原料横切，随即浸入药液中，然后取出。在横切面上滴 0.3%双氧水，数分钟后，如果愈创木酚变成褐色或联基苯胺变成蓝色，说明酶未被破坏，热烫未达到要求，如果不变色，则表示热烫完全。热处理不彻底或过度对果蔬干制都是不利的。

(4) 硫处理　硫处理是许多果蔬干制的必要预处理，对改善制品色泽和保存维生素（尤其是维生素 C）具有良好效果。

硫处理的护色作用是由于亚硫酸具有强烈的还原性对褐变产生的物质具有一定的漂白作用。另外，SO_2 对于多酚氧化酶具有抑制作用。硫处理法中，特别是熏硫对果蔬组织中细胞膜产生一定的破坏作用，增强了其通透性，利于干燥。

硫处理通常采用两种方式：一是在熏硫室中燃烧硫黄进行熏蒸；二是将原料在 0.2%～0.5%（以有效 SO_2 计）的亚硫酸盐溶液中浸渍。熏硫处理时，熏硫室 SO_2 的含量一般为 1.5%～2.0%，有时可达到 3%。此方法在果蔬干制中用得较多，尽管具有令人不愉快的气味，但对干制品有良好的护色作用。浸硫法一般用 3%左右的亚硫酸氢钠冷浸 15～20min，由于设备简单，可以连续操作，适合于大量生产。

8.2.2 包装

8.2.2.1 包装前的处理

(1) 回软　通常称为均湿或水分平衡。无论是自然干燥还是人工干燥制得的干制品，其各自所含的水分并不是均匀一致的，而且在其内部水分也不是均匀分布，此时立即包装，则表面部分从空气中吸收水汽，使含水量增加，而内部水分来不及外移，就会发生败坏。因此，产品干燥后常需均湿处理，目的是使干制品内部水分均匀一致，使干制品变软，便于后续工序的处理。

回软的方法是在产品干燥后，剔出过湿、过大、过小、结块及细屑，待冷却后，立即堆积起来或放在密闭容器中，室温下贮藏 2～3 周，使水分达到平衡。回软期间，过干的产品吸收尚未干透的制品的多余水分，使所有干制品的含水量均匀一致，同时产品的质地也稍显皮软。

(2) 挑选分级　为了使产品合乎规定标准，便于包装，对干制后的产品要进行挑选分级。分级工作应在干燥洁净的场所进行，常用振动筛等分级设备进行筛选分级、剔除块片和颗粒大小不合标准的产品，以提高产品质量。分级过程不宜拖延太长时间，以防干制品吸潮后再次污染。各种产品的分级标准不同，应视具体情况而定。

(3) 压块　由于果蔬干制后，呈膨松状，所占体积较大，不便于包装和运输，因此，将干燥后的产品压成砖块状，使体积大为缩小，这个过程称之为压块。干制品压缩成块，大大减少了所需的包装容器和仓库容积，同时也减少了与空气的接触，降低氧化作用。

蔬菜干制品的含水量较低，质脆易碎，在压缩时应注意防止过多的破裂碎屑形成。对于干燥质量均一的蔬菜干制品，可选择干燥后趁热压缩包装的形式。在实际生产中，包装入箱时可采用分数次装箱，每装一定厚度，即用人工镇压一次，也可用半机械压力机在箱中镇压。

(4) 速化复水处理　为了加速低水分产品复水的速度，现在出现了不少有效的处理方法，这些方法常称为速化复水处理。其中之一就是压片法。水分低于5%的颗粒状果干经过相距为0.025mm的转辊（300r/min）轧制。因制品具有弹性并有部分恢复原态趋势，制成一定形状的制品，厚度达0.25mm。如果需要较厚的制品，则可增大轧辊的间距以便制成厚度达0.254～1.5mm而直径为6～19mm的呈圆形或椭圆形薄片。薄片只受到挤压，它们的细胞结构未遭破坏，故复水后能迅速恢复原来大小和形状。薄果片复水比普通制品迅速得多，而且薄片的复水速率可调节制品厚度进行控制。

另一种速化复水处理方法就是刺孔法。水分为16%～30%的半干苹果片先行刺孔再干制到最后水分为5%。这不仅可加速复水的速度，还加速干制的速度。复水后大部分针眼也已消迹。通常刺孔都在反方向转动的双转辊间进行，其中的一根转辊上按一定的距离装有刺孔用针，而在另一转辊上则相应地配上穴眼，供刺孔时容纳针头之用。复水速度以刺孔压片的制品最为迅速。

8.2.2.2　干制品防虫

果蔬干制品常有虫卵混杂其间，特别是采用自然干制的产品。一般来说，果蔬干制品中常见的害虫有：印度谷蛾、无花果螟蛾，露尾虫、锯谷盗、米扁虫、糖壁虱等。果蔬干制品和包装材料在包装前都需经过防虫处理。防虫的方法如下。

(1) 清洁卫生防治　清洁卫生防治可提高产品的卫生质量，并能抑制微生物的发生，它是各项防治工作的基础。因此，必须保持包装室和贮藏室的清洁，室内和各种用具都应进行药剂处理。包装材料在包装前也要进行灭虫处理。

(2) 物理防治法　物理防治法是通过环境因素中的某些物理因子（如温度、氧、放射线等）的作用达到抑制和杀灭害虫的目的。

① 低温杀虫　采用低温杀虫最有效的温度必须在－15℃以下，这种条件往往难以实现。可将果品蔬菜干制品贮藏在2～10℃的条件下，抑制虫卵发育，推迟害虫的出现。

② 高温杀虫　即在不损害成品品质的适宜高温下杀死制品中隐藏的害虫。目前，干制品高温杀虫的方法有：高温处理、蒸汽杀虫、日光暴晒杀虫等方法。日光暴晒法由于太阳的辐射能作用于害虫个体，破坏其躯体的组织结构和生理机能，导致害虫死亡，这种处理方法简单、费用低，因此，在广大农村常采用这种方法杀虫。

③ 高频加热和微波加热杀虫　此两种热源均属于电磁场加热，害虫以热效应同样会被杀灭。高频加热和微波加热杀虫操作简便，杀虫效率高。

④ 电离辐射杀虫　电离辐射可以引起生物有机体组织及生理过程发生各种变化，使新陈代谢和生命活动受到严重影响，从而导致生物死亡或停止生长发育。目前，主要是用同位素^{60}Co和γ放射线照射产品，而使害虫细胞的生命活动遭受破坏而致死。由于这种射线具有能量高、穿透力强、杀虫效果显著、比较经济等优点，已为世界许多国家所采用。

⑤ 气调杀虫　是利用降低氧的含量使害虫因得不到维持正常生命活动所需的氧气而窒息死亡。降低环境的氧气含量，提高二氧化碳含量可直接影响害虫的生理代谢和生命。一般氧气含量为5%～7%，1～2周内可杀死害虫。氧气含量为4.5%以下时，大部分仓储害虫便会死亡。2%以下的氧气含量，杀虫效果最为理想。采用抽真空包装、充氮气或充二氧化碳气体等办法可降低氧的浓度，二氧化碳杀虫所需的含量一般比较高，多为60%～80%。

氧浓度越低、杀虫时间就越短；二氧化碳浓度越高，杀虫效果也越好，因此，延长低氧和高二氧化碳的处理时间，将能提高杀虫效果。

气调杀虫法是一种新的杀虫技术，不具有残毒，也便于操作，如配合低温环境，则效果更好，因而有广阔的发展前景。

(3) 化学药剂防治法　化学药剂防治是利用有毒的化学物质直接杀死害虫的方法。这种方法可以迅速、有效地杀灭害虫，并具有预防害虫再次侵害果品蔬菜的作用。用化学药剂防治害虫是多年来应用较广、较多的一种防治方法。果蔬干制品杀虫剂多采用熏蒸剂杀虫，常用的有以下几种。

① 二硫化碳　置于空气中即挥发，其沸点为46℃，气态的二硫化碳比空气重。因此熏蒸时应将盛药的器皿置于室内高处，使其自然挥发，向下扩散。用量为100g/m³，熏蒸时间为24h。

② 氯化苦　是一种无色液体，难溶于水，沸点为112℃，在空气中挥发较二硫化碳慢。该药有剧毒，具有强烈的刺激臭味，温度高于20℃时杀虫效果最佳。宜在夏、秋季使用。使用量为17g/m³，熏蒸时间24h。氯化苦忌与金属接触，所用容器应为搪瓷器或陶器。当干制品未经完全干燥时，使用这种药剂易发生药害，因此应在制品充分干燥后再熏蒸，熏蒸屋必须严密封闭，不能漏气，并须谨慎从事，以免发生危险。

③ 二氧化硫　二氧化硫一般只能用于已熏过的果干，处理时间为4～12h。

④ 溴代甲烷　使用溴代甲烷时，用量为17g/m³，熏蒸时间为24h。

8.2.2.3　干制品的包装

包装对果蔬干制品的耐贮性影响很大。果蔬干制后尽快包装，可有效避免干制品吸收大气中的水分，减少因水分活度升高所引起的微生物危害，使干制品质量得到保证。干制品的包装应达到下列要求：

(1) 能防止果品蔬菜干制品的吸湿回潮，避免结块和长霉，包装材料在90%相对湿度中每年水分增加量不超过2%；

(2) 能防止外界空气、灰尘、虫、鼠和微生物以及气味等入侵；

(3) 避光和隔氧；

(4) 储藏、搬运和销售过程中具有耐久牢固的特点，能维护容器原有的特性，在高温、高湿、雨淋、水浸等情况下不会破烂；

(5) 包装的大小、形态和外观有利于商品的推销；

(6) 包装材料应符合果品蔬菜卫生要求，并且不会导致干制品变性、变质；

(7) 包装费用应做到低廉或合理；

(8) 标准重量：按照合同和操作规程中规定的重量执行（一般每包重15～20kg）。

常用的包装材料和容器有：金属罐、木箱、纸箱、聚乙烯袋、复合薄膜袋等，外包装多用起支撑保护及遮光作用的金属罐、木箱、纸箱等。纸箱和纸盒是果蔬干制品常用的包装容器，大多果蔬干制品用纸箱和纸盒包装时还衬有防潮材料，如防潮纸、蜡纸以及具有热塑性的高密度聚乙烯塑料袋，或在容器的内部涂抹防水材料，如假漆、干酪乳剂、石蜡等；用纸箱作为容器，容量可从4～5kg到22～25kg，纸盒的容量一般在4～5kg以下，其在储藏搬运时易受虫害侵扰和不防潮（即透湿）；金属罐是包装果蔬干制品理想的容器，具有防潮密封、防虫耐用等特点，并能避免在真空状态下发生破裂，采用包装内附装除氧剂，可以得到较理想的储藏效果；塑料薄膜袋及复合薄膜袋不透湿、不透气，能热合密封，适于抽真空和充气包装；铝箔复合袋不透光，对防止果品蔬菜干制品变色和维生素C的破坏、保持干制品香味有一定作用，其使用日渐普遍。

为了确保干制水果粉特别是含糖量高的无花果、枣和苹果粉的流动性，磨粉时常加入抗结剂和低水分制品拌和在一起。干制品最常用的抗结剂为硬脂酸钙，用量为果粉量的0.25%～0.50%，硅胶和水化铝酸硅钠也可用为干果粉的抗结剂。除氧剂（又称吸氧剂、脱氧剂）是能除去密封体系中的游离氧或溶存氧气的物质，添加除氧剂的目的是防止干制品在储藏过程中氧化败坏、发霉，常见的除氧剂有铁粉、葡萄糖酸氧化酶、次亚硫酸铜、氢氧化钙等，还有一些复合除氧剂（氧化亚铁3份、氢氧化钙0.6份、七水合亚硫酸钠0.1份、碳酸氢钠2份）。

8.2.3 贮藏

8.2.3.1 影响干制品贮藏的因素

良好的贮藏环境是保证干制品耐贮性的重要因素，影响干制品贮藏的因素有以下几个方面。

（1）原料处理方法　干制原料及干制前的处理对干制品的保藏性有很大关系，如未成熟的杏干制后色泽发暗，未成熟的枣干制后色泽发黄，经过漂烫处理的能更好地保持其色香味，并可减轻在贮藏中的吸湿性，经过硫处理的易于保色和减少虫害侵染。

干制品的含水量与保存性极为有关，在不损害制品质量的条件下，制品越干燥，含水量越低，其贮藏效果也越好。干制品水分低于该空气的温度及相对湿度相应的平衡水分时，它的水分将会增加。

（2）贮藏环境　影响干制品质量的外界环境条件主要有如下几方面。

a. 空气相对湿度　相对湿度为80%～85%时，果干极易长霉；相对湿度低于50%～60%时就不易长霉。因此，贮藏环境中的相对湿度最好在65%以下，空气越干燥越好。

b. 温度　低温能较好地保持果干的质量，0℃时，害虫极少。如果0℃不易达到，可将果干保持在5℃的冷凉环境中。一般来说，温度每增加10℃，蔬菜干制品中褐变的速度加速3～7倍，贮藏温度为0℃时，褐变就受到遏制，而且在该温度时所能保持的维生素C和胡萝卜素含量也比4～5℃时多。

c. 阳光和空气　光能促进色素分解，氧不仅造成变色和破坏维生素C，而且能氧化亚硫酸盐，降低SO_2保藏效果。因此，应遮蔽阳光的照射和减少空气的供给。

此外，干制品在包装前的回软处理、防虫处理、压块处理以及采用良好的包装材料和方法都可以大大提高干制品的保藏效果。

8.2.3.2 干制品的贮藏方法

贮藏干制品的库房要求干燥、通风良好并能密闭，具有防鼠设备，清洁卫生并能遮阳。

科学地进行货位的堆码，应留有行间距和走道，箱与墙之间要保持0.3m的距离，箱与天花板应为0.8m的距离，以利空气流动。

库内要维持一定的温湿度。必要时采用设备制冷或铺生石灰降温降湿。

此外，还要定时检查产品。干制品的贮藏时间不宜过长，到一定期限内，应组织出库、销售。

8.2.4 复水

干制果蔬一般均需在复水后才能食用。复水是为了使干制品复原而在水中浸泡的过程。干制品的复原性就是干制品重新吸收水分后在重量、大小和形状、质地、颜色、风味、成分、结构以及其它可见因素等各个方面恢复原来新鲜状态的程度。

干制品的复水性常用复水率（或复水倍数）来表示。复水率就是复水后沥干质量（$G_{复}$）

与干制品试样质量（$G_{干}$）的比值。实际上，干制品复水后其质量很难百分之百地达到新鲜原料的品质，复水性下降，有些是细胞和毛细管萎缩和变形等物理变化的结果，但更多的还是胶体中物理化学和化学变化所造成的结果。食品失去水分后盐分增浓和热的影响就会促使蛋白质部分变性，失去了再吸水的能力或水分相互结合，同时还会破坏细胞壁的渗透性。淀粉和树胶在热力的影响下同样会发生变化，以致它们的亲水性有所下降。细胞受损伤如干裂和起皱后，在复水时就会因糖分和盐分流失而失去保持原有饱满状态的能力。正是这些以及其它一些化学变化，降低了干制品的吸水能力，使其达不到原有的水平，同时也改变了食品的质地。一般来说，复水性与干制品的种类、品种、成熟度、干燥方法、复水方法等因素有关。各种蔬菜的复水率如表 8-7 所示。

表 8-7　不同蔬菜的复水率

蔬菜种类	复水率	蔬菜种类	复水率
青豌豆	(1∶3.5)～(1∶4.0)	菠菜	(1∶6.5)～(1∶7.5)
刀豆	1∶12.5	甜菜	(1∶6.5)～(1∶7.0)
菜豆	(1∶5.5)～(1∶6.0)	甘蓝	(1∶8.5)～(1∶10.5)
胡萝卜	(1∶5.0)～(1∶6.0)	茭白	(1∶8.0)～(1∶8.5)
萝卜	1∶7.0	洋葱	(1∶6.0)～(1∶7.0)
马铃薯	(1∶4.0)～(1∶5.0)	番茄	1∶7.0
甘薯	(1∶3.0)～(1∶4.0)	扁豆	1∶12.5

不同干制工艺的复水性存在着明显的差异，郑继舜等研究表明，真空冷冻干燥的果蔬较普通干燥的果蔬，复水时间短，复水率高。另外浸泡水的温度和浸泡时间对复水均有一定影响，浸时越长，复水越充分；浸温越高，复水时间越短。浸泡水的水质也影响复水的效果，水的 pH 值不同，使色素的颜色发生不同变化，此种影响特别是对花青素显著。一般冷水 pH 值在 7.0 左右菜色易变黄。白色蔬菜主要是黄酮类色素，在碱性溶液中变成黄色，所以马铃薯、花椰菜、洋葱等不能用碱性水处理，可调酸性水复水。水中含有金属盐对花青素有害。水中如含有碳酸氢钠或亚硫酸钠，易使组织软化，复水后变软烂。豆类在硬水中易变老，使质地粗硬，品质下降，应加以注意。

8.3　干制方法和设备

8.3.1　自然干制

最原始的干制方法是自然干制，自然干制可分为两种，一种是原料直接受阳光暴晒，称为晒干或日光干制；另一种是原料在通风良好的室内、棚下以热风吹干，称为阴干或晾干。目前许多果蔬的干制仍采用此方法，如葡萄干、柿饼、果干和香菇干等的干制加工。自然干制，一般包括太阳辐射的干燥作用和空气干燥作用两个基本因素。

（1）太阳辐射的干燥作用　太阳辐射的干燥作用是利用太阳的辐射热作为热源，使水分蒸发的一种干燥作用。太阳光的干燥能力和果蔬原料水分蒸发的速度，主要取决于太阳辐射的强度和果蔬表面接受的辐射强度。太阳辐射的强度，因地区的纬度和季节而异，纬度低的地区较纬度高的地区强，夏季较冬季强。为了有效地利用太阳辐射进行晒干，在干制过程中，应提高晒干品表面所受到的太阳辐射强度。

（2）空气的干燥作用　我国南方诸省，虽然气温较高，但一般空气相对湿度平均在 75％以上。潮湿的空气，对于果蔬干燥不利。但是，晒干和风干是在白天进行的，白天的气温较高，相对湿度远低于一天中的平均湿度，仍然可以起到一定的干燥作用。我国西北属于旱半干旱地区，气候十分干燥，空气相对湿度低，平均在60%左右，有利于果蔬干制，如新疆吐鲁番一带干制葡萄采用此法。风速的大小与干燥作用关系很大，特别是在空气温度高、湿度低的情况下，如果有较大的风速，即使在多云或者天阴时，也能收到一定的干燥效果。

自然干制的主要设备为晒场和晒干用具如晒盘、席箔，运输工具等，以及必要的建筑物如工作室、贮藏室、包装室等。晒场要向阳，位置宜选择交通方便的地方，但不要靠近多灰尘的大道，还应注意要远离饲养场、垃圾堆和养蜂场等，以保持清洁卫生，避免污染和蜂害。

8.3.2 人工干制

人工干制是指在常压或减压环境中以传导、对流和辐射传热方式或在高频电场内加热的人工控制工艺条件下使产品干制。人工干制是实现果蔬干制的工业化生产，实现人为控制干燥条件，提高产品品质的最重要的方法，适用于各种果蔬的干制。

人工干制设备，要具有良好的加热装置及保温设备，保证干制时所需的较高且均匀的温度；要有良好的通风设备，以及时排除原料蒸发的水分；要有较好的卫生条件和劳动条件，以避免产品污染，便于操作管理。目前国内许多先进的干燥设备都具有以上条件。

现在采用的人工干制方法很多，国内外人工干制设备，其形状大小、热作用大小、热作用方式、载热体的种类等各有不同。每一种方法不一定适合于各种原料的干制，需根据原料的不同、产品的要求不同，而采取适当的干制方法。人工干燥设备，一般按干燥时的热作用方式，主要分为借热空气加热的对流式干燥设备、借热辐射加热的热辐射式干燥设备和借电磁感应加热的感应式干燥设备三类。近年来又出现了远红外线干燥以及单体直接用光激发聚合成膜的光固化干燥等新技术。在我国广大农村，也有许多既简便又经济的土法干燥设备。下面介绍几种常用的人工干制方法。

8.3.2.1 烘灶

烘灶是最简单的人工干制设备。形式多种多样，如广东、福建烘制荔枝干的焙炉，山东干制乌枣的熏窑等。有的在地面砌灶，有的在地下掘坑。干制果蔬时，在灶中或坑底生火，通过火力的大小来控制干制所需的温度。这种干制设备，结构简单，生产成本低，但生产能力低，干燥速度慢，工人劳动强度大。

8.3.2.2 烘房

目前生产单位推广使用的烘房，多层烟道气加热的热空气对流式干燥设备，一般为长方形土木结构的比较简易的建筑物。形式很多，根据升温方式的不同可分为：一炉一囱直线升温式烘房，一炉两囱直线升温式烘房，一炉一囱回火升温式烘房，一炉两囱回火升温式烘房，两炉两囱直线升温式烘房，两炉两囱回火升温式烘房，两炉一囱直线升温式烘房，两炉一囱回火升温式烘房，高温烘房等。烘房的基本结构相似，主要由烘房主体、升温设备、通风排湿设备和装载设备组成。较之烘灶其生产能力大为提高，干燥速度较快，设备亦较简单。我国北方许多果蔬产地已大量采用烘房进行红枣、辣椒及黄花菜的人工干制，取得了良好的效益。

8.3.2.3 隧道式干制机

隧道式干制机是一种生产规模较大的半连续式干燥设备，其热能利用率较高，操作简便，至今在果蔬干制生产中仍大量使用。隧道式干制机的干燥室为一狭长隧道，在地面上铺轨道，装载待干制的原料载车沿轨道以一定速度向前移动而实现干燥。干燥间一般长 12～18m，宽约 1.8m，高为 1.8～2.0m。在干燥间的侧面有一加热间，其内装有加热器和吹风机，推动热空气进入干燥间，使原料水分受热蒸发。湿空气一部分自排气孔排出，一部分回流到加热间使其余热得以利用（图 8-6）。

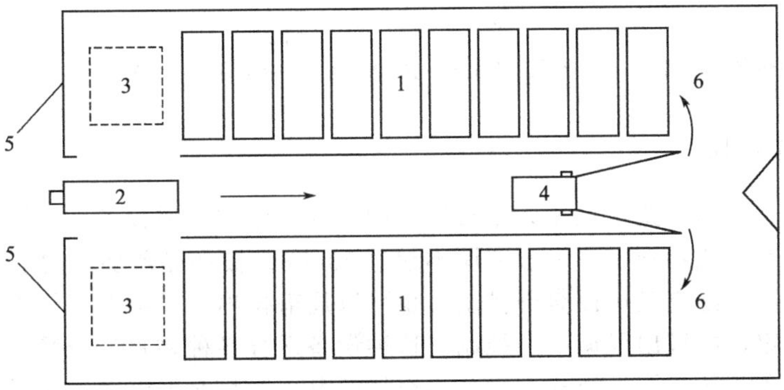

图 8-6 隧道式干燥机示意图（双隧道）

1—载车；2—加热器；3—空气出口；4—电扇；5—原料进口；6—干制品出口

隧道式干制机依据热空气的流动方向与被干燥果蔬原料运行的方向不同可区分为三种类型，即顺流式、逆流式和混合式。

（1）顺流式干制机 隧道中热空气的流动方向与果蔬原料运行方向一致，即原料从高温低湿的热空气一端进入，这时的空气蒸发潜力最大，原料干燥速度快。但在热空气往前吹送并流经原料过程中，因果品蔬菜的水分蒸发而失热，热空气的温度逐渐下降，同时热空气中的水蒸气也不断增加，果品蔬菜的水分蒸发能力就逐渐下降。在这种情况下，容易造成干燥初期的果品蔬菜失水快，当物料的中心干燥收缩时，便会产生裂缝或孔穴；但在干燥后期的干燥能力减弱，若操作管理不当，难于达到要求的干燥程度。有时为了完成产品的干燥要求，需要进行补充干燥。这种干燥机的干燥初期温度为 80～85℃，后期温度为 55～60℃。这种方式一般较适合于含水量高、可溶性固形物含量低的蔬菜原料。

（2）逆流式干制机 隧道中的热空气流动方向与果品蔬菜原料运行的方向相反，即原料由低温高湿一端进入，产品由高温低湿一端出来。在逆流干制机中，干燥初期温度较低（40～50℃），果品蔬菜品温上升较慢，可能产生均匀而全面的收缩，此时因其含水量高，水分蒸发仍能顺利进行；原料在其后的前行中遇到的气流温度不断上升（终止温为 65～85℃），空气湿度则越来越低。这样，便不断提高了干制后期的干燥效率，产品容易达到最后的干燥程度。这种干制机适宜于干制含糖量高、汁液黏度高的果品蔬菜，如桃、杏、梨等干制时最高温度不宜超过 72℃，葡萄不宜超过 65℃。但应当注意的是，干制后期的温度不宜过高，否则易引起果品蔬菜烧焦。

（3）混合式干制机 又称对流式干制机或中央排气式干制机（图 8-7）。它综合了上述两种隧道干制机的优点，并克服了其缺点，既能提高干制效率，又可改进产品质量，故应用很广泛。这种干制机有两个鼓风机和两个加热器，分别装在隧道的两端，热空气由两端吹向中间，流经果品蔬菜，而湿热空气从隧道中部集中排出一部分，另一部分回流利用。果品蔬菜先实行顺流干燥，水分蒸发速度较快；随着装载果品蔬菜的载车前行，空气温度渐降，但隧道中的相对湿度逐渐增大，果品蔬菜水分蒸发速度减缓，有利于果品蔬菜水分的内扩散，可避免结壳现象。待果品蔬菜水分大部分蒸发后，果品蔬菜进入逆流干燥阶段，在高温低湿的环境中进行干制，使果品蔬菜能够干燥得比较彻底。

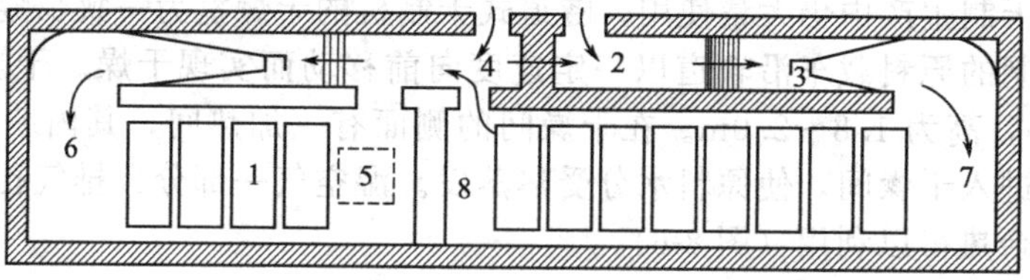

图 8-7 混合式干燥机

1—载车；2—加热器；3—电扇；4—空气入口；5—空气出口；6—新鲜品入口；7—干燥品出口；8—活动间隔

8.3.2.4 箱式干燥机

箱式干燥机也称烘箱式干燥箱，是最简单的常压间歇式干燥设备。将拟干燥的果品蔬菜物料散置于多层料盘或料网上，一般料厚不超过 50mm。被加热器加热的空气用风机循环吹过物料而使其干燥，湿空气可以全部排出，也可以局部排出、局部循环使用，这可根据所需要的干燥速度而定，由进出风调节门控制。这种设备适合各种物料的干燥。

现在用得较多的还有平行流式干燥，热空气顺盘面物料水平流动，如料层比较厚时，盘底物料与表面物料的干燥速度可能相差很多。因此，料层不宜太厚，以免增加干燥的时间。料层较厚时一般采用穿流式干燥，将物料置于透气的网上，由挡板引导热风自上而下穿透料层，所有深层物料也能接受来自空气的热量，汽化面积也得到增大，物料深层的温度和湿度都比较均匀。

在平行流箱式干燥器中，一般要求料盘中物料表面的空气流速为 120～30m/min，对果品蔬菜的干制效果好。穿流式干燥要求每 $1m^2$ 盘面积的穿流空气为 $30\sim75m^3/min$。对于这种多层固定盘面的干燥器，最难解决的是各层盘面上由于气流分配的不均匀而造成物料干燥速度的不均匀问题。

8.3.2.5 传送带式干燥机

它是在隧道式通风干制机的基础上改进的，其主要差别是用循环运行的帆布带、橡胶带或金属履带作为原料的传送带，取代烘盘和车架，用金属网或多孔板铰接的链带承载果品蔬菜物料。图 8-8 为 4 层传送带式干燥机，能够连续转动，当上层部位温度达到 70℃时，将原料从柜子顶部的一端定时装入，随着传送带的转动，原料也依次由最上层逐渐向下移动，至干燥完毕后，从最下层的一端出来，这种干制机用蒸汽加热，暖气管装在每层金属网的中间，新鲜空气由下层进入，通过暖气管变为热气，然后通过原料，使其水分蒸发，湿气由出气口排出。在干燥过程中，应注意机柜中温湿度的变化情况，当上层干球温度为 45～50℃时，其干湿球温差应为 7～10℃，差数小于 5℃时，则表示湿度过大，原料表面湿润，蒸发变慢，这时可将顶盖打开，使空气对流，当干湿球温差超 12℃时，说明进入干制机的空气过多，应将顶盖关闭。这种干制机的优点是设备简单，只需一个小型蒸汽锅炉配合即可。在干燥过程中，无需上下翻动原料，当原料自上层向下层落下时，即自然翻动一次，因而原料干燥程度均匀。

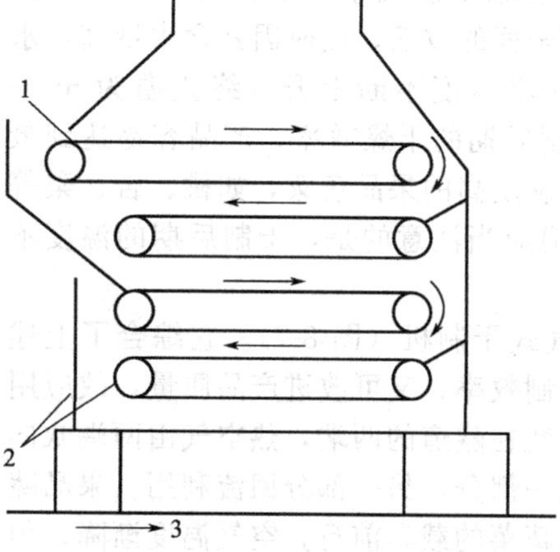

图 8-8 传送带式干燥机示意图

1—原料由此进入；2—干燥品由此卸出；3—原料的移动方向

8.3.2.6　滚筒式干燥机

属于热传导干燥法的一种干燥机械，不需要直接热风加热，而是通过被加热的金属圆柱以热传导的方式把热量传递给物料。物料一般被处理成液态或浆状，金属圆柱绕水平轴转动，物料可从上方或下方涂布于圆柱上，在圆柱转动的同时被干燥，当滚筒再转至近浆料处时，设有刮料刀将干料刮下收集。

对热敏性极强的物料，如果需用此法干燥时，可将滚筒置于真空室内，同时控制滚筒内热量供应强度，可降低干燥温度，加快干燥速度，有利于干制品有良好的疏松特性和复水性。

滚筒式干燥机的优点是热能利用率高，干燥速度较快，因此干燥所用时间短。由于物料是高温短时被干燥，故干制品的外观、色泽、营养成分等也都具有良好的特征。这种干燥机已用于马铃薯浆料、蔬菜叶浆、蔬菜颗粒状及果蔬复合食品的干燥。但含水量低，热敏性高的蔬菜物料不宜在常压下用滚筒干燥，否则易造成成品色泽和风味的劣变。

8.3.2.7　喷雾干燥

喷雾干燥是将浓缩后的物料（液态或浆质态食品）经喷雾器喷成雾状液滴后，在干燥室中与 150～200℃的热空气接触进行热交换，于瞬间干燥成为微细的干燥粉粒的干燥方法。

喷雾系统和干燥系统是决定喷雾干燥效果的重要部分。喷雾器是喷雾干燥的关键设备之一，目前常用的有压力式、气流式和离心式三种。料液喷雾成雾滴后，与高温干燥介质接触干燥的过程在喷雾干燥室中完成，喷雾干燥室的基本形式有两种：卧式干燥室和立式干燥室，卧式干燥室中的干制品水分含量不均匀，底部卸料较困难，目前应用较少；立式喷雾干燥室对三种类型的喷雾干燥器都适用，根据热空气与雾滴方向不同分为顺流式、逆流式、旋转式、混流式几种。

由于喷雾干燥过程物料分散度极大，传热、传质非常迅速，干燥过程瞬间完成。虽然热空气温度很高，但液滴蒸发速度快，物料温度不会超过热空气的湿球温度，通常仅为 60～70℃，对产品质量影响很小，是液体原料比较理想的干燥方法，非常适合于热敏性果品蔬菜物料的干制。该种干燥设备在果品蔬菜干制中得到广泛应用，常常用来制作需要速溶的粉末物料制品。喷雾干燥器的主要不足是由于耗用大量的高温热空气，热空气又不能重复使用，因此单位制品所消耗的热能量大。

8.3.2.8　真空冷冻干燥

真空冷冻干燥又叫冷冻升华干燥，它是将食品预先冻结后，在真空条件下通过升华方式除去水分的干燥方法。此干燥过程是将经过预处理的冻结湿物料置于料盘上，单位面积上的装载量应视不同果蔬种类、切分处理情况和干燥设备的效率而定。一般铺成 2～4cm 厚度，装载量为 5～10kg/m^2。物料可用料盘装卸，也可做成小车出入干燥箱。

冷冻升华干燥过程按物料中水分去除的难易程度可分为一次干燥和二次干燥两个阶段。一次干燥即升华干燥，亦称第一阶段干燥。这一阶段主要去除的是物料中的自由水，理论上讲可用抽真空降压或升高温度来达到升华干燥的目的。但实际上仅靠抽真空是很难产生干燥效果的，这是因为冻结的物料温度较低，其冰晶的蒸汽压很低，造成的蒸汽压力差很小，因此，蒸汽扩散也很小，而且冰升华时也需要吸热（冰的升华吸热为 2800kJ/kg），所以在实际操作中都是通过抽真空和加热同时使用来完成第一阶段的干燥。在给物料加热时，关键是控制加热量，以保证物料的温度略低于冰晶体融解的温度。随着升华的进行，物料干燥界面不断内移，升华速度逐渐减慢，升华所需热量随之减少，此时应降低加热量，以防已干部分过热而产生焦化。干燥过程中温度控制应根据物料不同的升华阶段进行调整，目前的冷冻升华干燥设备干燥蔬菜的时间一般为8～12h。在这段时间里，前期1～3h，加热板温度可加热至80～100℃；中期3～6h，维持60～65℃；后期2～3h，维持温度0～50℃。经过这一阶段的干燥，物料中90%左右的水分已被去除。

二次干燥的目的是去除用升华方法无法除去的蔬菜组织中的结合水，所以二次干燥又称为解吸干燥或第二阶段干燥。由于结合水脱除所需的能量较大，故二次干燥还需要用更高的真空度和已干物料能忍耐的温度。考虑到过高的真空度会对传热产生不利影响，因此，在真空度允许的范围内充入部分氮气、氢气等小分子量、无氧化作用的气体，以提高已干层的导热性。加速水蒸气的扩散也是常用的方法之一。此外，通过改进冷凝器中的冷凝方法，如采用混合式冷凝器或用蒸汽喷射泵与冷阱轮换共用的方式以减少间歇式冷凝的冰霜和金属壁的传热阻力，提高二次干燥过程的效率。干燥完成后果蔬干制品中的含水量一般在1%～3%。干燥接近完成时，品温逐渐接近加热板的温度，须及时调整加热量或结束干燥操作。干燥终点的判定除通过试验按不同果蔬种类从加热温度和时间上控制外，还可以用干燥箱上的压力指示器与冷凝器上的差异比较，以及降低抽空能力后干燥箱中压力变化幅度等来判断。

8.3.2.9 微波干燥

微波是频率为300MHz～300GHz之间，波长为0.001～1.0m的高频交流电。微波干燥是利用微波照射和穿透食品时所产生的热量，使食品中的水分蒸发而获得干燥，实质上是微波加热器在干燥上的应用。

微波干燥器的类型很多，按其工作特性和适用的食品可将其分为谐振腔型、波导型、辐射型、漫波型四种类型，其装置系统一般由电源、微波发生器、波导管、微波加热器和冷却系统等组成。微波加热器工作频率的选择主要依据干燥物料的厚度、含水量、总产量和成本、设备体积等几个方面，若产品厚度较大、含水量较高则工作量较大，就应该选择工作频率相对大一些的加热器。

微波干燥速度快，加热均匀，热效率高，制品质量好；操控方便，设备占地小；但是耗电多，干燥成本较高。生产中常采用热风干燥与微波干燥相结合的方法来降低成本。

8.3.2.10 远红外干燥

远红外干燥是近年才发展起来的一项新技术。它是利用远红外辐射元件发出的远红外线被加热物体所吸收，直接转变为热能而达到加热干燥。

红外线介于可见光和微波之间，是波长在0.72～1000μm范围的电磁波。一般把5.6～1000μm区域的红外线称为远红外线，而把5.6μm以下的称为近红外线。红外线与可见光一样，也可被物体吸收、折射或反射，物体吸收了红外线后，温度就升高。而且红外线能穿过相当厚的不透明物体，而在物体的内部自发地产生热效应，因此物体中每一层都受到均匀的干燥作用，而其它多种干燥方法，热量只能从表面开始并逐步地传到内部，因此烘干质量不及远红外干燥。

远红外干燥具有干燥速度快，生产效率高，节约能源，设备规模小，建设费用低，干燥质量好等优点。在食品、医药、木材、纸张和印染织物等部门已采用远红外干燥。

8.3.2.11 太阳能辐射干燥

利用太阳能接收装置把太阳辐射能吸收储藏起来，再转换成热能干燥果蔬，是国内外作为能源科学技术研究的一个重要内容。利用太阳能干燥，使传统意义上的太阳辐射自然干燥手工操作生产向工业干燥自动化操作生产迈进了一大步，既可以充分利用自然能源，又可以自动化生产，干燥过程可控程度高，果蔬干燥温度均匀，产品品质得到较好的控制，对环境不产生污染，具有极大的优越性。

思考题：

1. 简述果蔬中水分的存在状态和特性。
2. 什么叫水分活度，其与干制品保藏有何关系？
3. 果蔬干制过程中的物理化学变化有哪些方面？
4. 影响干制品贮藏的因素有哪些，贮藏方法是什么？
5. 什么叫干制品的复水率，复水性与哪些因素有关？
6. 果蔬干制设备有哪些，各有什么特点？

第9章 果品蔬菜糖制

教学目标：通过本章学习，了解果品蔬菜糖制的基本原理；掌握食糖的保藏作用；掌握果胶及其胶凝作用；掌握果蔬糖制品易出现的质量问题及解决办法。

果蔬糖制是利用高浓度糖液的渗透脱水作用，配以糖或其它辅料，将果蔬原料加工成糖制品的加工技术。利用高浓度糖的防腐保藏作用制成果蔬糖制品，是我国古老的食品加工方法之一。早在5世纪甘蔗制糖发明以前，人们就利用蜂蜜熬煮果品蔬菜制成各种加工品，直到蔗糖（即砂糖）出现才改用蔗糖代替蜂蜜进行糖制，“蜜饯”是由“蜜煎”而来。我国的传统蜜饯品种繁多，风味独特，在国内外市场享誉甚高，如北京的苹果脯、苏州的金橘饼和加应子等。

世界各国一般根据糖制品的加工方法和状态，将糖制品分为蜜饯和果酱两大类。蜜饯类是果蔬经糖渍或糖煮后，保持着果实或果块原来形状的高糖食品，依其干湿状态又分为干态蜜饯和湿态蜜饯两类，前者是经糖制后晾干或干燥的无黏性制品，其外表皮无糖衣或涂被一层透明糖衣或结晶糖粉；后者是经糖制后具有黏性表面，保存于高浓度糖液中的制品。而果酱类是果蔬经加糖煮制浓缩而成，呈黏糊状、冻体或胶态，不保持果实或果块原来形状的高糖高酸食品，主要有果酱、果冻、果糕、果菜泥、马茉兰和果蔬沙司等。

糖制品含有大量糖分，具有良好的保藏性和贮运性。糖制对原料的要求一般不如罐藏和果酒等严格，除正品果蔬外，各种鲜食等外品均可通过糖制，制成各种果脯、蜜饯、凉果和果酱，改善其食用品质。糖制品在营养上的意义主要是产生热能，部分食品也是保健食品，如金橘能润喉，山楂能开胃、降血脂、软化血管等等。近年来，甜度低、原果味浓、维生素C含量高、SO_2含量少以及营养价值高，具有保健作用的功能性果脯蜜饯，如大蒜脯、南瓜脯和食用菌类脯等，越来越受到广大消费者的欢迎。

糖制品加工工艺简单易行，投资少，见效快，适于产地乡村加工，可产生良好的经济和社会效益，对广大果蔬产区和山区经济的发展具有重要的促进作用。

9.1 果品蔬菜糖制的基本原理

糖制品是利用高浓度糖防腐保藏作用制得的产品，食糖的种类、性质、浓度及原料中果胶含量和特性，对产品的质量、保藏性都有重大影响。因此，了解食糖的理化性质和保藏作用以及果胶等植物胶的凝胶作用，是获得优质耐藏品的关键。

9.1.1 食糖的基本性质

食糖的特性有很多，与糖制品有关的性质主要有糖的甜度、溶解度与晶析、糖的吸湿性、蔗糖的转化、沸点等，探讨这些性质的目的在于在加工处理中合理使用食糖，更好地控制糖制过程，以及确保质量，提高制品产量等。

9.1.1.1 甜度

果蔬糖制品之所以受到广大消费者的欢迎，最主要的原因就是其甘甜的风味。糖的甜度影响着制品的甜度和风味。甜度，是主观的味觉判别。因此，一般都以相同浓度的蔗糖为基准来比较其它糖的相对甜度。以蔗糖甜度为 100，则果糖为 173，葡萄糖为 74，转化糖为 127。可见，果糖最甜，其次是转化糖、蔗糖，葡萄糖甜度最小。

温度对甜味有一定的影响。当糖液浓度一定时，温度低于 50℃，果糖甜于蔗糖；温度高于 50℃，蔗糖甜于果糖。这是因为在不同温度下，果糖异构体间的相对比例不同，温度较低时较甜的 β-异构体所占比例较大。

各种糖的甜味也有所不同。葡萄糖先甜后苦、涩带酸；麦芽糖甜味差，带酸味；蔗糖风味纯正，味感反应迅速，甜味能迅速达到最大值并可迅速消失。蔗糖与食盐共用时，能降低甜味和咸味，而产生新的独特的风味，这也是南方凉果制品的特有风格。在番茄酱的加工中，也往往加入少量的食盐，能使制品的总体风味得到改善。

9.1.1.2　溶解度与结晶性

食糖的溶解度是指在一定的温度下，一定量的饱和糖液内溶解的糖量。食糖溶解度，受温度的直接影响，一般的规律是随着温度升高而溶解度加大。但不同温度下，食糖的溶解度会发生变化，如表 9-1 所示。

表 9-1　不同温度下食糖的溶解度

种　类	温度/℃									
	0	10	20	30	40	50	60	70	80	90
蔗糖	64.2	65.6	67.1	68.7	70.4	72.2	74.2	76.2	78.4	80.6
葡萄糖	35.0	41.6	47.7	54.6	61.8	70.9	74.7	78.0	81.3	84.7
果糖			78.9	81.5	84.3	86.9				
转化糖		56.6	62.6	69.7	74.8	81.9				

食糖的溶解度大小受糖的种类和温度的双重影响，由表 9-1 可看出，60℃时蔗糖与葡萄糖的溶解度大致相等，高于 60℃时葡萄糖的溶解度大于蔗糖，而低于 60℃时蔗糖的溶解度大于葡萄糖。而果糖在任何温度下，溶解度均高于蔗糖、转化糖和葡萄糖，高浓度果糖一般以浆体形态存在。转化糖的溶解度受本身葡萄糖和果糖含量的影响，故大于葡萄糖而小于果糖，30℃以下小于蔗糖，30℃以上则大于蔗糖。

当糖制品中液态部分的糖在某一温度下其浓度达到过饱和时，即可呈现结晶现象，称为晶析，也称返砂。糖制加工中，为防止蔗糖的返砂，常加部分淀粉糖浆、饴糖或蜂蜜，利用它们所含的糊精、转化糖或麦芽糖来抑制晶体的形成和增大。此外，部分的果胶、蛋清等非糖物质，能增强糖液的黏度和饱和度，亦能阻止蔗糖结晶。但在蜜饯加工中，如干态糖霜制品等产品，则正是利用了晶析这一特点来维持制品的糖霜状态，提高制品的保藏性。

9.1.1.3　吸湿性

糖具有吸收周围环境中水分的特性，即糖的吸湿性。如果糖制品缺乏包装，那么在贮藏期间就会因吸湿回潮而降低制品的糖浓度和渗透压，削弱了糖的保藏性，甚至导致制品的败坏和变质。

糖的吸湿性与糖的种类及环境相对湿度密切相关（表 9-2），各种结晶糖的吸湿量（%）与环境中的相对湿度呈正相关，环境相对湿度越大，吸湿量就越多。各种糖的吸湿性以果糖为最强，麦芽糖和葡萄糖次之，蔗糖为最小。各种结晶糖吸水达 15%以上便失去晶体状态而成为液态。高纯度蔗糖结晶的吸湿性很弱，在相对湿度为 81.8%以下时，吸湿量仅为 0.05%，吸湿后只表现潮解和结块。果糖在同样条件下，吸湿量达 18.58%，完全失去晶态而呈液态。含有一定数量转化糖的糖制品，必须用防潮纸或玻璃纸包裹，对那些包装不太好或散装上市的糖制品，一定要控制好转化糖的含量，防止因吸潮而变质。

表 9-2 几种糖在 25℃ 中 7d 内的吸湿率

糖的种类	吸湿率/%		
	空气相对湿度 62.7%	空气相对湿度 81.8%	空气相对湿度 98.8%
果糖	2.61	18.58	30.74
葡萄糖	0.04	5.19	15.02
蔗糖	0.05	0.05	13.53
麦芽糖	9.77	9.80	11.11

9.1.1.4 沸点

糖液的沸点随糖液浓度的增大而升高，在 101.325kPa 的条件下不同浓度果汁-糖混合液的沸点如表 9-3 所示。

表 9-3 果汁-糖混合液的沸点

可溶性固形物/%	沸点/℃	可溶性固形物/%	沸点/℃
50	102.2	64	104.6
52	102.5	66	105.1
54	102.78	68	105.6
56	103.0	70	106.5
58	103.3	72	107.2
60	103.7	74	108.2
62	104.1	76	109.4

蔗糖液的沸点受浓度、压力等因素影响，表 9-4 所示为蔗糖溶液在 0.1MPa 下的沸点与浓度关系。

表 9-4 在 0.1MPa 下蔗糖溶液的沸点

含糖量/%	10	20	30	40	50	60	70	80	90
沸点温度/℃	100.4	100.6	101.0	101.5	102.0	103.6	105.6	112.0	113.8

表 9-5 所示为不同海拔高度下蔗糖溶液的沸点，其规律是沸点随海拔高度提高而下降。糖液含糖量在 65%时，其沸点在海平面为 104.8℃，海拔 610m 时为 102.6℃，海拔 915m 时为 101.7℃。因此，同一糖液浓度在不同海拔高度地区熬煮糖制品，沸点应有不同。在同一海拔高度下，浓度相同而种类不同的糖液，其沸点也不同。如 60%的蔗糖液沸点为 103℃，60%的转化糖液沸点为 105.7℃。

表 9-5 不同海拔高度下蔗糖溶液的沸点

可溶性固形物/%	沸点/℃			
	海平面	305m	610m	915m
50	102.2	101.2	100.1	99.1
60	103.7	102.7	101.6	100.6
64	104.6	103.6	102.5	101.4
65	104.8	103.8	102.6	101.7
66	105.1	104.1	102.7	101.8
70	106.4	105.4	104.3	103.3

在糖制过程中，根据沸点，可测知在加工中糖液浓度或可溶性固形物含量。从而可以在糖煮进行中通过控制沸点来控制糖液浓度及测定糖液浓度变化情况，以控制煮制时间，确定熬煮终点。如干态蜜饯出锅时糖液沸点达 104～105℃，其可溶性固形物为 62%～66%，含糖量约 60%。在糖制加工中，蔗糖部分转化，果蔬所含的可溶性固形物也较复杂，其溶液的沸点并不能完全代表制品含糖量。因此，需结合其它方法来确定煮制终点，或在生产前做必要的试验。

9.1.1.5 *蔗糖的转化*

蔗糖是非还原性双糖，经酸或转化酶的作用，在一定温度下水解生成等量葡萄糖和果糖，这一转化过程称为蔗糖的转化。在糖制品中，转化反应用于提高糖溶液的饱和度，防止制品“返砂”，增大制品的渗透压，提高其保藏性，并赋予制品较紧密的质地，提高甜度。但若制品中蔗糖转化过度，则增强其吸湿性，使制品吸湿回潮而变质。

蔗糖在酸作用下的水解速度与酸的浓度及处理温度成正相关。在较低 pH 和较高温度下蔗糖转化速度快，蔗糖转化的最适 pH 值为 2.5。蔗糖在中性或微碱性糖液中不易被分解，pH 值为 9 以上时，加热会产生棕色的焦糖。转化糖受碱的影响生成棕黑色物质，还可与氨基酸作用引起糖制品褐变。因此，食品加工上对于淡色制品，要控制蔗糖过度转化。

糖制品中的转化糖量达 30%～40%，蔗糖不会结晶。若原料酸味成分不够，或糖煮时间不长，转化微弱。因此，在糖煮时，若需要转化，可以补加适量的柠檬酸或酒石酸，或补加含酸的果汁。但对于含酸偏高的原料则避免糖煮时间过长，而形成过多转化糖，出现流糖现象。

9.1.2 食糖的保藏作用

加工糖制品所用的食糖种类多样，饴糖主要成分是麦芽糖，适用于低档产品；淀粉糖浆以葡萄糖为主适用于低糖制品；蜂蜜主要是转化糖，用作保健制品；葡萄糖用于低甜度产品；果葡糖浆因其纯度高、风味好、甜度浓、色泽淡、工业化生产量大，适用于各种食品加工，而被国外广泛用以代替蔗糖。

食糖本身并无毒害作用，且是微生物主要碳素营养，能促进微生物生长发育。糖制品要做到长期保藏，必须使制品的含糖量达到一定的浓度才能对微生物有不同程度的抑制作用。其保藏作用主要表现在以下四个方面。

9.1.2.1 *糖溶液的高渗透压作用*

糖溶液可产生一定渗透压，浓度越高，渗透压越大。1%葡萄糖液的渗透压为 1.2159MPa，同浓度的蔗糖液的渗透压为 0.7092MPa，大多数微生物细胞的渗透压只有 0.3546～1.6921MPa，因此糖制品中糖液渗透压远远超过微生物细胞渗透压，在高浓度糖液中，微生物细胞里的水分就会通过细胞膜向外流出形成反渗透现象，使其细胞质脱水，出现生理干燥而无法活动，严重时出现质壁分离现象，从而对微生物起抑制作用。

糖浓度提高到一定程度才能抑制微生物的生长危害。例如蔗糖含量超过 50%才具有脱水作用而抑制微生物活动，但对有些耐渗透压强的微生物，需提高到 72.5%以上。低于此浓度制品还会长霉，大于此浓度则制品发生糖的晶析（返砂）而降低产品质量。为防止蔗糖结晶，一种方法是在糖液中加用部分转化糖（如蜂蜜、淀粉糖浆）来提高糖的溶解度（如等量蔗糖和转化糖混合液的溶解度可达 75%）；另一种方法是适当提高酸含量，在加热熬煮过程，使部分蔗糖转化为转化糖。实践证明，制品总糖量在 68%～70%，含水量在 17%～19%，转化糖达总糖量 60%时，一般不发生“返砂”现象。对于长期保藏的果酱类，部分湿态蜜饯制品以及低糖制品，可结合巴氏杀菌或加酸、加防腐剂以及真空密封等措施使其得以安全的存放。

9.1.2.2 高浓度糖液大大降低制品的水分活度

食品的水分活度值（A_w）是指食品中水的蒸汽压与同温度下纯水的饱和蒸汽压的比值，用于表示食品中游离水的数量。大部分微生物要求 A_w 值在 0.9 以上。果蔬经糖制后，食品 A_w 值降低，微生物可利用的游离水大大减少，活动受到抑制。例如果酱类的水分活度在 0.75～0.80 之间，对细菌及一般酵母菌能抑制，但在高渗透压和低水分活性下尚有少数能生长的霉菌和酵母菌，对于长期保存的糖制品，宜采用杀菌或加酸降低 pH 以及真空包装等有效措施来防止产品的变质。

9.1.2.3 高浓度糖液具有抗氧化作用

氧在糖液中的溶解度小于纯水中的溶解度，并且氧的溶解度随糖浓度的增加而下降。如 20℃时，60%的蔗糖溶液的氧溶解度仅为纯水氧含量的六分之一。原料在糖液中浸渍或煮制，因氧含量降低而利于糖制品色泽、风味和维生素 C 等品质和营养成分的保持，也有利于抑制好气微生物的生长活动。糖溶液的抗氧化作用也是糖制品得以保存的原因之一。

9.1.2.4 高浓度糖液能加速原料脱水吸糖

高浓度糖液的强大渗透压，能加速原料的脱水及糖分渗入，缩短糖渍和糖煮时间，有利于改善制品的质量。但是，若扩散初期糖浓度过高，会使原料因脱水过多而收缩，降低成品率。因此糖煮初期的糖含量以不超过 30%～40%为宜。

9.1.3 果胶及其胶凝作用

果胶物质以原果胶、果胶和果胶酸三种形态存在于果蔬中。原果胶在酸和酶的作用下能分解为果胶，果胶进一步能水解变成果胶酸。

果胶具有胶凝特性，形成的胶凝有两种形态：一是高甲氧基果胶（甲氧基含量在 7%以上）的果胶-糖-酸型胶凝，又称为氢键结合型胶凝；另一种是低甲氧基果胶的羧基与钙、镁等离子的胶凝，又称为离子结合型胶凝。果品所含的果胶以及用果汁或果肉浆加糖浓缩的果冻、果糕等属于前一种凝胶；用低甲氧基果胶与钙盐结合制成的果冻，属于离子结合型胶凝。

9.1.3.1 高甲氧基果胶的胶凝

高甲氧基果胶（简称果胶）凝胶的性质和胶凝的原理与动物胶不同，含量为 1%～2%的动物胶溶液，冷却后才能形成凝胶，液温超过胶凝点（30℃）就不能凝胶；含量为 0.3%～0.4%的果胶溶液，虽冷却后也不能胶凝，但当溶液的 pH 值调节到 2.0～3.5，溶液中糖分达到 60%～65%时，即使温度较高，也能很快胶凝。此种凝胶的胶凝原理在于：高度水合的果胶束因脱水及电性中和而形成胶凝体。果胶胶束在一般溶液中带负电荷，当溶液 pH 低于 3.5 和脱水剂含量达 50%以上时，果胶即脱水，并因电性中和而胶凝。在果胶胶凝过程中，糖除起脱水剂的作用外，还作为填充剂使凝胶体达到一定强度。酸则起到消除果胶分子中负电荷的作用，使果胶分子因氢键吸附而相连成网状结构，构成凝胶体的骨架。果胶胶凝过程主要与 pH 值、糖浓度、果胶含量和温度等因素有关。

（1）pH 溶液的 pH 值影响着果胶所带的电荷数，适当增加氢离子浓度能降低果胶的负电荷，易使果胶分子借氢键结合而胶凝。当电性中和时，凝胶的硬度最大。凝胶时 pH 的最适范围是 2.0～3.5，高于或低于此范围都不能使果胶凝胶。pH 值在 3.6 时，果胶电性不能中和而相互排斥，就不能胶凝，此值即为果胶胶凝的临界值。

（2）糖浓度　果胶是亲水胶体，胶束带有水膜，食糖具有使高度水合的果胶脱水的作用，果胶脱水后才能发生氢键结合而凝胶。但只有当含糖量达 50%以上时才具有脱水效果，糖浓度愈大，脱水作用就愈强，胶凝速度就愈快。除食糖以外的其它脱水剂，如甘油和酒精等，同样也有效，但并不应用于果冻制造上。

（3）果胶含量　果胶混合液中的果胶含量越高，果胶分子质量越大，聚半乳糖醛酸的链越长，甲氧基含量越高，胶凝能力越强制成的产品弹性越好。果胶含量要求在 0.5%～1.5%之间，一般约取 1%左右。对于甲氧基含量较高的果胶或糖浓度较大时，则果胶含量可以相应减少。

（4）温度　当果胶、糖、酸和水的配比适当时，果胶混合液能在较高的温度下胶凝，温度越低，胶凝速度越快，50℃以下对胶凝强度无甚影响；高于 50℃，胶凝强度下降，主要因为高温破坏了氢键吸附。

综上所述，形成良好凝胶的条件是在 50℃条件下，果胶含量达 1%左右，糖含量65%～67%，pH2.8～3.3。

9.1.3.2　低甲氧基果胶的胶凝

低甲氧基果胶凝胶的原理是果胶分子链上的羧基与多价金属离子相结合，由于低甲氧基果胶约有半数以上的羧基未被甲醇酯化，因此对金属离子比较敏感，少量的钙离子即能使之胶凝，此种胶凝同样具有网状结构。影响此种果胶胶凝的因子主要有钙离子用量、pH 值和温度。

（1）钙离子（或镁离子）　钙离子用量根据果胶的羧基数量而定。一般酶法制得的低甲氧基果胶，每克果胶的钙离子用量为 4～10mg。碱法制得的果胶，用量为 15～30mg/g；酸法制得的果胶用量为 30～60mg/g。

（2）pH 值　此种凝胶的胶凝并不依赖于酸度，pH2.5～6.5 都可胶凝，但 pH 值对凝胶的强度仍有一定影响。pH 值为 3.0 或 5.0 时，胶凝的强度最大；pH 为 4.0 时，胶凝强度最小。此外，此凝胶的胶凝作用也不依赖于糖分，糖的用量对凝胶无影响，因此，在果冻生产中常加 30%左右的糖，目的是赋予制品适度的甜味。

（3）温度　胶凝温度对胶凝强度影响较大，在 0～58℃范围内，温度越低，胶凝强度越大；58℃时，胶凝强度为零；0℃时强度最大；30℃为胶凝的临界点。因此，果冻的保藏温度宜低于 30℃。

低甲氧基果胶的胶凝与糖用量无关，即使在含糖 1%以下或不加糖的情况下仍然可以凝胶，生产中添加 30%左右的糖是为了改善风味。

9.2　糖制品加工方法

9.2.1　蜜饯类

9.2.1.1　原料选择与处理

糖制前原料的前处理内容包括原料选择、分级、清洗、去皮、去核、切分、腌制、硬化、熏硫、漂烫和染色等。

（1）原料选择　选择优质的原料是制成优质产品的关键之一。糖制品的质量包括外观、风味、质地和营养成分。蜜饯类需保持果实或果块形态，一般要求原料肉质紧密，耐煮性强。在绿熟—坚熟时采收，但不同产品对原料要求不同，如制蜜枣宜选择果大核小，质地较疏松的品种（浙江省义乌、东阳的大枣和团枣；北京的糠枣；河北阜平的大枣等），于果实绿转白时采收。

（2）原料预处理

① 分级　剔除腐烂、变质、生虫等不符合加工要求的原料，并按果实大小或成熟度进行分级。

② 去皮、切分、划线、刺孔　剔除不能食用的皮、种子、核，常用机械去皮或化学去皮等方法。大型果宜适当切分成块、片、丝或条。枣、李和杏等小果常在果面划线或刺孔。

③ 腌制　为避免新鲜原料腐烂变质，加入食盐或加入少量明矾或石灰腌制而成的盐坯（果坯），常作为半成品保存方式来延长保存期限。由于原料经盐腌制后，所含成分会发生很大变化，所以盐坯只适用于一些特殊制品的加工，如凉果的制造。

盐坯腌渍包括腌渍、暴晒、回软和复晒四个过程。盐腌有干盐腌和盐水腌两法。干盐腌法适用于成熟度较高或果汁较多的原料，用盐量根据种类和贮存期长短而定；盐水腌法适于未熟果或果汁稀少或酸涩苦味浓的原料，盐水含盐量为10%左右。腌制过程所发生的轻度乳酸和酒精发酵，有利于糖分和果胶物质的水解，使原料组织易于渗透，也可促使苦涩味物质的分解。

④ 保脆和硬化　蜜饯类产品既要求质地柔嫩，饱满透明，又要保持形态完整。然而许多原料均不耐煮制，容易在煮制过程中破碎，故在煮制前需经硬化保脆处理，以增强其耐煮性。硬化方法为将原料放入石灰、氯化钙、明矾、亚硫酸氢钠稀溶液中，使其离子与原料中的果胶物质生成不溶性盐类，使组织坚硬耐煮。用0.1%的氯化钙与0.2%～0.3%的亚硫酸氢钠混合液浸泡原料30～60min，可起到护色兼保脆的双重作用。对不耐贮运易腐的草莓、樱桃等则用含有0.75%～1.0%二氧化硫的亚硫酸与0.4%～0.6%的消石灰混合液浸泡，可起到防腐烂兼硬化的目的。

⑤ 硫处理　为使制品色泽清淡，半透明，在糖制前需进行硫处理，既可抑制氧化变色，又能促进糖液的渗透。在原料整理后，浸入含0.1%～0.2%二氧化硫的亚硫酸液中数小时或用按原料重量的0.1%～0.2%的硫黄熏蒸处理，再经脱硫除去残留的硫。

⑥ 染色　作为配色用的制品（如青红丝、红云片等），为了增进感官品质，常用染色剂进行着色处理。

目前所用的染色剂主要有天然色素和人工合成色素两类。天然色素如姜黄、胡萝卜素、叶绿素等，因着色效果差，成本高，使用不便，在生产上应用较少。我国规定可以使用的人工合成色素有苋莱红、胭脂红、柠檬黄（肼黄）、靛蓝（酸性靛蓝）、亮蓝及其它们的铝色淀、二氧化钛等。染色时还可把色素调配成需要的颜色，如绿色可用柠檬黄与靛蓝按6∶4（或7∶3）比例调配。食用色素用量不超过万分之一，过多会因色泽太深而失真。

染色可将原料浸于色素液中着色，也可将色素溶于稀糖液中，在糖煮的同时完成染色。同时可将明矾作为媒染剂提高染色效果。

⑦ 漂洗和预煮　预煮可以软化原料组织，使糖分易于渗入和脱苦、脱涩，此外还具有排除氧气和钝化酶活性，防止氧化变色，抑制微生物侵染，防止败坏等作用。

9.2.1.2 糖制（糖渍）

糖制是蜜饯类加工的主要工序，制约着制品质量的优劣及生产效率的高低。糖制的作用是使糖液中的糖分依靠扩散作用先进入到果蔬原料的组织细胞间隙，再通过渗透作用进入细胞内最终达到要求的含糖量。

糖制技术就其方法而论，可分为蜜制（冷制）和煮制（热制）两种。

（1）蜜制　蜜制是指用糖液进行糖渍，使制品达到要求的糖度，适宜于组织柔嫩不耐煮制的原料，如糖青梅、糖杨梅、杏、蜜樱桃以及多数凉果。此法的基本特点在于分次加糖，逐步提高糖的浓度，不需加热，能很好保存果实原有的色泽、风味，维生素 C 损失较小，并使产品保持原形的完整和松脆的质地。但缺点是渗糖速度慢，生产周期长。

为了加速糖分渗入并保持一定的饱满形态，可采用下列蜜制方法。

① 分次加糖法　在蜜制过程中，将需要加入的食糖，分 3～4 次加入，分次提高蜜制的糖浓度。具体方法为：原料加糖糖渍，使糖度达到 40%，再加糖使糖度达到 50%，然后将糖度提高到 60%，如此反复，直到糖度达到要求。

② 一次加糖多次浓缩法　在蜜制过程中，分次将糖液倒出，加热浓缩，提高糖浓度后，再将糖液趁热回加到原料中继续糖渍，冷果与热糖液接触，由于存在温差和糖浓度差，加速了糖分的扩散渗透。

③ 真空蜜制法　将果实与浓糖液置于真空锅内，抽空至一定真空度，降低果实内部的压力，当恢复常压后，果实内外形成的压力差能促使糖液渗入果实内部，缩短蜜制时间。

④ 结合日晒法　在蜜制过程中结合日晒提高糖的浓度。蜜制中将糖液取出，经浓缩后再回加到果实中，使冷凉的果实与热糖液接触，利用温差加速糖向果实内渗透。

（2）煮制（又称糖煮）　加糖煮制适宜于组织紧密较耐煮的原料，此方法能使糖分迅速渗入原料组织，缩短加工时间，但色香味较差，维生素损失较多。煮制分常压煮制和真空煮制两种。常压煮制又有一次煮制、多次煮制和快速煮制之分。

① 常压煮制法

a. 一次煮制法　将预处理好的原料在加糖后经过一次煮制的糖制方法。此法虽快速省工，但持续加热时间长，原料易烂，色香味差，维生素损失较多，糖分渗入不均匀，致使原料失水过多而出现干缩现象，影响产品品质。实际生产中，质地紧密的苹果、桃、枣等原料较耐煮，并且预先都进行了切分、刺孔或预煮等前处理，因此常采用此方法煮制。由于采取了在煮制前先用部分食糖腌制，糖煮时分次加糖等措施，故可以使糖分渗透迅速均匀，不至于发生干缩现象。

b. 多次煮制法　先用 30%～40%的糖溶液煮到原料稍软时，放冷糖渍 24h。其后，每次煮制均增加糖含量 10%，煮沸 2～3min，如此 3～5 次，直到糖含量达 60%以上为止。此方法适用于细胞壁较厚、易发生干缩和易煮烂的柔软原料或含水量高的原料。每次加热时间短，加热和冷却交替进行，逐步提高糖浓度，产品质量较好。但也存在加工周期过长，煮制过程不能连续化，费工、费时、需较多容器等缺点。为此，在生产实践中，又产生了快速煮制法。

c. 快速煮制法　将原料在糖液中交替加热糖煮和放冷糖渍，使果实内部水气压迅速消除，加速糖分渗透而达平衡。处理方法是将原料先放在煮沸的 30%糖液中煮 4～8min，随即取出原料浸入等浓度的 15℃糖液中冷却，然后提高原糖液浓度的 10%，如此重复操作 4～5 次，直到浓度达到要求，完成煮制过程。此法省时，可连续操作，所得产品质量高，但需准备足够的冷糖液。

② 真空煮制法　原料在真空和较低温度下煮沸，原料组织内部压力降低，糖分能迅速渗入达到平衡。此法温度低，渗糖快，与常压煮制相比，能较好保持制品的色香味及营养。真空煮制时的真空度约为 85.33kPa，煮制温度约为 53～70℃，煮制时间为十几分钟，效果良好。

③ 连续煮制法　此法是用由淡到浓的几种糖液，对装在一组真空扩散器的原料，连续多次进行浸渍，逐步提高糖浓度。操作时，先将原料密闭在真空扩散器内，抽空排除原料组

织中的空气，而后加入95℃热糖液，待糖分扩散渗透后，将糖液顺序转入另一扩散器内，再在原来的扩散器内加入较高浓度的热糖液，如此连续进行几次，即达到产品要求的糖浓度。此法煮制效果好，且能连续操作。

9.2.1.3 烘晒与上糖衣

干态蜜饯在糖制后需脱水干燥，以利于保藏，干燥后水分含量不高于18%～20%。干燥的方法是烘晒，烘烤温度以50～65℃为宜，不易过高，以避免糖分焦化。

上糖衣即将干燥后的蜜饯用过饱和糖液浸泡一下取出冷却，或将过饱和糖液浇在蜜饯的表面上，使糖液在制品表面上凝结成一层晶亮的糖衣薄膜。糖衣蜜饯不黏结、不返砂、吸湿，保藏性好。

9.2.1.4 包装和贮藏

包装是果脯蜜饯产品必不可少的一部分。包装既要达到防潮、防霉，便于转运和保藏的目的，又要具备美观、大方、新颖和反映制品面貌的装潢，使产品具有更大的市场竞争力。干态蜜饯或半干态蜜饯的包装主要是防止吸湿返潮，所采用的包装形式一般是先用塑料食品袋包装，再装入纸箱或木箱，箱内衬牛皮纸或玻璃纸，颗粒包装、小包装和大包装，已成为新的发展趋势。湿态蜜饯则以罐头食品的包装要求进行。

贮存糖制品的库房要清洁、干燥、通风。库房地面要用隔潮材料铺垫。库房温度最好保持在12～15℃，避免温度过低而引起蔗糖晶析。对不进行杀菌和不密封的蜜饯，宜将相对湿度控制在70%以下。贮存期间如发现制品有吸湿变质现象，不太严重时可放入烘房复烤，冷却后重新包装；受潮严重的制品要重新煮烘后复制为成品。

9.2.2 果酱类

果酱类制品是以果品为原料，经过清洗、去皮、去核、加热软化、打浆或压榨取汁，加糖及其它配料，经过加热浓缩，再经装罐、密封、杀菌而成的一类半流体或固体食品。其工艺流程为：

原料→预处理→软化打浆→加糖浓缩→装罐→排气密封→杀菌→冷却→成品

9.2.2.1 原料选择与处理

(1) 原料选择　生产果酱类制品要求选用果胶和果酸含量高，芳香浓郁，品种优良的原料。但不同产品对原料的要求不同。如果酱宜选用充分成熟时期的柔软多汁且易于破碎的品种，如草莓以红色的鸡心、鸡冠、鸭嘴等为佳；果冻类制品要求原料果胶质含量丰富并于较生时采收，如以山楂、南酸枣、柑橘及酸味浓郁的苹果等为原料。

(2) 原料处理　原料应先剔除霉烂变质、受伤严重等不合格果实，再按不同种类的产品要求及成熟度高低，分别进行清洗、去皮去核（或不去皮不去核）、切分、修整等处理。去皮、切块后易变色的原料，应及时浸入食盐水或其它护色液中。

9.2.2.2 软化打浆

(1) 加热软化　处理好的果实可加热软化，软化的主要目的是：破坏酶的活性，防止变色和果胶水解；软化果肉组织，便于打浆和糖液渗透；促使果肉中的果胶溶出。

软化前要进行预煮，预煮时加入原料重的10%～20%的水进行软化，或蒸汽软化。软化时升温要快，水沸投料，每批投料不宜过多，时间依原料种类及成熟度而异，一般10～20min。

(2) 打浆取汁　生产泥状果酱的果实，软化后要趁热打浆。生产果冻的果实，软化后需榨汁、过滤等处理。柑橘类一般先用果肉榨汁，然后残渣再加热软化，最后将果胶抽取液与果汁混合使用。

9.2.2.3 配料

果酱类配料依原料种类及成品质量标准而定。一般果肉（汁）占总配料量的40%～50%，砂糖占总配料量的45%～60%（允许使用占总糖量20%的淀粉糖浆），成品总酸量0.5%～1.0%（不足可加柠檬酸），成品果胶量0.4%～0.9%（不足可加果胶或琼脂等）。

所用固体配料均应事先配制成浓溶液过滤备用。砂糖配成70%～75%的浓溶液，柠檬酸配成50%的溶液。果胶粉先与2～4倍的砂糖充分拌匀，再按粉量的10～15倍加水，在搅拌下加热溶化为溶液，琼脂先用约50℃温水浸泡软化，洗净杂质，再以琼脂重20倍的水，加热溶解后过滤备用。

投料顺序为：果肉应先加热软化10～20min，然后加入浓糖液（分批加入），浓缩到接近终点时，按次序加入果胶或琼脂溶液，最后加柠檬酸液，搅拌浓缩至终点。

成品量预算。根据浓缩前处理好的果肉（汁）及砂糖等配料的含量比例，可计算出浓缩后成品量。计算公式如下：

$$W=(K_1\times A+B_1+B_2+B_3)/K_2$$

式中　W——成品量，kg；

A——果肉（汁）量，kg；

B_1——砂糖总量，kg；

B_2——柠檬酸量，kg；

B_3——果胶量（或其它胶体的量），kg；

K_1——果肉（汁）固形物含量，%；

K_2——成品固形物含量，%。

9.2.2.4 浓缩

目前浓缩方法有常压浓缩和减压浓缩。

(1) 常压浓缩　主设备是盛物料带搅拌器的夹层锅。将物料置于夹层锅中，常压下用蒸汽加热浓缩。浓缩过程要分次加糖。开始时蒸汽压较大，为29.4～39.2kPa/cm^2，后期物料可溶性固形物含量提高，为防止物料在高温下焦化，蒸汽压应降至19.6kPa/cm^{2}左右。由于果实中含有大量空气，浓缩时会有大量泡沫生成，可加入少量冷水或植物油等消除泡沫保证正常蒸发。要严格控制浓缩时间，以保持制品良好的色泽、风味和胶凝力，同时防止因浓缩时间太短，转化糖不足而在贮藏期发生晶析现象。

常压浓缩的主要缺点是温度高，水分蒸发慢，制品的色泽、风味差，尤其芳香物质和维生素C损失严重。

(2) 减压浓缩　又称真空浓缩，是将物料置于真空浓缩装置中，在减压条件下进行蒸发浓缩。由于真空浓缩温度较低，制品的色泽、风味等品质都较常压浓缩好。

真空浓缩装置有单效和双效两种。单效浓缩锅是一个配有真空装置并带搅拌器的双层锅。工作时，先将蒸汽通入锅内赶走空气，再开动离心泵，使锅内形成一定的真空，当真空度达53.3kPa以上时，开启进料阀，靠锅内的真空吸力将物料吸入锅内，达到容量要求后，开启蒸汽阀门和搅拌器进行浓缩。加热蒸汽压力保持在98.0～147.1kPa，锅内真空度保持在86.7～96.1kPa，温度控制在50～60℃。浓缩过程中若泡沫膨胀剧烈，可开启锅内的空气阀，使空气进入锅内抑制泡沫上升，待正常后再关闭。以防焦锅，浓缩过程应保持物料超过加热面。当浓缩接近终点时，关闭真空泵，破坏锅内真空，在搅拌下将果酱加热升温至90～95℃，然后迅速关闭进气阀，立即出料。双效真空浓缩锅是由蒸汽喷射泵使整个设备装置造成真空，将物料吸入锅内，由循环泵强制循环，加热器进行加热，然后由蒸发室蒸发，浓缩泵出料。

浓缩终点的判断通常通过用折光计测定物料的可溶性固形物，或凭经验判定。

9.2.2.5 包装

果酱类制品大多用玻璃瓶或防酸涂料马口铁罐为包装容器，由于含酸较高，要注意酸的腐蚀作用。不同果酱制品有不同的装罐操作工艺，密封要用专用的密封机。果丹皮等干态制品采用玻璃纸包装。果糕类制品内层用糯米纸，外层用塑料糖果纸包装。果酱、果膏、果冻出锅后，应趁热装罐密封，密封时的酱体温度不低于 80～90℃，封罐后应立即杀菌冷却。每锅酱从出锅到分装完毕不超过 30min。

9.2.2.6 杀菌冷却

果酱经加热浓缩，微生物绝大多数被杀死，而且果酱高糖高酸对微生物也有很强的抑制作用，一般装罐密封后，产品比较安全，但为了确保质量，在封罐后可进行杀菌处理（5～10min/100℃）。

玻璃罐（或瓶）包装的宜采用分段冷却（85℃热水中，冷却 10min→60℃水中，冷却 10min→冷水中冷却至常温），而马口铁罐包装的可在杀菌后迅速用冷水冷却至常温。果酱类制品也可采用容器先清洗杀菌，然后再热灌装或采用无菌包装技术。

9.3 果品蔬菜糖制加工工艺实例

9.3.1 蜜饯类

9.3.1.1 杏脯

(1) 杏脯加工工艺流程

原料选择→清洗→切半去核→浸硫护色→糖煮→糖渍→烘制→包装→成品

(2) 杏脯加工工艺操作要点

① 原料选择　选择色泽橙黄，质地柔韧，纤维少，肉厚核小，易离核，甜酸适宜，香味浓郁的杏果，成熟度八成左右。

② 原料处理　剔除残伤、病虫果，将杏果洗净后切半去核。

③ 浸硫处理　将去核的杏碗放入含量为 0.2%～0.3%的亚硫酸氢钠溶液中浸泡 20～30min 后捞出，用清水冲洗去硫味。

④ 糖煮　采用多次糖煮和糖渍法，逐步提高糖液浓度。

第 1 次糖煮和糖渍：将处理好的杏碗放入含量为 40%的糖液中，煮沸 10min 左右，待果面稍有膨胀，并出现大气泡时，倒入缸内糖渍 12～24h，糖渍时糖液要浸没果面。

第 2 次糖煮和糖渍：糖液含量 50%，煮制 2～3min 后糖渍 12～24h。糖渍后捞出晾晒，使杏碗凹面向上，让水分自然蒸发。当杏果干燥至 7 分干时，进行第 3 次糖煮。

第 3 次糖煮：糖液浓度达到 70%，煮制 15～20min，捞出杏碗沥去糖液，以利于快速干燥。

⑤ 烘制　烘制时将杏碗内心朝上铺于烤盘中送入烘房，烘制温度为 60～65℃，烘烤

24～36h，至杏碗表面不黏手而富有弹性时取出。为防止焦化，烘制温度应低于70℃，并间歇地翻动。

⑥ 包装　将烘好的杏脯进行适当的回软、整形选料后装入食品包装袋，再装入纸箱内，于通风干燥处保藏。

(3) 产品质量指标　杏肉呈淡黄至橘黄色，略有透明；组织饱满，形状扁圆，大小一致，质地软硬适度；酸甜适口，具有原果风味，无异味。含水分18%～22%（低糖杏脯20%～30%）；含糖量60%～65%（低糖杏脯35%～55%）；硫含量不超过（以SO_2计）0.1%。

9.3.1.2 山楂蜜饯

(1) 加工工艺流程

原料选择→洗涤→去核→糖煮→糖渍→浓缩→装罐→杀菌→冷却

(2) 山楂蜜饯加工工艺操作要点

① 原料选择　选择新鲜、成熟、个头较大且大小均匀、含果胶较多的山楂，去除残伤、霉烂、萎缩及病虫果。

② 洗涤　用清水洗净果面的灰尘，污物及杂物。

③ 去核　用捅核器将果柄、果核及花萼同时去掉。

④ 糖煮　成熟度较低，组织致密的山楂，用30%的糖液，在90～100℃温度下煮2～5min；成熟度高，组织较疏松的山楂，用40%的糖液，在80～90℃温度下煮1～3min，煮至果皮出现裂纹，果肉不开裂为度。糖煮时所用的糖液重量为果重的1～1.5倍。

⑤ 糖渍　配成含量为50%的糖液，过滤后备用，将糖煮后的山楂捞出，在50%的糖液中浸渍18～24h。

⑥ 浓缩　先将浸渍液倒入夹层锅中煮沸。再将山楂倒入锅内，继续煮沸15min，按100kg果加15kg糖的用量，将糖倒入锅中，浓缩至沸点温度104～105℃（糖液含糖量达60%以上）时即可出锅装罐。

⑦ 装罐、杀菌和冷却　浓缩后的山楂与糖浆按一定的比例装入罐中，立即封盖。在沸水中杀菌15min，取出冷却至40℃即可。

(3) 产品质量指标　色泽紫红有光泽；果体柔软、透明；酸甜适口，有原果味；成品总糖含量为60%。

9.3.1.3 糖姜片

糖姜片又叫明姜片、冰姜片。外形呈片状，姜黄色，表面附着白色糖霜。质地柔软半透明，其味甘甜微辛，具有降血压，止呕暖胃，解毒驱寒等功效。

(1) 加工工艺流程

原料选择→清洗→去皮→切片→护色处理→烫漂→漂洗→糖渍→糖煮→烘制→包装→成品

(2) 操作要点

① 原料选择　选用肉质肥厚，纤维尚未硬化又具有辣味的新鲜嫩姜作为原料。

② 清洗、去皮、切片　新鲜生姜先用水洗净，再用机械去皮并人工刮净表皮，削去姜芽。然后在切片机中切成厚约0.3～0.5cm的不规则薄片。

③ 护色　用0.5%亚硫酸氢钠溶液浸泡姜片坯10min后，取出姜片用清水洗去亚硫酸氢钠残液并沥干水分。

④ 烫漂、清洗　将护色处理过的姜片坯放入沸水中烫煮10min左右，然后立即用冷水冷却。

⑤ 糖渍 姜片分层码入缸中，分层撒糖，加入白砂糖的量为姜片重的30%，待干法糖渍24h后，再加10%的白砂糖，拌和糖渍。如此倒缸2～3次，待姜片呈透明时，即可糖煮。

⑥ 糖煮 将姜片和糖液一起倒入锅中，加热煮沸，再加15%的白砂糖，煮至姜片透明时，取出沥糖冷却。

⑦ 包装 PE袋或PA/PE复合袋定量密封包装。

(3) 产品质量指标 色黄，外有洁白糖霜；肉质脆嫩半透明，薄片形，厚薄一致，无黏连；甘甜香辣，姜香味足。含糖量65%～70%；含水分17%～20%。

9.3.1.4 糖冬瓜条脯

(1) 糖冬瓜条脯加工工艺流程

原料选择→去皮→切分→硬化→预煮→糖液浸渍→糖煮→干燥→包糖衣→成品

(2) 糖冬瓜条脯加工工艺操作要点

① 原料选择 选用肉厚瓤小、肉质致密、新鲜完整的冬瓜为原料，成熟度以坚熟为宜。

② 去皮切分 洗净冬瓜表面泥沙后，用手工或机械法削去瓜皮，切半挖去瓜瓤，切成长约5cm，宽1.5～2cm的小条。

③ 硬化 将瓜条投入到0.5%～1.5%石灰水中，浸泡8～12h，使瓜条硬化，以能折断为度。然后捞出，用清水除尽石灰水残液。

④ 预煮 将漂洗干净的瓜条投入煮沸的水中热烫5～8min，至瓜条透明下沉为止，捞出用清水漂洗3～4次。

⑤ 糖液浸渍 将瓜条捞出沥干水分，在加有0.1%左右亚硫酸钠的20%～25%糖液中浸渍8～12h，然后将糖液含糖量提高到40%左右再浸渍8～12h。

⑥ 糖煮 将处理好的瓜条称重，按15kg瓜条称取12～13kg砂糖的比例，先将砂糖的一半配成50%的糖液，放入夹层锅内煮沸，倒入瓜条续煮，剩余的糖分三次加入，至糖液含糖量达75%～80%时即可出锅。

⑦ 干燥及包糖衣 瓜条经糖煮捞出后即可烘干。如果糖煮终点的糖液浓度较高，即锅内糖液渐干且有糖的结晶析出时，将瓜条迅速出锅，使其自然冷却，返砂后即为成品。这样可以省去烘干工序。干后的瓜条需要包一层糖衣，方法是先将砂糖少许放入锅中，加几滴水，微火溶化，不断搅拌，使糖中水分不断蒸发，当糖成粉末状时，把干燥的瓜条倒入拌匀即可。

(3) 产品质量指标 质地清脆，外表洁白，饱满致密，味甘甜，表面有一层白色糖霜。

9.3.1.5 蜜枣

蜜枣，因南北方所采用的加工方法不同，其制品各具特色。南方蜜枣以小锅煮制，煮制时间短，制品色较深，不透明，较干燥，质松脆，外有部分糖结晶，但内部柔软，保藏性较强。而北方蜜枣，以大锅煮制，煮前原料必经硫处理，煮制时间较长，蔗糖转化较多，因而色淡，半透明，不结霜。

(1) 蜜枣加工工艺流程

原料选择→切缝→(熏硫)→糖制→烘烤→整形→分级→包装→成品

(2) 蜜枣加工工艺操作要点

① 原料选择 选用果形大，肉厚核小，肉质疏松，皮薄而韧的品种，鲜枣应于青转白时采收。按大小分级，分别加工，每100～120个/kg为最好。

② 切缝 将枣洗净沥干，用小刀或切缝机将枣果划缝60～80条，划缝深度以果肉的一

半为宜。太深，糖煮时易烂，太浅，糖分不易渗透，同时要求纹路均匀，两端不切断。

③ 熏硫　北方蜜枣在切缝后一般要进行硫处理。将切缝后的枣果装筐，入熏硫室，硫黄用量为果重的 0.3%，熏硫处理 30～40min，至果实汁液呈乳白色即可。有时也可用 0.5%的亚硫酸氢钠溶液浸泡 1～2h。南方蜜枣不进行硫处理，在切缝后直接糖制。

④ 糖制　北方蜜枣以大锅煮制，先配制 40%～50%的糖液 35～45kg，与枣 50～60kg 同时下锅煮沸，加枣汤（上次煮枣后的糖液）2.5～3kg，煮沸，如此反复 3 次后，开始分 6 次加糖煮制。第 1～3 次，每次加糖 5kg 和枣汤 2kg，第 4～5 次，每次加糖 7～8kg，第 6 次加糖 10kg 左右，煮沸 20min，而后连同糖液入缸糖渍 48h。每次加糖（枣汤）应在沸腾时进行，整个糖煮时间约 1.5～2h。

南方蜜枣以小锅煮制，每锅枣 9～10kg，白糖 6kg，水 1kg，采用分次加糖一次煮成法，煮制时间 1～1.5h。先将白糖 3kg、水 1kg 溶化煮沸后，加入枣，大火煮沸 10～15min，再加白糖 2kg，迅速煮沸后，加枣汤 4～5kg，煮至温度为 105℃，含糖 65%时停火。而后连同糖液倒入另一锅内，糖渍 40～50min，每隔 10～15min 翻拌一次，最后沥去糖液，进行烘烤。

⑤ 烘烤　沥干的枣果，送入烘房烘烤。烘烤分为两阶段，第一阶段温度 55℃，中期最高不超过 65℃，烘至表面有薄糖霜析出，约 24h。趁热进行整形，使枣果呈扁腰形或长椭圆形或元宝形。第二阶段温度为 50～60℃，烘至表面不黏手，析出一层白色糖霜，约 30～36h。

(3) 产品质量指标　色呈橘红色或琥珀色，有光泽，半透明状，形态美观；甜味纯正，质地柔韧；无焦皮，不黏连不粘手；总糖含量 70%，水分不超过 20%。

9.3.2　果酱类

9.3.2.1　草莓酱

(1) 草莓酱加工工艺流程

原料选择→漂洗→去梗、蒂、叶→配料→浓缩→装罐、封口→杀菌→冷却→成品

(2) 草莓酱加工工艺操作要点

① 原料选择及处理　选择果胶及果酸含量高、芳香味浓、成熟适度的草莓，将其倒入流动水中浸泡 3～5min，分装于有孔筐中，再用流动水洗净泥沙等污物，并漂去梗、萼片、杂质等，剔除不合格果。为加强清洗效果，可在水槽底部通入压缩空气。蒂把要逐个拧去，去净萼片。

② 配料　草莓 300kg，75%糖液 400kg，柠檬酸 700g，山梨酸 250g；或草莓 100kg，白砂糖 115kg，柠檬酸 300g，山梨酸 75g。

③ 浓缩　采用常压或减压真空浓缩方法。

常压浓缩法：把草莓倒入夹层锅，先加入一半糖液加热软化，然后边搅拌边加入剩余糖液及山梨酸和柠檬酸，继续浓缩至终点出锅。出锅时应不停搅拌，以防果肉上浮。

减压真空浓缩法：将草莓与糖液吸入真空浓缩锅内，控制真空度为 4.7～5.3kPa，加热软化 5～10min，然后将真空度提高到 8.0kPa 以上，浓缩至可溶性固形物达 60%～65%时，加入已溶好的山梨酸、柠檬酸，继续浓缩至终点出锅。出锅时应不停搅拌，以防果肉上浮。

④ 装罐、封口　出锅后立即趁热装入清洗消毒后的包装容器中，封罐时酱体的温度应在 85℃以上。

⑤ 杀菌、冷却　杀菌式 5～15min/100℃进行杀菌，杀菌后分段冷却到 38℃。

(3) 产品质量指标　酱体呈紫红色或红褐色，有光泽，均匀一致；具有原果风味，酸甜

可口，无焦糊味及其它异味；组织状态呈胶黏状，无糖的结晶，块状酱可保留部分果块，泥状酱的酱体细腻；可溶性固形物（以折光计）不低于65%。

9.3.2.2 胡萝卜泥

（1）胡萝卜泥加工工艺流程

原料选择→清洗→去皮→切分→预煮→打浆→配料→浓缩→装罐、封口→杀菌→冷却→成品

（2）胡萝卜泥加工工艺操作要点

① 原料选择 选用胡萝卜素含量高，成熟适度而未木质化，红色或橙红色，皮薄肉厚，纤维少，无糠心的新鲜胡萝卜为原料。

② 清洗、去皮 用流动水冲净污泥。采用碱法去皮，用质量分数为3%～8%的氢氧化钠碱液，在95℃下处理胡萝卜1～2min，处理后投入流动水中漂洗冷却，冲洗余碱。

③ 切分、预煮 用手工或机械将胡萝卜切成均匀一致的薄片。待夹层锅内的水温达到95～100℃后，放入胡萝卜薄片煮沸6～8min，使原料煮透，达到软化组织的目的。

④ 打浆 将胡萝卜片送入双道打浆机或刮板式打浆机，趁热打浆2～3次，最后得到泥状浆料，打浆机的筛板孔径为0.4～1.5mm。

⑤ 配料 胡萝卜泥100kg，砂糖50kg，柠檬酸0.3～0.5kg，果胶粉0.6～0.9kg。先将果胶粉与砂糖混匀，加入10～20倍水溶化，再制备含量为50%的柠檬酸溶液，然后将两者混合并搅拌均匀备用。

⑥ 浓缩 将胡萝卜泥与配制好的糖、果胶粉和柠檬酸混合液倒入夹层锅内，充分搅拌加热至可溶性固形物达40%～42%时出锅。

⑦ 装罐、封口 趁热装罐，酱体中心温度不低于85℃，装罐后立即封罐。

⑧ 杀菌、冷却 杀菌式10～25min/112℃，杀菌后分段冷却至38℃。

（3）产品质量指标 色泽橙红，鲜艳；酱体细腻，均匀一致，无碎块，无杂质；酸甜适口，无异味；可溶性固形物达40%～42%。

9.3.2.3 山楂酱

山楂又名山里红、红果，盛产于我国的河北、山东、辽宁等省。山楂不仅色泽鲜艳、酸甜可口，而且富含果胶、维生素C、矿物质等，营养丰富，具有良好的保健功能。

（1）山楂酱加工工艺流程

原料选择→清洗→软化→打浆→配料→浓缩→装罐、封口→杀菌→冷却→成品

（2）山楂酱加工工艺操作要点

① 原料选择、清洗 选用新鲜饱满、成熟适度、呈红色或紫红色、无严重机械伤、无病虫害、无霉烂果。用流动水洗净泥沙，去蒂除核，除杂质。

② 软化、打浆 加水煮至果肉变软，将果连同软化水加入到打浆机中打浆，筛板孔径为0.5～1mm。

③ 配料 山楂35%～40%（240kg果），砂糖60%～65%（400kg砂糖）。

④ 浓缩 采用减压浓缩法。将事先配制好的75%浓糖液吸入真空浓缩锅中，再吸入山楂泥，控制真空度在80kPa以上，加热时不断搅拌，防止糊锅。浓缩至可溶性固形物含量达55%以上时即可出锅。

⑤ 装罐、封口 果酱趁热装罐，酱体中心温度不低于85℃，瓶口勿沾污果酱，装罐后立即封罐。

⑥ 杀菌、冷却 杀菌式10～15min/100℃，杀菌后分段冷却至40℃左右，即为成品。

（3）产品质量指标 红色或褐红色；酱体呈胶黏状，均匀一致，不分泌汁液，无糖结

晶；酸甜适口，具有山楂特有风味，无糊味、异味。可溶性固形物不低于 55%。

9.3.2.4 柑橘马茉兰

(1) 柑橘马茉兰加工工艺流程

原料选择、处理→取汁→果皮软化、脱苦→糖制→配料→浓缩→装罐、封口→杀菌→冷却→成品

(2) 柑橘马茉兰加工工艺操作要点

① 原料选择、处理　选用色泽鲜亮、无病虫疤、新鲜成熟的柠檬、橙或蕉柑为原料，清洗干净后纵切成半开或四开，剥皮并削去果皮上的白色组织部分，然后将果皮切成 2.5～3.5mm 长，0.5～1.0mm 宽的条状。

② 取汁　果肉榨汁，经过滤澄清，果肉渣加适量水加热搅拌 30～60min，提取果胶液，经过滤澄清后与果汁混匀。

③ 果皮软化、脱苦　用 5%～7%的食盐水煮果皮，煮沸 20～30min 或用 0.1%的碳酸钠溶液煮沸 5～8min，流动水漂洗 4～5h，果皮即软化脱苦。

④ 糖制　果皮条以 50%的糖液加热煮沸，浸渍过夜，再经加热浓缩至可溶性固形物含量为 65%时出锅。

⑤ 配料、浓缩　果汁 50kg，糖渍好的果皮 16～20kg，砂糖 34kg，淀粉糖浆 33kg，果胶粉（以成品计）约 1%，柠檬酸（以成品计）0.4～0.6%。采用常温或真空浓缩至可溶性固形物含量达 66.5%～67.5%停止浓缩出锅。

⑥ 装罐、封口　趁热装罐，密封，罐中心温度为 85～90℃。

⑦ 杀菌、冷却　杀菌式 5～10min/85～90℃，分段冷却至 40℃左右。

(3) 产品质量指标　色泽淡黄或橙红色，有橘皮的特有风味、芳香；质地软滑、富有弹性；酸甜可口。

9.3.3 配制果冻

果冻，顾名思义是由水果或果汁制成的胶冻状食品。但是由于市场竞争和技术等原因，目前市售果冻多为果冻粉、甜味剂和酸味剂所配制，并添加香精、色素来模拟水果的香味和色泽，有些果冻产品还加入果汁、果肉、牛奶、鸡蛋等以增加其营养和风味。果冻包装多为透明的聚丙烯包装盒，造型各异，食用方便，又因其爽滑可口、香味浓郁，成为时下流行的食品，尤其受到儿童的喜爱。果冻粉是以卡拉胶、魔芋粉等为主要原料，添加其它植物胶和离子配制而成的。

(1) 建议配方　果冻粉 0.8%～1%；白砂糖 15%；蛋白糖（60 倍）0.1%；柠檬酸 0.2%；乳酸钙 0.1%；香精、色素适量；加水至 100%。

(2) 工艺流程

溶胶→熬胶→消泡→过滤→调配→灌装→封口→杀菌→冷却→干燥→包装

(3) 操作要点

① 溶胶　将果冻粉、白砂糖和蛋白糖按比例混匀，边搅拌边慢慢地倒入冷水中，然后不断进行搅拌，勿使胶结块，直至其基本溶解，也可静置一段时间，使胶充分吸水溶胀。

② 熬胶　将泡好的胶液加到煮料锅的水中，边搅拌边加热至沸，使胶完全溶解，并在微沸的状况下保持 10min 左右，然后除去表面泡沫。

③ 消泡　溶胶时，胶液产生许多气泡，应静置一段时间，使气泡上浮消失，避免成品带有气泡，影响外观质量。

④ 过滤　用消毒的 60～100 目不锈钢过滤网趁热过滤，以除去杂质和未溶解的胶粒，

得到透明胶液备用。

⑤ 调配 当胶液温度降至70℃左右，在搅拌条件下先加入事先溶好的柠檬酸、乳酸钙溶液，并将pH调至3.5～4.0，再根据生产的品种加入适量的香精和色素，搅拌均匀，以进行调香加色。

⑥ 灌装、封口 调配好的胶液，趁热泵入充填封口机的贮料器中，立即灌装到经消毒的容器中，并及时封口。在没有实现机械化自动灌装的工厂，胶液要分次充填，否则不等料液灌装完就会凝固。对封口质量要随时检查，防止封口膜受热过度或不足。

⑦ 杀菌、冷却 由于果冻灌装温度低于80℃，所以灌装后要进行巴氏杀菌。将灌封好的果冻，放入温度为85℃的热水中浸泡杀菌10min，杀菌完毕立即用干净的冷水喷淋或浸泡，使其温度降至30～40℃左右，胶液即成为凝胶体，并能最大限度地保持果冻的色泽和风味。

⑧ 干燥 采用50～60℃的热风干燥，蒸发掉果冻杯（盒）外表的水分，避免在包装袋中产生水汽，防止产品在贮藏销售过程中长霉变质。

⑨ 包装 剔除不合格产品，经包装后即为成品。

(4) 产品质量指标 近似熟鲜果的颜色，色泽均匀，晶亮透明；酸甜适口，无异味；富有弹性，细腻均匀，不易散碎，无明显絮状物；无可见外来杂质。可溶性固形物大于15%，总酸（以柠檬酸计）0.1%～0.25%。

9.4 质量控制

9.4.1 果脯蜜饯类制品品质控制

果脯蜜饯加工中，由于工艺及操作不当等原因引起产品质量经常出现很多异常问题，常见且显著影响产品质量的问题是返砂、流糖、变色、干缩变硬、软烂破碎、变酸、变质等。

9.4.1.1 *返砂*

所谓返砂是果脯干燥或贮存时表面析出糖的重结晶，成品失去光泽、不柔软，易破损，甚至变为粗糙硬脆，并且返砂的果脯体内由于糖的外渗而降低含糖量，进而导致渗透压下降，容易污染微生物引起变质，从而造成商品价值降低。

返砂的主要原因为：由于环境温度的变化引起糖分的溶解度变小，以重结晶形态析出过饱和部分糖（蔗糖含量过高而转化糖不足引起的）。在糖制时，酸量不足、温度低、时间短都会减少转化糖，从而引起返砂。

为防止果脯蜜饯的返砂，可采用下列方法。

(1) 糖煮时，加入适量的柠檬酸，保持pH值为3.0～3.5，使部分蔗糖在酸性条件下水解为转化糖。

(2) 糖制时，加入总糖量的30%～40%淀粉糖浆以提高糖的溶解度。

(3) 制品应贮藏在10℃以上，湿度为40%～70%的库房中，最好在恒温调湿库中贮藏，可有效防止制品返砂。

9.4.1.2 *流糖*

流糖与返砂刚好相反，是由于糖煮时间过长或pH值过低，蔗糖的转化量过多引起总糖中转化糖含量超过75%，因转化糖吸湿性强，降低糖浆的胶凝性而易于流动，故产品流糖发黏、粘手。

为防止果脯蜜饯的流糖，可采用下列方法。

(1) 糖煮时控制加酸量，一般其糖浆的 pH 值为 3～3.5 为宜。另外，加入淀粉糖浆的量也要适度，不能过多。

(2) 糖煮时间不宜过长，次数尽量少，以控制转化糖的生成量。

(3) 选用气密性好的复合包装材料，以防止贮存时透入湿气而引起流糖。并贮藏于湿度低于 70%的恒温干燥库房为好。

9.4.1.3 变色

目前生产的各种果脯蜜饯的颜色大体为金黄色至橙黄色，或是浅褐色。但由于生产过程中操作不当会引起制品褐变。引起褐变的原因有：一是果蔬所含的单宁等酚类物质，在氧和氧化酶的存在下发生反应，生成褐色物质，即酶褐变；二是糖与果实中的氨基酸作用，产生黑褐色素（美拉德反应），酸性越弱和温度越高，其反应速度越快；三是在糖煮或烘干时局部过热或受高温时间过长所产生的焦化反应，生成褐黄色物质；另外，果蔬中一些成分与金属离子作用生成有色物质。

防治制品变色可采用以下方法。

(1) 果蔬经处理后，应及时以硫处理钝化酶活性，熏硫法（含量为 0.05%的二氧化硫）护色效果最好。

(2) 采用热烫处理将酶灭活。但若热烫温度未达要求，酶的活性没有被破坏，甚至还能起促进变色的作用。热烫虽是护色处理的有效简便方法，但效果不如硫处理法好。

(3) 通过降低 pH 值来抑制酶活性。当 pH 值为 3～4 时能抑制酶活性。

(4) 在达到糖煮目的的前提下，应尽可能缩短糖煮时间。

(5) 原料选用含单宁成分少的，并避免使用铁、铜等材质的容器、设备。

9.4.1.4 煮烂

煮烂是蜜饯生产中的常见问题。例如煮制蜜枣时，划线刺孔太深、划纹相互交错、原料成熟度太高等，煮制后易开裂。另外，热烫和糖煮时加热过于剧烈；糖煮次数过多，时间过长，也会使果体破裂。

为避免出现这种情况，应做到以下几点。

(1) 选择成熟度适宜，耐煮的果实为原料。

(2) 糖煮前要用适量氯化钙溶液等进行硬化处理。

(3) 糖煮次数不宜过多，并控制适当的煮制时间。

9.4.1.5 皱缩

皱缩也是果脯蜜饯生产中的常见问题，会使果脯失去柔软性、饱满度而影响到制品外观、手感、可食性。皱缩主要是“吃糖”不足所致，包装材料气密性差，贮藏湿度不适宜也是导致皱缩的原因。

为防止制品皱缩，可采用下列方法。

(1) 在糖制过程中分次加糖，使糖浓度逐渐提高，延长浸渍时间。

(2) 真空渗糖是最重要的措施之一。

(3) 选择不透气的复合膜材质作为包装材料，封口要严密不漏气。

9.4.1.6 长霉、变酸、变质

变酸变质的果脯表面无光泽，酸味变重并伴有霉味，甚至腐烂变质。引起制品出现这些

现象的原因：一是生产操作环境卫生条件恶劣，包装前果脯被微生物严重污染；二是产品含糖量低，含水量高；三是贮藏环境温度高、湿度大、包装不良。

防止制品长霉、变酸、变质的方法。

(1) 果脯产品的糖度必须高于60%，含水量则低于20%，对于糖度较低的制品要适当使用防腐剂，以抑制微生物的活动。

(2) 保证生产环境卫生清洁化、加工过程密闭化，并定期对设备、工具、环境进行消毒。另外，晒干方法尽量不采用日晒法。

(3) 包装材料要选用气密性好的材质，并用双氧水等对包装材料进行预消毒。

(4) 贮藏时控制适宜的贮藏温、湿度。

9.4.2 果酱类制品的品质控制

9.4.2.1 糖的晶析

果酱中的糖重新结晶是果酱生产中的常见质量问题之一，其主要原因：一是含糖量过高，酱体中的糖过饱和所致，生产中应控制总糖的含量，一般以不超过63%为宜；二是转化糖量不足，应保证转化糖的含量高于30%，另外还可通过添加部分淀粉糖浆代替部分砂糖，其用量不得超过砂糖总量的20%（质量分数）。

9.4.2.2 果酱的变色

果酱变色的原因有以下几点。

(1) 原料中某些成分与金属离子作用生成有色物质。在生产过程中要防止果肉与铁、铜等金属离子接触；含花青素多的深色水果如草莓等不得使用铁制容器。

(2) 原料中所含的单宁、花色素等在酶、氧的作用下发生氧化变色。为防止这类变化，在生产过程中应将去皮、去核，或切分后的原料迅速浸于稀盐水、稀酸液等护色液中；尽快加热破坏过氧化物酶、多酚氧化酶等酶的活性；添加抗坏血酸等抗氧化剂。

(3) 热处理时间控制不当，原料发生焦糖化反应、美拉德反应而变色。在生产过程中应严格控制加热浓缩时间，达到终点后必须立即出锅装罐、密封、杀菌和冷却，不得拖延积压。

9.4.2.3 果酱的霉变

果酱发霉变质主要原因有：原料被霉菌污染，随后加工中又没能杀灭；装罐时酱体污染罐边或瓶口而没有及时采取措施；密封不严造成污染；加工操作和储藏环境卫生条件差等。要防止果酱发霉应做到以下几点。

(1) 严格剔除霉烂的原料。贮藏原料的库房应用浓度为0.2g/m^{2}过氧醋酸消毒，以减少霉菌的污染。

(2) 原料必须彻底清洗，并进行必要的消毒处理。

(3) 生产车间所用机械设备等要彻底清洗，并用0.5%过氧醋酸及蒸汽彻底消毒，操作人员必须保证个人卫生，尤其是装罐工序的器具及操作人员更应严格管理。车间必须防止霉菌污染。

(4) 罐装容器、罐盖等要严格清洗和消毒。

(5) 确保密封温度在80℃以上，严防果酱污染瓶口，并确保容器密封良好。

(6) 选用适宜的杀菌、冷却方式，玻璃瓶装果酱最好采用蒸汽杀菌和淋水冷却，并严格控制杀菌条件。

9.4.3　成品质量标准

9.4.3.1　蜜饯类

蜜饯类产品的质量按 GB 10782—2006《蜜饯通则》中的相关规定执行。但本通则没有具体规定组织形态、风味、理化指标和保质期等数量上准则范围，是一种宏观指导性准则，企业可根据自身特点，按照本通则规定，制定具体的企业标准。

参考性企业技术标准如下。

(1) 外观及滋味、气味

① 组织形态　产品果形饱满，块形形状大小一致，允许有 2%以下的碎块，质地软硬适度，不黏手、不流糖、不返砂（糖霜类品种除外）。

② 色泽　应具有该品种原果蔬的色泽或糖制品应有的色泽。每批产品基本均匀一致，透明或半透明，有的也可以不透明。

③ 滋味及风味　滋味应具有该品种果蔬的糖制品或该品名相符的滋味及风味，无异味。凉果类可以有适当咸味、药材香味。

④ 香气　应具有该品种原果蔬的芳香气味或该品名相符的应有的香气，不得有焦糊味、酸霉味、异臭等气味。

⑤ 杂质　产品应纯净、卫生、无肉眼可见杂质。

(2) 理化指标（理化指标检验按 GB 11860 执行）

① 总糖含量　30%～55%或 56%～75%。疗效性特殊果脯制品可以由功能性甜味剂代替，使其不含糖或糖含量低于 25%，但必须按 GB 2760—92 标准执行。

② 还原糖含量　30%～65%。

③ 水分含量　干态蜜饯类 16%～20%，半干态蜜饯类及低糖果脯类 20%～30%。

④ 重金属含量　铅（Pb）≤2mg/kg，砷（As）≤0.5mg/kg，铜≤10mg/kg，锡≤200mg/kg。

⑤ 二氧化硫含量　≤1mg/kg。

⑥ 食品添加剂的加入量　应按照 GB 2760—90 标准执行。

⑦ 重量检验　称量准确。

(3) 微生物指标

① 细菌总数　≤750 个/g。

② 大肠菌群　≤30 个/100g。

③ 致病菌　不得检出。

9.4.3.2　果酱类

果酱类制品应具有原果蔬本身所具有的色泽，均匀一致，并具该产品特有的滋味和气味，酸甜适口，无焦糊味和其它异味，产品呈黏糊状，能徐徐流动，不分泌汁液，无糖结晶，室温下保质期为一年。

(1) 感官

① 组织与形态检验

a. 糖浆类罐头开罐后将内容物平铺于金属丝筛中静置 3min，观察形态结构是否符合标准。

b. 果酱类罐头在 15～20℃下开罐后，用小勺取果酱（约 20g）置于干燥白瓷盘上，在 1min 内视其酱体有无流散和汁液分泌现象。

② 色泽检验

a. 糖浆类罐头可将其糖浆放在瓷盘中，观察其是否混浊，有无胶冻和有无大量果屑及夹杂物存在。

b. 果酱类罐头可将酱体全部倒入白瓷盘中观察其色泽是否符合标准。

③ 滋气味检验 检验产品是否具有与原果相近似的香味，然后评定其酸甜是否适口(参加品尝人员须有正常的味嗅觉，整个感官鉴定时间不得超过 2h)。

④ 外观检验

a. 密闭检验：将被检产品置于 (86±1)℃水浴中，使罐投入水面以下 5cm，然后观察 5min，发现有小气泡连续上升者，表明漏气。

b. 膨胀试验：工厂刚生产出来的罐头，在 20～25℃环境中放置 7d，然后观察罐头盖顶和底部有无膨胀现象。必要时，可用小木棒轻击盖底，以辨别有无空响。

(2) 化学检验

① 可溶性固形物含量 用折光计测量。

② 总糖 用斐林氏溶液滴定法测量。

(3) 重量检验 称重准确。

思考题：

1. 简述食糖的基本性质及其保藏原理。
2. 简述果胶种类和特点及其在果蔬糖制中的作用。
3. 简述果酱类制品的加工工艺方法。
4. 简述蜜饯类制品的加工工艺方法。
5. 蜜饯类产品的主要质量问题有哪些，如何控制？
6. 果酱类产品的主要质量问题有哪些，如何控制？

第10章
果品蔬菜腌制

教学目标： 通过本章学习，了解腌制品的不同分类方法以及各类腌制品的特点；掌握腌制的基本原理；了解各种腌制品的原辅料选择及其主要的加工工艺；掌握腌制品中香味、鲜味和色泽的形成原因。

果蔬腌渍制品的生产已有上千年的历史，中国蔬菜腌制品在世界上久享盛誉，世界著名的榨菜、酱菜、酸泡菜均起源于我国。凡利用食盐渗入蔬菜组织内部，以降低其水分活度，提高其渗透压，有选择地控制微生物的发酵和添加各种配料，以抑制腐败菌的生长，增强保藏性能，保持其食用品质的保藏方法，称为蔬菜腌制。其制品则称为蔬菜腌制品，又称酱腌菜或腌菜。

10.1 腌渍品的分类

腌渍加工可根据不同或不完全相同的蔬菜原料、辅料、工艺条件及操作方法，生产出各种各样不同风味的产品，因此腌渍品分类方法也各异。

10.1.1 按保藏作用的机理分类

（1）发酵性蔬菜腌制品　发酵性腌制品的特点是腌渍时食盐用量较低，在腌渍过程中有显著的乳酸发酵现象，利用发酵所产生的乳酸、添加的食盐和香辛料等的综合防腐作用，来保藏蔬菜并增进风味。这类产品一般都具有较明显的酸味。

（2）非发酵性蔬菜腌制品　非发酵性腌制品的特点是腌制时食盐用量较高，使乳酸发酵完全受到抑制或只能轻微地进行，其间加入香辛料，主要利用较高浓度的食盐、食糖及其它调味品的综合防腐作用，来保藏产品和增进其风味。

10.1.2 按原料和生产工艺的特点分类

（1）盐渍菜类　盐渍菜类是一种腌制方法比较简单、大众化的蔬菜腌制品，利用较高浓度的盐溶液腌制而成，如咸菜。有时也有轻微的发酵，或配以各种调味料和香辛料。

（2）酱渍菜类　酱渍菜类是以蔬菜为主要原料，经盐渍成蔬菜咸坯后，浸入酱或酱油内，酱渍而成的蔬菜制品，如扬州酱黄瓜、北京八宝菜、天津什锦酱菜等。

（3）糖醋渍菜　蔬菜经过盐腌后，浸入配制好的糖醋液中，使制品酸甜可口，并利用糖醋的防腐作用保藏蔬菜，如糖醋大蒜头、甜酸藠头、酸辣萝卜等。

（4）水渍菜　水渍菜的典型特点是在渍制过程中不加入食盐。它是以新鲜蔬菜为原料，用清水生渍或熟渍，经乳酸发酵而成的制品。这类制品大多是家庭自制自食，如酸白菜等。

（5）盐水渍菜　盐水渍菜是将蔬菜直接用盐水或盐水和辛香料混合液生渍或熟渍而成的制品，如泡菜、酸黄瓜等。

10.1.3 按照产品的物理状态分类

将酱腌菜分为湿态酱腌菜、半干态酱腌菜和干态酱腌菜。

（1）湿态酱腌菜　由于蔬菜腌制中，伴有乳酸发酵，有水分和可溶性物质渗透出来形成菜卤，其制品浸没于菜卤中，即菜不与菜卤分开。该类产品的特点是产品含水量高（含水量＞70%），且最后产品一般浸渍在腌渍液中，如泡菜、腌雪里蕻、北方酸菜等。

（2）半干态酱腌菜　蔬菜以不同方式脱水后，经腌制成不含菜卤的蔬菜制品，其中虽有用酱（汁）作辅料的，但产品并不浸在酱汁中。该类产品的主要特点是含水量低，成品含水量在50%～70%之间，如萝卜干、大头菜、榨菜、京冬菜、霉干菜、独山盐酸菜、川冬菜等。

（3）干态酱腌菜　干态即腌制成后，经不同方法（如晾晒和盐渍）脱水加工而成的含水量较低的蔬菜制品，如霉干菜等。

10.2 腌渍基本原理

10.2.1 食盐的保藏作用

造成蔬菜及其腌渍品腐烂变质的主要原因是有害微生物在蔬菜上大量繁殖和酶的作用。食盐的保藏作用主要有以下几个方面。

（1）食盐的脱水作用　微生物细胞所处溶液的渗透压与微生物细胞液的渗透压相等，即在等渗溶液下，微生物细胞不变形，其它条件也适宜时，微生物将大量生长繁殖。微生物所处溶液的渗透压低于微生物细胞液的渗透压，即在低渗溶液下，外界溶液的水分会穿过微生物的细胞壁，通过细胞膜向细胞内渗透，渗透的结果使微生物的细胞呈膨胀状态，如果内压过大，就会导致原生质胀裂，微生物无法生长繁殖。

食盐溶液具有很高的渗透压，在溶液中离解为钠离子和氯离子，其离子数比同浓度的非电解质溶液要高得多，可以对微生物细胞发生强烈的脱水作用。

例如1%食盐溶液就可以产生6.1个大气压的渗透压，而通常大多数微生物细胞的渗透压只有3.5～16.7个大气压，因此食盐溶液会对微生物细胞产生强烈的脱水作用。脱水的结果导致微生物细胞的质壁分离，微生物的生理活动呈抑制状态，造成微生物停止生长或者死亡。所以食盐具有很强的防腐能力，不过食盐的防腐作用不仅是由于脱水作用的结果。

（2）生理毒害作用　食盐分子溶于水后会发生电离，并以离子状态存在。在食盐溶液中，除了有Cl^-、Na^+以外，还有K^+、Ca^{2+}、Mg^{2+}等一些离子。低浓度的这些离子是微生物生活所必需的，它们是微生物所需营养的一部分。但当这些离子达到一定的浓度时，它们就会对微生物产生生理毒害作用，使微生物的生命活动受到抑制。

微生物对钠离子很敏感。少量Na^+对微生物有刺激生长的作用，但当达到足够高的浓度时，就会产生抑制作用。原因是Na^+能和细胞原生质中的阴离子结合，从而对微生物产生毒害作用，而且这种作用随着溶液pH值的下降而增强。例如酵母在中性食盐溶液中，含盐量要达到20%时才会受到抑制，但在酸性溶液中时，含盐量为14%就能抑制酵母的活动。

另外还有人认为食盐对微生物的毒害作用可能来自氯离子，因为食盐溶液中的氯离子会和细胞原生质结合，从而促使细胞死亡。

（3）对酶活力的影响　食品中溶于水的大分子营养物质，微生物难以直接吸收，必须先在微生物分泌的酶作用下，降解成小分子物质之后才能利用。有些不溶于水的物质，更需要先经微生物酶的作用，转变为可溶性的小分子物质。但酶的作用依赖于其特有的构型，而这种构型的存在又与水分状况、溶液中离子的存在及离子的带电性等因素直接相关。不过微生物分泌出来的酶的活性常在低浓度的盐溶液中就遭到破坏，有人认为这是由于Na^+和Cl^-可分别与酶蛋白的肽键和$—NH^{3+}$相结合，从而使酶失去了其催化活力。例如变形菌（*Proteus*）处在含盐量为3%的盐溶液时就会失去分解血清的能力。

(4) 降低水分活度 食盐在溶于水后形成的离子都带有一定的电荷，而电荷的存在又使它们能够与溶液中的水分子发生水合作用。水合作用使水合离子周围水分子的聚集量占水分总量的比例随食盐浓度的增加而提高，相应地溶液中的自由水分减少，水分活性下降，使微生物可利用的有效水分相对减少，从而使微生物的生命活动受到抑制。大多数腐败菌所需水分活度（通常用 A_w 值表示）的最低值都在 0.90 以上。当 $A_w=0.88$ 时，大多数细菌和酵母菌都不能正常活动，霉菌的活动也受到抑制。因此水分子由自由状态转变为结合状态，导致了水分活度的降低

(5) O_2 浓度下降 在食盐溶液中，氧的溶解度大大降低，蔬菜组织内部的溶解氧就会排除，从而形成一种缺氧环境，这种缺氧环境对好气性微生物会产生一定的抑制作用，使得好气性细菌、霉菌等微生物很难在其中生长。

10.2.2 微生物的发酵作用

发酵性腌制品在腌制过程中一般都有显著的发酵过程，而非发酵性腌制品也并非不存在任何发酵作用，只是其发酵作用比发酵性腌制品要弱一些而已。在蔬菜腌制过程中，正常的发酵作用不但能抑制有关微生物的活动而起到防腐保藏作用，还能使制品产生酸味和香味。这类发酵以乳酸发酵为主，辅之轻度的酒精发酵和极轻微的醋酸发酵。

10.2.2.1 乳酸发酵

(1) 乳酸发酵原理 乳酸发酵是蔬菜腌制过程中最重要的生化过程，它是在乳酸菌的作用下将可发酵性糖（如双糖、五碳糖、六碳糖）分解并生成乳酸、酒精、CO_2 等产物的过程。蔬菜在腌制过程中都存在乳酸发酵作用，只不过有强弱之分而已。乳酸菌是一类兼性厌氧菌，种类很多，在蔬菜腌制中的最高产酸能力为 0.8%～2.5%，最适合生长温度为 25～30℃。

在蔬菜腌制过程中主要的微生物有肠膜明串珠菌（*Leuconostoc mesenteroides*）、植物乳杆菌（*Lactobacillus plantarum*）、乳酸片球菌（*Pediococcus acidilactice*）、短乳杆菌（*Lactobacillus brevis*）、发酵乳杆菌（*Lactobacillus fermenti*）等。

发酵六碳糖是只生成乳酸而不产生气体和其它产物的乳酸发酵，称为同（或正）型乳酸发酵。参与同型乳酸发酵的有植物乳杆菌和小片球菌。除对葡萄糖能发酵外，还能将蔗糖等水解成葡萄糖后发酵生成乳酸。发酵的中后期以同型乳酸发酵为主。

$$C_6H_{12}O_6(\text{葡萄糖}) \xrightarrow{\text{同型乳酸发酵作用}} 2CH_3CHOHCOOH(\text{乳酸})$$

而异型乳酸发酵除生成乳酸外，还有其它产物及气体放出。有的可生成琥珀酸、乙醇、二氧化碳、醋酸等。参加异型乳酸发酵的乳酸菌有肠膜明串珠菌、矮乳杆菌、大肠杆菌、戊糖醋酸乳杆菌等。该发酵常出现在腌制初期，当在 1.0%以上的食盐含量或乳酸含量达 0.7%以上时，便受到抑制。

$$C_6H_{12}O_6(\text{葡萄糖}) \xrightarrow{\text{异型乳酸发酵作用}} CH_3CHOHCOOH(\text{乳酸}) + CH_3COOH(\text{乙醇}) + CO_2$$

蔬菜在腌制过程中，由于前期微生物种类很多，空气含量较多，故前期异型乳酸发酵占优势，但这类异型发酵菌一般不耐酸，到发酵的中后期以同型发酵为主。

(2) 影响乳酸发酵的因素

① 食盐浓度 实验证明，在腌制过程中，盐液浓度较低时，乳酸发酵启动早、进行快，发酵结束也早。随着盐液浓度的增加，发酵启动时间拉长，且发酵延续时间较长。在实际生产中，由于低盐度的腌菜能迅速而较多地产生乳酸，并兼有少量的醋酸、乙醇、CO_2 等物质生成，而这些产物都具有一定的抑菌防腐能力，因而使腌制品对有害菌的抗侵染能力也有

所增强。对发酵性腌菜，其用盐量一般在5%～10%之间，有些可低到3%～5%；而对于弱发酵的腌菜，其用盐量一般在15%以上，有时用盐量达到25%以上，在这样高浓度的盐溶液中，乳酸菌也受到抑制，乳酸发酵也基本停止。

② 发酵温度　乳酸菌生长的适温为20～30℃。在这个范围内，腌制品发酵快、成熟早；低于适宜温度时，则需要较长的发酵时间。例如，在制作酸白菜时，温度不同，酸白菜的产酸量不一样，乳酸发酵的启动和进行情况也不一样。在10℃的温度下，乳酸发酵启动慢、发酵时间长、产酸量低（仅为0.5%左右）；但在20℃时，乳酸发酵启动快，产酸量高（可达1.5%左右），制作出的产品质量稳定，色泽、风味较好。

③ pH值　不同微生物所适应的最低pH值是不同的（见表10-1），腐败菌、丁酸菌和大肠杆菌的耐酸能力均较差；抗酸力强的霉菌和酵母菌，因为它们都是好气微生物，只有在空气充足条件下才能发育，在缺氧条件下则难以繁殖；而乳酸菌的耐酸能力较强，在pH值为3的环境中仍可生长。

表10-1　不同菌株的最低pH值

菌　株	最低pH值	菌　株	最低pH值
腐败菌	4.4～5.0	丁酸菌	4.5
酵母菌	2.5～3.0	大肠杆菌	5.2～5.5
霉菌	1.2～3.0	乳酸菌	3.0～4.0

④ 空气　腌渍过程中空气与微生物的生长有着密切的关系。在腌渍初期，由于蔬菜和腌渍环境中存在一定的空气，这时附着在菜株、空气及水中的好气微生物可以进行活动。随着蔬菜细胞和细菌自身的呼吸，很快就造成腌渍环境中的缺氧状态，好气菌随之灭亡，而乳酸菌群繁殖旺盛，所以，在腌渍时，应尽量减少空气，形成缺氧环境，有利于乳酸发酵。

⑤ 营养条件　在蔬菜腌渍过程中，乳酸菌的繁殖和乳酸发酵，都需要以营养条件为物质基础。用于腌渍的蔬菜渗透出来的菜汁为乳酸菌的活动提供了充足的营养。所以，腌渍时一般不用再补充养分，但对那些含糖量不足的种类和品种，应适量加入一些葡萄糖或不断补充一些含糖量高的新鲜蔬菜，促进发酵作用的顺利进行。

10.2.2.2　酒精发酵

在蔬菜腌制过程中也存在着酒精发酵，其量可达0.5%～0.7%。这主要是由蔬菜表面附着的酵母菌，如鲁氏酵母、圆酵母、隐球酵母等引起的。它们在厌气条件下将蔬菜中的糖分分解，生成酒精和CO_2，其反应式如下：

$$C_6H_{12}O_6 \longrightarrow 2CH_3CH_2OH + 2CO_2$$

腌制初期蔬菜进行无氧呼吸并且在一定的酸性条件下，乙醇可与有机酸发生酯化反应，产生酯香味，这些酯香味对产品的风味影响是很大的，其反应式如下。细菌活动（如异型乳酸发酵）也可形成少量酒精。少量酒精的产生，对腌菜无不良影响，反而有助于改善腌制品的品质风味。

$$\underset{\text{有机酸}}{R{-}COOH} + \underset{\text{醇}}{CH_3CH_2OH} \longrightarrow \underset{\text{酯}}{R{-}COO{-}CH_2CH_3} + H_2O$$

10.2.2.3　醋酸发酵

在腌制过程中，除乳酸发酵和酒精发酵外，通常还有微量的醋酸发酵。在腌制过程中，由于好气性的醋酸菌氧化乙醇生成醋酸的作用，称为醋酸发酵，反应式如下：

$$2CH_3CH_2OH + O_2 \xrightarrow{\text{醋酸菌}} 2CH_3COOH + 2H_2O$$

除醋酸菌外，其它菌如大肠杆菌、戊糖醋酸杆菌等的作用，也可产生少量醋酸。微量的醋酸对于腌制品的品质无害，反而对产品的保藏是有利的。但含量过多时，就会使产品具有醋酸的刺激味。

总之，在蔬菜腌制过程中微生物的发酵作用主要是乳酸发酵，其次是酒精发酵，醋酸发酵极轻微。制造泡菜和酸菜时，需要利用乳酸发酵，但在制造咸菜及酱菜时则必须控制乳酸发酵，不要使其超过一定的限度，否则咸菜、酱菜制品变酸就是产品已经败坏的象征。所以要很好地掌握用盐量，控制和调节发酵过程。

10.2.3 蛋白质的分解及其它生化作用

蔬菜经过腌制以后，原料菜所具有的一些辛辣、苦、涩等令人不快的气味消失，同时形成了各种酱、腌菜制品所特有的鲜香气味。这种变化主要是由于蛋白质水解以及一系列生物化学反应的作用结果。其过程用下式概括之：

$$\text{蛋白质} \xrightarrow{\text{内切酶(蛋白酶)}} \text{多肽} \xrightarrow{\text{外切酶(肽酶)}} R{-}CH(NH_2)COOH$$

氨基酸本身就具有一定的鲜味、甜味、苦味和酸味。如果氨基酸进一步与其它化合物作用就可以形成更复杂的产物。蔬菜腌制品色香味的形成过程既与氨基酸的变化有关，也于其它一系列生化变化和腌制品辅料或腌制剂的扩散、渗透和吸附有关。

10.2.3.1 鲜味的形成

蔬菜腌制品的鲜味来源主要是由谷氨酸和食盐作用生成谷氨酸钠。其化学反应式如下：

$$HOOCCH_2CH_2CH(NH_2)COOH + NaCl \longrightarrow NaOOCCH_2CH_2CH(NH_2)COOH + HCl$$

蔬菜腌制品中不只含有谷氨酸，还含有其它多种氨基酸，如天门冬氨酸。这些氨基酸均可生成相应的盐，因此腌制品的鲜味远远超过了谷氨酸钠单纯的鲜味，而是多种呈味物质综合的结果。乳酸发酵作用中及某些氨基酸（如氨基丙酸）水解生成的微量乳酸，其本身也能赋予产品一定的鲜味。

10.2.3.2 香气的形成

香气有些是在加工过程中经过物理变化、化学变化、生物化学变化和微生物的发酵作用形成的。

（1）原料成分及加工过程中形成的香气　腌制品产生的香气是由原料及辅料中多种挥发性的香味物质在风味酶或热的作用下经水解或裂解而产生的。所谓风味酶就是使香味前体发生分解产生挥发性香气物质的酶类。例如蔬菜中所含有的辛辣物质，在腌制过程中，受到蔬菜组织细胞的大量脱水作用，可以分解香气物质。

（2）发酵作用产生的香气　蔬菜腌制时，原料中的蛋白质、糖和脂肪等成分大多数都在微生物的发酵作用下产生许多风味物质，如乳酸及其它有机酸类和醇类等。这些产物中乳酸本身就具有鲜味可以使产品增添爽口的酸味，乙醇则带有酒的醇香，而乳酸乙酯、乙酸乙酯、氨基丙酸乙酯等使制品具有特殊的芳香气味。另外，乳酸或其它有机酸与醇类物质相互作用，可以形成酯类和醛类。

（3）吸附作用产生的香气　由于腌制品的辅料呈香、呈味的化学成分各不同，因而不同产品表现出不同的风味特点。在腌制加工中依靠扩散和吸附作用，使腌制品从辅料中获得外来的香气。通常腌制过程中采用多种调味配料，使产品吸附各种香气，构成复合的风味物质。

产品通过吸附作用产生的风味，与腌制品本身的质量以及吸附的量有直接的关系。一般可以通过采取一定的措施来保证产品的质量，如加大腌制剂的浓度，增加扩散面积和控制腌制温度等。

10.2.3.3 色泽的形成

在蔬菜腌制加工过程中，色泽的变化和形成主要通过下列途径。

(1) 蔬菜中的天然色素及其特性 蔬菜中常见的天然色素主要有三类，它们分别是叶绿素、花青素和类胡萝卜素。叶绿素在酸性介质中不稳定，易失去绿色而成为褐色或绿褐色，在微碱性介质中则比较稳定。发酵性腌菜在腌渍过程中生成乳酸，蔬菜中含有的水分均呈弱酸性（约 pH6），使叶绿素不能保存。在腌制弱发酵性腌菜时，如果不使酸水排出就用盐腌，则酸性菜水就会使叶绿素破坏，同样失去原有的鲜绿色。花青素的颜色受酸碱性的影响，酸性中为红色、碱性中为蓝色，中性中为紫色。因此，它在不同蔬菜中会呈现不同的颜色。蔬菜中呈现红色（番茄除外）、紫色、蓝色等色，大都是花青素在起作用。分解、氧化均能使花青素破坏而失去原有的颜色。类胡萝卜素、胡萝卜素、茄红素等是蔬菜天然色泽中较稳定的一类色素，它们多表现为红、橙、黄色，在腌制中不易褪色。

(2) 褐变引起的色泽变化 蔬菜腌制品在其发酵后熟期中，由蛋白质水解所生成的酪氨酸在微生物或原料组织中所含的酪氨酸酶的作用下，经过一系列的氧化作用，最后生成一种深黄褐色或黑褐色的黑色素，又称黑蛋白。此反应中，氧的来源主要依靠戊糖还原为丙二醛时所放出的氧。所以蔬菜腌制品装坛后虽然装得十分紧实缺少氧气，但腌制品的色泽依然可以由于氧化而逐渐变黑。当然促使酪氨酸氧化为黑色素的变化是极为缓慢而复杂的过程。

另一种色素形成的重要途径是氨基酸与还原糖引起的非酶褐变形成的黑色物质。由非酶褐变形成的这种黑色物质不但色黑而且还有香气。一般来说，腌制品装坛后的后熟时间愈长，温度愈高，则黑色素的形成愈多愈快。

对于深色的酱菜、酱油渍和醋渍的产品来说，褐变反应所形成的色泽正是这类产品的正常色泽，所以保存时间长的咸菜（如霉干菜、冬菜），其色泽和香气，都比刚腌制成的咸菜颜色深、香气浓。而对于有些腌制品来说，褐变往往是降低产品色泽品质的主要原因。所以这类产品加工时，就要采取必要的措施抑制褐变反应的进行，以防止产品的色泽变褐、发暗。

(3) 外来色素的渗入使制品的颜色改变 由于腌渍液中的食盐浓度较高，使得氧气的溶解度大大下降，蔬菜细胞缺乏正常的氧供应，发生窒息作用而失去生命活性。死亡的细胞原生质膜成为可透膜，蔬菜细胞就吸附了腌制原料中的色素而改变了原来的色泽，如酱菜吸附了酱的色泽而变为棕黄色。还有些酱腌制品需要着色，常用的染料有姜黄、辣椒及红花等，如萝卜用姜黄染成黄色，榨菜用辣椒染成红色。

10.2.4 腌制蔬菜的保脆和保绿

保持蔬菜腌渍品的绿色和脆的质地，是提高制品品质的重要问题。

(1) 保脆 蔬菜腌制品失去脆性的原因主要与蔬菜组织中果胶物质的变化有关。具体表现有两点：其一，蔬菜腌制前由于成熟过度，果胶物质在自身果胶酶的作用下，分解为果胶酸而使蔬菜组织变软失脆，如果用这种原料进行腌制，其制成品就不会有脆性；其二，由于蔬菜在腌制过程中，一些有害微生物的活动，分泌果胶酶类，继而分解菜体内的果胶物质，使腌制品失去脆性。无论是哪一种原因，都会使腌制品质地变软而降低品质。保脆首先是要选择成熟度适中、脆嫩而无病虫害的蔬菜原料。此外，腌制前或腌制中可进行硬化处理，使蔬菜原料中的可溶性果胶与金属离子结合形成不溶性的果胶酸盐，以保持腌菜的脆性，如腌制前将原料放在石灰水或明矾水中浸泡，也可在腌制时加入 $CaCl_2$、$CaCO_3$ 等，起到硬化的作用。此外，还要正确控制腌制条件，如食盐浓度、pH 值等，抑制有害微生物的活动，防止微生物对腌菜脆性的破坏。

在实际生产过程中，对半干性咸菜如榨菜、大头菜等，晾晒和盐渍用盐量必须恰当，保持产品一定含水量，以利于保脆。供腌制的蔬菜要成熟适度，不受损伤，加工过程中注意抑制有害微生物活动，同时在腌制前将原料短时间放入溶有石灰的水中浸泡，石灰水中的钙离子能与果胶酸作用生成果胶酸钙的凝胶。一般用钙盐作保脆剂，如氯化钙等，其用量以菜重的 0.05%为宜。

(2) 保绿　腌制过程中蔬菜逐渐失去绿色，变成黄绿色或灰绿色，甚至变为黄褐色，从而大大降低腌制品的色泽品质，这种色泽的变化就叫做失绿，是由叶绿素本身的性质所决定的。叶绿素在酸性条件下可以脱去镁离子，由氢离子所取代形成脱镁叶绿素而失去绿色，但在碱性条件下，碱性物质可将叶绿素酯基碱化，生成叶绿酸盐而保持绿色。在腌制弱发酵性腌菜时，由于蔬菜中含有的水分均呈弱酸性（约 pH6），如果不使酸水排出就用盐腌，则酸性菜水就会使叶绿素变成脱镁叶绿素，同样失去原有的鲜绿色。

如泡菜和酸菜类因发酵产生乳酸，在酸性条件下原料菜本身的绿色无法保持而失绿，使制品呈现为黄绿色和黄褐色。相反，对于咸菜或酱菜适当地采取碱性物质处理，则可以保持绿色。例如，在腌黄瓜时，先将黄瓜放在 pH 值为 7.4～8.3 的微碱性水中浸泡，并多次换水，然后再用食盐进行腌制；或者在腌制黄瓜时，在盐液中添加适量的弱碱性物质如石灰乳、碳酸钠、碳酸氢钠或碳酸镁等，则可以保持腌黄瓜的绿色。

10.3 腌渍蔬菜原料

10.3.1 腌渍蔬菜主料

蔬菜种类繁多，其腌制品所选用的原料主要以根菜类和茎菜类为主，其次为部分叶菜类和瓜果菜类。

(1) 根菜类　根菜类含有可食用的肥大肉质根。此类果蔬蛋白质和含糖量较高，耐贮藏。如萝卜、大头菜和芜菁等，要求肉质紧密、脆嫩、干物质含量高、粗纤维少。

(2) 茎菜类　茎菜类是酱腌菜和泡渍菜的良好原料。常用作腌制品的茎菜类主要有青菜头、莴笋、大蒜和生姜等。一般要求茎体肥大、脆嫩、新鲜、色正、粗纤维少。

(3) 叶菜类　凡是用肥嫩叶片和叶柄作使用部分的蔬菜均属于此类。叶菜类含有丰富的叶绿素、维生素和矿物质等，营养价值高。常用于腌制的有白菜、雪里蕻和紫苏等。一般要求原料新鲜、干物质含量高、无病虫害等。

(4) 瓜果菜类　瓜果菜种类繁多，既可炒食、生食、又是腌制的好原料。常用的有菜瓜、黄瓜、辣椒、苦瓜和豇豆等。一般要求在鲜嫩时采收腌制。

10.3.2 腌渍蔬菜辅料

蔬菜腌制需要添加各种辅料，以增进产品的色香味，提高腌制的质量，同时延长保藏时间。所用辅料包括食盐、调味品、着色剂、香辛料和防腐剂等。

(1) 食盐　食盐是蔬菜腌制的主要辅料之一。腌渍用食盐要求质纯而少杂质，含氯化钠应在 97%以上，无可见的外来杂物，颜色洁白，无苦涩味，无异味。干盐处理原料时，盐必须干燥不结团块，撒盐均匀，加盐时往往与菜一同搓揉，其目的在于破坏菜的外皮，加速蔬菜组织细胞破裂，促进盐分的渗透，使菜汁可以迅速地脱出，淹没菜体，对腌渍有利。

（2）调味品 蔬菜腌渍品的各种鲜香风味，除蔬菜自身含有特殊成分和生产过程中发酵产生的风味外，还须依赖于各种调味品，以增加滋味。调味品有酱类、酱油类、食糖、食醋、味精等。

① 酱类 豆酱和黄酱是最常用的酱制原料，是酱腌制菜生产的主要辅料。一般要求咸淡适口，滋味鲜甜，有明显的酱味。

② 酱油 为我国传统调味品，按发酵类型可分为天然酿造和保温发酵两种。天然酿造酱油色泽红褐、酱香味浓、滋味鲜美，最适于酱菜使用，不仅赋予制品良好的风味，更能改进制品的色泽。

③ 味精 使用味精可增加产品的鲜味。味精在酸性介质中容易生成不溶性的谷氨酸，从而降低鲜味，故一般酸泡菜类中不用，主要用于酱菜中。要求色白、味正、无杂质。

④ 食醋 食醋是具有芳香的酸性调味料。著名的山西老陈醋、镇江米醋、保宁麸醋以及其它用传统工艺酿制的食醋，都适于用作酱腌菜和糖醋渍菜的调味料。要求呈琥珀色或红棕色，具有食醋特有的香气，无其它不良气味，酸味柔和，稍有甜味，不涩，无异味，体态澄清，浓度适当，无悬浮物和沉淀物，无霉花浮膜和醋螨等杂质。

⑤ 甜味料 甜味料的作用是增加酱菜和卤性酱菜的甜味。蔗糖中以白砂糖质量较佳，含糖量达 99%以上，色泽洁白，颗粒晶莹，杂质、还原糖及水分含量低，使用广泛。糖精是人工合成具有甜味的物质，生产上使用的是其钠盐，根据我国食品添加剂使用卫生标准规定，酱腌菜中最大使用量为 0.15g/kg。近年来也采用低热量的蛋白糖等甜味剂，这对改善果蔬腌制品的品质有更好的效果。

（3）着色料 蔬菜腌渍制品多数不用着色，但干制酱菜常使用着色料以增加色泽，同时改善酱菜的外观和风味。着色料主要有酱色、酱油、食醋、姜黄、辣椒红素等。

（4）防腐剂 蔬菜腌制品在贮存时，为了延长贮存保管期限，有些制品常使用少量的防腐剂，以抑制细菌、酵母、霉菌等微生物的繁殖生长。但必须强调在使用前要严格遵守《食品添加剂使用卫生标准》(GB 32760—2006)。

① 苯甲酸钠 为白色颗粒和结晶状粉末，易溶于水和酒精。它在酸性环境中防腐作用强，对许多的微生物有效，尤其是对霉菌和酵母菌作用较强，但对产酸菌作用较弱。在酱腌菜中最大使用量为 0.5g/kg。

② 山梨酸钾 为无色至白色的鳞片状或粉末状结晶，对霉菌、酵母菌及好气性细菌均有抑制作用，但对厌气性芽孢菌和嗜酸乳杆菌作用弱，最大使用量为 0.5g/kg。

（5）香辛料 用于腌制的香辛料种类很多，有些蔬菜如洋葱、大蒜、辣椒、生姜、芫荽、香芹等，本身就有香料的作用。专供香辛料应用的也都是植物组织的某一部分干燥而成，如花椒、桂皮、八角茴香、小茴香、胡椒等。

10.4 腌制蔬菜加工工艺

10.4.1 盐渍菜类加工

盐渍菜的生产工艺一般都采用干压腌法和干腌法。干压腌法即把菜洗净后，菜盐按一定比例、顺序放在容器内，中部以下用盐 40%，中部以上用盐 60%，顶部封闭一层盐，压盖后再放上重石，利用重石的压力和盐的渗透作用，使菜汁外渗，菜汁逐渐把菜体浸没，食盐渗入菜体内，达到渍制、保鲜和贮存的目的。

盐渍菜类加工工艺流程如下：

原料选择→原料处理→盐渍→倒菜→渍制→成品

10.4.1.1 四川榨菜

有四川榨菜和浙江榨菜之分，榨菜肉质细脆，浓郁清香，咸淡适口。榨菜制作按其脱水方法的不同有两种生产工艺：一是通过晾晒，自然脱水；二是盐腌脱水。后者不受气候影响，质量较前者稳定，采用较多。1898年，四川省涪州（今重庆市涪陵）人邓炳臣在加工咸菜的青菜头腌制品时，使用木榨以便压去菜块中多余的水分，故取名为“榨菜”，榨菜从此问世。

（1）原料的选择

① 主要原料　青菜头（茎用芥菜）为加工榨菜的主要原料。一般以质地细嫩紧密，纤维质少，菜头突出部浅小，呈圆形或椭圆形为好。根据不同品种的特性，掌握适当的收获期，最好能选有早、中、晚熟品种搭配栽培，先后收获，不但可以保证榨菜的品质，延长加工期限，而且避免了加工时集中、忙乱现象，以保证榨菜加工的优质高产。

② 辅料　食盐、辣椒面、花椒、混合香料面（其中：八角55%、山萘10%、甘草5%、沙头4%、肉桂8%、白胡椒3%、干姜15%）。

（2）工艺流程

青菜头→脱水→腌制发酵→修剪→淘洗→配料装坛→存放后熟→成品

（3）操作要点

① 脱水　多采用风脱水方法，主要有如下操作。

a. 搭架　架地选择河谷或山脊，风力风向好，地势平坦宽敞的碛坝，务必使菜架全部能受到风力吹透。架子一般用棕木、脊绳等材料搭成“八”形。

b. 晾晒　采收后的青菜头应及时进行晾晒。先去其叶片及基部的老梗，对切（大者可一切为四），切时应注意均匀老嫩兼备，青白齐全，用排块法白面向上竹丝穿串，两头回穿后搭在架上，每串4～5kg，要使菜块易干不易腐，受风均匀，又保本色。一般风脱水7～10d，用手捏感其周身柔软无硬心，晒100kg干菜块所需鲜菜头数量因其收获期而不同。晒干后的菜块要求无腐烂、黑麻斑点、空花及棉花包或发梗，有之则除之，并进行整理后再进行下一步生产。

② 腌制　晒干后的菜块下架后应立即进行腌制。在生产上一般分为三个步骤，其用盐量多少是决定品质的关键。一般100kg干菜块用盐13～16kg。

第一次腌制：100kg干菜块可用盐3.5～4.0kg，以一层菜一层盐的顺序下池（下层宜少用盐）用人工或机械将菜压紧，经过2～3d，起出上囤去明水（实际上是利用盐水边淘洗、边起池，边上囤），第一次腌制后称为半熟菜块。

第二次腌制：将池内的盐水引入贮盐水池，把半熟菜仍按100kg半熟菜块加7～8kg盐，一层菜一层盐放入池内，用机械或人工压紧，经7～14d腌制后，淘洗、上囤，上囤24h后，称为毛熟菜块。

第三次加盐是装坛时进行的。

③ 修剪坎筋　用剪刀仔细剔净毛熟菜块上的飞皮、叶梗基部虚边，再用小刀削去老皮、黑斑烂点，抽去硬筋，以不损伤青皮、菜心和菜块形态为原则。

④ 整形分级　按菜块标准认真挑选，按大菜块、小菜块、碎菜块分别堆放。

⑤ 淘洗上囤　将分级的菜块用澄清的盐水或新配制的含盐量为8%的盐水人工或机械淘洗，除去菜块上的泥沙污物，随即上囤踩紧，24h后流尽表面盐水，即成为净熟菜块。

⑥ 拌料装坛 按净熟菜块质量配好调味料。食盐按大、小、碎菜块分别为6%、5%、4%，红辣椒面（即辣椒末）1.1%，整形花椒0.03%及混合香料末0.12%。混合香料末的配料比例为八角45%、白芷3%、山萘15%、桂皮8%、干姜15%、甘草5%、沙头4%、白胡椒5%，事先在大菜盆内充分拌和均匀，再撒在菜块上均匀拌和，务使每一菜块都能均匀粘满上述配料，随即进行装坛。每次拌和的菜不宜太多，以200kg为宜。太多了，装坛来不及，食盐会溶化反而不利于装坛。因装坛又加入了食盐故称为第三道加盐腌制。

若制作方便榨菜，因后续工艺中需要切分后脱盐，则可只添加食盐，而不拌和其它辅料。

⑦ 装坛密封后熟 盛装榨菜的坛子必须两面上釉无砂眼，坛子应先检查不漏气，再用沸水消毒抹干，将已拌好的毛熟菜块装入坛内，要层层压紧。一般装坛时地面要先挖有装坛窝，形状似坛的下半部，但要大一点，深约坛的3/4，放入空坛时，四周围要放入稻草，将坛放平放稳，以使装坛时不摇晃，装人菜时用擂棒等木制工具压紧，一坛菜分3～5次装，压紧以排除空气，装至坛颈为止，撒红盐层每坛0.1～0.15kg（红盐：100kg盐中加入红辣椒面2.5kg混合而成）。在红盐上交错盖上2～3层玉米皮，再用干萝卜叶覆盖，扎紧封严坛口，即可存放后熟，该过程一般需2个月左右。

在存入后熟过程中，要检查清坛白1～2次，观察其菜块是否下沉、发霉、变酸，若有这些情况应及时进行清理排除，在存放后熟期间坛内产生翻水现象，待夏天后翻水停止表示已后熟，即可用水泥封口，以便起坛、运输、销售。

10.4.1.2 冬菜

（1）原材料 选用植株新鲜健壮的叶用芥，组织细嫩、皮薄、无老筋，无病虫害，每株菜1kg左右，如箭杆菜、乌叶菜。

食盐混合香料配比为：花椒40kg、香松5kg、小茴香10kg、八角20kg、桂皮10kg、山萘5kg、陈皮15kg、白芷5kg八种香料合计为110kg，粉碎后保存在干燥处备用。

（2）工艺流程

原料→晾晒→剥剪→揉菜腌制→上囤和药装袋→晒坛后熟

（3）操作要点

① 晾菜 首先要适时收获，一般在11月下旬至来年1月砍收，过早砍收产量低，过迟砍收则抽薹，组织变老。砍收后，先去根，然后视菜株大小纵划一刀或两刀，但不划断。利用划口将整株菜搭在竹藤、木杆或树枝杈上，晾晒4～6周，以外叶全部萎黄，内部叶片及菜尖萎蔫，每100kg原料上架晾晒至23～25kg时可以下架。以嫩叶及嫩尖为原料（15～20cm），无老筋、老梗、老叶。

② 剥剪 将外部老黄叶去掉（作坛口叶用），再剥剪去掉根端部的粗筋，每100kg新鲜原料，可择出菜尖10～12kg，中间叶片及菜尖剪下的叶片尖端（生产上称为二菜）约5kg，老叶菜约8～9kg。

③ 腌制 每100kg菜尖加盐13kg，要从上至下揉搓，使菜身软和，并揉到不见盐粒。放入池内，层层压紧，并留出面盐，池内装满后加上面盐，铺上竹席，用大石加压（每100kg老叶加入10kg盐进行腌制，作坛口叶）。

④ 上囤、和药、装袋 菜腌一个月后，应翻菜一次，并按每100kg菜加入花椒0.1%～0.2%，再盖上竹席加压大石，继续腌制3个月，便可起池上囤，按上法再加0.1%～0.2%花椒，囤高可达3m，囤面可撒一层盐（不在如上所述的13%加盐量以内），盖上竹席再加压石头，经1～2个月后，不再有菜水溢出，便可按照每100kg菜坯加入香料粉1.1kg，进行拌和（即和药）后装坛。盛器可用大瓦缸（每缸装量200kg），下部埋入地下，放置平稳

固定，把拌和好的菜装入缸内，要层层反复细致地压紧实，不能留有空隙。装满后用老叶扎紧坛口，用塑料薄膜将坛口包好捆紧。

⑤ 晒坛后熟　装坛后置于露天暴晒，目的是增加坛内温度，有利于微生物发酵等作用，促进各种物质的分解、转化及酯化。一般头年菜色由青转黄，第二年由黄转乌转黑便达到成品标准，并产生香气。晒坛中一定要注意：不要因坛口包装不严密，使雨水或其它污物浸入。

10.4.2　酱菜类加工

酱菜的种类很多，口味不一，但其基本制造过程和操作方法是一致的。一般酱菜都要先经过盐渍，成为半成品，然后用清水漂洗去一部分盐，再酱制。若腌后立即进行酱制可减少用盐量。也有少数的蔬菜，可以不经腌制直接制成酱菜。在酱渍过程中酱料中的可溶性物质，通过蔬菜细胞的渗透作用而进入蔬菜组织内，由于各种营养成分和色素的渗透和吸附而制成滋味鲜甜、质地脆嫩的酱菜。

10.4.2.1　工艺流程和操作要点

酱菜类加工工艺流程如下：

原料选择→原料处理→盐腌→切制加工→脱盐→脱水→酱渍→成品

操作要点如下。

(1) 盐腌　盐腌分为干腌和湿腌两种。干腌法即用占原料重 15%～20%的干盐直接与原料拌和或分层撒盐于缸内或池内的方式，主要用于含水量较大的蔬菜；湿腌法则用 25%的食盐溶液浸泡原料，适合于含水量少的蔬菜。盐腌的期限因种类不同而异，一般为 10～20d。盐腌的目的是：高浓度食盐的高渗透作用会改变细胞膜通透性，利于酱渍时酱液的渗入；可除去原料中部分苦、涩、生味及其它异味，从而改变原料的风味及增进原料的透明度；高浓度食盐可抑制微生物生长，使原料长期保存不坏，盐腌还是保存半成品的主要手段。

(2) 切制加工　蔬菜腌成半成品咸坯后，有些咸坯需要进行切制成各种形状，如片、条、丝等，总之在酱渍前要将咸坯切成比原来形状小得多的各种形状。

(3) 脱盐　有的半成品（盐渍菜或菜坯）盐分高，不容易吸收酱液，同时还带有苦味，因此首先要放在清水中浸泡，时间要看盐渍坯含盐量来决定。为使半成品全部接触清水，浸泡时要注意每天换水 1～3 次。夏天可以少泡些时间，0.5～1d；冬天可以多泡些时间，2～3d 即可。然后，取出沥去水分。

(4) 压榨脱水　为了利于酱渍，保证酱汁浓度，必须进行压榨脱水，除去咸坯中的一部分水，析出部分盐才能吸收酱汁，并除苦味和辣味，使酱菜口味更加鲜美。浸泡时要注意保持相当的盐分，以防腐烂。压榨脱水的方法有两种，一种是把菜坯放在袋或筐内用重石或杠杆进行压榨，另一种是把菜坯放在箱内用压榨机压榨脱水。但无论采用哪种方法，咸坯脱水不要太多，咸坯的含水量一般为 50%～60%即可，水分过小酱渍时菜坯膨胀过程较长或根本膨胀不起来，造成酱渍菜外观难看。

(5) 酱渍　酱渍是将盐腌的菜坯脱盐后浸渍于甜面酱、酱油中的过程。针对不同原料酱渍方法各不相同，常用的方法有三种：一是直接将处理好的菜坯浸渍在酱或酱油中；二是像腌制咸菜坯一样，在腌制容器内一层菜坯一层酱，层层相同，上面一层多加酱；三是将原料装入布袋后用酱覆盖，酱的用量一般与菜坯的质量相等。

酱渍期间要进行搅拌，使菜坯均匀地吸附酱色及酱味，加快酱渍时间，使制品表里一致。成熟制品不但具有酱的色香味，而且质地脆嫩。由于酱渍时菜坯中仍有水分渗出使酱的浓度降低，因此生产上可采用三次酱渍法：即将菜坯依次在三个酱缸中各酱渍 7～10d，每个缸中均装新酱，当原料从第三个酱缸中取出时即为成品。酱渍中因盐的浓度降低，可导致一些耐盐微生物的生长，因此操作时要注意卫生管理。

10.4.2.2 几种酱菜加工

（1）什锦酱菜　什锦酱菜是一种最普通的酱菜，系由多种咸菜配合而成，所以称之为“什锦”。所选用的蔬菜种类计有大头菜、萝卜、胡萝卜、宝塔菜（草石蚕）、辣椒、酱瓜、菊芋（洋姜）、苤蓝（球茎甘蓝）、榨菜、莴笋、藕和花生仁等。各地加工的什锦菜，在种类配合和比例上，有很大的出入，均系按当地原料供应情况和群众要求来决定。扬州酱菜的配料比例如下（以百分比计算）。

① 传统什锦酱菜配料　甜瓜丁 15%、大头芥丝 7.5%、莴苣片 15%、胡萝卜丝 7.5%、乳黄瓜段 20%、萝头丁 20%、佛手姜 5%、宝塔菜 5%、花生仁 2.5%、核桃仁 1%、青梅丝 1%、瓜子仁 0.5%。

② 普通什锦酱菜配料　乳黄瓜段 20%、菜瓜丝 8%、胡萝卜片 8%、莴苣片 16%、大头菜丝 6%、萝卜头丁 15%、大头菜片 6%、佛手姜 5%、宝塔菜 3%、菜瓜丁 8%、胡萝卜丝 5%。

加工时先行去咸漂淡排卤后，进行初酱，即将菜坯抖松后混合均匀，装入布袋内（装至口袋容量的 2/3，易于酱汁渗透），投入 1∶1 的二道甜酱内，漫头酱制 2～3d，每天早晨翻酱袋一次，使酱汁渗透均匀。初酱后，把酱菜袋子取出淋卤 4～5h（袋子相互重叠堆垛。一半时间后上下对调一次），然后投入 1∶1 的新稀甜酱内进行复酱，如按初酱的工艺操作，复酱 7～10d 即成色泽鲜艳（红、绿、黄、黛）、咸甜适宜、滋味鲜甜、质地脆嫩的酱菜。

（2）酱黄瓜　酱黄瓜色泽深绿，有酱香味，咸中有甜，质地脆嫩。用新鲜原料，清洗后进行初腌制坯，用料重 10%的食盐，层瓜层盐码入缸中（或水泥池中），两天后把瓜条捞出，再另加瓜重 35%的食盐，重新层瓜层盐码于缸中。为保住产品的绿色和脆度，应添加保脆剂和保持盐卤的碱性。

每天翻动，经过 2 个多月的初腌，当盐已充分渗进瓜体时，瓜中大量水分渗出，瓜体软化。此时瓜中含盐量甚高，需将腌透的瓜坯放在水中浸泡脱盐，在 24～48h 内，换水 4～5 次，用流水更好。

把已脱盐的瓜坯吊起来放在阴凉处沥去游离水，使之柔韧，以增加成品的咬劲。老法酱制时先用乏酱（使用过的次酱）浸泡 2～3d，捞出后再用新黄酱酱渍 3～5d。注意从乏酱到新酱的 7～8d 里，每天早、中、晚要翻搅三次，以促使酱汁渗入瓜坯内，防止缸内发酵变酸，使产品品质下降。目前新法制酱瓜可把处理过的瓜坯直接用酱油腌渍一周后制成成品，以缩短制造周期，也便于机械操作，但此种产品风味不如用酱制的质量好。

10.4.3 泡菜类加工

泡酸菜是指泡菜和酸菜而言，是用食盐溶液或清水腌泡各种鲜嫩的蔬菜而制成的一类带酸味的腌制品。含盐量一般不超过 2%～4%。在我国，各种嫩脆的蔬菜均可以制造泡菜。北方利用大白菜制作酸菜，国外则多半利用甘蓝和黄瓜制作酸菜。

10.4.3.1 工艺流程和操作要点

泡菜类加工工艺流程如下：

原料选择→原料预处理→入坛发酵→成品

↑

配制泡菜水

操作要点如下。

(1) 原料选别 中式泡菜具有原料的形态和色泽，质地脆嫩，味道兼有咸、甜、酸、辣，清香爽口，低盐、低糖、中酸性，富含维生素 C、纤维素和多种氨基酸。凡是组织致密、质地嫩脆、肉质肥厚而不易软化的新鲜蔬菜均可作泡菜原料，如藕、胡萝卜、红皮萝卜、竹笋、茭白、黄瓜、茄子、芸豆、青菜头、菊芋、子姜、大蒜、莒头、豇豆、辣椒、蒜薹、苦瓜、苦莒头、草石蚕、甘蓝、花椰菜等，要求选剔除病虫、腐烂蔬菜。可根据不同季节采取适当保藏手段，周年生产加工。根据其原料的耐贮性，可将制作泡菜的原料分为三类：第一类是可泡一年以上的原料，有子姜、大蒜、苦瓜、洋姜等；第二类是可泡 3～6 个月的原料，有萝卜、胡萝卜、青菜头、草食蚕、四季豆、辣椒等；第三类是随泡随吃的原料，有黄瓜、莴笋、甘蓝等。应当注意的是，绿叶菜类中的菠菜、苋菜、小白菜等，由于叶片薄，质地柔嫩，易软化，一般不适宜用作泡菜的原料。

(2) 预泡 即将原料用 20%～25%的食盐溶液预泡一定时间后，再取出沥干明水，加入泡菜液进行泡制。预泡时间因原料而异，一般辛香类蔬菜，如蒜等可预泡 1～2 周，根菜类预泡 1～2d，叶菜类预泡 1～12h。

原料进行预泡有三大好处：

① 减弱原料的辛辣、苦等不良风味；

② 不改变老泡菜液的食盐浓度，从而可避免大肠杆菌等杂菌或劣等乳酸菌的活动；

③ 杀死细胞，增强组织透性，以快速渗出糖分，提早发酵和成熟。

(3) 泡菜液的配制 腌制泡菜的盐水一般使用井水或自来水配制，而塘水、湖水由于硬度低且水质较差，一般不宜作泡菜用水。腌制泡菜的盐水的含盐量一般为 6%～8%，使用的食盐一般为精盐，而且要求食盐中的苦味物质极少。盐以井盐为好，如四川自贡盐、五通盐。海盐因含镁，味苦而需焙炒后方可使用。在确定食盐的使用浓度时还应考虑原料是否出过胚，出过胚的原料的用盐量要相对减少，其用盐量以最后产品与泡菜液中食盐的平衡浓度在 4%为准。为加速乳酸发酵，可在泡制时加入 3%～5%的优质陈泡菜液，以增加乳酸菌数量。此外为了促进发酵或调色调味，常向泡菜液中加入 3%左右的食糖。为了增加风味，在制作泡菜时还要加入其它一些调味料。其添加的方法是将这些调味料先煮一下，将煎煮液冷却后加入到盐水中，或是将香辛料做成料包放入泡菜坛中部。

常加的调料及其在盐水中所占的比例如下：黄酒 2.5%，白酒 0.5%，糖 3%，鲜红辣椒 3%～5%。

这几种调料可直接与盐水混合均匀。其它的香辛料如花椒、八角、甘草、草果、橙皮、胡椒等的加入量一般为盐水用量的 0.05%～0.1%，可磨成粉状，用白布包裹或做成布袋包好后加入到盐水中。

① 入坛（发酵）泡制 将预处理的原料先装入坛中，要装得紧实，装到一半时将香料袋放入，再装入其它原料。装到离坛口 6～8cm 时，用竹片将原料卡住，再加入盐水淹没原料。盐水加到液面距坛口 3～5cm 为止，原料切忌露出液面，否则易变质。泡制 1～2d 后，原料因水分渗出而下沉，这时可再补加原料。如果是用老泡菜液泡制时，可直接加入原料，并适当补加食盐、调味料或香料。

② 泡菜的成熟期限 蔬菜原料入坛后，其乳酸发酵过程，也称为酸化过程，根据微生物的活动和乳酸积累的多少，可分为三个阶段。

a. 发酵初期 在原料装坛以后，原料表面带入的微生物会迅速活动，开始发酵。由于溶液的 pH 较高（一般在 pH5.5 以上），原料中还有一定量的空气，故发酵初期主要是耐盐不耐酸的微生物活动，如大肠杆菌、酵母菌，并迅速进行乳酸发酵及微弱的酒精发酵，产生乳酸、乙醇、醋酸及 O_2。同时原料的无氧呼吸产生二氧化碳，二氧化碳积累产生一定压力，便冲起坛盖，经坛沿水排出。水封槽的槽水中有间隙性气泡放出，并使坛内逐渐形成嫌气状态，以利于植物乳杆菌的正型乳酸发酵。此期为泡菜的初熟阶段，时间一般为2～5d，泡菜的含酸可达到0.3%～0.4%。

b. 发酵中期 由于乳酸的积累，pH降低和嫌气状态的形成，此时属正型乳酸发酵的植物乳杆菌的活动甚为活跃，细菌数可达到 $(5\sim10)\times10^7$ 个/mL，乳酸积累可达0.6%～1.2%，形成一定的真空状态，霉菌因缺氧而受到抑制。大肠杆菌、不抗酸的细菌大量死亡，酵母菌的活动也受到抑制。此期为泡菜的完熟阶段，时间为5～9d。

c. 发酵后期 正型乳酸发酵继续进行，乳酸量积累可达1.0%以上，当乳酸含量达1.2%以上时，植物乳杆菌也受到抑制，细菌数下降，发酵速度减慢乃至停止。

③ 泡制过程中的管理 泡制期间要加强槽水的管理，经常检查。水封槽中的槽水一般用清洁的饮用水或10%的盐水。在发酵后期，易造成坛内的部分真空，使水封槽中的槽水被倒吸入坛内。虽然槽内为清洁的水，但因暴露于空气中，易感染杂菌，如果被带入坛内，一方面会使泡菜感染杂菌，同时也会降低坛内盐水浓度，所以水封槽中以加入盐水为好。若使用清水，应注意经常更换，在发酵期间每天要轻轻揭盖1～2次，以防槽水被吸入坛内。使用盐水时，发酵时间长了以后，槽水易挥发，应及时补加槽水，以保证坛盖下部能浸没在水槽中，保持坛内良好的密封状态。

注意坛沿内清洁，严防水干，定期换水，切忌油脂入内引起起漩、变质、变软。定期取样检查测定乳酸含量和pH，待原料的乳酸含量达0.4%为初熟，0.6%为成熟，0.8%为完熟，其pH为3.4～3.9。一般来说，泡菜的乳酸含量为0.4%～0.6%时品质较好，0.6%以上则酸。一般夏秋季节，青菜头、胭脂萝卜、红心萝卜、红皮萝卜泡制1～2d即可达到初熟，品质最佳；蒜薹、洋姜等2～3d为好；莴头、姜、大蒜、刀豆等5～7d即可。春冬季节时间延长。

泡制过程中不可随意揭开坛盖，以免空气中杂菌进入坛内，引起盐水生花、长膜，更严防油脂带入坛内。若遇生花长膜，轻微者可以加入适量白酒消灭之，或者加紫苏、老蒜梗、老苦瓜抑制之；严重者则需将生花打捞，再加酒消灭之。

泡菜成熟后，应及时取出包装，品质最好，不宜久贮坛内，品质变劣。每坛菜必须一次性取完，再加入预腌新菜泡制并酌加白酒及老蒜梗，盖严坛盖，便可保存。泡菜成熟后一般要求及时取食，但对那些较耐贮的原料，如大蒜、薤头和某些根菜类，成熟后若能加强管理，也可以较长期保存。对要保存的泡菜每一坛内，最好只泡同一种原料，才好安排是否长期保存或短期保存。泡制盐水的盐浓度要适当提高。若无新菜泡制，则加盐调整其含量为10%左右，倒坛将泡菜液装入一个坛内，稍微满，大约距离坛口20～30cm左右，并向坛内加入适量白酒，槽水要保持清洁，并保持坛内良好的密封条件。

10.4.3.2 *朝鲜泡菜加工方法*

工艺流程和操作要点如下：

白菜→腌制→水洗→沥干→配料→装缸→成熟

(1) 原料整理 腌制朝鲜泡菜要求选择有心的大白菜，剥掉外层老菜帮，砍掉毛根，清水中洗净，大的菜棵顺切成四分，小的顺切成二分。

(2) 腌制、水洗 将处理好的大白菜放进3%～5%的盐水中浸渍3～4d。待白菜松软时捞出，用清水简单冲洗一遍，沥干明水。

(3) 配料 萝卜削皮，洗净后切成细丝。按下列比例：100kg腌制好的大白菜，萝卜50kg，食盐、大蒜各1.5kg，生姜400g，干辣椒250g，苹果、梨各750g，味精少许。将姜、蒜、辣椒、苹果、梨剁碎与味精、盐一起搅成泥状。

（4）装缸　把沥干的白菜整齐地摆放在小口缸里，放一层盐一层菜，撒一层萝卜丝，浇一层配料，直至离缸口 20cm 处，上面盖上洗净晾干的白菜叶隔离空气，再压上石块，最后盖上缸盖，两天后检查，如菜汤没浸没白菜，可加水浸没，10d 后即可食用。为使泡菜味更鲜美，可在配料中加一些鱼汤、牛肉汤或虾酱。

10.4.3.3　酸菜加工方法

酸菜制作比泡菜腌制时用盐量少，使乳酸菌更易繁殖，赋予产品以酸味。乳酸可与食盐作用而生成微量的盐酸，略有漂白作用。酸菜原料多用黄瓜、芥菜、白菜和甘蓝菜等，也有的采用花椰菜、洋葱等。

（1）酸芥菜　酸芥菜为以芥菜为原料，经洗净、盐渍、发酵而成的湿性腌菜制品。制品色泽微黄，美味爽口。

（2）酸白菜　原料为白菜，剥去烂叶，纵切 2～4 分，或将叶片分开，但不能与根部脱离。将整颗白菜放在沸水中煮 2～3min，取出放冷。然后平放于缸中，勿留空隙。盖上竹架，压以重石，加水，以能淹没为度。经两周的自然发酵即变酸可供食用，但不耐久贮。

（3）甜酸黄瓜　黄瓜用 5%～8%的食盐水腌制，约数日后乳酸发酵，约 1～3 星期后，酸度达 0.6%左右时，则可增加食盐含量至 20%，以便保存。制甜酸黄瓜时，洗去食盐，并用明矾溶液（含量约 0.5%）浸泡，然后配料浸渍。10kg 黄瓜浸液配料为：10L 水，0.4L 醋酸、4.2g 砂糖以及月桂树叶、丁香、肉豆蔻、肉桂等香料。

（4）甜酸乳瓜　色泽黄白，甜酸可口，清脆爽滑，尤其适于佐粥，亦可炒食。原料以南方产短粗、上下呈直筒形的品种为宜，故一般在南方进行瓜坯制造，然后装坛运到北方进一步加工。一般选瓜长为 5～7cm，短粗无大肚和尖嘴者为加工原料。先用 15%食盐水制瓜坯，再加 5%～6%的糖水，接种乳酸菌后，使其进行乳酸发酵。料液配料先用 3.5%的醋酸液加热，投入放有芫荽籽、芥菜籽、茴香、大蒜、鲜姜等的香料袋煮30～50min；再加 15%糖水和优质黄酒，待料液冷却后，投入经乳酸发酵的乳瓜，浸渍调味后即为成品。

思考题：

1. 果蔬腌制品的分类方法和各自特点有哪些？
2. 简述食盐保藏原理是什么？
3. 简述果蔬腌制过程中有哪些微生物的发酵作用？
4. 简述腌制品中香味、鲜味和色泽的形成原因。
5. 简述果蔬腌制品的保绿保脆方法。
6. 请举例说明一种常见腌制品的加工工艺过程。

第11章
果品蔬菜速冻

教学目标： 通过本章学习，了解果蔬速冻保藏的基本原理，掌握果蔬的速冻方法。

果蔬速冻保藏，是将经过处理的果蔬原料在－40～－28℃的低温条件下迅速冻结，然后在－20～－18℃的低温下进行保藏的一种方法。这种保藏方法不同于新鲜果蔬的保鲜，属于果蔬加工的范畴。原料在冻结之前需经过修整、热烫或其它处理，在低温条件下迅速冻结，此时原料不再是活体，其化学成分变化很小。速冻保藏是当前果蔬加工技术中保存风味和营养成分较为理想的方法。

11.1 速冻保藏原理

速冻加工的主要优点是对制成品的细胞、组织危害轻，解冻后对食用品质影响小，是对果蔬组织质地、结构、品质破坏最小，对感官质量影响最小的冷冻方式。

11.1.1 冷冻过程

11.1.1.1 纯水的冻结

食品冷冻后，能够使其内部的热或者是能支持各种生物化学反应的能量降低，变成固体的水也降低了水分活度。因此可以有效地抑制微生物的活动和酶的活性，从而长期保存食品。

水的冻结包括降温和结晶两个过程。水由原来的温度降低到冰点时，由液态变固态，即结冰。水的冰点温度为0℃，但实际上，纯水降到0℃并不开始结冰，而是首先被冷却为过冷状态，即温度虽已下降到冰点以下但尚未发生相变，只有当温度降低到水中开始出现稳定性晶核时，水分子才会立即释放潜热并向冰晶体转化，放出的潜热使其温度回升到水的冰点。降温过程中水中开始形成稳定性晶核时的温度或温度开始回升时的最低温度，称为过冷临界温度或过冷温度。过冷温度必然比冰点低，但一旦温度回升到冰点后，只要水仍不断地冻结并放出潜热，水冰混合物的温度就始终保持在0℃。只有当全部水分都冻结后，其温度才会迅速下降，并逐渐接近外界冷冻介质的温度。

水冻结成冰的过程，主要是由晶核的形成和冰晶体的增长两个过程组成。当水的温度降至冰点时，水分子的热运动减慢，开始形成称为生长点的分子集团。冰晶生长点很小，增长后就形成新相的先驱，称为晶核。晶核分为均质晶核和异质晶核两种，均质晶核系由水分子自身形成的晶核，而异质晶核则是以水中所含有的杂质颗粒为中心形成的晶核。水分子在开始时形成的晶核不稳定，随时都可能被其它水分子的热运动所分散，只有当温度下降到一定程度，即在过冷温度下，才能形成稳定的晶核并且不会被水分子的热运动所破坏。晶核的形成实际上是一些水分子以一定规律运动而结合成的颗粒型微粒，形成的晶核将作为冰晶体成长的基础。

冰晶体的成长过程，是水分子不断有序地结合到晶核上面使冰晶体不断增大的过程。冰晶体形成的大小和数量的多少，主要与水分子的运动特性和降温速度两个因素有关。缓慢降温时，由于水降到冰点以下温度所需要的时间很长，同时水分子开始形成的晶核不稳定，容易被热运动所分散，结果形成的稳定晶核不多。还由于降温时间长，大量的水分子有足够的时间位移并集中结合到数量有限的晶核上，使其不断增大，形成较大的冰晶体；快速降温时，情况则不同，水温可被迅速降低到冰点以下的过冷温度，能形成大量的、稳定的晶核。由于降温速度很快，水分子没有足够的时间位移，再加上水中稳定的晶核数量多，水分子只能就近分散地结合到数目众多的晶核上去，结果形成的是数量多、个体小的冰晶体。这就说明降温速度与冰晶体的形成之间有这样的相互关系，即降温速度越慢，形成的冰晶体数目越少，个体越大；降温速度越快，形成的冰晶体数目越多，个体越小。

11.1.1.2 食品原料的冻结

与纯水不同，食品原料中的水是以各种不同的形式与其它物质联系在一起。果品蔬菜等食品原料是由有生命的细胞构成的，果蔬原料的细胞中含有大量的水分，在这些水中溶解了多种有机和无机物质，还含有一定量的气体，构成了复杂的溶液体系。而水溶液的冰点与纯水不同，且随溶质种类和溶液浓度的变化而变化。果蔬中的水可分为自由水和结合水两大类，这两类水在冻结时表现出不同的特性。自由水可在液相区域内自由地移动，其冰点温度在 0℃以下；结合水被大分子物质（蛋白质、碳水化合物等）所吸附，其冰点要比自由水低得多。根据拉乌尔第二法则，溶液冰点的降低与其物质的量浓度成正比，浓度每增加1mol/L，冰点便下降 1.86℃。所以果蔬原料冻结时要降低到 0℃以下才会形成冰晶体。

果蔬冷冻时，只是其中所含有的水分进行冻结形成冰晶体。水的冰点是水和冰之间处于平衡时的温度，其蒸汽压必须相等，它们的蒸汽压之和就是水冰混合物的总蒸汽压。这种平衡取决于温度的变化，温度降低，总蒸汽压也随之降低。在这个平衡系统中，如果水有较高的蒸汽压，水就会向形成冰晶体的方向转化；反之，当冰的蒸汽压较高时，冰则会向融化成水的方向转化，直至两者间的蒸汽压相等为止。当水和冰处于平衡状态时，若在水中溶入糖一类的非挥发性溶质，则糖液的蒸汽压就会下降，冰的蒸汽压将高于水的蒸汽压。此时，如果温度维持不变、冰晶体就会融溶为水；如果降低温度促使冰的蒸汽压下降，直至溶液和冰之间再次达到动态平衡，可以维持冰的结晶状态，此时的温度达到了和溶液浓度相适应的冰点，溶液的浓度越高，其蒸汽压就越低，冰点也就越低。显然，溶液的冰点要低于纯水的冰点，因而果蔬原料的冰点也低于纯水的冰点。纯水的冰点为 0℃，食品的冰点一般要低于－1℃才开始冻结，如香蕉要求温度降至－3.3℃。如果将纯水和果汁同时放入冻结室内进行冻结试验，纯水会首先冻结，而果汁除非温度远远低于冰点，否则不会完全冻结，称为溶雪状态或称类冰状态。这是因为果汁中水分最先冻结，而残留下来的含有可溶性固形物的高浓度溶液，则需要较低的温度才能使之冻结。总之，食品原料中的水分含量越低，其中无机盐类、糖、酸及其它溶于水中的溶质浓度越高，则开始形成冰晶的温度就越低。各种果品蔬菜的成分各异，其冰点也各不相同，如表 11-1 所示。

11.1.2 冷冻量的要求

冷冻食品的生产，首先是在控制环境温度条件下，排除食品中的热量直至冰点，使得产品中的水分冻结成冰。冻结食品的品质取决于以下 4 个方面：

① 物料固有品质；

② 冻结前后物料的处理与包装；

③ 冻结方式；

④ 产品流通中所经历的温度和时间。

表 11-1 各种果蔬的冰点温度

产品种类	冰点温度	产品种类	冰点温度
芦笋	−0.60	甜玉米	−0.60
花椰菜	−0.60	豌豆	−0.60
甘蓝	−0.80	番茄	−0.50
卷心菜	−0.90	洋葱	−0.80
胡萝卜	−1.40	蘑菇	−0.90
芹菜	−0.50	黄瓜	−0.50
李	−1.55	葡萄	−3.29
梨	−1.50	草莓	−0.85
杏	−2.12	柑橘	−1.03
桃	−1.31	苹果	−1.40

其次，冷冻食品的保存、流通和销售，都需要有相应的冷环境条件来防止由于产品的升温和解冻而造成败坏。

冷冻量：产品冷冻时需要排除的热量以及低温库墙壁门窗的漏热和照明、机械等产生的热量总和，这些热量都需要通过制冷系统的做功来排除。要根据以下热量的负荷进行设计。

(1) 产品由原始初温降到冻藏温度时排除的热量。它包括：

① 产品从初温降到冰点温度释放的热量＝产品冰点以上的比热容×产品的质量×降温度数（由初温到冰点温差度数）；

② 由液态变为固态结冰时释放出的热量＝产品的潜热×产品的质量；

③ 产品由冰点降到冻藏温度时释放出的热量＝冻结产品的比热容×产品的质量×降温度数（冰点到冻藏温差度数）。

(2) 维持冷藏库低温贮存所需要消除的热量，包括墙壁、地面和库顶的漏热。

(3) 其它热源，包括电灯、电动机和操作管理人员工作时释放出的热量。参考数值：电灯每千瓦每小时释放出热 3602.3kJ；电动机每小时每马力（1 马力＝735.499W）释放出热 3160kJ；库内操作人员每人每小时释放出热约 785.84kJ。

为保证生产的顺利进行，一般采用上述总热量增加 10%来进行实际设计。

11.1.3 冷冻对果品蔬菜的影响

果蔬在冷冻过程中，其组织结构及内部成分仍会发生一些理化变化，影响产品的品质。

11.1.3.1 冷冻对果蔬组织结构的影响

冷冻使果蔬组织细胞膜的膜透性增加，有利于水分和离子的渗透，但可能造成组织的损伤。冷冻的速度不同对果蔬组织结构的影响也不同，一般来说，速冻影响比缓冻对组织的损伤小。

果蔬组织的冰点以及结冰速度都受到内部可溶性固形物如盐类、糖类等浓度的影响。在冷冻过程中，果蔬所受的过冷温度只在其冰点以下几度，大多数在数秒之内完成。特殊情况下有较长的过冷时间和较低的过冷温度。在冷冻期间，细胞间隙的水分比细胞原生质体内的水分先结冰，细胞内过冷的水分比细胞外的冰晶体具有较高的蒸汽压和自由能，因而细胞内水分通过细胞壁流向细胞外，使细胞外冰晶体不断增长，细胞内的溶液浓度不断提高，直至细胞内水分完全冻结。

缓冻的晶核主要是细胞间隙的游离水冻结形成，数量少，细胞内水分不断外移，晶体不断增大，原生质体中无机盐浓度不断上升，最后，细胞失水，造成质壁分离，原生质浓缩，其中的无机盐可达到足以沉淀蛋白质的浓度，使蛋白质发生变性或不可逆的凝固，造成细胞死亡，组织解体，质地软化，解冻后“流汁”严重。

而速冻使细胞内外的水分同时形成晶核，晶体小、数量多，分布均匀，对果蔬的细胞膜和细胞壁不会造成挤压现象，所以组织结构破坏不多，解冻后仍可复原。

速冻制品在冻藏期或解冻早期因温度、压力和湿度等条件的变化，冰晶体会不断增大即重结晶，从而损伤细胞组织，所以应坚决避免。

11.1.3.2　冷冻对果蔬化学变化和酶活性的影响

(1) 冷冻对果蔬化学变化的影响　果蔬原料在降温、冻结、冻藏和解冻期间都会发生色泽、风味和质地的变化，因而影响产品的质量。通常在－7℃冻藏温度下，多数微生物停止了生命活动，但在－18℃下仍然发生化学变化，只是化学物质变化速度较慢。在冻结和冻藏期间常发生影响产品质量的化学变化有：色素的降解和酶促褐变、不良气味的产生以及维生素的自发氧化等。

色泽的变化包括非酶褐变和酶促褐变。非酶褐变主要是果蔬本身色素的分解和异构化，如叶绿素转化为脱镁叶绿素，番茄红素的反式异构体变为顺式异构体。酶促褐变是由于果蔬组织中的酚类物质（绿原酸、儿茶酸等）在氧化酶和多酚氧化酶的作用下发生氧化反应的结果，这种酶褐变速度很快，特别是解冻之后。防止酶褐变的有效措施有；酶的热钝化；加抑制剂，如二氧化硫和抗坏血酸；排除氧气（空气）或用适当的包装密封等。

不良气味的产生是由于果蔬组织中积累的羰基化合物和乙醇等物质产生的挥发性异味，或是类脂物质的氧化作用而产生的某种异味。如：豌豆、四季豆和甜玉米在冷冻贮藏中会发生类脂化合物的变化，游离脂肪酸的含量增加明显。

冷冻保藏对果蔬的营养成分也有影响，维生素 C 的损失在原料处理过程中明显存在，在冻藏中仍然存在，但损失较缓慢，只是在低温不供给氧气的状况下，维生素 C 才比较稳定。冷冻前热处理或加入抗坏血酸来保护其营养成分，冷冻后进行合适的包装来隔绝空气是很必要的。

经冻藏和解冻后的果蔬，其组织发生软化，一是果胶酶使果胶水解，原果胶变成可溶性果胶，而导致组织结构分离，质地软化。另外，冻结时细胞内水分外渗，解冻后不能全部被原生质吸收复原，使果蔬组织软化。

(2) 冷冻对果蔬中酶活性的影响　酶的活性受温度的影响很大，同时也受 pH 和基质的影响。酶或酶系的活性在高温 93.3℃左右被破坏，在低温条件下受到抑制。冻结时酶蛋白变性，活性降低，温度越低、时间越长、酶蛋白失活程度越重，但酶并没有完全失活，在长期冷藏中，酶的作用仍可使果蔬变质。果蔬解冻后，随着温度的升高，仍保持活性的酶将重新活跃起来，加速果蔬的变质。因此，冷冻前采用的烫漂处理、浸渍液中添加抗坏血酸或柠檬酸以及前处理中采用硫处理等措施可以破坏或抑制酶的活性。速冻果蔬在解冻后应迅速食用或使用。

研究表明，酶在过冷状况下，其活性常被激发。例如，果蔬冻结时，当温度降至－5～－1℃时，有时会呈现其催化反应速度比高温时快的现象。原因是在这个温度区间，果蔬中80％的水分变成了冰，而未冻结溶液的基质浓度和酶浓度都相应地增加，从而加快了催化速度。因此，快速通过这个冰晶带能减少酶对果蔬的催化作用。一般认为冻藏温度不高于－18℃，商业上一般采用－18℃作为冻藏温度，对多数食品在数周至数月内是安全可行的，也有些国家采用更低的冻藏温度。

11.1.4 冷冻对微生物的影响

冷冻果蔬中微生物的危害主要是造成产品败坏，某些微生物产生有害物质，危及人体健康。微生物的生长、繁殖及活动是在一定的温度范围内进行的，超过或低于这个温度，微生物的生长及活动就逐渐被抑制或被杀死。温度越低对微生物的抑制作用就越强，一般在低于0℃的温度条件下微生物的生长活动就可被抑制。

冷冻抑制或杀死微生物的机理：冷冻低温可以使微生物细胞原生质蛋白质变性，微生物细胞大量脱水，使微生物细胞受到冰晶体的机械损伤而死亡。一般酵母菌和霉菌比细菌的忍耐低温能力强，有些霉菌和酵母菌能在－9.5℃未冻结的基质中生活。微生物的孢子比营养细胞有较强的忍受低温的能力，常能免于冷冻的伤害。

11.2 果品蔬菜速冻工艺流程

在果品和蔬菜加工品中，速冻制品是能够保持其“原汁原味”的最佳方式。要获得最佳的品质，需有品质优良的原料。投入的原料的质量直接决定了速冻制品的质量，在严格控制的条件下，速冻制品的质量就是果蔬原料质量的体现。

果蔬速冻加工工艺因种类而不尽相同。水果多以原果速冻为主，蔬菜则需经多道加工工序方可速冻。果蔬速冻加工工艺流程如下：

原料选择→预冷→清洗→去皮→切分→漂烫→冷却→沥水→
- →速冻→包装→
- →包装→速冻→
- →加填充液(盐水或糖水)→包装→

→冻藏

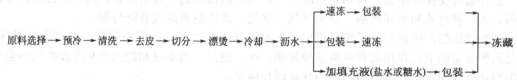

(1) 原料选择　原料的质量是决定冷冻食品质量的首要因素。因此原料必须选择品种优良、成熟度适宜、鲜嫩、大小长短均匀的蔬菜作为加工原料，不得使用虫蛀、腐烂、斑疤、受微生物侵染和受农业病虫害的原料。运输过程中轻拿轻放，不损伤原料的表皮。

(2) 预冷　果蔬采收时，一般气温较高，加之所带田间热及释放的呼吸热，势必使果蔬温度提高，因此在暂存期间预冷降温。冷却方法有空气冷却和冷水冷却。

(3) 清洗　蔬菜表面一般都沾附泥土、沙子、污物、灰尘，特别是根菜类的表面和叶菜类的根部往往带有较多泥土，而速冻果蔬食用时不再洗涤，解冻后直接烹饪，因此必须清洗干净。清洗设备有两种类型：根菜类的洗涤大都采用回转式洗涤机；叶菜类的洗涤用开启式洗涤机。有的蔬菜，例如菜花在洗涤后还要在2%左右的盐水中浸泡20～30min，以达驱虫的目的。浸过盐水的蔬菜需在清水中再漂洗一次，除去蔬菜表面的盐分和跑出的小虫，进一步达到清洗的目的。

(4) 去皮、切分　速冻果蔬中，小形果多进行整果速冻，而有的需要去皮、去果柄或根须以及不能用的籽、筋等，并将较大的个体切分成大体一致，既便于后工序操作，也符合商品的要求。要根据原料的性质和商品的消费习性来进行切分，一般蔬菜可切分成条、段、丁、丝、片、块等。切分要注意厚薄均匀、长短一致、规格统一。有些原料部位不同，切分的规格也不同。如笋的基部比较老，宜切成薄片，中段宜切成丁或片，茎尖部位则可切成段，这样可以提高原料的利用率。浆果类的品种一般不切分，只能整果冷冻，以防果汁流失。

(5) 漂烫　漂烫的目的是破坏过氧化物酶、杀死微生物、软化纤维组织、去掉辛辣、涩等味，同时排除组织内所含的空气，保存了维生素，有效地保持速冻果蔬的品质。漂烫的时间是根据原料的性质、酶的强度、水或蒸汽的温度而定，一般是几秒至数分钟。

速冻蔬菜也不是所有品种都要烫漂，要根据不同品种区别对待。一般来说，含纤维素较多或习惯于炖、焖等方式烹调的蔬菜，如豆角、菜花、蘑菇等，经过烫漂后食用效果较好。有些品种如青椒、黄瓜、菠菜、西红柿等，含纤维较少，质地脆嫩，则不宜烫漂，否则会使菜体软化，失去脆性，影响口感。

漂烫后的蔬菜应立即进行冷却，使其温度下降到 10～12℃左右，一般可用冷水冲淋冷却或冰水直接冷却，如采用机械冷却池效果更好。

(6) 沥干　经漂烫、冷却后的蔬菜，原料表面常附有一定的水分，叶菜类尤为明显，如不除掉，冻结时很容易形成块状，不利于快速冷冻，包装的底部积水也会结冰，有损于制品外观的同时，还会造成净含量不足，所以在速冻前必须沥干。沥干的方法很多，可将蔬菜装入竹筐内放在架子上或单摆平放，让其自然晾干，有条件的可用离心甩干机或振动筛沥干。使用离心机时要注意脱水程度适宜，防止脱水过度或不足。

(7) 快速冻结　沥干后的原料装盘或装筐后，需要快速深温冻结，这样才能保证产品的质量。要求在最短时间使原料通过冰晶最大形成区（－5～－1℃），使冻品的中心温度应达到－15℃以下，只有迅速冷冻，原料中的水才能形成细小的晶体，这样不仅不会损伤果蔬组织，还有利于保存维生素 C 及原有色泽。一般是将去皮、切分、烫漂或其它处理后的原料，及时放入－35℃～－25℃的低温下迅速冻结，而后再行包装和贮藏。

冻结速度是决定速冻果蔬内在品质的一个重要因素，它决定着冰晶的形成、大小及解冻时的流汁量。生产上一般采取冻前充分冷却、沥水，增加果蔬的比表面积，降低冷冻介质的温度，提高冷气的对流速度等方法来提高冻结速度。目前，流态化单体速冻（IQF）装置在果蔬速冻加工中应用最为广泛。

(8) 包装　冻结蔬菜和水果都要带有包装，包装是贮藏好速冻果蔬的重要条件。其作用是：防止果蔬因表面水分的蒸发而形成干燥状态；防止产品贮存中因接触空气而氧化变色；防止尘、渣等的污染，保持产品卫生；便于运输、销售和食用。冷冻之前包装主要是防止产品失水萎蔫及干燥。

包装容器所用的材料、种类和形式是多种多样的，通常有马口铁罐、涂胶的纸板杯、涂胶的纸板盒或纸盆（内衬以胶膜、玻璃纸、聚酯层）、塑料薄膜袋、复合包装袋或大型桶等。一般讲能完全密封的容器比开放的好，真空密封包装则更为理想。

包装容器的质量、大小与形式的设计，要便于装料、密封和开启，同时符合冷冻设备的条件和使用者的要求，而且在外观商标设计方面也应注意装潢美观化，形式多样化。

实践中，切分的果品常与糖浆共同包装冷冻。目的是增加甜味、改善风味并保存芳香气味，减少在低温下水的冻结量。速冻易变色的新鲜水果如苹果、樱桃、杏、桃、梨等，在速冻前常进行加糖处理。加糖质量分数为 30%～50%，用量配比为 2 份水果加 1 份糖水。某些品种的蔬菜，可加入 2%的食盐水包装速冻，以钝化氧化酶活性，使蔬菜外表色泽美观。

为提高冻结速度和效率，多数果蔬宜采用速冻后包装，只有少数叶菜类或加糖浆和食盐水的果蔬在速冻前包装。速冻后包装要求迅速及时，从出速冻间到入冷藏库，力求控制在 15～20min 内，包装间温度应控制在－5～0℃左右，以防产品回软、结块和品质劣变。包装后如不能及时外销，需放入－18℃的冷库贮藏，其贮藏期因品种而异，如豆角、甘蓝等可冷藏 8 个月；菜花、菠菜、青豌豆可贮藏 14～16 个月；而胡萝卜、南瓜等则可贮藏 24 个月。

(9) 冻藏 速冻果蔬的贮藏是必不可少的步骤，一般速冻后的成品应立即装箱入库贮藏。要保证优质的速冻果蔬在贮藏中不发生劣变，库温要求控制在－20℃±2℃，允许少量的波动，这是国际上公认的最经济的冻藏温度。冻藏中要防止产生大的温度波动，否则会引起冰晶重排、结霜、表面风干、褐变、变味、组织损伤等品质劣变；还应确保商品的密封，如发现破袋应立即换袋，以免商品的脱水和氧化。同时，根据不同品种速冻果蔬的耐藏性确定最长贮藏时间，保证以优质的产品销售给用户。速冻产品贮藏质量的好坏，主要取决于两个条件：一是低温；二是保持低温的相对稳定。

11.3 速冻方法与设备

果蔬的冻结要根据各种果蔬的具体条件和工艺标准，采取不同的方法和冻结装置来实现。总的要求是在经济合理的原则下，尽可能提高冻结装置的制冷效率，加速冻结速度，缩短冻结时间，以保证产品的质量。果蔬的冻结方法及装置多种多样，分类方式不尽相同。按冷却介质与果蔬接触的方式可以分为空气冻结法、间接接触冻结法和直接接触冻结法三种，每一种方法均包含了多种形式的冻结装置。冻结方法分类介绍见表 11-2。

表 11-2 冻结方法分类

空气冻结法	间接接触冻结法	直接接触冻结法
隧道式冻结装置	平板式冻结装置	载冷剂接触冻结
传送带式冻结隧道	卧式平板式冻结装置	低温液体冻结装置
吊篮式连续冻结隧道	立式平板式冻结装置	液氮冻结装置
推盘式连续冻结隧道	回转式冻结装置	液态 CO_2 冻结装置
螺旋式冻结装置	钢带式冻结装置	R_{12}冻结装置
流态化冻结装置		
斜槽式流态化冻结装置		
一段带式流态化冻结装置		
两段带式流态化冻结装置		
往复振动式流态化冻结装置		
搁架式冻结装置		

11.3.1 隧道式鼓风冷冻法

隧道式鼓风冷冻机是空气冻结法的一种装置，如图 11-1 所示。生产上采用的是一个狭长形的、墙壁有隔热装置的通道。冷空气在隧道中循环，将产品铺放于筛盘中，然后将筛盘放在架子上以一定的速度通过此隧道。内部装置又各有不同。有的是将冷空气由鼓风机吹过冷管道后温度降低，而后吹送到隧道中，穿流于产品之间使其冷冻，降温的速度很快，比缓冻法先进。有的则是在通道中设置几层连续运行的传送带，进口的原料先后落在最上层的网带上，继而与网带一起运行到末端，而后将产品卸落到第二层网带上，上下两层的网带运行方向相反，最后产品从最下层末端卸出。一般采用的吹风温度在－10～－4℃的范围，风速每分钟 30～1000m 左右，可随产品特性、颗粒大小而进行调节。

为了减少产品失水，一般将通道温度分为 3～6 个阶段，以不同的温度进行冷冻，从而

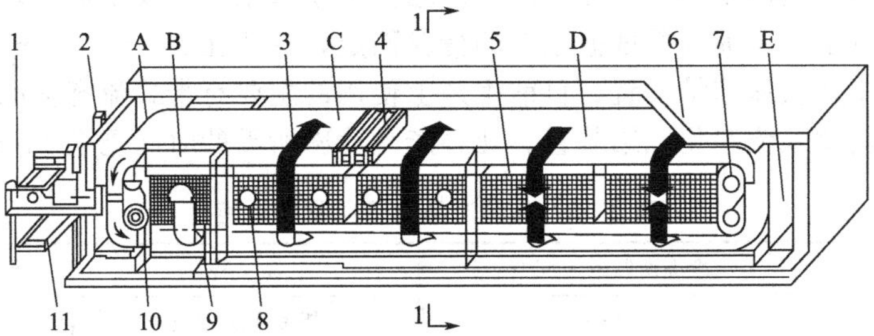

图 11-1 遂道式鼓风冷冻机

1—装卸设备；2—除霜设备；3—空气流动方向；4—冻结盘；5—板式蒸发器；6—隔热外壳；7—转向装置；8—轴流风机；9—光管蒸发器；10—液压传动机构；11—冻结块传送机；A—驱动室；B—水分分离室；C，D—冻结室；E—旁路

逐步降低温度。

在鼓风冷冻中，冷冻的速度由穿流空气的温度与速度、产品的初温、形状大小、包装与否、在通道内的排列方式等决定，鼓风冷冻中需要克服产品失水的缺点。一般采用包装工艺阻止水分蒸发，但妨碍了热的传导，使产品内部温度升高，造成质量败坏。

11.3.2 流态化冻结装置

流态化冻结法也称流动冷冻法，属于空气冻结的一种方法。流态化冰结就是位置于筛网上的颗粒状、片状或块状果蔬，在一定流速的低温空气自下而上的作用下形成类似沸腾状态，像流体一样运动，并在运动中被快速冻结的过程。流化原理如图 11-2 所示。

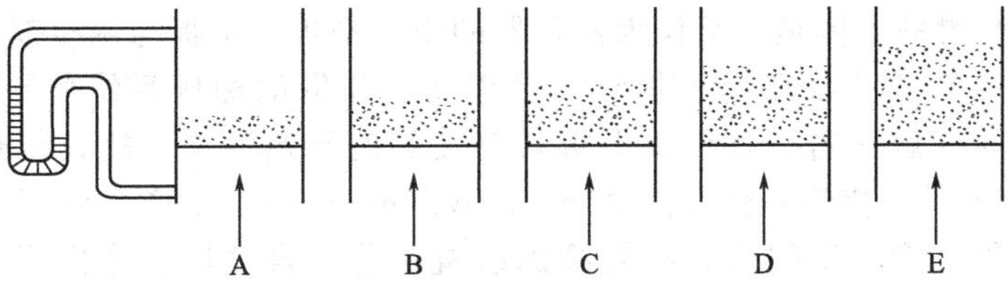

图 11-2 流化床结构与气流速度的关系

A—固定床；B—松动层；C—流态化开始；D—流态化展开；E—输送床

当冷气流自下而上地穿过食品床层而流速较低时，食品颗粒处于静止状态，称为固定床（图 11-2A）。随着气流速度的增加，食品床层两侧的气流压力降也增加，食品层开始松动（图 11-2B）。当压力降达到一定数值时，食品颗粒不再保持静止状态，部分颗粒悬浮向上，造成床层膨胀，空隙率增大，即开始进入流化状态。这种状态是区别固定床和流化床的分界点，称为临界状态。对应的最大压力降值叫做临界压力，对应的风速叫做临界风速。临界压力和临界风速是形成流态化的必要条件（图 11-2C）。当气流速度进一步提高，床层的均匀和平稳状态受到破坏，流化床层中形成沟通，一部分空气沿沟道流动，使床层两侧的压力降低到流态化开始阶段（图 11-2D），并在食品层中形成气泡产生激烈的流态化（图 11-2E）。这种强烈的冷气流与食品颗粒相互作用，使食品颗粒呈时上时下、无规则的运动，颇像液体沸腾的形式，从而增加了食品颗粒与冷气流的接触面，达到快速冷冻的目的。冷冻时空气流速至少在每分钟 375m，空气的温度为－34℃。由于高速冷气流的包围，强化了食品冷却及冻结的过程，有效传热面积较正常冻结状态大 3.5～12 倍，因而具有传热效率高，冷冻速率快，产品失重少的优点。流态化冻结的缺点是体积大的和不均匀的产品使用有困难。

流态化冻结装置适用于果蔬单体食品的冻结。将小型果蔬以及切成小块的果蔬铺放在网带上或有孔眼的盘子上，铺放厚度据原料的情况而定，一般在 2.5～12.5cm。食品流态化冻结装置属于强烈吹风快速冻结装置，目前生产上使用的主要有带式流态化冻结装置、振动流态化冻结装置和斜槽式流态化冻结装置。几种产品冷冻所需的时间见表 11-3。

表 11-3 几种产品冷冻所需的时间

品 种	冷冻所需的时间/min	品 种	冷冻所需的时间/min
豌豆、全粒玉米	3～4	胡萝卜小方块	6
菜豆	1～2	切制四季豆	5～12

11.3.3 间接接触冻结法

间接接触冻结法是将产品放在由制冷剂（或载冷剂）冷却的金属空心板、盘、带或其它冷壁上，与冷壁表面直接接触但与制冷剂（或载冷剂）间接接触而进行降温冷冻的。间接接触冷冻设备有多种设计，最初用的是水平装置的空心金属平板，它安装在一个隔热的箱柜中，制冷剂在空心平板中穿流，包装的产品放置在平板上，而后由水压机器带动空心平板，使包装的产品与上下平板的表面在一定的压力下紧密接触通过热交换方式进行冷冻。对于固态物料，可将其加工为具有平坦表面的形状，使冷壁与物料的一个或两个平面接触；对于液态物料，则用泵送方法使物料通过冷壁热交换器，冻成半融状态。

11.3.3.1 平板式冷冻装置

平板式冷冻装置的主体是一组作为蒸发器的空心平板，平板与制冷剂管道相连，其工作原理是将要冻结的食品放在两个相邻的平板间，并借助油压系统使平板与食品接触。由于食品与平板间接触紧密，且金属平板具有良好的导热性能，故其传热系数高。当接触压力为7～30kPa 时，传热系数可达 93～120W/(m^2・K)。生产上使用的平板式冷冻装置主要有以下几种类型：①间歇式接触冷冻装置；②半自动接触冷冻箱；③全自动平板冷冻箱。

11.3.3.2 回转式冻结装置

回转式冻结装置是一种新型的间接接触式冻结装置，也是一种连续式冻结装置。其主体为一个回转筒，由不锈钢制成，外壁为冷表面，内壁之间的空间供制冷剂直接蒸发或供载冷剂流过换热，制冷剂或载冷剂由空心轴一端输入管内，从另一端排除。冻品呈散开状由入口被送到回转筒的表面，由于回转筒表面温度很低，食品立即粘在上面，进料传送带再给冻品稍施加压力，使其与回转筒表面接触得更好。转筒回转一周，完成食品的冻结过程。冻结食品转到刮刀处被刮下，刮下的产品由传送带输送到包装生产线（图 11-3）。转筒的转速根据冻结食品所需时间调节，每转约数分钟。制冷剂可用氨、R-22 或共沸制冷剂，载冷剂可选用盐水、乙二醇。该装置适宜于菜泥的冻结。其特点是：结构紧凑，占地面积小；冻结速度快，干耗小；连续冻结生产率高。

11.3.3.3 钢带式冻结装置

钢带式冻结装置的主体是钢质传送带。传送带由不锈钢制成，在带下喷盐水，或使钢带滑过固定的冷却面（蒸发器）使食品降温，同时，食品上部装有风机，用冷风补充冷量，冷风的方向可与食品平行、垂直、顺向或逆向。传送带移动速度可根据冻结时间调节。因为产

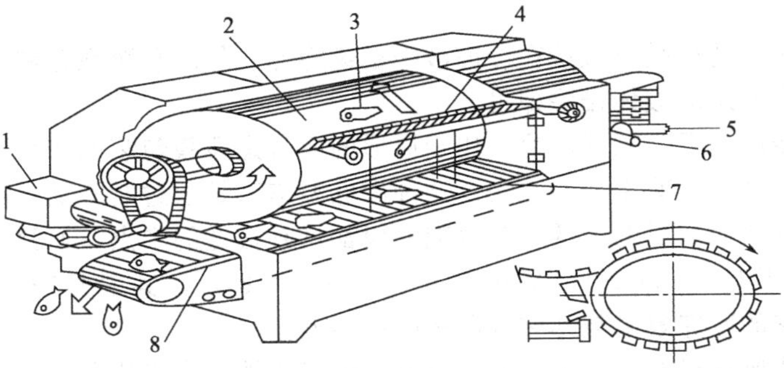

图 11-3 回转式冻结装置

1—电动机；2—滚筒冷却器；3—进料口；4，7—刮刀；5—盐水进口

6—盐水出口；8—进料传送带

品只有一面接触金属表面，食品层以较薄为宜。

传送带下部温度为－40℃，上部冷风温度为－40～－35℃，因为食品层一般较薄，因而冻结速度快，冻结 20～25mm 厚的物料大约需 30min，而 15mm 厚的物料只需 12min。

钢带式冻结装置的特点是：连续流动运行；干耗较小；能在几种不同的温度区域操作；与平板式和回转式相比，其结构简单，操作方便，改变带长和带速，可大幅度地调节产量。见图 11-4。

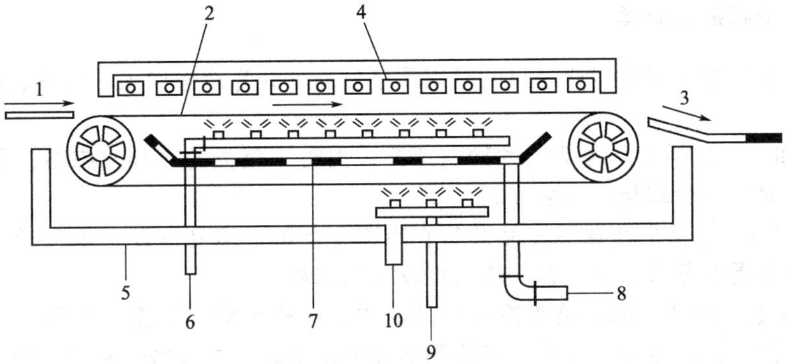

图 11-4 钢带式冷冻装置

1——进料口；2—钢质传送带；3—出料口；4—空气冷却器；5—隔热外壳；6—盐水进口；

7—盐水收集器；8—盐水出口；9—洗涤水入口；10—洗涤水出口

11.3.4 直接接触冻结法

直接接触冻结法是将食品（包装或不包装）与冷冻液直接接触，食品与冷冻液换热后迅速降温冻结。食品与冷冻液接触的方法有浸渍法、喷淋法或两种方法同时使用。因食品与冷冻液直接接触，固要求冷冻液无毒、无异味、无外来色泽或漂白剂；不易燃、不易爆，与食品接触后不改变食品原有成分和性质；经济合理、导热性好、稳定性强、黏度低。

(1) 浸渍式冻结装置 浸渍冷冻是将产品直接浸在冷冻液体中进行冻结的方法。常用的载冷剂有盐水、糖溶液和丙三醇等。因为液体是热的良好传导介质。在浸渍冷冻中它与产品直接接触，接触面积大，能提高热交换效率，使产品散热快，冷冻迅速。浸渍式冷冻装置可以进行连续自动化生产。

进行浸渍冷冻的产品，有的包装，有的不包装。包装冷冻如用于果汁的管状冷冻设备，先将灌装果汁在一螺旋杆作用下依次通过一个管道，管道的外面是氨液环绕流动，不冻液由泵送进管内，穿流于产品的周围。其温度由于液氨的制冷作用而降低，一般维持在

−31.7℃。

对于不进行包装的产品可直接在冷冻液中迅速冷冻。果品蔬菜在糖液中冻结后，取出时用离心机将黏附未冻结的液体排除即可。

（2）深低温冷冻装置　深低温冷冻用于原形的或者是薄膜包装的产品，它是一种在制冷剂液态变为气态条件下迅速冷冻的方法。这种深低温冻结是通过制冷剂在沸腾变态的过程中吸收产品中大量的热而获得的。低温制冷剂一般都具有很低的沸点，通常采用的制冷剂有液态氮（N_2）、二氧化碳（CO_2）、一氧化二氮（N_2O）和 F-12，其中 F-12 虽然算不上是一种低温制冷剂，但它的冷冻效果与其它低温制冷剂相近。

深低温冷冻法所获得的冷冻速度大大超过了传统的鼓风冷冻法和板式冷冻法，且与浸渍冷冻和硫化冷冻比较，速度更快。目前应用较多的制冷剂是液态氮，其次是二氧化碳。

11.4　速冻果蔬的流通

速冻果蔬在营销过程中需要有冷藏链。所谓冷藏链是指易腐食品在生产、贮藏、运输、销售、直到消费前的各个环行中始终处于规定的低温环境下，以保证产品质量，减少食品损耗的一项系统工程。冷藏链是一种在低温条件下的物流现象，因此，要求把所涉及的生产、运输、销售、经济性和技术性等各种问题集中考虑，协调相互间的关系。

11.4.1　食品冷藏链的分类

（1）按产品从加工到消费所经过的时间顺序分类可分为冷冻加工、冷冻贮藏、冷冻运输和冷冻销售。

① 冷冻加工　包括果品蔬菜的预冷与速冻；肉类、鱼类的冷却与冻结；各种冷冻食品的加工等。主要涉及冷却与冻结装置。

② 冷冻贮藏　包括果蔬速冻食品及其它冷冻食品的冷藏和冻藏，也包括果蔬的气调贮藏。主要涉及各类冷藏库、冷藏柜、冻结柜及家用冰箱等。

③ 冷藏运输　包括速冻果蔬等冷冻食品的中、长途运输及短途送货等。主要涉及铁路冷藏车、冷藏汽车、冷藏船、冷藏集装箱等低温运输工具。在冷藏运输过程中，温度的波动是引起食品质量下降的主要原因之一，因此，运输工具必须具有良好的性能，不但要保持规定的低温，更切忌大的温度波动，长距离运输尤其如此。

④ 冷冻销售　包括速冻果蔬等冷冻食品的批发及零售等，由生产厂家、批发商和零售商共同完成。早期，冷冻食品的销售主要由零售商的冷冻车及零售商店承担。近年来，城市中超级市场的大量涌现，已使其成为冷冻食品的主要销售渠道。超市中的冷藏陈列柜，兼有冷藏和销售的功能，是食品冷藏链的主要组成部分之一。

（2）按冷藏链中各个环节装置分类可分为固定装置和流动装置两大类型。

① 固定装置　包括冷藏库、冷藏柜、家用冰箱、超市冷藏陈列柜等。冷藏库主要完成食品的收集、加工、贮藏及分配；冷藏柜和冷藏陈列柜主要供机关团体的食堂及食品零售用；家用冰箱主要为冷冻食品的家庭供应所用。

② 流动装置　包括铁路冷藏车、集装箱等。

11.4.2　速冻果蔬的营销环节

速冻果蔬在营销过程中也要处于冷的环境中，以保证产品的品质。速冻的果蔬在运输和市场零售期间，应当保持其接近于冻藏的温度，使产品保持原始的冻结状态而不解冻。就是短途运输也应使用保温车，使产品在中途不至解冻。

速冻果蔬在零售部门的处理，不能与普通食品一样看待。销售速冻果蔬的商店必须具备冷冻食品贮存库或冰箱等冷藏设施，使产品维持在冻藏温度下安全贮存，不至解冻。

11.4.3　速冻果蔬的解冻与食用

所谓解冻，是使冷冻食品内部的冰晶体状态的水分转化为液态水，同时最大限度地恢复食品原有状态和特性的工艺过程。它需要外部提供热量，本质上为冷冻的逆过程。解冻情况根据各种产品的性质而定，且对产品质量的影响亦不同。

速冻果蔬的解冻与速冻是两个传热方向相反的过程，而且二者的速度也有差异。对于非流体食品的解冻比冷冻要缓慢，而且解冻时的温度变化有利于微生物活动和理化变化的加强，正好与冻结相反。食品速冻和冻藏并不能杀死所有微生物，它只是抑制了残存微生物的活动。食品解冻之后，由于其组织结构已有一定程度损坏，因而内容物渗出，温度升高，为微生物生长繁殖创造了条件。因此速冻食品应在食用之前解冻，而不宜过早解冻。且解冻之后应立即食用，不宜在室温下长时间放置。否则由于“流汁”等现象的发生而导致微生物生长繁殖，造成食品败坏。解冻时间愈快，对色泽、风味的影响就愈少。

冷冻食品的解冻常由专门设备来完成，按供热方式可分为两种：一种是由外面的介质如空气、水等经食品表面向内部传递热量；另一种是从内向外传热，如高频和微波。按热交换形式不同又可分为空气解冻法、水或盐水解冻法、冰水混合解冻法、加热金属板解冻法、低频电流解冻法、高频和微波解冻法及多种方式的组合解冻等。其中空气解冻法也有三种情况：0～4℃空气中缓慢解冻；15～20℃空气中迅速解冻和25～40℃空气-蒸汽混合介质中急速解冻。微波和高频电流解冻是大部分食品理想的解冻方法，此法升温迅速，且从内部向外传热，解冻迅速而又均匀，但用此法解冻的产品必须组织成分均匀一致，才能取得良好的效果。如果食品内部组织成分复杂，吸收射频能力不一致，就会引起局部的损害。

速冻果品一般解冻后不需要经过热处理就可直接食用，如有些冷冻的浆果类。而用于果糕、果冻、果酱或蜜饯生产的果蔬，经冷冻处理后，还需经过一定的热处理，解冻后其果胶含量和质量并没有很大损失，仍能保持产品的品质和食用价值。

解冻过程应注意以下两个问题。

(1) 速冻果蔬的解冻是食用（使用）前的一个步骤，速冻蔬菜的解冻常与烹调结合在一起，而果品则不然，因为它要求完全解冻方可食用，而且不能加热，不可放置时间过长。

(2) 速冻水果一般希望缓慢解冻，这样，细胞内浓度高而最后结冰的溶液先开始解冻，即在渗透压作用下，果实组织吸收水分恢复为原状，使产品质地和松脆度得以维持。但解冻不能过慢，否则会使微生物滋生，有时还会发生氧化作用，造成水果败坏。一般小包装400～500g水果在室温中解冻2～4h，在10℃以下的冰箱中可解冻4～8h。

思考题：

1. 简述果蔬速冻保藏原理。
2. 简要说明冷冻对果蔬组织结构、化学变化、酶活性及微生物有什么影响？
3. 果蔬常用冻结设备有哪些类型？其特点是什么？
4. 简述果蔬速冻加工工艺流程和操作要点。
5. 简述冷链包括哪些关键环节，每一环节的温度要求是多少？
6. 简述速冻果蔬的解冻方法和注意事项。

第12章
果酒与果醋酿造

教学目标：通过本章学习，了解葡萄酒的分类方法、酿造原理和影响葡萄酒酒精发酵的因素，掌握各种葡萄酒酿造的基本工艺及操作要点；掌握果醋的酿造原理和工艺。

水果经破碎、压榨取汁、发酵或者浸泡等工艺精心调配配制而成的各种低度饮料酒都可称为果酒。我国习惯上对所有果酒都以其果实原料名称来命名，如葡萄酒、苹果酒、山楂酒等等。而在国外，多数人认为只有葡萄榨汁发酵后的酒才能称做葡萄酒（wine），其它果实发酵的酒则名称各异，如苹果酒称为 cider。而葡萄酒是果酒中的最大宗的品种，是世界上最古老的酒精饮料之一。其它果酒的风味虽各有不同，但其酿造工艺基本与葡萄酒相似，因此本章只以葡萄酒为例进行介绍。

果酒具有如下的优点：一是营养丰富，含有多种有机酸、维生素、氨基酸和矿物质等营养成分，经常适量饮用，能增加人体营养，有益身体健康；二是果酒酒精含量低，刺激性小，既能提神、消除疲劳，又不伤身体；三是果酒在色、香、味上别具风格，不同的果酒，分别体现出色泽鲜艳、果香浓郁、口味清爽、醇厚柔和、回味绵长等不同风格，可满足不同消费者的饮酒享受；四是果酒以各种栽培或山野果实为原料，可节约酿酒用粮。

12.1 果酒分类

果酒可以按酒精度高低、含糖量多少、原料的种类和制作方法进行分类。

按酒精度可分为低度果酒和高度果酒两类。

按含糖量多少可分为干酒（含糖量小于或等于 4.0g/L)、半干酒（含糖量为 4.0～12g/L)、半甜酒（含糖量为 12～45g/L）和甜酒（含糖量大于 45.0g/L 的葡萄酒）4 类。

按原料种类可分为葡萄酒、苹果酒、山楂酒和杨梅酒等。

按制作方法分为发酵果酒、配制果酒、起泡果酒和蒸馏果酒等类型。本书以上述最后一种分类法对果酒的种类进行叙述。

（1）发酵果酒　发酵果酒是将果实经过一定处理，取其汁液，经酒精发酵和陈酿而制成。与其它果酒不同，发酵果酒不需要经过蒸馏，不需要在酒精发酵之前对原料进行糖化处理。

发酵果酒的酒精含量比较低，多数在 10％～13％（体积分数），酒精含量在 10％以上时能较好地防止微生物（杂菌）对果酒的危害，保证果酒的质量。在发酵果酒中，葡萄酒占的比重最大，包括红葡萄酒和白葡萄酒。其中干葡萄酒的产量占整个葡萄酒的绝大多数。

（2）蒸馏果酒　蒸馏果酒也称果子白酒，是将水果进行酒精发酵后再经过蒸馏而得到的酒，又名白兰地。通常所称的白兰地，是指以葡萄为原料的白兰地。以其它水果酿造的白兰地，应冠以原料水果的名称，如樱桃白兰地、苹果白兰地等。饮用型蒸馏果酒，其酒精含量多在 40％～55％。酒精含量在 79％以上时，可以用其配制果露酒或用于其它果酒的勾兑。直接蒸馏得到的果酒一般需进行酒精、养分、香味和色泽等的调整、并经陈酿使之具有特殊风格的醇香。蒸馏果酒中也以白兰地的产量为最大。

(3) 加料果酒 加料果酒是以发酵果酒为酒基，加入植物性芳香物等增香物质或药材等制成。常见的加料果酒也以葡萄酒为多。如加香葡萄酒，是将各种芳香的花卉及其果实利用蒸馏法或浸渍法制成香料，加入酒内，赋予葡萄酒以独特的香气。还有将人参、丁香、五味子和鹿茸等名中药加进葡萄酒中，使酒对人体具有滋补和防治疾病的功效。这类酒有味美思、人参葡萄酒、丁香葡萄酒和参茸葡萄酒等。

(4) 起泡果酒 起泡果酒饮用时有明显杀口感，根据制作原料和加工方法的不同可将其分为香槟酒和汽酒。香槟酒是一种含二氧化碳的白葡萄酒，由于最初产于 17 世纪中叶法国的香槟省而得名。该酒是在上好的发酵白葡萄酒中加糖经二次发酵产生二氧化碳气体而制成的，其酒精含量为 1.25%～14.5%，CO_2 要求在 20℃下保持压力 0.34～0.49MPa。汽酒则是在配制果酒中人工充入二氧化碳而制成的一种果酒，CO_2 要求在 20℃下保持压力 0.098～0.245MPa。香槟酒中经过二次发酵，所产生的二氧化碳气泡与泡沫细小均匀，较长时间不易散失；而人工充入的二氧化碳气泡较大，保持时间又短，容易散失。

(5) 配制果酒 配制果酒也称果露酒。它是以配制的方法仿拟发酵果酒而制成，通常是将果实或果皮和鲜花等用酒精或白酒浸泡提取，或用果酒精，再加入糖分、香精及色素等调配而成。配制果酒有樱桃酒、刺梨酒等。这些酒的名称许多与发酵果酒相同但其品质和风味等相差甚远。

鸡尾酒是用多种各具色彩的果酒按比例配制而成。

12.2 葡萄酒酿造原理

12.2.1 酵母菌与酒精发酵

12.2.1.1 酵母菌

葡萄酒发酵中最主要的微生物是酵母菌，乳酸菌在发酵中也起一定的作用。此外，发酵液中还可能存在一些杂菌和有害微生物。葡萄酒的发酵可在不添加外源纯粹培养酵母的情况下，由天然存在的酵母进行自然发酵而成，也可添加优良的纯粹培养酵母进行葡萄酒发酵。

(1) 天然酵母 葡萄酒发酵中的天然酵母主要来源于葡萄本身。在加工中，酵母被带到破碎除梗机、果汁分离机、压榨机、发酵罐、贮酒容器、输送管道等设备中，并扩散到葡萄酒厂各处。从树上摘下成熟的葡萄，运至工厂直至加工成葡萄汁，酵母数是不断增加的，每毫升葡萄汁的酵母细胞数由刚从树上摘下的葡萄中的 (1×10^3)～(1.6×10^5) 个增至破碎后的葡萄汁中的 (4.6×10^6)～(6.4×10^6) 个。

从原料葡萄到葡萄酒的整个酿造过程中分离到的酵母，共有 25 个属约 150 个种，几乎遍及酵母的主要属种。直接参与葡萄酒酿造的酵母只是其中的一部分，葡萄和鲜葡萄汁中分离频度在 60%以上的酵母菌群及其构成比见表 12-1。

(2) 纯粹培养酵母 为了确保正常顺利的发酵，获得质量上乘且稳定一致的葡萄酒产品，往往选择优良葡萄酒酵母菌种培养成酒母添加到发酵醪液中进行发酵。另外为了分解苹果酸，消除残糖，产生香气，生产特种葡萄酒等目的，也可采用有特殊性能的酵母添加到发酵液中进行发酵。国内目前使用的优良葡萄酒酵母菌株如表 12-2 所示。

表 12-1 参与葡萄酒酿造的主要酵母菌

按《酵母分类学研究》第二版的名称	按《酵母分类学研究》第三版改变的名称
浅白隐球酵母(*Cryptococcus albidus* var. *Albidus*)	浅白隐球酵母(*Cryptococcus albidus*)
黏质红酵母(*Rhodotorula glutinis* var. *gutznzx*)	黏质红酵母(*Rhodotorula gutinis*)
深红酵母(*Rhodotorula rubra*)	
非洲克勒克酵母(*Kloeckera africaana*)	葡萄酒有孢汉逊酵母(*Hanseniaspora vineae*)
柠檬形克勒克酵母(*Kloeckera apicuta*)	葡萄汁有孢汉逊酵母(*Hanseniaspora uvarum*)
美极梅齐酵母(*Metschnikowia pulcherrima*)	
路德类酵母(*Saccharomycodes ludwigii*)	
粟酒裂殖酵母(*Schizouwcharomyces pombes*)	
酿酒酵母(*Saccharomyces cerevisiae*)	酿酒酵母(*Saccharomyces cerevisiae*)
贝酵母(*Saccharomyces bayanus*)	酿酒酵母(*Saccharomyces cerevisiae*)
薛瓦酵母(*Saccharomyces chevalieri*)	酿酒酵母(*Saccharomyces cerevisiae*)
意大利酵母(*Saccharomyces italicus*)	酿酒酵母(*Saccharomyces cerevisiae*)
葡萄汁酵母(*Saccharomyces uvarum*)	酿酒酵母(*Saccharomyces cerevisiae*)
普地酵母(*Sacclmromyces pretoriensis*)	普地有孢圆酵母(*Torulaspora pretoriensis*)
罗斯酵母(*Saccharornyces rosei*)	戴尔有孢圆酵母(*Torulaspora delbrueckii*)
拜耳酵母(*Saccharomyces baillii*)	拜耳接合酵母(*Zygosaccharomyces baillii*)
鲁氏酵母(*Saccharomyces rouxii*)	鲁氏接合酵母(*Zygosaccharomyces rouxii*)
佛地克鲁维酵母(*Kluyveromyces veronae*)	耐热克鲁维酵母(*Kluyveromyces thermotolerans*)
膜醭毕赤酵母(*Pichia membranaefaciens*)	
季也蒙毕赤酵母(*Pichia guilliermondii*)	
库德毕赤酵母(*Pichia kudriavzevill*)	库德伊萨酵母(*Issatchenka kudriavzevii*)
陆生毕赤酵母(*Pichia terricola*)	陆生伊萨酵母(*Issatchenka terricola*)
异常汉逊酵母(*Hansenula anomala*)	
叉开假丝酵母(*Candida diversa*)	
克鲁斯假丝酵母(*Candida krusei*)	
近平滑假丝酵母(*Candida parapsilosis*)	
菌膜假丝酵母(*Candida pelliculosa*)	
热带假丝酵母(*Candida tropicalis*)	
粗壮假丝酵母(*Candida valida*)	
涎沫假丝酵母(*Candida zeylanoida*)	
白球拟酵母(*Torulopsiscandida*)	无名假丝酵母(*Candida famata*)
丘状球拟酵母(*Torulopsis colliculosa*)	丘状假丝酵母(*Candida colliculosa*)
星形球拟酵母(*Torulopsis stellata*)	星形假丝酵母(*Candida stellata*)

表 12-2 国内葡萄酒生产中使用的优良酵母菌株举例

菌 株	特 点	注
1450	属酿酒酵母，细胞圆形、卵圆形，(4.5～5.4)μm×(5.4～6.6)μm；耐二氧化硫、酒精和低温，发酵速度快而平稳，残糖低，产酒精高，产挥发酸低，产果香好，凝集性好	轻工业部食品发酵工业科学研究所供应，已制成活性干酵母
Am-1	属贝酵母，细胞椭圆形，(3.6～5.5)μm×(5.4～10)μm；耐二氧化硫、酒精和低温，发酵速度快而平稳，发酵力强，对糖发酵完全，产酸适量，酿成的酒风味纯正、爽口，尤其适于后期发酵不彻底时添加	轻工业部食品发酵工业科学研究所供应，已制成活性干酵母
Q嗜杀酵母	耐二氧化硫能力强，耐低温和酒精，发酵快，凝集性好，对野生酵母有杀伤能力，可净化发酵系统	天津轻工业学院选得，有几个不同的菌株
Castelli 838	属酿酒酵母，细胞卵形(2.5～7.0)μm×(4.5～11.0)μm；耐16～18℃低温，耐25%浓糖，耐酸(pH2.5～3.0)，起发早，发酵均衡、彻底，发酵力强，产品风味好，柔和、爽净、协调	—
8562	细胞椭圆、稍长，耐低温和酒精，不耐二氧化硫，发酵快而平稳，产挥发酸低；酿成的白葡萄酒色浅，果香清雅，细腻清爽，协调	北京夜光杯葡萄酒厂选出
8567	细胞椭圆、较大，耐低温、酒精和二氧化硫，发酵速度快，产挥发酸低，酿成的白葡萄酒色浅，果香明显，清爽协调	北京夜光杯葡萄酒厂选出
法国酵母 SAF-OENOS	属酿酒酵母，发酵快而平稳，凝集性好，沉淀紧密，澄清快，耐低温、二氧化硫和酒精，产挥发酸低，酿成的白葡萄酒果香好，风味好	河北沙城中国长城葡萄酒公司从法国购入的活性干酵母
7318	发酵能力强，产酒有果香，适用于葡萄酒及白兰地发酵	烟台张裕葡萄酿酒公司1973年选育
7448	发酵能力强，产酒果香味好，适用于葡萄酒及白兰地发酵	烟台张裕葡萄酿酒公司1974年选育
加拿大酵母 LALVIN R2	属贝酵母，适于澄清果汁的低温发酵，耐二氧化硫和酒精，兼有杀伤活性。不仅可用以生产高质量的红、白葡萄酒，也可用于起泡葡萄酒二次发酵及葡萄酒发酵中断后的再发酵	青岛葡萄酒厂从加拿大LALLEMAND公司购入的活性干酵母

12.2.1.2 酒精发酵与葡萄酒色、香、味的形成

(1) 酒精发酵 酒精发酵是葡萄酒酿造最主要的阶段，其反应非常复杂，除最后生成酒精、CO_2 及少量甘油、高级醇类、酮醛类、酸类、酯类等成分外，还会生成磷酸甘油醛等许多中间产物。

$$C_6H_{12}O_6 \longrightarrow 2CH_3CH_2OH + 2CO_2$$

(2) 葡萄酒色、香、味的形成

① 色泽 葡萄酒的色泽主要来自葡萄中的花色素苷，发酵过程中产生的酒精和 CO_2 均对花色素苷有促溶作用。发酵时花色素苷由于还原作用，一部分会变为无色。在发酵后期，被还原的花色素苷又重新氧化，使色泽加深；还原型或氧化型的花色素苷，均有可能被不同的化学反应部分地破坏，或因与单宁缩合而被部分破坏。故在发酵阶段，某些酒色泽会加深，而某些酒则色泽减退。在新酒中，花色素苷对红葡萄酒色泽的形成影响较大，单宁也有增加色泽的作用；而白葡萄酒色泽的成因，主要与单宁有关。但在葡萄酒贮存阶段，花色素苷与单宁缩合而继续减少，单宁本身则逐渐氧化缩合，使色泽由黄变为橙褐。

② 葡萄酒香气 香气有三个来源：一是葡萄果皮中含有特殊的香气成分，即葡萄果香；二是发酵过程中产生的芳香，如挥发酯、高级醇、酚类及缩醛等成分；三是贮存过程中有机酸与醇类结合成酯，以及在无氧条件下由于物质还原所生成的香气，即葡萄酒的贮存香。

③ 葡萄酒的口味成分主要是由酒精、糖类、有机酸形成的 葡萄本身含有机酸，在酵母发酵过程中，有机酸含量增加；同时，由于酵母对有机酸的同化及酒石酸盐的沉淀，使有机酸减少。增酸主要在前发酵期，而减酸作用则发生于葡萄酒的酿造全过程。若发酵条件有利于醋酸菌繁殖并污染较多的醋酸菌，则葡萄酒会呈现醋酸味。

实际上，葡萄酒的色、香、味三者是很难截然分开的。同一成分往往对色、香、味有不同程度的作用。赋予葡萄酒色、香、味的各种成分之间，以及它们的形成机理之间都有着一定的联系。

12.2.2 苹果酸—乳酸发酵

葡萄酒在酒精发酵后或贮存期间，有时会出现类似 CO_2 逸出的现象，酒质变混，色度降低（红葡萄酒），如进行显微镜检查，会发现有杆状和球状细菌。这种现象表明可能发生了苹果酸—乳酸发酵。

12.2.2.1 苹果酸—乳酸发酵的原理及特征

（1）原理 苹果酸—乳酸发酵是乳酸菌活动的结果。这些细菌分别属于明串珠菌属（*Leuconoston*）和乳杆菌属（*Lactobcillus*）的不同的种。根据基质的条件，特别是 pH 值和温度不同，它们的作用和活动方式也有所差异。

当基质条件有利于苹果酸—乳酸发酵进行时，在乳酸菌的作用下，将苹果酸分解为乳酸和 CO_2。苹果酸是双羧酸，而乳酸是单羧酸，所以这一过程具有生物降酸的作用。由于苹果酸的感官刺激性明显比乳酸强，苹果酸—乳酸发酵对葡萄酒口味影响相对更大，经过这一发酵后，葡萄酒变得柔和、香气加浓。因此，苹果酸—乳酸发酵是加速红葡萄酒成熟，提高其感官质量和稳定性的必需过程。但对于果香味浓和清爽感良好的干白葡萄酒，以及用 SO_2 中止发酵获得的半干或甜型葡萄酒，则应避免苹果酸—乳酸发酵。

（2）特征 葡萄酒在前发酵之后，若室温高于 20℃，则酒液逐渐变为混浊，并产生气泡，使红葡萄酒的色度降低，pH 增高，使新生的红葡萄酒的酸、涩和粗糙等口味消失，而变为柔顺、细腻，果香和醇香增浓，并提高葡萄酒的生物稳定性。

依据这个原理，要酿制优质红葡萄酒，应符合如下要求：①糖被酵母充分发酵，苹果酸被乳酸菌发酵，但又不能使乳酸菌将糖及其它的葡萄酒成分分解；②只有在酒中不含有糖及苹果酸时，才算真正酿造红葡萄酒，并应尽快将微生物分离除去；③须尽快地使酒中的糖和苹果酸消失，以缩短酵母及乳酸菌繁殖或两者同时生长的时间。

12.2.2.2 苹果酸—乳酸发酵的控制

苹果酸—乳酸发酵的控制，要视当地葡萄的情况、葡萄酒类型以及对酒质的要求而定。

（1）葡萄酒的类型 酿制清爽型的葡萄酒，须防止苹果酸—乳酸发酵；酿制口味较醇厚并适于长期贮存的葡萄酒，可进行或部分进行苹果酸—乳酸发酵。干白葡萄酒要求口感清爽，因此不进行苹果酸—乳酸发酵。酒精发酵结束后，应立即加 150mg/L 的 SO_2。酿制红葡萄酒，通过苹果酸—乳酸发酵，可加速酒的成熟，提高感官品质和稳定性。

（2）葡萄酒的含酸量 某些地区或某些年份，因葡萄未能正常成熟而葡萄酒太酸，则可利用苹果酸—乳酸发酵降低酸度而提高酒质；但含酸量低的葡萄，则苹果酸—乳酸发酵会使葡萄酒口味乏力且无清爽感。在酿制甜葡萄酒或浓甜葡萄酒时，尽管在苹果酸—乳酸发生之前补加了适量 SO_2，但仍然要注意防止污染乳酸菌，以免影响酒质。

若需进行苹果酸—乳酸发酵而发酵液中缺乏具有活性的乳酸菌，则可加入 20%～50% 正在进行或刚完成苹果酸—乳酸发酵的酒液或接入经过滤所得的酒渣，也可将经生物脱酸后的酒液与苹果酸含量高的酒液混合，并在适宜的品温下引发苹果酸—乳酸发酵。

(3) 苹果酸—乳酸发酵的管理　在酒精发酵结束以后，如果没有进行苹果酸—乳酸发酵和 SO_2 处理，饮用这样的葡萄酒易生病。根据条件的差异，苹果酸—乳酸发酵可能在酒精发酵结束后立即触发，也可能在几周以后或在翌年春天触发。因此，应尽量提供良好的条件，促使苹果酸—乳酸发酵尽早进行，以缩短从酒精发酵结束到苹果酸—乳酸发酵触发这一危险期所持续的时间。

① 温度　进行苹果酸—乳酸发酵的乳酸菌生长的适温为 20℃，要保证苹果酸—乳酸发酵的触发和进行，必须使葡萄酒的温度稳定在 18～20℃。因此，在红葡萄酒浸渍结束转罐时，应尽量避免温度的突然下降，在气候较冷的地区或年份，还必须对葡萄酒进行升温处理。但必须注意，如果温度高于 22℃，生成的挥发酸含量则较高。

② pH 值的调整　苹果酸—乳酸发酵的最适 pH 值为 4.2～4.5，高于葡萄酒的 pH 值。若 pH 值在 2.9 以下，则不能进行苹果酸—乳酸发酵。

③ 通风　酒精发酵结束后，对葡萄酒适量通风，有利于苹果酸—乳酸发酵的进行。

④ 酒精和 SO_2　酒液中的酒精体积分数高于 10%以上，则苹果酸—乳酸发酵受到阻碍。乳酸菌对游离态 SO_2 极为敏感，结合态 SO_2 也会影响它们的活动。在大多数温带地区，如果对原料或葡萄醪的 SO_2 处理超过 70mg/L，葡萄酒的苹果酸—乳酸发酵就较难顺利进行。若将酒液降温至 5℃，对葡萄酒进行澄清，则可降低 SO_2 的用量。

⑤ 其它　将酒渣保留于酒液中，由于酵母自溶而利于乳酸菌生长，故能促进苹果酸—乳酸发酵；红葡萄中的多酚类化合物能抑制苹果酸—乳酸发酵；酒中的氨基酸尤其是精氨酸却对苹果酸—乳酸发酵具有促进作用。

在前发酵结束前，应避免苹果酸—乳酸发酵的启动。在发酵正常时，酵母菌能抑制乳酸菌。但如果酒温度高达 35℃，则会导致酒精发酵中止而残糖偏高。若乳酸菌分解上述残糖，则会造成乳酸菌病害。故在气温高的年份，需注意避免上述现象的发生。如果出现酒精发酵中止的现象，则应立即将酒液中的细菌滤除后，再添加酵母继续发酵，并需控制品温和密切注视糖量的变化。当苹果酸—乳酸发酵结束后，需立即将酒液倾析以去除细菌，并按具体情况调整酒液中 SO_2 的含量，使游离 SO_2 浓度为 20～50mg/L。

12.3 影响葡萄酒酒精发酵的主要因素

(1) 温度　葡萄酒酵母菌的生长繁殖与酒精发酵的最适温度为 20～30℃，当温度在 20℃时酵母菌的繁殖速度加快，在 30℃时达到最大值，如果温度继续升高达到 35℃时，其繁殖速度迅速下降，酵母菌呈“疲劳”状态，酒精发酵有可能停止。在 20～30℃的温度范围内温度每升高 1℃，发酵速度就提高 10%，而发酵速度越快，停止发酵就越早，酵母菌的“疲劳”现象出现也越早，产生酒精的效率就越低，产生的副产物就越多。因此，获得较高酒精度的果酒，就必须将发酵温度控制在较低的水平。

一般将 35℃的高温称为果酒的临界温度，这是果酒发酵需避免的不利条件。果酒发酵有低温发酵和高温发酵之分。20℃以下为低温发酵，30℃以上则为高温发酵。后者的发酵时间短，酒味粗糙，杂醇、醋酸等生成量多。当发酵温度在 34～35℃时，酵母菌的活动力受到很大影响，当温度在 37～39℃时，其活力大大减弱，40℃条件下发酵即停止，如果 40℃保持 1～1.5h，酵母菌就会死亡。如果在 60～65℃条件下，只需 10～15min 即可杀死酵母菌，高温不仅影响酵母菌的活力和发酵质量，而且有利于醋酸菌及其它杂菌的活动。然而酵母菌忍耐低温的能力特别强，甚至在 −200℃的条件下，只是停止活动，而并不死亡。如果开始在适宜的温度（22～25℃）下进行发酵，然后将温度降低到 12℃左右或更低时，发酵还会继续进行，因此现在从酒质稳定性和风味方面考虑，提倡低温密闭发酵。

（2）酸度 酵母菌在微酸性条件下发酵能力最强。当果汁中 pH 值控制在 3.3～3.5 时，酵母菌能很好地繁殖和进行酒精发酵，而有害微生物则不适宜这样的条件，其活动能被有效地抑制。但是，当 pH 值下降至 2.6 以下时，酵母菌也会停止繁殖和发酵。

（3）空气 在有氧气条件下，酵母菌生长发育旺盛，大量地繁殖个体。而在缺氧条件下，个体繁殖被明显抑制，同时促进了酒精发酵。因此，在果酒发酵初期，宜适当多供给些氧气，以增加酵母菌之个体数。一般在破碎和压榨过程中所进入果汁中氧气已经足够酵母菌发育繁殖之所需，只有在酵母菌发育停滞时，才通过倒桶适量补充氧气。如果供氧气太多，会使酵母菌进行好气活动而大量损失酒精。因此，果酒发酵一般是在密闭条件下进行。

（4）糖分 酵母菌生长繁殖和酒精发酵都需要糖，糖含量为 2%以上时酵母菌活动旺盛进行，当糖分超过 25%时则会抑制酵母菌活动，如果达到 60%以上时由于糖的高渗透压作用，酒精发酵停止。因此生产酒精度较高的果酒时，可采用分次加糖的方法，这样可缩短发酵时间，保证发酵的正常进行。

（5）酒精和二氧化碳 酒精和二氧化碳都是发酵产物，它们对酵母的生长和发酵都有抑制作用。酒精对酵母的抑制作用因菌株、细胞活力及温度而异，在发酵过程中对酒精的耐受性差别即是酵母菌群更替转化的自然手段。当酒精含量达到 5%时尖端酵母菌就不能生长；葡萄酒酵母菌则能忍耐 13%的酒精，这些耐酒精的酵母是生产高酒精度的葡萄酒的主要菌株。一般在正常发酵生产中，经过发酵产生的酒精，不会超过 15%～16%。在发酵过程中二氧化碳的压力达到 0.8MPa 时，能停止酵母菌的生长繁殖；当二氧化碳的压力达到 1.4MPa 时，酒精发酵停止；到二氧化碳的压力达到 3MPa 时，酵母菌死亡。工业上常利用此规律外加 0.8MPa 的二氧化碳来防止酵母生长繁殖，保存葡萄汁。

在较低的二氧化碳压力下发酵，由于酵母增殖少，可减少因细胞繁殖而消耗的糖量，增加酒精产率，但发酵结束后会残留少量的糖，可利用此方法来生产半干葡萄酒。起泡葡萄酒发酵时，常用自身产生的二氧化碳压力（0.4～0.5MPa）来抑制酵母的过多繁殖。加压发酵还能减少高级醇等的生成量。

（6）二氧化硫 果酒发酵一般都采用亚硫酸（以二氧化硫计）来保护发酵。葡萄酒酵母菌具有较强的抗二氧化硫能力。适宜的二氧化硫含量既可以提高果酒的风味，又能增强其抗菌能力。由于二氧化硫的独特作用，原料破碎除梗后一般根据卫生状况和工艺要求加入50～100mg/L 的二氧化硫。

12.4 葡萄酒酿造工艺

果酒酿造采用的最普通的方法就是发酵法，无论采用哪一类水果为原料酿造果酒，一般都采用该法。葡萄酒是国内果酒之大宗，在此以葡萄酒为例叙述果酒的酿造工艺。

12.4.1 红葡萄酒酿造

红葡萄酒与白葡萄酒生产工艺的主要区别在于，白葡萄酒用澄清葡萄汁发酵，而红葡萄酒则是用皮渣与葡萄汁混合发酵。所以，红葡萄酒的发酵作用和固体物质的浸渍作用同时存在，前者将糖转化为酒精，后者将固体物质中的单宁、色素等酚类物质溶解在葡萄酒中。因此，葡萄酒的颜色、气味、口感等与酚类物质密切相关。酿制红葡萄酒一般采用红皮白肉或皮、肉皆红的葡萄品种。红葡萄酒酿造的工艺流程如下：

红葡萄→破碎、除梗→葡萄浆→发酵→压榨→后发酵→倒罐→苹果酸—乳酸发酵→下胶→过滤→贮酒→调配→成品

（葡萄浆处加入 SO_2，发酵处加入酵母）

12.4.1.1　葡萄的机械处理

葡萄采收后应尽快运到酒厂，以避免在葡萄园和运输过程中的损伤。葡萄的机械处理包括破碎和除梗两个操作工艺。

（1）破碎　破碎是将葡萄浆果压破，以利于果汁的流出。在破碎过程中，应尽量避免撕碎果皮、压破种子和碾碎果梗，降低杂质（葡萄汁中的悬浮物）的含量；在酿造白葡萄酒时，还应避免果汁与皮渣接触时间过长。

一般在生产优质葡萄酒时，只将原料进行轻微的破碎。如果需加强浸渍作用，最好是延长浸渍时间，而不是提高破碎强度。破碎可用破碎机单独进行，也可用破碎-除梗机与除梗同时进行。此外，在进行小型生产中试验时，也可用人工破碎。

（2）除梗　除梗是将葡萄浆果与果梗分开并将后者除去。除梗一般在破碎后进行，且常常与破碎在同一破碎-除梗机中进行。

12.4.1.2　二氧化硫处理

由于二氧化硫（SO_2）的独特作用，破碎除梗后一般根据原料的卫生状况和工艺要求加入 50～100mg/L 的 SO_2。

（1）二氧化硫的来源　常用有固体、液体和气体 3 种形式。

① 固体　最常用的为偏重亚硫酸钾（$K_2S_2O_5$），其理论 SO_2 含量为 57%，但在实际使用中，其计算用量为 50%。使用时先将 $K_2S_2O_5$ 用水溶为 12%的溶液，其 SO_2 含量为 6%。

② 液体　气体 SO_2 经加压或冷冻变成液体 SO_2，一般贮存在高压钢瓶中。使用时有直接使用和间接使用两种方法。此外，也可使用一定浓度的瓶装亚硫酸溶液。

③ 气体　在燃烧硫黄时，生成无色使人窒息的气体 SO_2，这种方法一般只用于发酵桶的熏硫处理。

（2）二氧化硫的用量

① 发酵前　对于酿造红葡萄酒的原料，应在葡萄破碎除梗后泵入发酵罐时立即进行 SO_2 处理，并且一边装罐一边加 SO_2，装罐完毕后进行一次倒罐，以使所加的 SO_2 与发酵基质混合均匀。对于酿造白葡萄酒的原料，SO_2 处理应在取汁以后立即进行。如果生产的葡萄酒将用于蒸馏白兰地，则不对原料进行 SO_2 处理（表 12-3）。

表 12-3　红、白葡萄酒原料常用的 SO_2 浓度

原料状况	红葡萄酒/(mg/L)	白葡萄酒/(mg/L)
无破损、霉变、成熟度中，含酸量高	30～50	60～80
无破损、霉变、成熟度中，含酸量低	50～100	80～100
破损、霉变	80～150	100～120

② 在葡萄酒陈酿和贮藏时　在贮藏陈酿期间，应经常测定游离 SO_2 浓度，并按表 12-4 的要求进行调整。

表 12-4　不同情况下葡萄酒中游离 SO_2 需保持的浓度

SO_2 浓度类型	葡萄酒类型	游离 SO_2/(mg/L)	SO_2 浓度类型	葡萄酒类型	游离 SO_2/(mg/L)
贮藏浓度	优质红葡萄酒	10～20	消费浓度（装瓶浓度）	红葡萄酒	10～20
	普通红葡萄酒	20～30		干白葡萄酒	20～30
	干白葡萄酒	30～40		加强白葡萄酒	50～60
	加强白葡萄酒	80～100			

在加入 SO_2 时，应考虑部分加入的 SO_2 将以结合态的形式存在于葡萄酒中，一般按1/3变为结合态，2/3 以游离状态存在粗略计算需加入 SO_2 的量。

12.4.1.3 酵母添加

经过 SO_2 处理后，即使不添加酵母，酒精发酵也会自然的触发。但是，有时为了使酒精发酵提早触发，也加入人工培养酵母或活性干酵母。

(1) 用人工选择酵母制备葡萄酒酵母 我国所利用的人工选择酵母一般为试管斜面培养的酵母菌。利用这类酵母菌制备葡萄酒酒母需经几次扩大培养。其工艺流程如下：葡萄汁→杀菌→试管培养→三角瓶培养→大玻璃瓶培养→酵母桶培养→生产用葡萄酒酒母。

(2) 利用活性干酵母制备葡萄酒酒母 自活性干酵母问世以来，其使用越来越广泛。活性干酵母为灰黄色的粉末，或呈颗粒状，装在金属盒内销售。它具有活细胞含量高（约为 30×10^9 个/g)、贮藏性好（在低温下可贮藏一年)，使用方便等优点。其使用方法是在 14L 温水中加入 6L 葡萄汁，使混合汁温度为 30～35℃，再加入 2kg 活性干酵母，放置 15～30min，这样准备的酒母可发酵 10000L 葡萄汁。

12.4.1.4 发酵

在红葡萄酒的酿造过程中，浸渍与发酵是同时进行的，因此，在这一过程中对温度的控制，必须保证两个相反方面的需要：即温度不能过高，以免影响酵母菌的活动，导致发酵中止，引起细菌性病害和挥发酸含量的升高；同时温度又不能过低，以保证良好的浸渍效果，25～30℃的温度范围则可保证以上两方面的要求。在这一温度范围内，28～30℃有利于酿造单宁含量高，需较长时间陈酿的葡萄酒，而 25～27℃则适于酿造果香味浓，单宁含量相对较低的新鲜葡萄酒。发酵过程中应做好详细的发酵记录。

发酵记录包括以下方面的内容。

(1) 原料（品种、体积、清洁状况、相对密度、含糖量、总酸、品温)。

(2) 发酵过程温度和相对密度的变化，测定结果最好绘成发酵曲线。

(3) 在发酵过程中的各种处理，包括：①装罐（开始和结束的时间)；②SO_2 处理（浓度、用量和时间)；③加糖（用量、时间)；④倒罐（次数、持续的时间、性质)；⑤温度控制（升温或降温)；⑥出罐（时间、自流酒和压榨酒的体积、相对密度、温度、去向)。

在浸渍发酵过程中，与皮渣接触的液体部分很快被浸出物单宁、色素所饱和。如果不破坏这层饱和层，皮渣与葡萄汁之间的物质交换速度就会减慢，而倒罐则可破坏这层饱和层，使葡萄汁淋洗整个皮渣表面，达到加强浸渍的作用。倒罐就是将发酵罐底部的葡萄汁泵送至发酵罐上部。目前的趋势是每天倒罐一次，每次倒 1/3 罐。

12.4.1.5 出罐和压榨

通过一定时间的浸渍，将自流酒放出，由于皮渣中还含有相当一部分葡萄酒，皮渣将运往压榨机进行压榨，以获得压榨酒。

(1) 自流酒的分离 如果生产的葡萄酒为优质葡萄酒，浸渍时间较长，发酵季节温度较低，自流酒的分离应在相对密度降至 1000 或低于 1000 时进行。在决定出罐以前，最好先测定葡萄酒的含糖量，如果低于 2g/L，就可出罐。如果生产的葡萄酒为普通葡萄酒，发酵季节的温度又较高，则应在相对密度为 1010～1015 时分离出自流酒，以避免高温的不良影响。而且，如果浸渍时间过长，葡萄酒的柔和性则降低，在分离时，可借此机会调整葡萄酒的 pH 值，并且将自流酒的发酵温度严格控制在 18～20℃，促进酒精发酵的结束或（和）苹果酸—乳酸发酵。为了促进苹果酸—乳酸发酵的进行，在分离时应避免葡萄酒降温。如果自流酒的抗氧化能力好，则可不进行 SO_2 处理，将自流酒直接泵送进干净的贮藏罐（封闭式）中。

（2）皮渣的压榨　由于发酵容器中存在着大量 CO_2，所以应等 2～3h，当发酵容器中不再有 CO_2 后进行除渣。为了加速 CO_2 的逸出，可用风扇对发酵容器进行通风。从发酵容器中取出的皮渣经压榨后获得压榨酒，与自流酒比较，其中的干物质、单宁以及挥发酸含量都要高些。对压榨酒的处理，可以有各种可能性：

① 直接与自流酒混合，这样有利于苹果酸—乳酸发酵的触发；

② 在通过下胶、过滤等净化处理后与自流酒混合；

③ 单独贮藏并作其它用途，如蒸馏；

④ 如果压榨酒中果胶含量较高，最好在葡萄酒温度较高的时间内进行果胶酶处理，以便于净化。

12.4.1.6　苹果酸—乳酸发酵

苹果酸—乳酸发酵是提高红葡萄酒质量的必须工序。只有在苹果酸—乳酸发酵结束，并进行恰当的 SO_2 处理后，红葡萄酒才具有生物稳定性。因此，应尽量使苹果酸—乳酸发酵在出罐以后立即进行。在整个发酵结束后，应立即分离，并同时添加 50mg/L 的 SO_2，在 7～14d 以后，再进行一次分离转罐。应该注意的是，这一发酵有时在浸渍过程中就已经开始，在这种情况下，应尽量避免在出酒时使之中断。

12.4.2　白葡萄酒酿造

普通白葡萄酒习惯上使用纯正、去皮的白葡萄，经过压榨、发酵制成；但是也可以使用紫葡萄，只是在压榨的过程中要更仔细。尚未发酵的葡萄汁要经过沉淀或过滤，发酵罐的温度要比制作红酒低一些，这样做的目的是为了更好地保护白葡萄酒的果香味和新鲜口感。白葡萄酒生产工艺流程如下。

（1）葡萄破碎压榨

① 一旦采摘开始，葡萄就应尽快送到酿酒场地，所使用的葡萄都不要被挤破。

② 将葡萄珠分离出，除去果枝、果核，然后在榨出的汁内放入酵母。

③ 为了更好地保存白葡萄的果香，在发酵前让葡萄皮浸泡在果汁中 12～48h。

④ 使用水平的葡萄压榨机，制成的白葡萄酒更鲜更香。压榨的过程要快速进行以防止葡萄的氧化。

（2）果汁分离　白葡萄酒与红葡萄酒前加工工艺不同。白葡萄酒是原料葡萄经破碎（压榨）或果汁分离，果汁单独进行发酵。果汁分离是酿造白葡萄酒的重要工序，葡萄破碎后经淋汁取得自流汁，再经压榨取得压榨汁，为了提高果汁质量，一般采用二次压榨分级取汁（取汁量见表 12-5）。自流汁和压榨汁质量不同，应分别存放，作不同用途。

表 12-5　自流汁、一次压榨和二次压榨汁分量

汁　别	按总出汁量为 100%	按压榨出汁率为 75%	用　途
自流汁	60～70	45～52	酿制高级葡萄酒
一次压榨	25～35	18～26	单独发酵或与自流汁混合
二次压榨	5～10	4～7	发酵后作调配用

果汁分离后需立即进行 SO_2 处理，每 100kg 葡萄加入 10～15g 偏重亚硫酸钾（相当于 SO_2 50～75mg/kg），以防果汁氧化。破碎后的葡萄浆应立即压榨分离出果汁，皮渣单独发

酵蒸馏得白兰地。

(3) 果汁澄清 葡萄汁澄清处理是酿造高级干白葡萄酒的关键工序之一。自流汁或经压榨的葡萄汁中含有果胶质、果肉等杂质，因此，混浊不清，应尽量将之减少到最低含量，以避免杂质发酵给酒带来异杂味。葡萄汁的澄清可采用二氧化硫低温静置澄清法、果胶酶澄清法、皂土澄清法和高速离心分离澄清法等几种方法。

(4) 发酵 葡萄汁经澄清后，根据具体情况决定是否进行改良处理，之后再进行发酵。白葡萄酒发酵多采用添加人工培育的优良酵母（或固体活性酵母）进行低温密闭发酵。低温发酵有利于保持葡萄中原果香的挥发性化合物和芳香物质。发酵分成主发酵和后发酵两个阶段。主发酵一般温度控制在16～22℃为宜，发酵期15d左右。主发酵后残糖降低至5g/L以下，即可转入后发酵。后发酵温度一般控制在15℃以下，发酵期约1个月。在缓慢的后发酵中，葡萄酒香和味形成更为完善，残糖继续下降至2g/L以下。

白葡萄酒发酵设备目前常采用密闭夹套冷却不锈钢罐，发酵时降温比较方便。也有采用密闭外冷却后再回到发酵罐发酵的方式。

(5) 白葡萄酒的防氧化 白葡萄酒中含有多种酚类化合物，如色素、单宁、芳香物质等，这些物质具有较强的嗜氧性，在与空气接触时很容易被氧化生成棕色聚合物，使白葡萄酒的颜色变深（呈黄色或棕色），酒的新鲜果香味减少，甚至出现氧化味，使酒在外观和风味上发生劣变。

目前，国内在生产白葡萄酒中采用的防氧化措施，如表12-6所示。

表12-6 白葡萄酒生产中防氧化措施

防氧化措施	内　容
选择最佳采收期	选择最佳葡萄成熟期进行采收，防止过熟霉变
原料低温处理	葡萄原料先进行低温处理(10℃以下)，然后再压榨分离果汁
快速分离	快速压榨分离果汁，减少果汁与空气接触时间
低温澄清处理	将果汁进行低温处理(5～10℃)，加入二氧化硫，进行低温澄清或采用离心澄清
控温发酵	果汁转入发酵罐内，将品温控制在16～20℃，进行低温密闭发酵
皂土澄清	应用皂土澄清果汁(或原酒)，减少氧化物质和氧化酶的活性
避免与铁、铜等金属物接触	凡与酒(汁)接触的铁、铜等金属工具、设备、容器均需涂防腐蚀涂料
添加二氧化硫	在酿造白葡萄酒的全部过程中，适量添加二氧化硫
充加惰性气体	在发酵前后，应充加氮气或二氧化碳密封容器
添加抗氧化剂	白葡萄酒装瓶前，添加适量抗氧化剂，如二氧化硫、维生素C等

(6) 葡萄酒的贮存（陈酿） 葡萄汁（浆）经发酵制得的酒称为原酒（或称新酒）。原酒需要经过一定时间的贮存（或称陈酿）后酒质才趋于成熟。在贮酒过程中要进行换桶（倒酒）和添桶（添酒）。贮酒容器主要有橡木桶、水泥池和金属罐（碳钢或不锈钢罐）三大类。橡木桶是酿造某些特产名酒或高档红葡萄酒必不可少的特殊容器，而酿制优质白葡萄酒用不锈钢罐最佳。随着技术进步，金属罐特别是不锈钢罐和大型金属罐正在取代其它两种容器。

贮酒方式有传统的地下酒窖贮酒、地上贮酒室贮酒和露天大罐贮酒等几种方式。

贮酒温度一般以8～18℃为佳，不宜超过20℃。采用室内贮酒，要调节室内湿度，以饱和状态（85%～90%）为宜，室内要有通风设施，定期更换空气，保持室内空气新鲜，并要保持室内清洁。

就贮酒期而言，白葡萄酒的贮酒期一般为1～3年，干白葡萄酒贮酒期更短，一般6～10个月。红葡萄酒由于酒精含量较高，具有非挥发性酸，单宁和色素物质含量也较多，色较深，适合较长时间陈酿，一般陈酿期 2～4 年。其它生产工艺不同的特色葡萄酒更适宜长期贮存，一般为 5～10 年。

12.4.3　桃红葡萄酒生产

桃红葡萄酒是近年来国际上新发展起来的葡萄酒类型，其色泽和风味介于红葡萄酒和白葡萄酒之间，大多是干型、半干型或半甜型酒。桃红葡萄酒不仅能通过色泽来定义，它的生产工艺既不同于红葡萄酒又不同于白葡萄酒，确切地说，是介于果渣浸提与无浸提之间。桃红葡萄酒及其酿造特点见表 12-7。

表 12-7　桃红葡萄酒及其酿造特点

与红葡萄酒相似之处	与白葡萄酒相似之处
① 可利用皮红肉白的生产红葡萄酒的葡萄品种	① 可利用浅色葡萄生产
② 有限浸提	② 采用果汁分离、低温发酵
③ 酒色呈淡红色	③ 要求有新鲜悦人的果香
④ 诱导苹果酸—乳酸发酵	④ 保持适量的苹果酸

目前桃红葡萄酒生产方法有以下五种。

(1) 桃红葡萄带皮发酵法　工艺流程如下：

桃红色葡萄→破碎→葡萄浆→静置→分离→果汁→发酵→倒酒→原酒→贮存
（二氧化硫↑加入葡萄浆；分离↓皮渣）

佳丽酿、玫瑰香两葡萄品种适于此工艺。用前者生产时，葡萄浆中添加二氧化硫 100mg/L 静置 4h；用后者生产时，二氧化硫添加量为 5mg/L，静置 10h。

(2) 红葡萄与白葡萄混合带皮发酵法　一般红葡萄与白葡萄的比例为 1∶3。工艺流程如下：

红葡萄＋白葡萄→破碎→葡萄浆→静置→分离→果汁→发酵→倒酒→原酒→贮存
（二氧化硫↑加入葡萄浆；分离↓皮渣）

(3) 冷浸法　工艺流程如下：

葡萄→破碎→果浆→静置冷浸→分离→果汁→发酵→倒酒→原酒→贮存
（二氧化硫↑加入果浆；分离↓皮渣）

皮红肉白的葡萄品种适用于此工艺。SO_2 添加量为 50mg/L，冷浸提温度 5℃，时间 24h，发酵温度不高于 20℃。

(4) 二氧化碳浸渍法　二氧化碳浸渍法简称 CM 法，是把整粒葡萄放到充满二氧化碳的密闭罐中进行浸渍，然后破碎、压榨，再按一般方法进行酒精发酵。二氧化碳浸渍法不仅用于桃红葡萄酒的酿造，还用于红葡萄酒和一些原料酸度较高的白葡萄酒的酿造。

① 二氧化碳浸渍过程的生物化学变化　二氧化碳浸渍的过程，其实质是葡萄果粒厌氧代谢的过程。浸渍时果粒内部发生了一系列生化变化，如乙醇和香味物质的生成，琥珀酸的生成，苹果酸的分解，蛋白质的分解以及酚类化合物（色素、单宁等）的浸提等。浸渍过程中，一方面果粒受二氧化碳的作用进行厌氧代谢，另一方面葡萄汁在酵母的作用下进行了发酵作用。

② 二氧化碳浸渍法工艺流程及说明　葡萄进厂称重后，整粒葡萄置于预先充满二氧化碳的罐中，在放葡萄过程中继续充二氧化碳，使其达到饱和状态。酿制红葡萄酒时，浸渍温

度为25℃，时间为3～7d；酿制白葡萄酒时，浸渍温度为20～25℃，时间为24～28h。浸渍后进行压榨，所得葡萄汁加入二氧化硫50～100mg/L后进行纯汁发酵。

（5）直接调配法 用玫瑰香或佳丽酿酿酒时可采用此法。先分别酿制出红葡萄原酒和白葡萄原酒，再将两类原酒按一定比例调配。

12.5 几种特殊葡萄酒酿造技术

本章12.4节已介绍了红葡萄酒和白葡萄酒的基本制作工艺，本节介绍味美思、起泡葡萄酒和白兰地的加工方法。

12.5.1 味美思酿造

味美思起源于欧洲，直译为苦艾酒，音译为味美思。此酒属苦味酒，以意大利的甜味美思和法国的干味美思在国际上最为有名。酒精度为16%～18%左右，糖度为4%～16%。

味美思按色泽可分为红、桃红及白三种类型，按含糖量可分为甜酒和干酒，其生产可采用加香发酵法、直接浸泡法等加香方法。还可在酒中添充一定量的二氧化碳制成味美思汽酒。

味美思在药材配比中以苦艾等苦味药材为主，辅助药材常用的有几十种，随不同的品种选料各异。白味美思不调色，红味美思需用糖浆和焦糖色进行调色。

（1）原酒生产 味美思的生产用白葡萄酒作原酒。生产中酒的贮藏方法依酒的类型而不同。白味美思，尤其是清香型产品一般采用新鲜的、贮藏期短的白葡萄原酒。因此，贮藏期间需添加二氧化硫，以防酒的氧化，其加量为40mg/kg。红味美思及以酒香或药香为特征的产品往往采用氧化型白葡萄原酒，原酒贮藏期较长。部分产品的原酒需在橡木桶中贮藏，贮藏期间可不加或少加二氧化硫。贮藏前需用原白兰地或酒精调整酒度到16%～18%。在橡木桶中贮藏的时间与原酒和木桶的质量有关。新桶的单宁及可浸出物含量高，原酒的贮藏时间不宜过长，贮藏一段时间后即转移到老木桶中贮藏。木桶使用30年后就不宜再使用了。木桶使用3～5年后需将内壁刮削一层再用，以提高贮藏效果。

（2）加香 一般采用先将药材制成浸提液，再与原酒调和加香的方法。用原酒直接浸提的方法需经常进行搅拌，并增加澄清过滤的工序。直接浸提法的容器利用率低，不宜大规模生产。现在市场上已有商品味美思调和香料出售。

（3）成分调配 除了对香料成分按标准要求加入外，还需要对酒的糖、酒、酸、色等成分进行调整。白味美思可用蔗糖或甜白葡萄酒调整糖度，蔗糖可直接用原酒溶解，也可先制成糖浆，再行调整。红味美思可以用糖浆调整糖度。

糖浆的制法：100kg糖加水15kg，加热温度控制在150℃左右，经1h糖色达到棕褐色即可出锅。

（4）贮藏 上等的味美思在成分调整后需在橡木桶中贮藏一定时间，以使酒体通过木桶壁的木质微孔完成其呼吸陈化过程，还可以从木质中得到浸出的增香成分。

白味美思可在不锈钢罐内贮藏或在老的木桶内贮藏。在老木桶中贮藏时需经常检查，以免在桶中时间过长使苦味加重、色泽加深。红味美思在新桶中贮藏的时间也不宜过长，新老木桶需交替使用。好的红味美思一般至少在木桶中贮藏1年。

（5）低温处理 在接近味美思冰点的条件下保持7d，使其中部分酒石酸盐和大量的胶质沉降，起到澄清作用，对风味也有明显的改善。

（6）澄清过滤 味美思中含有大量的植物胶质类物质，给澄清过滤带来一定困难，但部分植物胶又起到了保护胶体的作用，处理好的味美思可以放置十几年而不沉淀，且口感更佳。

味美思的澄清可采用下胶、下皂土等法进行。鱼胶的用量在 0.03%左右。对于色泽较深的白味美思可采用下皂土的方法进行澄清，同时还可吸附一定量的色素。其用量为 0.04%左右。胶与皂土可以 1∶(5～10) 的比例混合使用。

12.5.2 起泡葡萄酒酿造

起泡葡萄酒，是以葡萄酒（静酒）为酒基，加入适量蔗糖在瓶内或罐内进行二次发酵而成，或以人工充入 CO_2 制作。香槟酒（Champagne）是起泡酒的一种，因起源于法国香槟省而得名。法国的酒法规定：只有香槟地区按独特工艺酿造的含 CO_2 的白葡萄酒才能称为香槟酒。起泡葡萄酒酒精含量一般为 11%～13%（体积比），按含糖量可分为甜型、半甜型、干型、半干型起泡葡萄酒。按基础酒的颜色分为红色、桃红色、白色起泡葡萄酒，其中以白色酒的比例最大。起泡葡萄酒的生产方法有两种，一种是用葡萄原酒在瓶内经二次发酵而成；另一种是用葡萄原酒在大罐中发酵而成。欧洲采用的主要酿造品种有黑比诺和霞多乐等，我国主要采用龙眼葡萄，要求葡萄的含糖量在 200g/L 左右，总酸在 5～8g/L。

12.5.2.1 传统香槟酒生产工艺

(1) 工艺流程

葡萄原料→取汁发酵生产白葡萄酒原酒→化验品尝→加糖加酵母调配→装瓶二次发酵→倒放集中沉淀→去塞调味→压入木塞及罩铁丝扣→冲洗烘干→包装→成品

(2) 原料白葡萄酒生产　香槟酒需较淡的颜色，一般使用自流汁发酵，最适出汁率在 50%左右。葡萄破碎时要加入定量 SO_2，防止破碎的葡萄浆及汁与空气接触而发生氧化。葡萄汁经澄清，接入优良香槟酵母，在 15℃进行低温发酵。每天降糖 1%～2%，发酵周期约 15d，发酵结束葡萄酒的酒精含量应在 10%～12%(体积比)。原酒需经与一般白葡萄酒一样的稳定性处理与贮存。

(3) 调配、加糖、加酵母

① 调配　单一品种的原白葡萄酒，很难具备所需的品质，因此应进行调配，以保证质量。调配应先进行实验，原酒的酸度不应低于 0.7%，酒精含量为 11%～11.5%(体积比)，淡黄色，口味清爽。调配出的样品经过反复品尝，确定各占比例，便可正式进行。

② 加糖　香槟酒中的 CO_2 压力是由糖经过发酵而产生的。因此，要使香槟酒具有一定的压强，事先要计算好所用糖量。按经验，在 10℃时，每产生 0.098MPa 压力的 CO_2 气体需 0.4%的糖（4g/L），为获得 0.588MPa 压力的 CO_2，则每 1L 需消耗 24g 糖。加糖前应先分析原酒中所含的糖分，然后计算要加的糖量。一般用蔗糖制糖浆，将糖溶化于酒中，制成 50%的糖浆，并放置数周，使蔗糖转化，经过滤除杂质后添加。

③ 加酵母　香槟酒发酵使用的酵母比较理想的有：亚伊酵母、魏尔惹勒酵母、克纳曼酵母、亚威惹酵母 4 种。可单独使用，也可几种混合使用。酵母加入量一般为 2%～3%，培养温度先是 21℃，后逐渐降低以适应低温发酵。大规模生产香槟酒的工厂，要留一部分发酵旺盛的酵母培养液，以便下次继续使用。在装瓶时要使原酒中溶入适量的氧（泵送、泼溅或直接通气），以利于酵母生长。

(4) 装瓶发酵　将加入糖液混合均匀的原料酒装入耐压检查后的香槟酒瓶中，酵母培养液使瓶内酒液中含酵母细胞数达到 600 万个。用软木塞塞紧，外加倒 U 形铁丝扣卡牢。然后将瓶子平放在酒窖或发酵室，瓶口面向墙壁，并堆积起来，一般可堆放 18～20 层。发酵温度一般保持在 15～16℃。酒发酵完后，在瓶中与因养分缺乏而自溶的酵母接触 1 年以上，可获得香槟之香。瓶内压力应达到 0.588MPa。

(5) 完成阶段 在此阶段，完成沉淀与酒的分离。

① 集中沉淀 将发酵完毕的，CO_2 含量符合标准的香槟酒从堆置处取出，瓶口向下插在倾斜的、带孔的木架上，木架呈 30°、40°、60°斜角。定时转动（左右向转动），以便使沉淀集中在瓶颈上（主要是塞上）。一般开始每天转 1/8 转，逐渐增加到 6/8～1 转。转动开始时次数多，摇动用力大些，以后逐渐减少次数及摇动力。大颗粒沉淀一周就可转至塞上，而细小沉淀则需一个月或更长些时间才能转至塞上。

② 去除沉淀 将酒冷至 7℃左右，以降低压力。将瓶颈部分浸入冰浴中使其冻结，然后使边缘部位溶化，立即打开瓶塞，利用瓶压将冰块取出，用残酒回收器回收。将瓶直立，附于瓶口壁的酵母用手或特殊的橡皮刷去。将酒补足后加塞。

(6) 调味 香槟酒换塞时，根据市场需求和产品特点分别加入蔗糖浆（50%）、陈年葡萄酒或白兰地进行调味处理。加糖浆可以调整酒的风味，增加醇厚感或满足一些消费爱好；加入陈年葡萄酒可以增加香槟酒的果香味，有些国家以陈酒代替陈年葡萄酒加入香槟酒调味，也是为了使香槟酒有一种特殊香味；加入白兰地主要是补充酒精含量不足，防止香槟酒在加入糖浆后重新发酵，同时也增加香槟酒的香味，提高了香槟酒的口感质量。

12.5.2.2 *在罐发酵的起泡葡萄酒*

在罐发酵与瓶内发酵所用葡萄原酒是一样的。所不同的是把瓶改用大罐，在工艺上简化了瓶发酵的许多工序。其生产工艺流程如下：

干葡萄酒→澄清→过滤→二次发酵液→二次发酵→冷冻→倒罐→调整→过滤→装瓶
（蔗糖→糖浆 加入二次发酵液；人工培养酵母 加入二次发酵）

调配后的二次发酵液，从发酵罐底接入 5%纯种培养的酵母。控温 18℃发酵，待压力上升到 0.078MPa 时，控温保持 15℃，发酵 20d 左右，每日增加压力 0.029MPa。发酵好的酒，测定成分并根据成品质量标准调整成分。装瓶前再进行一次冷处理，温度控制在－4～－6℃，保持 5～7d，并趁冷过滤。装瓶时控制温度 0～2℃，压力 0.49～0.588MPa，装瓶后在 15℃左右的房间内贮存。罐式发酵有三罐式和两罐式。

(1) 三罐式发酵法生产 酒在一密闭的罐中用内部加热器加热，0.931～1.078MPa，60℃处理 8～10h。加热后的酒通过夹层中的盐水冷却后，将酒转至发酵罐中，同时加入必须的糖和酵母。24℃左右发酵 10～15d。发酵结束后，将酒从发酵罐转至冷冻罐，将酒冷冻至－5.5℃，保持此温度数天，过滤装瓶。

(2) 两罐式发酵法生产 将酵母（占酒的 35%～50%）培养物和加糖后的酒放入 1 号罐，10～15℃发酵，两周内即可达到需要的压力。补充加入需要的糖，冷却至－4.4℃，停止发酵。酒在低温下停留 1 周。将澄清后冷酒过滤至冷却后的 2 号罐，等待装瓶。装酒，压盖都在低温和背压下进行。在罐生产起泡葡萄酒的全过程需 1 个月左右，劳动费用大为降低，生产规模可以扩大。

12.5.3 白兰地

白兰地是英文 Brandy 的译音。它是由果实的浆汁或皮渣经发酵、蒸馏而制成的蒸馏酒。白兰地可分为葡萄白兰地及果实白兰地。葡萄白兰地数量最大，往往直接称为白兰地。而以葡萄以外的水果为原料制成的白兰地则冠以果实名称，如苹果白兰地、樱桃白兰地等。

葡萄经过发酵、蒸馏而得到的是原白兰地，无色透明，酒性较烈。原白兰地必须经过橡木桶的长期贮藏，调配勾兑，才能成为真正的白兰地。白兰地的特征是：具有金黄透明的颜色，并具有愉快的芳香和柔软协调的口味。

用来蒸馏白兰地的葡萄酒，叫做白兰地原料葡萄酒，简称白兰地原酒。由白兰地原酒生产白兰地的工艺流程如下：

白兰地原酒→蒸馏→原白兰地→贮存→调配勾兑→陈酿→冷冻→检验→成品

(1) 葡萄品种　采用白葡萄品种，要求糖度较低（120～180g/L），酸度较高（≥6g/L），具有弱香和中性香。主要品种有白玉霞、白福儿和鸽笼白等。目前我国适合酿造白兰地品种有红玫瑰、白羽、白雅、龙眼和佳丽酿等。

(2) 白兰地原酒的酿造　白兰地原酒的酿造过程与传统法生产白葡萄酒相似，但原酒加工过程中禁止使用 SO_2。白兰地原酒是采用自流汁发酵，原酒应含有较高的滴定酸度，口味纯正、爽快。滴定酸度高能保证发酵过程顺利进行，有益微生物能够充分繁殖，而有害微生物受抑制。在贮存过程中也可保证原料酒不变质。当发酵完全停止时，白兰地原酒残糖≤0.3%，挥发酸≤0.05%，即可进行蒸馏，得到质量很好的原白兰地。

(3) 白兰地的蒸馏　白兰地中的芳香物质，主要通过蒸馏获得。原白兰地要求蒸馏酒精含量达到60%～70%（体积比），保持适量的芳香物质，以保证白兰地固有的芳香，正因为如此，在白兰地生产中，至今还采用传统的简单蒸馏设备和蒸馏方法。目前普遍采用的蒸馏设备有夏朗德式蒸馏锅（又叫壶式蒸馏锅）、带分馏盘的蒸馏锅和塔式蒸馏设备。法国科涅克白兰地采用夏朗德式蒸馏锅蒸馏。带分馏盘的蒸馏锅和塔式蒸馏设备都是经一次蒸馏就可得到原白兰地，而塔式蒸馏设备可以使生产过程连续化，提高生产力。

(4) 白兰地的勾兑和调配　原白兰地是一种半成品，品质粗糙，香味尚未圆熟，不能饮用，需经调配，再经橡木桶短时间的贮存，再经勾兑方可出厂。陈酿就是将原白兰地在木桶里经过多年的贮藏老熟，使产品达到成熟完美的程度。勾兑是将不同品种、不同桶号、不同酒龄的原白兰地按比例进行混合，以求得质量一致并使酒具有一种特殊的风格。调配就是指调酒，调糖，调色和加香等调整成分的操作。不同的国家和工厂，生产白兰地的工艺有所不同。勾兑和调配也不相同。法国是以贮藏原白兰地为主的工艺，按这种工艺，原白兰地需经过几年时间的贮藏，达到成熟后，经过勾兑、调整，再经过橡木桶短时间的贮藏，然后把不同酒龄、不同桶号的成熟白兰地勾兑起来，经过加工处理，即可装瓶出厂。我国的白兰地生产，是以配成白兰地贮藏为主。原白兰地只经过很短时间的贮藏，就勾兑、调配成白兰地。配成白兰地需要在橡木桶里经过多年的贮藏，达到成熟以后，经过再次的勾兑和加工处理，才能装瓶出厂。无论以哪种方式贮藏，都要经过两次勾兑，即在配制前勾兑和装瓶前进行勾兑。

① 浓度稀释　国际上白兰地的标准酒精含量是42%～43%(体积比)，我国一般为40%～43%(体积比)。原白兰地酒精含量较成品白兰地高，因此要加水稀释，加水时速度要慢，边加水边搅拌。

② 加糖　目的是增加白兰地醇厚的味道。加糖量应根据口味的需要确定，一般控制白兰地含糖范围在0.7%～1.5%。糖可用蔗糖或葡萄糖浆，其中以葡萄糖浆为最好。

③ 着色　白兰地着色是在白兰地中添加用蔗糖制成的糖色，用量应根据糖色色泽的深浅，通过小试验决定。添加糖色应在白兰地加水稀释前，在过滤、下胶等过程中得到处理。

④ 脱色　白兰地在木桶中贮存过久，或用的桶是幼树木料制造的，白兰地会有过深的色泽和过多的单宁，此时白兰地发涩、发苦，必须进行脱色。色泽如果轻微过深，可用骨胶或鱼胶处理。除下胶以外，还需用最纯的活性炭处理。经下胶和活性炭处理的白兰地，应在处理后12h过滤。

⑤ 加香　高档白兰地是不加香的，但酒精含量高的白兰地，其香味往往欠缺，需采用

加香法提高香味。白兰地调香可采用天然的香料、浸膏、酊汁。凡是有芳香的植物的根、茎、叶、花、果，都可以用酒精浸泡成酊，或浓缩成浸膏，用于白兰地调香。

(5) 自然陈酿　白兰地都需要在橡木桶里经过多年的自然陈酿，其目的在于改善产品的色、香、味，使其达到成熟完善的程度。在贮存过程中，橡木桶中的单宁、色素等物质溶入酒中，使酒颜色逐渐转为金黄色。由于贮存时空气渗过木桶进入酒中，引起一系列缓慢的氧化作用，致使酸及酯的含量增加。产生强烈的清香。酸来自木桶中单宁酸溶出及酒精缓慢氧化而致。贮存时间长，会产生蒸发作用，导致白兰地酒精含量降低，体积减少，为了防止酒精含量降至40%以下，可在贮存开始时适当提高酒精含量。

贮藏容器在贮藏过程的管理及存放条件对白兰地的自然陈酿有很大影响。贮藏的期限决定于白兰地的称号和质量。贮藏的时间越长，得到的白兰地质量也就越好，有长达50年之久的，但一般说来，贮藏到4～5年就可以获得具有良好品质特征的成品酒了。

12.6 果醋酿造

12.6.1 果醋发酵理论

果醋发酵，如以含糖果品为原料，需经过两个阶段进行，先经酒精发酵阶段，其次为醋酸发酵阶段，利用醋酸菌将酒精氧化为醋酸，即醋化作用。如以果酒为原料则只进行醋酸发酵。

12.6.1.1　醋酸发酵微生物

醋酸菌大量存在于空气中，种类也很多，对酒精的氧化速度有快有慢，醋化能力有强有弱，性能各异。目前醋酸工业应用的醋酸菌有许氏醋酸杆菌及其变种弯醋杆菌，它们是一种不能运动的杆菌，产醋力强，对醋酸没有进一步氧化能力，用作工业醋生产菌株。我国食醋生产应用的醋酸菌有恶臭醋酸杆菌混浊变种 *Acetobacter rancens* var. *furbidans*（编号1.41）及巴氏醋酸菌亚种 *Acetobacte rpasteurianus*（编号1.01），细胞椭圆形或短杆状，革兰阴性，无鞭毛，不能运动，产醋力6%左右，并伴有乙酸乙酯生成，增进醋的芳香，缩短陈酿期，但它能进一步氧化醋酸。

醋酸菌的繁殖和醋化与下列环境条件有关。

(1) 果酒中的酒度超过14%(体积比）时，醋酸菌不能忍受，繁殖迟缓，被膜变成不透明，灰白易碎，生成物以乙醛为多，醋酸产量甚少。而酒度若在12%～14%（体积比）以下，醋化作用能很好进行直至酒精全部变成醋酸。

(2) 果酒中的溶解氧愈多，醋化作用愈快速愈完全，理论上100L纯酒精被氧化成醋酸需要38.6m^3纯氧，相当于空气量183.9m^3。实际上供给的空气量还需超过理论数15%～20%才能醋化完全。反之，缺乏空气，则醋酸菌被迫停止繁殖，醋化作用也受到阻碍。

(3) 果酒中的二氧化硫对醋酸菌的繁殖有阻碍作用。若果酒中的二氧化硫含量过多，则不适宜制醋。解除其二氧化硫后，才能进行醋酸发酵。

(4) 温度在10℃以下，醋化作用进行困难。20～32℃为醋酸菌繁殖最适宜温度，30～35℃其醋化作用最快，达40℃即停止活动。

(5) 果酒的酸度过大对醋酸菌的发育亦有妨碍。醋化时，醋酸量陆续增加，醋酸菌的活动也逐渐减弱，至酸度达某限度时，其活动完全停止。醋酸菌一般能忍受8%～10%的醋酸含量。

(6) 太阳光线对醋酸菌发育有害。而各种光带的有害作用，以白色为最烈，其次顺序是紫色、青色、蓝色、绿色、黄色及棕黄色，红色危害最弱，与黑暗处醋化时所得的产率相同。

12.6.1.2　醋酸发酵的生物化学变化

果酒中的酒精，在醋酸菌作用下变成醋酸和水，其过程如下。

（1）首先酒精氧化成乙醛：

$$CH_3CH_2OH + 1/2O_2 \longrightarrow CH_3CHO + H_2O$$

（2）乙醛吸收一分子水成水合乙醛：

$$CH_3CHO + H_2O \longrightarrow CH_3CH(OH)_2$$

（3）水合乙醛再氧化成醋酸：

$$CH_3CH(OH)_2 + 1/2O_2 \longrightarrow CH_3COOH + H_2O$$

理论上 100g 纯酒精可生成 130.4g 醋酸，或 100mL 纯酒精可生成 103.6g 醋酸，而实际产率较低，一般只能达理论数的 85%左右。其原因是醋化时酒精的挥发损失，特别是在空气流通和温度较高的环境下损失更多。其次醋化生成物中，除醋酸外，还有二乙氧基乙烷［$CH_3CH(OC_2H_5)_2$］，具有醚的气味，以及高级脂肪酸、琥珀酸等，这些酸类与酒精作用，徐徐产生酯类，具芳香。所以果醋也如果酒，经陈酿后品质变佳。

有些醋酸菌在醋化时将酒精完全氧化成醋酸后，为了维持其生命活动，能进一步将醋酸氧化成二氧化碳和水：

$$CH_3COOH + 2O_2 \longrightarrow 2CO_2 + 2H_2O$$

故当醋酸发酵完成后，一般常用加热杀菌或加食盐阻止其继续氧化。

12.6.2　果醋酿造工艺

12.6.2.1　醋母制备

优良的醋酸菌种，可以从优良的醋酸或生醋（未消毒的醋）中采种繁殖。亦可用纯种培养的菌种。其扩大培养步骤如下。

（1）固体培养　取含量为 1.4%的豆芽汁 100mL、葡萄糖 3g、酵母膏 1g、碳酸钙 1g、琼脂 2～2.5g，混合，加热熔化，分装于干热灭菌的试管中，每管装量约 4～5mL，在9.8×10^4Pa 的压力下杀菌 15～20min，取出，趁未凝固前加入 50%（体积比）的酒精 0.6mL，制成斜面，冷却，在无菌操作下接种优良醋坯中的醋酸菌种，26～28℃恒温下培养 2～3d 即成。

（2）液体扩大培养　取含量为 1%的豆芽汁 15mL，食醋 25mL，水 55mL，酵母膏 1g 及酒精 3.5mL 配制而成。要求醋酸含量为 1%～1.5%，醋酸与酒精的总量不超过 5.5%。装盛于 500～1000mL 三角瓶中，常法消毒。酒精最好于接种前加入。接入固体培养的醋酸菌种 1 支。26～28℃恒温下培养 2～3d 即成，在培养过程中，每日定时摇瓶一次或用摇床培养，充分供给空气及促使菌膜下沉繁殖。

培养成熟的液体醋母，即可接入再扩大 20～25 倍的准备醋酸发酵的酒液中培养，制成醋母供生产用。上述各级培养基也可直接用果酒配制。

12.6.2.2　酿造方法

果醋酿造分固体酿制和液体酿制两种。

（1）固体酿制法　以果品或残次果品、果皮、果心等为原料，同时加入适量的麸皮，固态发酵酿制。工艺流程如下：

水果→清洗→破碎→混合→接种→糖化→酒化→醋化→淋醋→包装→灭菌→检验→成品果醋

↑ 麸皮（→破碎）

↑ 醋坯←拌和←醋用发酵剂、麸皮、水（→接种）

① 酒精发酵 取果品洗净，破碎，加入酵母液3%～5%，进行酒精发酵，在发酵过程中每日搅拌3～4次，约经5～7d发酵完成。

② 制醋坯 将酒精发酵完成的果品，加入麸皮或谷壳、米糠等，约为原料量的50%～60%，作为疏松剂，再加培养的醋母液10%～20%（亦可用未经消毒的优良的生醋接种），充分搅拌均匀，装入醋化缸中，稍加覆盖，使其进行醋酸发酵，醋化期中，控制品温在30～35℃之间。若温度升高达37～38℃时，则将缸中醋坯取出翻拌散热；若温度适当，每日定时翻拌1次，充分供给空气，促进醋化。经10～15d，醋化旺盛期将过，随即加入2%～3%的食盐，搅拌均匀，即成醋坯。将此醋坯压紧，加盖封严，待其陈酿后熟，经5～6d后，即可淋醋。

③ 淋醋 将后熟的醋坯放在淋醋器中。淋醋器用一底部凿有小孔的瓦缸或木桶，距缸底6～10cm处放置滤板，铺上滤布。从上面徐徐淋入约与醋坯量相等的冷却沸水，醋液从缸底水孔流出，这次淋出的醋称为头醋。头醋淋完以后，再加入凉水，再淋，即为二醋。二醋含醋酸很低，供淋头醋用。

（2）液体酿制法 液体酿制法是以果酒为原料酿制。酿制果醋的原料酒，必须是酒精发酵完全、澄清的。优良的果醋仍由优良的果酒而得，但质量较差或已酸败的果酒亦适宜酿醋。将酒度调整为7%～8%（体积比）的果酒，盛于醋化器中，为容积的1/3～1/2，接种醋母液5%左右。醋化器为一浅木盆（搪瓷盆或耐酸水泥池均可），高约20～30cm，大小不定，盆面用纱窗遮盖，盆周壁近顶端处设有许多小孔以利通气并防醋蝇、醋鳗等侵入。酒液深度约为木桶高度的一半，液面浮以格子板，以防止菌膜下沉。在醋化期中，控制室温30～35℃，每天搅拌1～2次，约经10d左右即可醋化完成。取出大部分果醋，留下菌膜及少量醋液在盆内，再补加果酒，继续醋化。工艺流程如下：

谷壳（稻糠）→清洗（↓混合）

水果→挑选→清洗→破碎→混合→酒精发酵→固液分离→接种醋酸菌→醋酸发酵→淋醋→勾兑

↑ 醋酸菌→多级培养（→接种醋酸菌）

（勾兑→）装瓶→杀菌→检验陈酿→成品果醋

（3）果醋的陈酿和保藏

① 陈酿 果醋的陈酿与果酒相同。通过陈酿果醋变得澄清，风味更加纯正，香气更加浓郁。陈酿时将果醋装入桶或坛中，装满、密封，静置1～2个月即完成陈酿过程。

② 过滤、灭菌 陈酿后的果醋经澄清处理后，用过滤设备进行精滤。在60～70℃温度下杀菌10min，即可装瓶保藏。

思考题：

1. 简述果酒的分类方法。
2. 简述酒精发酵过程。
3. 怎样保证果酒酒精发酵顺利进行，提高果酒质量？
4. 简述影响酒精发酵的主要因素。
5. 简述葡萄酒酿造的工艺流程和操作要点。
6. 简述干红和干白葡萄酒酿造的区别。
7. 简述起泡葡萄酒酿造技术的要点。
8. 简述果醋的酿造工艺流程和操作要点。

参考文献

[1] 赵晋府．食品工艺学．北京：中国轻工业出版社，1999.

[2] 陈学平．果蔬产品加工工艺学．北京：中国农业出版社，1995.

[3] 北京农业大学．果品贮藏加工学．第二版．北京：中国农业出版社，1990.

[4] 华中农业大学．蔬菜贮藏加工学．第二版．北京：中国农业出版社，1995.

[5] 罗云波，蔡同一．园艺产品贮藏加工学：加工篇．北京：中国农业大学出版社，2001.

[6] 赵丽芹．园艺产品贮藏加工学．北京：中国轻工业出版社，2006.

[7] 陈锦屏．果品蔬菜加工学．西安：陕西科学技术出版社，1990.

[8] 曾凡坤，高海生，蒲彪．果蔬加工工艺学．成都：成都科技大学出版社，1996.

[9] 罐头工业手册编写组．罐头工业手册：1～6分册．北京：轻工业出版社，1980.

[10] 李雅飞等．食品罐藏工艺学．修订本．上海：上海交通大学出版社，1993.

[11] 杨运华．食品罐藏工艺学实验指导．北京：中国农业出版社，1996.

[12] 邵宁华．果蔬原料学．北京：中国农业出版社，1992.

[13] 陈中伦．罐头生产技术简答．修订版．北京：中国轻工业出版社，1994.

[14] 陈学平，叶兴乾．果品加工．北京：农业出版社，1988.

[15] 叶兴乾．果品蔬菜加工工艺学．第二版．北京：中国农业出版社，2003.

[16] 无锡轻工业学院，天津轻工业学院．食品工艺学．北京：轻工业出版社，1985.

[17] 赵冠群，华懋宗编译．低酸性罐头食品的加热杀菌．北京：轻工业出版社，1987.

[18] 罗云波，蔡同一．果蔬产品贮藏加工学．北京：中国农业大学出版社，2001.

[19] 陆兆新．果蔬贮藏加工及质量管理技术．北京：中国轻工业出版社，2004.

[20] 赵晨霞等．果蔬贮运与加工．北京：中国农业出版社，2002.

[21] 周山涛等．果品贮藏加工学．北京：中国农业出版社，1996.

[22] 陈锦屏，田呈瑞．果品蔬菜加工学．西安：陕西科学技术出版社，1994.

[23] 天津轻工业学院等．食品工艺学．北京：中国轻工业出版社，1984.

[24] 华中农学院主编．蔬菜贮藏加工学．北京：中国农业出版社，1981.

[25] 赵晨霞等．果蔬贮藏加工技术．北京：科学出版社，2004.

[26] 肖旭霖．食品机械与设备．北京：科学出版社，2006.

[27] 艾启俊，张德权．果品深加工新技术．北京：化学工业出版社，2003.

[28] 龙桑．果蔬糖渍加工．北京：中国轻工业出版社，2001.

[29] 胡小松，李积宏，崔雨林．现代果蔬汁加工工艺学．北京：中国轻工业出版社，1995.

[30] 仇农学．现代果汁加工技术与设备．北京：化学工业出版社，2006.

[31]（苏）金兹布尔格．食品干燥原理与技术基础．北京：轻工业出版社，1986.

[32] 余善鸣，白杰，马国庆．果蔬保鲜与冷冻干燥技术．哈尔滨：黑龙江科学技术出版社，1999.

[33] 杨巨斌，朱慧芬．果脯蜜饯加工技术手册．北京：科学出版社，1988.

[34] 谢晶．食品冷冻冷藏原理与技术．北京：化学工业出版社，2005.

[35] 李心耀，范国泰．蔬菜冷藏速冻技术．北京：中国食品出版社，1989.

[36] 顾国贤．酿造酒工艺学．北京：中国轻工业出版社，1996.

[37] 杨天英，逯家富．果酒生产技术．北京：中国轻工业出版社，2004.

[38] Csrl Lachat，马兆瑞．苹果酒酿造技术．北京：中国轻工业出版社，2004.

[39] 赫尔德曼，哈特尔．食品加工原理．北京：中国轻工业出版社，2007.

[40] 张子德．果蔬贮运学．北京：中国轻工业出版社，2002.

[41] 刘兴华，陈维信．果品蔬菜贮藏运销学．北京：中国农业出版社，2002.

[42] 杜玉宽，杨德兴．水果蔬菜花卉气调贮藏及采后技术．北京：中国农业大学出版社，2000.

[43] 李家庆．果蔬保鲜手册．北京：中国轻工业出版社，2003.

[44] 陆定志等．植物衰老及其调控．北京：中国农业出版社，1997.

[45] 周山涛主编．果蔬贮运学．北京：化学工业出版社，1998.

[46] Fernanda A R Oliveira，Jorge C Oliveira. Processing Foods：Quality Optimization and Process Assessment. Boca Raton：CRC Press LLC，1999.

[47] Arthey D，Ashurst P R. Fruit Process. London：Blackie Academic & Professional，1996.

[48] Wiley，R. C. Minimally Processed Refrigerated Fruit and Vegetable. New York：Chapman and Hall，1994.